KB260972

HISTORY OF MYSTERY

히스토리 오브 미스터리

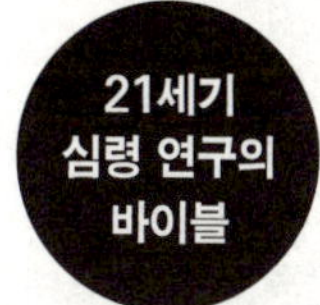

HISTORY OF MYSTERY

히스토리 오브 미스터리

김기태 지음

판미동

차례

　사후에도 영혼이 존재하는지에 대한 의문은 누구나 갖고 있을 것이며, 각종 종교 및 전통, 역사 등을 통하여 영혼이 존재한다는 이야기는 수없이 들어 왔을 것이다. 그럼에도 불구하고 우리는 현대의 과학교육과 유물론적 사고방식에 물들어 쉽사리 영혼의 존재를 인정하려 들지 않는다. 영혼이라는 말만 들어도 과학과는 동떨어진 미신이나 사이비 종교쯤으로 생각하고, 그런 것은 멀리해야 한다는 일종의 두려움마저 느끼는 사람이 대부분이다.

　물리학을 전공한 저자 역시 영혼을 눈으로 봐야 믿겠다는 태도로 일관했고, 영혼의 존재를 주장하는 사람들을 미신이나 믿는 사람들로 취급했다. 그러던 중에 이러한 편견을 없애는 계기를 갖게 되었다. 이전의 저서에서 밝혔듯이, 사업을 하던 저자는 1980년 초 출장 중에 비행기 안에서 읽기 위해 런던의 공항에서 책을 한 권 사게 되었다. 그것은 에드가 케이시에 관한 책이었는데, 이때부터 나는 영혼을 보는 시각을 바꾸게 되었다.

시간이 흐르면서 많은 의사나 과학자들이 죽음과 관련된 현상들을 연구하였음을 알게 되었고, 여러 책을 읽어 가면서 그들이 매우 진지하고 철저하게 연구에 임했다는 확신을 갖게 되었다.

나는 의사도 아니고 이름 있는 과학자도 아니기에, 직접 그들처럼 실험을 하고 증거를 모으는 것은 무의미할 뿐이라고 생각했다. 이러한 조사나 연구를 한 과학자들은 노벨상을 수상하는 등 당대를 대표하는 과학자들이었다. 그런데 사람들이 이러한 권위 있는 과학자들의 연구나 조사마저도 믿지 않는다면, 그 이상 더 증거를 제시한들 아무런 소용이 없다는 것도 확신하게 되었다.

우리 대부분은 이처럼 진지하고도 뛰어난 연구 결과가 있다는 사실조차도 모르고 있다. 그리고 이러한 연구들이 영혼이 존재함을 분명히 밝히고 있음에도, 제대로 알지도 못하면서 과학자들이 마치 해서는 안 되는 연구라도 한 것처럼 취급한다. 나는 이러한 연구 결과를 되도록 많은 사람들이 접할 수 있도록 해주고 싶었다. 이러한 소망 때문에 이 한 권의 책에 가급적 많은 학자들의 연구 결과를 소개하고 분석했다. 내가 갖고 있을지도 모르는 편견이나 오해를 줄이기 위해 되도록 원저자나 연구자들의 글을 그대로 옮기고, 그 끝에 물리학을 전공한 나 자신의 견해를 덧붙였다.

끝으로 심령 현상에 대한 자신의 신념 때문에 대법원장직을 그만두지 않을 수 없었던 존 에드먼드 판사가 1853년 8월 1일자《뉴욕 리그》에 기고한 글을 옮기며 서문을 끝맺고자 한다.

심령 현상에는 슬픈 사람을 위로하고 마음의 고통을 치료하는 요소가 있다. 또한 가까운 사람을 잃은 이들을 위로하고 죽음에 대한 공포를 없애 주며, 무신론자에게 빛을 주고 악인을 교화시키는 요소도 있다. 삶의 시련과 변동을 겪는 어진 이에게 용기를 주고, 인간으로서의 의무와 사명을 분명하게 제시하는 불가사의한 요소도 있다.

이 한 권의 책이 사랑하는 사람이나 자식을 잃어 슬퍼하고 고민하는 많은 분들의 마음에 진정으로 위안이 된다면, 저자로서 그 이상의 보람은 없을 것이다.

2008년 3월

김기태

제1장

근대 심령학 연구의
발단이 된 사건

1

영혼이 노크하는 집

　여러 심령 현상은 인류의 역사 이래 계속 관찰되어 왔고, 또 고대인들은 그러한 현상을 자연현상이나 다름없는 사실로 받아들였다. 그러나 기독교가 공인되면서 영혼과 환생을 믿는 그노시스파 등은 같은 기독교이면서도 사교로 탄압을 받았고, 중세에 이르러서는 심령 현상을 언급하면 마녀로 몰려 화형을 당하기도 했다. 14세기의 단테나 18세기의 스베덴보리는 상당한 영능력(靈能力)을 가졌던 사람들이라 추정되는데, 그들은 자신이 천국과 지옥을 다녀왔다고 주장했다.

　근대 심령학(spritualism)의 불길을 당긴 사건은 19세기 중반에 미국 뉴욕주의 작은 마을 하이즈빌에서 일어났다. 1847년 12월에 감리교 신도인 폭스 가족은 이 마을로 이사를 왔는데, 밤마다 무엇인가를 두드리는 소리가 났다. 폭스 부부에게는 세 딸과 세 아들이 있었는데, 큰딸인 리어와 세 아들은 다른 곳에서 살고 있었고, 두 부부는 열네 살인 마가렛과 열두 살인 케이티와 살고 있었다. 이 중 큰딸인 리어는 후에 영능력이 있음이 밝혀졌다. 나중에 알아보니 그들이 이사 오기 전에 그 집에 살았던 마이클 위크만이라는 사람도 같은 소리에 시달렸다고 한다.

1848년 3월 말, 폭스 가족은 밤마다 문을 요란하게 두드리는 듯한 소리에 잠을 잘 수 없었다. 바람이 많이 부는 계절이라 문을 단단히 잠그는 등 소음 단속을 철저히 했으나 소리는 전혀 줄어들지 않았다. 아이들은 너무 무서워 부모와 함께 잤다. 불을 환하게 켜 놓아도 문을 두드리는 소리와 가구를 끄는 듯한 소리가 계속 났다. 어디에서 소리가 나는지 알기 위해 한 사람은 문안, 다른 한 사람은 문밖에서 지켜보아도 소리는 여전했다.

3월 31일 밤, 폭스 가족은 일찍 잠자리에 들었으나 요란한 소리에 잠을 이룰 수 없었다. 아버지 폭스 씨는 소리가 나지 않게 하려고 창을 여닫으며 단속을 했다. 그때 어린 딸 케이티가 무언가를 발견했다. 아버지가 문을 두드려 소리가 나면, 곧바로 같은 수의 소리가 되풀이해서 나는 것이었다. 어린 케이티는 그 소리를 내는 짓궂은 장난꾼에게, "날 따라해 봐."라고 말하며 손바닥을 두드려 소리를 냈다. 그러자 곧 케이티의 행동을 그대로 따라하는 소리가 났다. 손바닥을 한 번 치면 노크 소리도 한 번 났고, 여러 번 치면 그와 똑같은 숫자로 노크 소리가 났다. 소리를 내지 않고 손바닥을 치는 시늉만 해도 어김없이 그 숫자만큼 노크 소리가 났다. 이는 그 정체불명의 존재가 소리를 들을 뿐만 아니라, 폭스 가족의 행동도 보고 있음을 나타내는 것이었다.

그들은 다음날이 만우절이어서 누군가가 집에 숨어서 장난을 치는 것으로 생각했다. 그래서 폭스 부인은 소리를 내는 그 존재를 향해, "우리 아이들 나이만큼 소리를 내 보세요."라고 말했다. 그러자 노크 소리는 자녀 한 명의 나이만큼 소리를 내고는 잠시 간격을 두고 다른 자녀의 나이만큼 소리를 내는 방식으로, 여섯 명 자녀의 나이를 정확하게 맞혔다. 폭스 부인은 두려움에 떨며 "당신은 사람인가요?"라고 물었다. 물론 대답은 없었다. 폭스 부인이 다시, "만약 당신이 유령이면 두 번 두드리세요."라고 말을 하자, 노크 소리가 정확히 두 번 났다. 그리고 그 소리는 집 전체를 울리는 것 같았다. 폭스 부인이 다시 물었다. "당신은 상처받은 영혼인가요?" 그러자 집이 떠나갈 것처럼 매우 큰 노크 소리가 두 번 났다. 폭스 부인이 그 영혼에게 이웃사람을 불러와도 괜찮은지 묻자, 그 영혼은 좋다고 하였다.

폭스 부인은 이웃에 사는 레드필드 부인을 불러왔다. 자초지종을 들은 레드필드 부인은 자신이 직접 질문을 하여 실험해 봤다. 그 영혼은 노크 소리로 모두 정확하게 맞혔고, 이에 레드필드 부인은 너무 놀라 기절할 지경이었다.

그들은 곧 열네 명의 이웃을 불러왔다. 그들도 폭스 부인의 질문에 영혼이 침대를 흔들며 요란하게 대답하는 것을 보고는 모두 놀랐다. 그들은 곧 위원회를 구성하고 그 영혼에게 질문을 계속했다. 듀슬러라는 사람이 주동이 되어 질문을 했고, 곧 그 영혼의 정체가 밝혀졌다. 그 영혼은 행상을 하던 찰스 B. 로스마로, 서른한 살의 나이에 그 집의 동쪽 방에서 살해되었다고 했다. 그의 자녀는 모두 다섯 명이었고, 당시 그 집에 살던 벨이 그의 돈 500달러를 노려 칼로 목을 베고 지하실에 시체를 묻었다는 것이었다. 마을 사람들은 곧 벨을 추궁했으나, 벨은 완강히 부인했다. 그들은 증거를 확보하기 위해 지하실을 팠으나, 조금 파들어 가자 물이 나와 작업을 중지해야 했다. 그 후 7월에 다시 지하실을 팠으나, 생석회와 사람의 머리카락만이 나왔다. 그 정도의 증거로는 벨을 살인자로 기소할 수 없었다.

벨은 또 다른 이웃들로부터 자신의 결백을 호소하는 연명서를 받아 법원에 제출했다. 그 영혼도 듀슬러의 질문에 벨이 살인죄로 기소되지 않을 것이라고 알렸다. 조사위원회에서도 그러한 소음이 초자연현상에 의한 것이라는 데 완전한 의견일치를 보지 못했다. 게다가 케이티가 있을 때는 그런 소리가 났지만, 그녀가 집에 없을 때는 아무런 소리가 나지 않았다. 사람들은 혹시 케이티가 어떤 속임수를 쓰는 것이 아닐까 의심했다. 사람들은 그녀의 발을 묶고 두툼한 솜방석을 발에 받치는 등 여러 실험을 했다. 그러나 소리는 어김없이 났다. 설령 케이티가 속임수를 써서 발을 굴렀다 해도, 그 정도로는 그처럼 요란한 소리가 날 수 없었다. 그러나 이 사건은 결말을 짓지 못하고 많은 세월이 흘렀다.

폭스 부인의 경위서

심령 현상이 일반인의 관심을 끌게 된 시초는 하이즈빌 사건이라 할수 있다. 이 사건에 대해 폭스 부인이 1848년 4월 11일자로 서명한 경위서를 살펴보자. 이 경위서는 『셜록 홈즈』의 저자인 코난 도일이 자신의 또 다른 저서인 『심령주의의 역사』에서 인용한 것이다.

처음 이러한 소리가 나던 날 밤에 가족 전체가 촛불을 들고 집안을 샅샅이 살폈다. 그러는 와중에도 소리는 같은 곳에서 계속되었다. 그 소리는 그다지 크지는 않았지만, 침대에 누워 있으면 침대가 흔들리고, 의자에 앉아 있으면 의자가 흔들릴 정도였다. 그것은 갑자기 오는 충격이라기보다는 계속되는 흔들림이었다. 마룻바닥에서도 흔들림을 느낄 수 있었다. 그러한 흔들림은 그날 우리가 잠이 들 때까지 계속되었다. 나는 그날 자정까지 잠을 이루지 못했다.

3월 30일에는 밤새도록 그 소리에 시달렸고, 집 전체에서 소리가 났다. 남편은 문밖에 있고 나는 문안에 있었는데, 우리 부부 사이에 있는 문에서 소리가 났다. 우리는 식량을 보관하고 있는 저장소로 내려가는 발자국 소리를 들었다. 우리는 쉴 수도 없었다. 우리는 집에 상처받은 영혼이 있다고 결론 내렸다. 나는 유령이 나오는 집에 관해 가끔 들은 적은 있지만 직접 보거나 경험한 적은 없다. 또 그런 현상을 설명할 수도 없다.

1848년 3월 31일 금요일 저녁에는 그 소리에 시달리지 않기 위해 일찍 잠자리에 들었다. 날이 어둡기도 전이었다. 나는 오랫동안 제대로 잠을 자지 못해 병이 날 정도였다. 그날 저녁 어김없이 소리가 났는데, 그때 남편은 아직 잠자리에 들지 않았고, 나는 막 침대에 누웠을 때였다. 나는 그 소리를 다른 여러 소리와 분명하게 구별할 수 있다.

다른 방에서 잠자리에 들려던 아이들도 그 소리를 들었다. 아이들은 손바닥을 치며 소리를 흉내 내고 있었다. 막내딸인 케이티가, "장난꾼 아저씨! 제가 하는 대로 해보세요. 하나, 둘, 셋, 넷."이라고 하며 손바닥을 손가락으로 두드렸다. 그러자 그 소리는 그대로 따라했다. 그 후 케이티는 무서워서 더 이상 자신을 따라해 보라고 말하지 못했다. 잠시 후 케이티는 나에게, "엄마, 저게 무엇인지 알아요. 내일이 만우절이잖아요. 누군가가 우리를 놀리려는 거예요."라고 말했다. 그래서 나는 다른 사람이 알 수 없는 질문을 해보기로 했다. 나는 그 알 수 없는 존재에게 우리 자녀들의 나이만큼 차례로 소리 내어 보라고 했다. 곧바로 아이들의 나이에 해당하는 숫자만큼 소리가 났고, 나이와 나이 사이에는 잠시 간격을 두면서 일곱 명의 나이를 대었다. 일곱 번째는 앞에서 보다 긴 간격을 두고 세 번 소리가 났는데, 다른 나이보다 더 강조하는 듯했다. 일곱 번째 막내는 이미 죽었는데, 죽었을 때 나이가 세 살이었다.

그래서 나는 "당신은 사람입니까?" 하고 물었지만, 아무 소리도 나지 않았다. 그래서 다시 만일 유령이라면 두 번 소리를 내어 보라고 말했다. 말이 끝나자마자 두 번의 노크 소리가 났다. 만약 상처를 입은 유령이면 두 번을 두드리라고 하자, 그 즉시 집 전체를 뒤흔드는 듯한 큰 소리가 났다. 나는 또 혹시 이 집에서 다쳤는지 물으며, 만약 그렇다면 두 번 두드리라고 했더니 두 번의 소리가 났다. 그리고 자신을 해친 사람이 아직도 살아 있는지 물으니 노크 소리로 그렇다는 대답을 했다.

나는 이러한 방법으로 그 사람이 죽을 때 나이는 서른한 살이었고, 이 집에서 살해되어 시체가 지하실에 매장되었다는 사실을 알아냈다. 또한 그에게는 아내와 두 아들, 세 딸이 있었으며, 그가 살해될 당시는 전부 살아 있었으나 그의 아내는 그 후에 죽었다는 것도 알아냈다.

나는 동네사람들을 불러와 그들도 함께 들을 수 있게 계속 소리를 내 주겠느냐고 묻자 그 영혼은 그러겠다고 했다. 남편이 가장 가까운 이웃인 레드필드 부인을 불러왔다. 그녀는 대단히 정직한 사람이다. 우리 아이들은 침대에 서로 붙어 앉아 공포에 떨고 있었다. 레드필드 부인은 즉시 왔다. 그때가 7시 30분경이었다. 레드필드 부인은 아이들이 새파랗게 질려 말도 못하는 것을 보고는 무엇인가 심상치 않은 일이 있다고 느꼈다. 나는 그 부인을 위해 몇 가지 질문을 했다. 그리고 대답은 전처럼 노크 소리로 대신해서 났다. 그 유령은 레드필드 부인의 나이를 정확하게 맞혔다. 레드필드 부인은 즉시 자신의 남편을 불러 여러 가지 질문을 했고, 그에 대한 대답도 정확했다. 그 후 레드필드는 듀슬러 부부를 포함해 여러 사람들을 불러왔다. 듀슬러는 다시 하이드 부부와 쥬월 부부도 불렀다. 듀슬러는 많은 질문을 하였고 그에 대한 대답도 들었다. 듀슬러가 만약 살해범이 법의 심판을 받지 않을 것이라면 노크로 대답해 보라고 하자, 분명하고 커다란 노크 소리가 났다. 이러한 방법으로 듀슬러는 그 영혼이 약 5년 전에 동쪽 방에서 살해되었고 범인은 벨이라는 것을 밝혀냈다. 벨이 당시 자정쯤에 칼로 목을 베어 살해하고 시체를 지하실로 끌고 갔다는 것이다. 벨은 그렇게 시체를 놔두고, 다음 날 밤에야 3미터 정도를 파서 시체를 묻었다고 했다. 그 유령은 자신이 500달러 때문에 살해되었다고 했다. 많은 사람들이 밤새 우리 집에 머물렀다. 나와 아이들은 그날 집을 나갔다. 남편은 레드필드와 함께 집에서 밤을 샜다.

그 다음날인 토요일에는 많은 사람들이 우리 집을 찾아왔다. 낮에는 소리가 나지 않았으나 밤이 되면 다시 소리가 났다. 그때 모인 사람들은 300명이 넘었다고 한다. 그날 밤에 사람들은 지하실을 파기 시작했다. 그러나 물이 나와서 작업은 중지되었다. 일요일 아침에는 모든 사람이 들을 수 있게 소리가 났으나, 저녁과 밤에는 전혀 나지 않았다. 그날 밤에는 큰딸 내외와 아들 내외가 그 집에서 잤다. 그 후로 어제 오전까지는 아무런 소리도 나지 않았다. 어제 오전에는 몇 가지의 물음에 대한 대답을 받았다. 오늘도 몇 번인가 그 소리를 들었다. 나는 귀신이 나오는 집이나 초상현상(超常現象)을 신봉하는 사람이 아니다. 이러한 소동에 대해 대단히 유감스럽게 생각한다. 이것은 우리 가족에게는 크나큰 재난이고 불행이다. 그러나 나는 진실이 밝혀지기를 애타게 기다리며 또 진실이 밝혀질 것을 믿는다. 나는 이러한 소음이 과연 무엇인지에 대해 설명할 수 없다. 말할 수 있는 것은 이 모든 것이 사실이며 그러한 소음이 계속되고 있다는 것뿐이다. 나와 가족은 오늘(4월 4일) 아침에도 그 소리를 들었다.

나는 이 내용이 진실임을 밝히며, 필요하다면 맹세할 것을 약속한다.
1848년 4월 11일 마가렛 폭스

③

유령의 메시지가 사실로 드러나다

　그로부터 56년이 지난 1904년, 그 집의 지하실에서 사람의 유골과 행상인이 사용하던 양철통이 발견되었다. 1904년 11월 22일자 《보스턴 저널》에 나온 기사를 소개한다.

　1904년 11월 22일 로체스터 발 :

　1848년 폭스 자매가 겪었던 현상의 주인공으로 생각되는 사람의 유골이 그녀들이 살던 집 지하실 벽 밑에서 발견되었다. 이로써 폭스 자매가 그 집에 묻혔던 유령과 교신을 했었다는 그들의 주장이 진실임이 밝혀졌다. 폭스 자매는 유령이 살해되어 집 지하실에 묻혀 있다고 주장했었다. 그러나 수차례의 발굴 조사에서는 유골을 찾지 못해 그러한 주장에 대한 증거를 확보할 수 없었다. 이 유골은 폭스 자매들이 유령과 교신을 했다는 그 집 지하실에서 놀던 어린 학생들에 의해 발견되었다. 그 집의 현재

주인인 윌리엄 하이드는 면밀한 조사를 통해 지하실 벽 밑의 흙더미에서 거의 완전한 형태의 사람 해골을 발견했다.

하이드는 이러한 사실을 폭스 자매의 친척들에게 연락했고, 곧 심령협회에도 알리기로 했다. 이전에도 심령협회의 많은 회원들이 '유령의 집'이라 알려진 이곳을 방문했었다.

이러한 유골의 발견은 폭스 부인이 1848년 4월 11일에 서명한 증언을 뒷받침하는 것이다. 유골과 함께 행상인이 사용하는 양철통도 발견되었는데, 이 양철통과 하이즈빌의 그 '유령의 집'은 미국 심령협회 본부가 있는 릴리데일로 옮겨졌다.

하이즈빌의 '유령의 집'에서 일어난 범죄에 대한 또 다른 증거도 있다. 벨이 그 집에 살며 범죄를 저질렀던 당시에 하녀로 일하던 루크레티아 펄버의 증언이 그것이다. 그녀는 한 행상인이 벨의 집에 왔었다고 증언했다.

안주인인 벨 부인이 그날은 일찍 퇴근하라고 했습니다. 저는 그 행상인으로부터 사고 싶은 물건이 있었으나 수중에 돈이 없었습니다. 행상인은 그 다음날 아침 저의 집에 들르겠다고 했으나, 그를 본 것은 그때가 마지막이었습니다. 그 후 3일이 지나자 벨 부인이 저를 불러서 다시 그 집으로 갔습니다.

그 행상인은 서른 살 정도 되어 보였습니다. 저는 그가 자신의 가족에 대해 벨 부인과 이야기하는 것을 들었으며, 벨 부인은 저에게 그 행상인과 오래전부터 아는 사이라고 했습니다.

그 일이 있은 지 약 일주일 후에 벨 부인이 저에게 지하실에 내려가 바깥문을 닫으라고 했습니다. 지하실 가운데쯤에서 저는 그만 넘어져서 소리를 질렀습니다. 지하실 바닥의 흙이 고르지 못한 것 같았고, 땅을 판 흔적이 있는 것 같았습니다. 제가 올라오자 벨 부인은 왜 소리를 질렀는지 물었습니다. 저는 넘어지면서 놀라서 그랬다고 말하고, 지하실에서 본 것을 말했습니다. 벨 부인은 땅을 판 흔적은 쥐들의 소행이라고 했습니다. 그리고 며칠 후, 벨 씨는 밤에 많은 흙을 지하실로 날랐는데, 쥐구멍을 막기 위한 것이라고 했습니다.

얼마 후에 벨 부인은 그 행상인에게서 샀다면서 저에게 재봉용 골무를 주었습니다. 약 3개월 후에는 또 다른 골무를 보여 주면서, 그 행상이 며칠 전에 또 다시 다녀갔다고 했습니다. 그리고 그에게서 샀다는 다른 물건들도 함께 보여 주었습니다.

유령에 대한 또 다른 증언도 있다. 레이프 부인이라는 사람이 1847년에 그 집에서 유령을 목격했는데, 그 유령은 보통 체구에 회색 바지와 검은 윗도리, 검은 모자를 쓰고 있었다고 한다. 하녀로 일했던 루크레티아 펄버는 그 행상인이 검은 윗도리와 옅은 색 바지를 입고 있었다고 말했다.

하이즈빌 사건 이후 많은 사례가 로체스터 근방에서 발견되었고, 이는 심령 현상에 대한 일반인의 눈길을 끄는 결정적인 계기가 되었으며, 나중에는 유럽 전역에서도 발견되었다. 이런 현상을 폴터가이스트(poltergeist)라고 하는데, 이는 독일어로 '시끄러운 소리를 내는 유령'이라는 뜻이다. 1851년과 1852년에는 영매(靈媒)인 하이든 여사와 다니엘 덩글러스 홈 등 많은 사람들이 심령 현상에 관심을 갖는 데 영향을 주었다. 물론 그 이전에도 폴터가이스트 현상은 있었다.

그 중 하나가 영국에서 일어난 '윌링턴의 유령 사건'이다. 이는 1840년에 퀘이커교도인 프록터 가족이 심한 노크 소리와 시끄러운 소음에 시달린다는 소문이 퍼지면서 알려졌다. 영국 북부 선더랜드의 의사인 에드워드 드루리는 그 소문을 듣고 프록터에게 편지를 보내, 소문을 밝히기 위한 조사를 하자고 제안했다. 프록터는 그의 제안을 수락하여, 1840년 7월 3일에 드루리가 조사를 하도록 집을 비워 주었다. 그날 밤 드루리와 그의 친구가 함께 그 집에서 밤을 지냈는데, 그들은 엄청난 초자연현상을 경험했다. 드루리는 자신의 경험을 상세히 적어 프록터에게 편지를 보냈다. 그 편지에 의하면, 한밤이 되자 소음은 물론 유령도 실제로 나타났고, 물건들이 여기저기로 날아다녔다고 한다. 그들은 뜬눈으로 밤을 새웠고, 너무나 겁에 질려 프록터에게 편지를 쓴 것도 10일이나 지난 후였다고 한다.

프록터는 그 후 고서(古書)를 한 권 발견했는데, 그 고서에는 200년 전에 있던 예전 집에서도 같은 현상이 일어났다고 기록되어 있었다고 한다(콜린 윌슨의 『사후의 생』에서 인용).

이 외에도 감리교 창설자인 존 웨슬리의 조부인 새뮤얼 웨슬리 목사가 있던 목사관에서도 자신을 올드 제프리라고 밝힌 유령이 2개월이나 소동을 일으켰다고 알려져 있다.

4

심령 현상 연구의 시작

1853년에 펜실베이니아 대학의 화학 교수인 로버트 헤어 박사는 대중의 인기 속에 유행하던 강령회(降靈會) 등의 허구성을 폭로하기 위해 본격적인 조사에 착수했다. 그러나 많은 조사 끝에 그는 오히려 심령 현상을 믿는 열렬한 팬이 되었다. 그는 심령 현상을 철저하게 조사한 후, 1855년 뉴욕에서 『심령 현상에 대한 실험적 연구(Experimental Investigation of the Spirit Manifestation)』라는 저서를 냈다. 이 책에서 그는 자신뿐만 아니라 여러 사람들이 함께 관찰한 내용임을 강조했고, 다음과 같이 요약했다.

심령 현상이 사실이라는 증거는 몇 가지가 있다. 첫째, 소음(rapping, 영에 의한 노크 등) 등은 살아 있는 인간이 냈다는 흔적을 찾을 수 없다. 둘째, 이러한 소리는 인간이 요구하는 바에 따라 긍정하거나 부정하는 대답을 할 수 있다. 셋째, 이렇게 전해진 내용은 영혼에게 질문을 하는 사람의 친구, 친척, 지인인 경우가 많은 것 같다.

헤어 박사는 이 책에서 이러한 실험들은 엄격하고 엄밀하게 조사된 것이라면서, 소음현상은 영혼에 의한 것이 확실하다고 주장했다. 그는 당시 미국 화학계에서 가장 유명한 학자였지만, 이런 발표로 인해 대학 교수직을 사임해야 했다.

뉴욕 대학의 농화학 교수인 제임스 메이프 박사도 헤어 박사처럼 강령회 등의 허구성을 폭로하기 위한 조사에 착수하였다. 그는 자신의 딸이 자동서기 능력을 가졌다는 것을 알고는, 딸을 통해 심령 현상이 사실인지 밝혀 보려고 했다. 그가 딸과 함께 강령회를 하자, 딸의 손이 급히 움직이기 시작했다. 그리고 이미 타계한 메이프 박사의 아버지의 메시지가 전해졌다. "내가 네게 준 백과사전을 기억하고 있겠지? 그 책의 120페이지에 나의 이름이 적혀 있다."는 것이 메시지의 내용이었다.

그러나 그의 아버지가 물려준 책들은 다른 물건들과 함께 창고에 보관되어 있었고, 그의 아버지가 타계한 후로는 27년 동안 한 번도 책을 열어 보지 않은 상태였다. 메이프 박사는 다음날 창고를 뒤져 그 책을 찾았다. 메시지대로 그 책의 120페이지에는 그의 아버지의 이름이 적혀 있었다. 이 사건이 계기가 되어 메이프 박사도 친구인 헤어 박사와 함께 심령 현상을 본격적으로 연구하게 되었다.

1854년 6월 10일 뉴욕에서는 미국 역사상 처음으로 정기적인 강령회가 열렸다. 그 명칭은 '심령지식 전도회(Society for Diffusion of Spiritual Knowledge)'였으며, 회원으로는 당시 뉴욕주 대법원장인 존 에드먼드 판사, 나중에 위스콘신 주지사가 된 벤자민 텔메이지 등 저명인사들도 다수 포함되어 있었다.

그들은 《기독교 심령주의자들(The Christian Spiritualist)》이라는 신문을 발행하고 하이즈빌 사건의 케이티 폭스가 주재하는 강령회를 매일 열었다. 오전에는 일반인들도 그 강령회에 참가할 수 있었다. 에드먼드 판사는 심령학에 대한 자신의 행동 때문에 8년 동안 재직하던 대법원장직을 그만두어야 했다.

이 당시 특징이라고 할 수 있는 것은 헤어 박사나 에드먼드 판사 등이 나중에 영매능력을 가지게 되었다는 점이다. 그들은 영매능력을 가진 후부터는 다른 영매들에게 의존하지 않고 여러 심령 현상들을 직접 경험하게 되었다. 헤어 박사는 자신의 저서에서 이렇게 밝히고 있다.

나는 영혼들과 충분히 교신할 수 있는 영매능력을 가지게 되었기에, 더 이상 영매들의 사기나 속임수에 넘어갔다는 언론의 비난을 받지 않게 되었다. 사실이 이런데도, 계속 나를 비난하는 것은 나의 인격을 모독하는 것이다.

그 후 많은 영매들이 출현하여 이들을 중심으로 수많은 강령회가 열렸으며, 많은 학자들의 관심을 끌었다.

5

최초의 심령과학연구회

영국에서는 윌리엄 크룩스 등이 심도 있게 심령 현상을 연구했다. 1875년에는 심령 현상을 연구하기 위한 '대영 심리학회(Psychological Society for Great Britain)'가 서전트 콕스에 의해 창설되었다. 그러나 이 단체는 1879년 그의 죽음과 함께 해체되었고, 1882년에 물리학자인 윌리엄 바레트의 제안으로 영국에서 처음으로 '심령과학연구회(SPR, Society for Psychical Research)'가 설립되었다. 협회 회원으로는 유명작가 F. W. H. 마이어스, 에드먼드 가니, 케임브리지 대학 교수인 헨리 시지위크, 케임브리지 출신 학자인 모세스, 영국 수상을 역임한 아더 밸푸어와 A. 글래드스턴, 계관시인 알프레드 테니슨, 원자 구조를 발견하여 노벨상을 탄 J. J. 톰슨 등의 저명인사들이 있었다.

2년 후 미국에서는 영국 SPR의 도움으로 유명한 심리학자인 하버드 대학의 윌리엄 제임스 박사와 콜롬비아 대학의 제임스 하이슬롭 박사 등에 의해 '미국 심령과학연구회(ASPR, American Society for Psychical Research)'
가 창설되었다. 멤버로는 마크 트웨인, 루이스 캐럴(『이상한 나라의 앨
리스』 저자), 존 러스킨, 시인 헨리 워즈워스 롱펠로우 등 유명한 인사
들이 많았다.

케이티 폭스는 후에 영국을 방문하여 당시 런던에서 유명한 변호사
와 결혼했다. 1871년 11월경부터 윌리엄 크룩스가 그녀에 대한 실험
을 시작했다. 그 중 한번은 《타임스》의 기자도 함께 참석하였는데, 그
는 《타임스》에 "윌리엄 크룩스가 케이티 폭스의 양손을 잡고 있는데도
책상을 주먹으로 두드리는 소리가 났고, 그 소리는 그가 요구하는 대
로 되풀이되었다. 그는 자신이 할 수 있는 모든 조사를 했고 케이티도
그렇게 해달라고 부탁했다."라는 기사를 썼다.

크룩스는 한 손으로는 케이티의 두 손을 잡고, 발 위에는 그녀의 두
발을 얹도록 했다. 그리고 다른 한 손은 연필을 잡고 책상 위에 놓고
있었다. 그는 당시의 상황을 "빛나는 손 하나가 천장에서 내려와 내
곁에 잠시 머물렀다. 그러고는 내 연필을 뺏어 종이 위에 급히 글을 쓴
후 머리위로 오르더니 서서히 사라졌다."고 적고 있다.

이 외에도 이와 비슷한 경험이 케이티 폭스와 함께했던 여러 강령회
에서 있었다고 여러 사람들이 주장했으며, 다른 방에 있는 무거운 물
건이 자신들이 있는 방으로 옮겨지는 것을 목격했다는 증언도 많다.

스웨덴 사람인 스베덴보리는 근대 심령 현상을 사실대로 증명한 사
람으로 여겨진다. 철학자 임마누엘 칸트의 기록에 따르면, 스베덴보리
는 하이즈빌 사건이 일어나기 100년 전인 1744년에 열여섯 명과 함께
만찬을 하던 자리에서 480킬로미터 떨어진 스톡홀름에 화재가 발생했

다는 사실을 영안(靈眼)으로 보고 만찬석상의 사람들에게 이를 알렸다
고 한다. 또 자신의 사망일을 미리 예언하고, 실제로 그날 사망한 것은
매우 유명하다. 그는 유령이나 사후세계에 대한 많은 저술을 했는데,
그를 근대 심령학의 시초로 보는 학자들도 있다. 여기서 스베덴보리의
마지막 수기인 『영의 세계』에 나오는 예언을 살펴보자. 이 수기에는
스톡홀름의 화재사건도 언급되어 있다.

이 수기의 마지막으로, 존 웨슬리라는 목사에게 보낸 편지를 여기에 옮
긴다. 이 편지는 나의 마지막 강령술의 결과를 기록한 것이다. 이 결과는
내가 죽은 뒤에 판명될 것이고, 여러분은 나의 예언이 맞았음을 알게 될
것이다.

존 웨슬리는 내가 편지를 쓸 당시 전혀 모르는 사람이었으나, 나는 영
적 지각으로 그에게 편지를 써야 한다고 느꼈다.

"나는 당신이 영계에서 나를 만나고 싶어 한다는 것을 알았습니다. 나
는 1772년 3월 29일 이 세상을 떠나 영계의 영이 되기로 결정되었기에,
이를 알려드립니다."

이러한 그의 편지를 보고 존 웨슬리와 주위 사람들은 대단히 놀랐다
고 한다. 그들은 만난 적도 없는데 존 웨슬리가 스베덴보리를 영계에
서 만나고 싶어 한다는 사실을 안다는 것이 그들을 놀라게 한 것이다.
이처럼 스베덴보리는 많은 이적과 저술을 남겼지만, 많은 학자들은 하
이즈빌 사건이 일어난 1848년 3월 31일을 근대 심령학의 기원일(紀元日)
로 여긴다.

유명 인사들이 겪은
심령 현상

대통령 당선과 죽음의 환영을 보다

- 에이브러햄 링컨

미국의 제16대 대통령이었던 에이브러햄 링컨은 많은 영적 경험을 한 것으로 알려져 있다. 그의 부인인 마리 링컨 여사는 심령주의를 열렬히 신봉했으며, 특히 둘째 아들이 죽은 후에는 죽은 아들과 교신하기 위해 백악관에서 많은 강령회를 열었는데, 알 수 없는 힘에 의해 백악관 방에 있던 그랜드 피아노가 공중으로 뜨는 일도 있었다. 링컨은 생전에 많은 영적인 경험을 하였고, 그것을 가까운 친구나 행정부 인사들에게 소상히 알렸다. 링컨이 겪은 심령 현상 몇 가지를 소개하기로 한다.

1860년 그가 처음 대통령에 출마해 당선 소식을 기다리던 어느 날이었다. 자정쯤 되었을 때 그의 당선이 거의 확실해졌고, 그는 늦은 저녁을 들고 새벽녘에야 귀가했다. 그의 침실에는 거울이 있었는데, 링컨은 그 거울에 비친 자신의 모습을 잠시 들여다보았다. 그때 거울에는 두 개의 영상이 비쳤다.

두 영상은 서로 약 7센티미터 정도 떨어져 있었다. 두 영상은 사라졌다가 다시 나타났는데, 한 영상은 평소 거울에 비친 자신의 모습 그대로였지만 다른 영상은 죽은 사람처럼 핏기가 전혀 없었다. 그리고 그 영상들은 다시 사라졌다. 링컨은 너무나 피곤해서 헛것을 봤다고 생각하고 침대에 누웠다. 그러자 거울에 비친 것과 똑같은 영상이 천정에도 나타났다. 그는 아내에게 자신이 본 것을 얘기하자, 그 부인이 다음과 같이 말했다.

"이전처럼 제대로 비친 영상은 당신이 대통령에 당선되어 임기를 채울 것을 의미하지만, 죽은 사람처럼 비친 영상은 당신이 연임은 하겠지만 임기를 채우지 못한다는 의미 같아요."

심령 현상에 대해 깊은 관심을 가지고 있던 영부인은 어느 날 네티 콜번이라는 한 소녀 영매가 주관하는 강령회에 참석했다. 영부인은 그 소녀 영매가 보인 능력에 큰 감명을 받고 다음날 그녀를 백악관으로 초청했다. 그때는 남북전쟁이 한참 고비를 맞고 있었고, 링컨은 노예해방 선언을 하는 것에 큰 어려움을 겪고 있었다. 남부는 물론이고 북부의 의회에서도 반대의 의견이 거세었고, 전쟁에 지친 군인들의 사기도 북돋워야 했다.

백악관으로 초청된 네티 콜번은 대통령과 여러 사람들이 모인 가운데 트랜스(trance; 무의식 상태)로 들어갔다. 그러자 어린 소녀는 당당한 남자의 태도와 목소리로 한 시간이 넘게 지금의 압력에 굴하지 말고 내년 (1863년) 1월 1일을 기해 노예해방 선언이 효력을 발생하도록 선포할 것을 링컨에게 강조했다. 그녀는 아울러 지금 생각하고 있는 노예해방 선언의 조항을 변경하거나 선포시기를 늦추지 말라고 강조했고, 이 일은 이 정권의 가장 중요한 임무일 뿐만 아니라 링컨 자신의 생애에 있어서도 가장 중요한 사명이라고 말했다. 강령회에 같이 참석했던 여러 사람들은 처음에는 그녀가 무엇을 말하는 것인지 이해하지 못했다고 한다. 링컨은 그 어린 영매의 머리를 어루만지며, "애야, 너는 분명 이상한 재능을 지녔다. 그것은 물론 하나님이 주신 선물임이 틀림없다. 네가 오늘 와 주어서 정말 고맙구나. 나는 이제 나가야 하지만, 나중에 또 만나자."라고 말하고는 방을 나갔다. 링컨은 그 후 노예해방 선언을 했다.

링컨은 자신이 암살되기 직전에 꾼 두 가지 꿈에 대해 백악관에 있던 친구와 국무위원들에게 상세히 이야기했다. 그 내용은 다음과 같다.

한 열흘 전 늦게 잠자리에 든 나는 꿈을 꾸기 시작했다. 내 주위는 쥐 죽은 듯 고요했다. 그때 나는 여러 사람들이 흐느끼는 소리를 들었다. 나는 침실을 나와서 아래층으로 내려가고 있는 것 같았다. 그때 비통한 울음소리에 고요함이 깨어졌으나, 정작 울음소리를 내는 사람들의 모습은 보이지 않았다. 나는 이곳저곳을 다 돌아보았으나 사람의 모습은 보이지 않았다. 모든 방에는 불이 켜 있었고 눈에 익은 방의 물건들도 다 있었으나, 비통하게 우는 사람들은 도대체 어디에 있는 것일까? 나는 당황스럽고 놀라웠다. 도대체 어떻게 된 일일까? 나는 무슨 일인지 밝히고자 이스트 룸(East Room; 백악관에서 가장 큰 방으로 각종 행사가 열리는 곳)으로 갔다.

이스트 룸에는 관이 있었고, 거기에는 수의에 싸인 망자(亡者)가 있었다. 그 옆에는 경비를 서는 두 병사가 있었고, 주위에는 한 떼의 사람들이 있었다. 일부는 슬픈 표정으로 시체를 바라보거나 우는 사람들이 있었으나, 그들의 얼굴은 모두 베일에 가려져 있었다. 나는 병사 중 한 명에게 누가 죽었지 물었다. 그 병사는 대통령이 암살을 당했다고 대답했다. 그때 크게 슬피 우는 소리가 들렸고, 그 때문에 나는 꿈에서 깨어났다. 나는 그날 밤 더 이상 잠을 이룰 수 없었다. 비록 꿈이긴 했지만 마음이 편치 않았다.

1865년 4월 14일 그가 암살되던 날, 그는 포드 극장으로 가기 직전에 국무회의를 했다. 그는 국무위원들에게, "여러분은 머지않아 중요한 뉴스를 접할 것입니다."라고 말하고는 입을 다물었다. 국무위원들이 궁금해 하자, "내일이면 알 겁니다."라며 "내가 꿈을 꾸었는데 같은 꿈을 세 번 꾸었어요. 한 번은 불 런(Bull Run) 전투 때, 그 후 또 한 번, 그리고 어젯밤, 셋 다 같은 꿈입니다. 나는 끝없는 바다에 홀로 노도 없고 키도 없는 배를 타고 어쩔 줄 몰라 떠돌고 있었습니다."라고 말했다.

또한 그날 링컨은 백악관에서 경비를 맡던 윌리엄 크룩크 대령에게 "Good bye"라고 인사했다고 한다. 평소에 링컨은 그에게 항상 "Good night"이라고 했으며, "Good bye"라고 인사한 것은 그것이 처음이자 마지막이었다고 한다.

그날 저녁 그는 포드 극장에서 연극을 관람하다 암살당했다.

동생과 자신의 죽음을 미리 보다

- 마크 트웨인

『톰 소여의 모험』이나 『허클베리 핀의 모험』으로 우리에게도 잘 알려진 마크 트웨인은 본명이 새뮤얼 클레멘스였다. 그는 작가가 되기 전에는 미시시피 강을 오르내리던 증기선의 선원으로 일하며 선장 자격을 취득했다. 그러나 그는 1861년에 남북전쟁이 발발하자 이 직업을 그만두었다.

1858년에 마크 트웨인은 멤피스에서 뉴올리언스를 왕복하던 여객선에서 근무했으며, 그의 동생 헨리도 같은 배에서 일했다. 멤피스에서 뉴올리언스로 출발하기 얼마 전, 그는 낮잠을 자다 이상한 꿈을 꾸었다. 그는 그것이 꿈인지 환상인지 구분할 수 없을 정도로 생생했다고 한다. 그가 꾼 꿈은 그가 죽기 전에 발간된 자서전에 다음과 같이 기록되어 있다.

마크 트웨인은 어느 날 멤피스에서 잠시 낮잠을 자고 있었는데, 너무나 생생한 꿈을 꾸게 되었다. 그는 꿈속에서 동생 헨리가 죽어 쇠로 만든 관 속에 눕혀져 있는 것을 보았다. 헨리가 입고 있는 옷은 마크 자신의 옷이었고, 가슴에는 붉은 장미꽃 한 다발이 놓여 있었다. 장미 다발 중앙에는 흰 장미 한 송이가 있었다. 그리고 그 관은 두 개의 의자 위에 걸쳐져 있었다.

꿈에서 깬 그는 너무나 놀라, 어머니와 동생이 묵고 있는 매형의 집으로 달려갔다. 도착해 보니 동생 헨리는 아무 일 없이 그곳에 있었다. 그는 그 꿈이 단순히 악몽일 뿐이라고 생각했다.

며칠 후 그들은 함께 배를 타고 멤피스에서 뉴올리언스로 떠났다. 뉴올리언스에 도착한 얼마 후, 동생 헨리는 마크보다 하루 앞서 다른 배로 멤피스로 떠났다. 동생이 떠난 뒤 그 역시 다른 배를 타고 멤피스로 향했다.

그가 탄 배가 멤피스 근처에 왔을 때, 그는 동생이 탄 배에 사고가 나 많은 인명피해가 있었다는 이야기를 들었다. 멤피스에 도착하니 부두에 안치된 관들이 보였다. 그는 쇠로 만든 관 속에 눕혀져 있는 동생을 확인할 수 있었다. 동생의 얼굴은 배의 보일러가 폭발하는 사고로 나온 뜨거운 증기로 깊은 화상을 입고 있었다. 가슴에는 한 다발의 붉은 장미꽃이 있었으나, 꿈에서와는 달리 흰 장미는 없었다. 그때 한 여인이 관으로 다가와서 한 송이의 흰 장미를 붉은 장미 다발 가운데에 놓고는 묵례를 하였다. 그는 동생의 관을 어머니가 있는 매형네로 보낸 후, 즉시 달려서 매형네로 갔다. 집 거실에 관을 올려놓기 위해 두 개의 의자가 자리하고 있었다. 마크 트웨인은 즉시 그 의자들을 치우게 했다. 동생의 얼굴에 생긴 화상을 어머니에게 보이고 싶지 않아서였다. 만약 그가 의자들을 치우지 않았다면 그 관은 얼마 전 그가 꿈에서 보았던 것처럼 두 의자 위에 걸쳐

질 것이었다.

마크 트웨인은 동생의 죽음을 겪은 후 심령 현상에 깊은 관심을 갖게 되었고, 1884년에는 미국 심령과학연구회의 창설 멤버로 참여했다. 그는 죽기 1년 전인 1909년에 다음과 같이 썼다.

나는 핼리 혜성이 왔던 1835년에 태어났고, 핼리 혜성은 내년에 다시 올 것이다. 나는 핼리 혜성과 함께 갈 것이다. 만약 핼리 혜성과 함께 가지 못한다면, 이는 내 생애에서 가장 실망스러운 일이 될 것이다. 전능하신 분께서는 틀림없이 그렇게 될 것이라고 다음과 같이 말씀해 주셨다.
"여기 이해할 수 없는 기형아가 둘이 있는데, 그 둘은 함께 왔고 또 함께 갈 것이다."

그는 자신의 예언대로 이듬해인 1910년 4월 21일에 죽었다.

3

적 함대의 이동을 미리 보다

- 아사노 와사부로

일본의 저명한 심령 연구가이며 저술가였던 아사노 와사부로는 1916년 12월 14일에 당시 일본 해군 중장이던 아키야마를 만나 직접 취재를 했다. 다음은 이것을 기록한 아사노의 저서 『심령 강좌』에서 인용한 것이다.

아키야마가 심령 문제에 많은 관심을 갖고 있는 것은 그가 러일전쟁 중에 영시현상을 두 번이나 체험했기 때문이었다. 그는 자신의 이야기가 오해를 살 수도 있기 때문에 아무에게도 이 사실을 말하지 않았다면서, 나에게 자신의 체험을 들려주었다.

그가 처음 영시현상을 겪은 것은 러시아 극동함대가 일본 함대를 급습한 때였다. 가미무라 함대는 즉시 전선에서 적 함대를 괴멸시키라는 임무를 받았으나, 아무리 철통같은 임무를 수행하여도 어디서 올지 모르는 적 때문에 고민하고 있었다.

아키야마는 당시 도고 함대의 참모로 있었으며, 중국의 여순항을 봉쇄하고 있었다. 무선으로 자주 정황을 보고받고는 있어도 도고 함대는 여순항을 잠시도 떠날 수 없었다. 그때 아키야마의 고민은 극에 달해 있었다.

문제의 요점은 적의 함대가 어떻게 움직일지를 아는 것이었다. 조선의 동해를 통과해 그대로 블라디보스토크로 갈 것인지, 일본의 동해안에 출몰해 일본 함대의 허를 찌른 후 쓰가루 해협과 소야 해협을 거쳐 귀항하는지에 따라 가미무라 함대는 추격 방향을 결정짓지 않으면 안 되었다.

밤새 생각했으나 피로만 쌓인 채 잠시 졸았던 순간, 아키야마의 눈에 동쪽 하늘의 구름이 밝게 빛나며 앞이 훤하게 보이는 것이었다. 문득 정신을 차리고 보니 눈앞의 전경은 일본의 동해안 모습이었다. 쓰가루 해협이 저편으로 보였고, 좀 더 자세히 보니 세 척의 군함이 쓰가루를 향해서 북진하고 있었다. 그 군함들은 꿈에서도 잊을 수 없는 러시아 극동함대 소속의 군함들이었다.

그들이 일본 동해안을 거쳐 쓰가루로 빠지고 있다고 느낀 순간, 모든 광경이 눈앞에서 사라지고 말았다. 그것은 꿈인지 현실인지 제대로 구분하기 어려운, 처음 겪은 경험이었다. 비록 당황스럽기는 했으나, 이것을 영시라고 생각하니 말할 수 없이 감격스러웠다.

영시로 러시아 함대가 태평양, 쓰가루 해협을 지나 블라디보스토크로 갈 것을 확신했으나, 이것을 다른 사람들에게 어떻게 알려야 할지가 고민이었다. 영몽(靈夢)으로 그것을 보았다고는 할 수 없었다. 특히 해군에서는 신령(神靈) 등을 믿는 사람이 거의 없었기 때문에 섣불리 그러한 발언을 했다가는 이상한 사람으로 취급받을 수밖에 없었다. 할 수 없이 그는 합리적인 판단에 따라 적 함대의 이동을 추정했다고 발표했다.

그러나 그의 의견은 무시되었고, 그 결과 러시아 함대는 유유히 쓰가루 해협을 거쳐 블라디보스토크로 귀항했다. 만약 가미무라 함대가 아키야마의 신책(神策)을 받아들였다면, 그해 8월 14일 울산 앞바다에서 펼쳐진 해전까지 가지 않고도 6월 중에 이미 승리를 거두었을 것이다.

아키야마의 두 번째의 영시는 1906년 5월에 발생했다. 일본 함대는 조선의 진해에 근거지를 두고 러시아 함대의 접근을 기다리고 있었다. 적 함대가 쓰시마 해협으로 올 것인지, 태평양을 우회해서 쓰가루와 소야 해협을 거쳐 블라디보스토크로 향할 것인지 모르는 상황이었다. 아키야마 참모의 책임은 무거웠다. 며칠 동안 옷도 갈아입지 못한 채 잠을 설쳤고, 침식도 잊은 채 계획을 짜고 있었다. 5월 24일, 아키야마는 너무나 피곤하여 사관실 의자에 주저앉았다. 방에는 그 혼자뿐이었다. 눈을 감고 이것저것 생각하고 있던 순간, 눈에 비치는 색깔이 변했다. 그리고 쓰시마 해협의 전경이 눈앞에 전개되고 적 함대가 두 개의 열을 지어 항해하는 것이 역력히 보였다. '그들이다!' 하는 순간 정신이 들었고, 이러한 영시는 두 번째였으므로 신의 계시가 분명하다고 직감했다.

27일이 되자 적 함대가 접근한다는 무전이 왔고, 전투준비에 들어갔다. 놀라웠던 것은 적의 대형이 3일 전 꿈에서 본 그대로였다는 점이다. 그는 전투가 끝나고 보고서를 쓸 때 천우신조(天佑神助)라고 쓰지 않을 수 없었다고 한다. 그리고 그는 실제로 그렇게 믿었다고 한다.

4

꿈에 본 벤젠의 분자구조

- 아우구스트 케쿨레

아우구스트 케쿨레는 독일의 저명한 유기화학자로, 당시 세계에서 가장 뛰어난 화학이론가의 한 사람이었다. 그는 최초로 벤젠의 구조를 발견한 사람이고, 유기체의 구조식을 이론화하는 데 큰 공을 세웠다.

1850년대 후반, 케쿨레는 카본이 벤젠의 구조에 어떻게 구체적으로 연결되는지를 밝히는 데 거의 매일을 매달려 있었다. 그러던 어느 날, 그는 뱀이 자신의 꼬리를 물고 둥그런 모양이 되는 꿈을 꾸었다. 꿈에서 깨어난 그는 여섯 개의 카본 원자들이 뱀이 꼬리를 문 것처럼 반지 모양으로 결합되어 벤젠의 분자를 구성한다는 것을 알게 되었다. 그의 발견은 유기화학의 발전에 크게 기여하여 독일이 세계의 유기화학계를 이끄는 계기가 되었고, 1895년에 그는 황제로부터 작위를 수여받았다. 1901년부터 1905년까지 노벨 화학상을 탄 사람 다섯 명 중 세 명이 케쿨레의 제자들이었던 것만 보아도, 그가 얼마나 대단한 인물이었는지 알 수 있다.

케쿨레는 연설할 기회가 있을 때마다 이렇게 말했다고 한다.

"젊은이들이여! 자신의 꿈을 이루려면 꿈을 꾸어라."

사후 세계를 보여준 할아버지

- 크리스천 랭턴

크리스천 랭턴은 초음파 진단기를 발명한 과학자였다. 그의 이야기는 로즈메리 앨티어의 『독수리와 장미』에서 발췌한 것이다.

어느 날 영국의 한 병원에서 일하는 캐서린 랭턴이 자신의 어머니와 함께 나를 방문했다. 방문의 주목적은 돌아가신 할아버지와 영적인 접촉을 하고 싶다는 것이었다. 그녀의 할아버지는 돌연사를 하였는데, 누구도 사인에 대해서 말해 주지 않았다고 한다. 나는 그녀의 할아버지의 영과 접촉하고서야 그가 심장마비로 죽었다는 것을 직접 듣게 되었다. 캐서린은 할아버지의 영과 교신할 수 있는 것에 매우 기뻐했다.

그녀가 자신이 가진 영적 치료능력을 개발하기 위해 나를 정기적으로 방문하던 중, 나의 수호령인 큰 독수리가 그녀의 남편에게 메시지를 전했다. 그녀의 남편인 크리스천 랭턴에게 잃어버린 친척이 있다는 것이었는데, 그는 한참을 조사한 후에야 자신에게 정말 그런 친척이 있다는 사실을 알게 되었다. 그 일 이후 그는 나를 만나고 싶어 했다.

원래 크리스천 랭턴은 고집이 세고, 과학에 대한 믿음 때문에 나를 만나는 것을 꺼렸었으나, 나를 꼭 만나야만 한다고 생각했다고 한다. 그는 내게 많은 질문을 했는데, 내가 답할 수 있는 것도 있었고 답할 수 없는 것도 있었다. 그는 흑백논리에 젖어 있었고 나는 그렇지 않았기 때문에 그는 큰 혼란에 빠졌다. 그의 질문은 과학적 법칙에 근거를 둔 것이었고, 나의 대답은 다른 차원의 세계에 대한 경험에 근거를 둔 것이었다. 그 때문에 그는 아무런 결론도 내지 못하고 어리둥절해 했다.

그때 크리스천 랭턴의 할아버지로부터 예기치 않는 도움이 왔다. 그의 할아버지는 수년 전에 세상을 떠난 후, 저 세상에서 손자를 도울 기회를 기다리던 참이었다. 과학과 심령의 두 세계를 가리고 있는 큰 장벽이 무너지는 것을 보는 것은 나에게는 큰 즐거움이었고, 크리스천 랭턴에게는 무척이나 놀라운 일이었다. 고집스런 과학자인 그도 자신의 귀에 전해지는 사후의 세계에 대한 증거를 무시할 수 없었다. 그러나 그의 할아버지는 단순히 사후 세계의 존재만 보여 주는 것이 아니라, 인간의 일에 관여할 수 있고 도움을 줄 수 있음을 손자에게 보여 주고 싶어 했다.

크리스천 랭턴은 당시에 골다공증 증상을 찾아내는 초음파 뼈 분석기라는 기계를 개발하고 있었다. 골다공증은 뼈의 칼슘이 부족하여 생기는 병으로, 여성의 1/4 가까이가 골다공증에 시달리고 있었다.

그는 초음파를 이용하여 발뒤꿈치를 검사함으로써 골밀도를 판별할 수 있다고 확신하고 있었다. 그러나 아직 만족스러운 데이터를 얻지 못한 상태였고, 많은 실험과 연구 끝에 그가 내린 결론은 발받침대의 각도가 맞지 않다는 것이었다.

그의 할아버지는 내게 그 기계가 어항처럼 생겼고 물이 반쯤 채워져 있다고 했다. 내가 그 이야기를 전하자 크리스천 랭턴은 놀라운 표정을 지었고, 큰 관심을 나타냈다. 나는 할아버지도 손자가 봉착한 어려움을 알고 있다고 전해 주었다. 할아버지의 영은 나에게 받받침대의 각도는 아무 이상 없으나 물이 문제라고 전했다. 물을 없애고 초음파 발생기를 직접 피부에 접촉하면 문제가 해결된다는 것이었다. 내가 전하는 메시지에 놀란 그는 한참을 다시 궁리한 끝에 할아버지가 옳다고 깨달았다. 그 후 일주일이 채 되기 전에 그는 초음파 뼈 분석기를 할아버지의 말대로 개조하여 완성하였고, 그 결과 오늘날 그 기계는 세계 어디서나 볼 수 있게 되었다.

그는 이제 세계적으로 유명한 과학자가 되었다. 물론 영매를 통한 도움이 없었더라도, 그는 실험을 거듭하고 연구함으로써 언젠가는 문제를 해결하고 기계를 완성했을 것이다. 그러나 나는 심령가로서 인류의 더 큰 복지를 위해 과학과 심령을 연결시켰다는 것에 크게 만족한다.

6

꿈에서 본 죽은 친구의 서재

- 칼 구스타프 융

칼 구스타프 융은 정신의학 취리히학파의 중심 인물이며, 그는 평소에 가깝게 지내던 어느 교수와 다음과 같은 약속을 하였다고 한다.

"만약 영혼이 있다면 우리 둘 중에 먼저 죽는 사람이 그 존재를 살아 있는 사람에게 알리기로 하세."

얼마 후 융의 친구가 먼저 세상을 떠났는데, 그가 장례식에 다녀온 후 겪은 일을 여기에 소개한다. 다음의 내용은 그의 만년의 저서 『기억, 꿈, 그리고 회상』에서 인용한 것이다.

장례를 치른 다음날, 나는 사망한 친구에 대해 생각하고 있었다. 나는 무척 상심하고 있었다. 그러자 갑자기 그 친구가 방안에 있음을 느꼈다. 그가 침대 앞에 서서 나를 보고 따라오라고 말하는 것처럼 느껴졌다. 그러나 나는 그것이 영혼이라고는 생각하지 않았다. 그에 대한 나의 내적인 감정이 환상을 만들어 냈다고 생각했다. 그러나 솔직히 말해서, 그것이 환상이라는 증거는 없었다. 그것이 만약 환상이 아니라면 이는 친구를 모독하는 것이었다. 그것이 친구의 영혼이라는 증거도 없었지만, 나는 믿어 보기로 했다. 내가 이런 생각을 하자마자 그는 문으로 가서 나에게 따라오라고 했다. 나는 그를 상상으로 따라갔다. 그는 나를 데리고 자신의 집으로 갔다. 그 친구의 집은 내 집에서 몇 백 미터 거리에 있었다.

그는 나를 자신의 서재로 안내했다. 그는 발판 위에 올라서서 위에서 두 번째 선반에 있는 붉은 표지로 된 다섯 권의 책들 중 두 번째 것을 가리켰다. 그리고 그 친구는 사라졌다. 나는 그의 서재에 익숙하지 않았고, 그가 어떤 책들을 갖고 있는지도 몰랐다. 그가 가리킨 책을 그 자리에서는 읽을 수 없었다.

이 꿈이 너무나도 이상하여, 나는 다음 날 아침 친구의 미망인을 찾아가 서재를 보여 달라고 했다. 서재에 들어서자 내가 보았던 것처럼 서재에는 발판이 있었고, 다섯 권의 붉은 표지로 된 책들을 있었다. 자세히 보니 그것은 에밀 졸라의 『죽음의 유산』이었다. 나는 그 책의 내용에는 별로 흥미 없었지만 그 제목만은 내가 겪은 경험과 관련해 매우 중요한 것이었다.

제3장

과학자들에 의한
심령 현상 연구

심령 현상을 속임수라 생각했던 과학자

1832년에 영국에서 태어난 윌리엄 크룩스는 과학자로서 큰 업적을 남겼다. 그는 1863년에 영국 왕립학회 회원이 되었고, 1875년에는 화학과 물리학 분야의 업적으로 왕립학회로부터 금상을 받았다. 그는 왕립학회로부터 각종 훈장을 받았으며, 1897년에는 빅토리아 여왕으로부터 작위도 받았다. 또한 1910년에는 영국 최고의 훈장을 받기도 했다. 그는 영국 왕립학회 회장, 화학학회 회장, 전기기술학회 회장, 대영학회와 심령과학연구회의 회장직을 맡기도 했다.

화학원소인 탈륨(thallium)의 발견, 방사선 측정기 발명, 방전관 발명 등이 그의 업적이었다. 특히 이 방전관은 그의 이름을 따 '크룩스 관'이라 불렸는데, 이는 오늘날 우리들이 보는 TV 브라운관의 시초이다. 1859년에는 《계간 과학저널(Quarterly Journal of Science)》의 편집인이 되었으며, 1880년에는 프랑스 과학회로부터 금상을 받기도 했다. 그 당시는 노벨상이 제정되기 이전이어서 그는 노벨상은 받지 못했으나, 그의 업적으로 볼 때 그가 당시 세계적으로 가장 훌륭한 과학자였음을 누구도 부정할 수 없을 것이다.

그가 심령 현상의 연구를 시작한 것은 많은 사람들의 바람 때문이었다. 사람들은 윌리엄 크룩스와 같은 훌륭한 과학자가 심령 현상을 조사해 이것이 허구임을 밝히기를 원했다. 그 역시도 심령 현상이 가짜라고 믿었기 때문에 1870년부터 1874년까지 본격적인 연구에 나섰다. 그가 심령 현상에 대해 부정적인 관점을 지녔다는 것은 1870년 7월에 《계간 과학저널》에 쓴 글을 보면 알 수 있다.

심령 현상을 믿는 사람들은 기존의 알려진 힘을 사용하지 않고도 몇 백 킬로그램의 큰 힘을 내는 것이 가능하다고 하지만, 과학자는 에너지의 불멸과 그에 상응하는 에너지의 소모량이 없이는 힘이 결코 나타날 수 없다고 믿는다. 따라서 합리적인 실험을 통해 그들이 그런 힘이 존재한다고 증명해 보이기를 요구하는 바이다.

나는 이러한 이유 때문에, 그리고 이 나라의 사상에 큰 영향을 주는 여러 명사들의 권유 때문에 심령 현상의 연구를 시작한 것이다. 나는 처음에는 여러 정황을 제대로 살피지 않고 극히 일부만 보았던 다른 사람들처럼 '전부 미신이거나 속임수'라고 믿었다.

현재에도 나는 물리적으로 증명하기 힘든 경우에 부닥치긴 하지만, 경우에 따라서는 감각이 만들어 낸 망상임을 확신할 수 있는 경우도 있다. (중략) 자연계의 연구에서 불완전하게 관찰된 연구 결과는 많은 사람들에게 논란거리를 제공한다. 보다 많은 과학적인 방법을 사용하게 된다면,

탐구자들 사이에서 정확한 관찰과 진실을 존중하는 분위기가 조성될 것
이다. 이를 통해 아무 가치도 없는 심령주의나 마법, 강령술이 허구임을
밝히는 관찰자들이 탄생될 것이다.

심령 현상이 허구임을 증명하려던 실험

윌리엄 크룩스의 첫 연구대상은 플로렌스 쿡이라는 열다섯 살의 영매 소녀이었다. 그녀가 뒷방의 소파에서 트랜스에 들어가고 크룩스와 여러 증인이 앞방에서 불을 끄고 앉아 있으면, 약 20~30분 후에 그녀의 몸에서 나온 흰 안개 같은 엑토플라즘(ectoplasm, 프랑스의 생리학자 샤를 리셰가 이름 붙인 물질로 유령 등의 소재가 된다고 함)이 한 영혼을 만들어 냈다. 이 영혼은 소녀였는데, 자신을 케이티 킹이라고 했다. 케이티 킹은 후에 여러 강령회에 나오는 존 킹의 딸이었다고 한다. 존 킹은 영국의 관리로 300여 년 전 서인도 제도에 파견되었으나 후에 해적이 되었다.

케이티는 산 사람과 너무나 흡사하여 많은 사람들이 영매인 플로렌스 쿡이 변장을 한 것이라고 의심했다. 이러한 강령회에서는 영혼이 영매가 가장한 것이 아님을 증명하는 것이 중요한 절차였다. 그러나 많은 관찰을 통해 케이티가 플로렌스 쿡이 아님이 확인되었고, 또 케이티의 영혼이 산 사람처럼 호흡도 하고 맥박도 뛰며, 대화도 할 수 있다는 것이 확인되었다. 그 둘은 키와 머리 색깔도 달랐다.

윌리엄 크룩스는 수십 장의 사진을 찍었고, 그 중에는 케이티와 플로렌스가 함께 찍힌 사진도 있다. 밝은 전등불 밑에서 여덟 명의 증인들과 함께 이런 현상을 보기도 했는데, 그 중에는 당시 천체물리학을 개척한 과학자로 유명하고, 영국 최고의 훈장을 탄 케임브리지 대학의 윌리엄 허긴스 교수도 있었다.

윌리엄 크룩스는 이러한 강령회를 수십 번 되풀이했고, 플로렌스 쿡이 어떤 속임수도 쓸 수 없도록 온갖 주의를 다했다. 그러나 강령회마다 케이티는 나타났고, 어떤 때는 케이티가 함께 참석한 여성 증인들 앞에서 옷을 벗어 자신이 완전한 여자임을 보여 주기도 했다. 그는 1874년 6월 5일자 《심령주의자(The Spiritualist)》에서 영매인 플로렌스 쿡에 대해 다음과 같이 말하고 있다.

나 때문에 그녀가 거의 매일 연 강령회는 그녀의 체력에 큰 부담이 되는 것 같았다. 그녀가 실험을 위해 노력한 정성을 다른 사람들도 알아주었으면 한다. 그녀는 내가 제안하는 테스트에는 언제나 기꺼이 최선을 다해 응하려 노력했다. 그녀는 아주 정직했으며, 속이려는 흔적은 조금도 없었다. 만약 그녀가 사기를 쳤다면 금방 발각되었을 것이다. 이는 그녀의 성격과 전혀 어울리지 않기 때문이다. 그리고 열다섯 살의 순진한 여학생이 이런 거창한 사기를 꾸미고 3년 동안 한결같이 사람들을 속인다는 것은 도저히 상상할 수 없다. 또한 우리가 요구하는 테스트에는 언제나 동의했고 가장 엄격한 검사에도 견뎠다. 그리고 강령회 전후에 시행한 신체 검사에도 응했다. 또한 그녀의 집에서 연 강령회보다 나의 집에서 연 강령회에서 더 좋은 결과가 나왔다. 그녀가 나의 집에서 엄중하고도 과학적인 테스트를 받았다는 사실을 알면서도 최근 3년간의 '케이티 킹'이 사기라고 상상하는 것은, 나의 말을 믿고 안 믿고를 떠나 인간의 이성과 상식을 위반하는 것이라 할 수 있다.

윌리엄 크룩스는 앞서 하이즈빌 사건에서 언급된 케이티 폭스를 통해 물체의 공간이동 현상도 경험하게 된다. 다음의 글은 윌리엄 크룩스가 《계간 과학저널》에 기고한 내용이다.

폭스 부인은 어느 날 저녁 우리 집에서 강령회를 열기로 했다. 당시 어린 아들 둘은 친척과 함께 강령회가 열리는 식당에 있었고, 나는 서재에 있었다. 그녀가 도착하자 나는 폭스 부인을 식당으로 안내했다. 식당에 있던 아이들은 서재로 가도록 했다.

우리는 모두 자리에 앉았고 폭스 부인은 자신의 오른손으로 다른 부인의 왼손을 잡고 있었다. 가스등을 끄고 우리는 완전한 어둠 속에 앉아 있었다. 강령회가 진행되는 동안 나는 그녀의 두 손을 계속 잡고 있었다. 곧 "우리의 힘을 보이기 위해 다른 곳에 있는 물건을 가져오겠다."는 메시지가 전달되었다.

그 메시지와 거의 동시에 우리 모두는 종소리를 들었다. 그 종은 잠시도 정지하지 않고 소리를 내며 식당 안을 돌고 있었다. 식탁을 통통 두드리며 울리기도 했다. 5분이 넘게 울리던 종은 나의 손 옆에 떨어졌다. 누구도 움직인 사람이 없었으며, 폭스 부인의 손도 전혀 움직임이 없었다.

나는 그 종이 혹시 내 서재에 있었던 종이 아닌가 싶었다. 폭스 부인이 도착하기 조금 전에 나는 책 위에 놓인 종을 옆으로 치운 기억이 났기 때문이다. 그러나 다른 공범이 식당으로 종을 가지고 들어왔을 가능성은 없었다. 식당 밖은 불이 켜져 있었고 식당은 꺼져 있었기에 식당으로 몰래 들어올 수 없었기 때문이다.

강령회가 끝나자 나는 불을 켰다. 내 앞에는 서재에 있던 종이 놓여 있었다. 나는 곧 서재로 갔다. 종이 있었던 자리에 종은 없었다. 나는 큰아들에게 여기에 종이 있었던 것을 아는지 물었다. 그러자 큰아들은 거기에 종이 분명히 있었다고 대답하며 고개를 갸우뚱했다. 그리고 "어? 이상해요. 방금 전까지만 해도 여기 있었어요."라고 말했다. 나는 다시 누가 방에 들어와서 종을 가져갔는지 물었다. 그러자 큰아들은, "아뇨. 아무도 서재에 들어오지 않았어요. 그리고 아까 막내 동생이 종을 울리며 놀고 있어서 그러지 말라고 했어요. 그랬더니 종을 그 자리에 분명히 도로 놨어요."라고 말했다.

윌리엄 크룩스는 당시 유명한 영매인 다니엘 덩글러스 홈과의 실험에서 공중부상(levitation), 소음, 상자 안의 아코디언이 자동으로 연주되는 현상, 인광 물질의 발생, 연필이 자동으로 글을 쓰는 현상 등을 경험했다. 다음의 글도 윌리엄 크룩스가 《계간 과학저널》에 기고한 내용이다.

 어느 일요일, 다니엘 덩글러스 홈과 우리 가족이 겪은 일이었다. 나는

그날 아내와 시골에서 돌아오며 꽃을 조금 가지고 왔다. 나는 집에 도착하여 그 꽃을 꽃병에 꽂도록 가정부에게 주었다. 잠시 후 다니엘 홈이 방문하여서 우리는 식당으로 갔다. 우리가 앉은 잠시 후, 가정부가 꽃을 꽃병에 담아 가지고 왔다. 나는 그것을 식탁 위에 놓았다. 다니엘 홈이 그 꽃을 본 것은 그때가 처음이었다. 물질이 물질을 통과하는 것에 이야기가 이르렀을 때, 다음과 같은 메시지가 전해졌다.

"물체가 물체를 통과한다는 것은 불가능하다. 그러나 우리는 그것이 가능함을 보이겠다."

우리는 조용히 기다렸다. 곧 그 꽃 위로 반짝이는 유령이 보였다. 그 꽃다발의 중심에 있던 꽃 한 송이가 위로 떠오르더니, 꽃병과 다니엘 홈 사이의 식탁 면을 뚫고 내려갔다. 꽃은 전혀 걸림이 없이 일직선으로 식탁을 통과한 것이었다. 우리 모두는 꽃이 완전히 통과할 때까지 지켜보았다. 꽃이 식탁 아래로 내려가 보이지 않게 되었을 때, 다니엘 홈의 바로 옆에 있던 나의 아내는 어떤 손 하나가 그 꽃을 잡고 식탁 밑에서 나와 다니엘 홈과 자신 사이로 올라오는 것을 보았다. 그 손은 거기에 있던 모든 사람이 들을 수 있을 정도로 그녀의 어깨를 두세 번 두드린 후 꽃을 식탁 위에 놓고는 사라졌다. 이러한 일이 일어나는 동안 다니엘 홈의 손은 식탁 위에 있었고, 조금도 움직이지 않았다.

윌리엄 크룩스처럼 치밀하고 탁월한 과학자에 의한 관찰이라면 이러한 현상이 일어나지 않았다거나 그의 관찰이 과학적이지 못했다고 주장할 수는 없을 것이다.

3

윌리엄 크룩스의 연구에 대한 과학계의 반응

윌리엄 크룩스는 거의 모든 심령 현상에 대해 상세히 연구하여 이를 과학계에 보고했다. 그 당시 심령 현상이 허구라고 주장하는 과학자들이나 유명 인사들의 공격에 정면으로 대응하면서, 언제라도 자신의 실험 현장을 방문하여 눈으로 직접 보라고 공언했다. 실제로 그의 실험 현장을 보고 그의 과학적인 치밀함을 인정한 사람들은 심령 현상을 받아들였으나, 단 한 번도 그의 실험에 참석하지 않은 사람들도 많았다. 또한 한두 번 참석하여 윌리엄 크룩스의 실험 결과에 승복하였다가도 나중에는 말을 바꾸는 사람들도 많았다.

윌리엄 크룩스가 1874년 1월에 자신이 발행인으로 있던 《계간 과학 저널》에 발표한 연구 결과와 관찰 결과를 요약하면 다음과 같다.

1. 접촉은 하였으나 기계적인 힘 없이 무거운 물건을 움직이는 것.

2. 충격음이나 기타 유사한 음향현상.

3. 물체의 무게 변화.

4. 영매와 떨어진 곳에 있는 무거운 물체의 이동.

5. 아무도 건드리지 않았는데 테이블이나 의자가 공중으로 뜨는 현상.

6. 인간의 공중부상.

7. 아무도 건드리지 않았는데도 여러 가지 물건들이 움직이는 것.

8. 발광체의 출현.

9. 일반적인 밝기보다 더 밝거나 일반적인 밝기의 사람 손의 출현.

10. 자동으로 글을 쓰는 현상.

11. 환영과 같은 형태의 얼굴의 출현.

12. 지능을 갖춘 외부의 누군가가 영향을 끼친다고 생각되는 특별한 예.

13. 복잡한 현상의 갖가지 예.

그가 이러한 연구 결과를 발표하자 과학계에서는 엄청난 소동이 일어났다. 그 당시 왕립학회의 사무총장이던 조지 게이브리얼 스톡크스(물리학의 '스톡크스의 법칙'은 그의 이름을 딴 것이다) 교수가 이러한 심령 현상을 비난하자, 윌리엄 크룩스는 그에게 직접 참여해 관찰하고 허위임을 밝혀 보라고 몇 번이나 공개적으로 그를 초청했다. 그러나 스톡크스는 끝내 강령회에 참석하기를 거절했다. 코난 도일은 이를, "그것은 마치 갈릴레오가 자신이 만든 망원경으로 목성의 위성들이 목성 주위를 돌고 있는 것을 보라고 당시 교황청의 책임자들에게 권했지만, 그들이 이를 거절하며 코페르니쿠스의 지동설을 받아들이지 않은 것과 같다."고 말했다.

세기적인 영매 다니엘 덩글러스 홈

다니엘 덩글러스 홈은 1833년 3월 20일 영국의 에든버러 근처의 조그마한 마을에서 태어났다. 그의 어머니는 제2의 눈을 가진 것으로 알려질 만큼 영적인 능력을 소유하고 있었다. 다니엘은 어릴 때부터 결핵에 감염되었고, 그것은 그의 전 생애에 걸쳐 영향을 끼쳤다.

그는 한 친척의 양자로 입양되어 미국의 코네티컷에서 자랐다. 그는 어렸을 때부터 죽은 친구나 친척들의 환영을 보았으며, 그가 있는 곳에서는 식탁 등에서 큰 소리가 나고 값비싼 가구들이 마구 움직였다. 그를 입양한 친척은 더 이상 견디지 못하고 그가 열일곱 살 되던 해에 집에서 그를 쫓아내었고, 그는 자신을 이해해 주는 친구의 집에 머물게 되었다.

1848년에 있었던 폭스 가족의 소동 이후 미국을 휩쓸고 있던 심령 현상에 대한 관심으로 그도 1850년 초부터 강령회를 열기 시작했다.

그의 잘 생긴 외모와 겸손함 등으로 그는 부자나 영향력 있는 사람들의 후원을 받게 되었다. 그는 그를 후원하는 사람들의 집에서 숙식을 하고 있었으나 사례비를 받거나 하는 일은 없었다.

홈이 열아홉 살이었던 1852년 8월 처음으로 공중부상을 하였는데, 그 공중부상은 코네티컷주의 사우스맨체스터에 있는 체니라는 사람의 집에서 일어났다. 그때 그 광경을 보았던 《하드포드 타임스(Hartfort Times)》의 기자 프랭크 버가 그것을 신문에 실었다. 그 후 많은 사람들이 그를 보려고 몰려 왔고, 그의 영매 능력은 소음(poltergeist)이나 공중부상뿐 아니라 완전한 형상으로 나타나는 물질화 현상(ectoplasm)이나 그의 앞에 손이 나타나서 메시지를 쓰는 등의 자동서기 현상 등으로도 나타났다.

너무 많이 몰려드는 사람들로 인해 그의 건강이 나빠지자 사람들은 그에게 고향에 가서 쉴 것을 권하였다. 1853년 3월 그는 고향인 영국으로 가게 되었고, 그곳에서 그는 부유하고 명망이 높은 사람들의 후원을 받게 된다. 당시 그는 그 사람들의 도움이 아니면 단 하루도 살 수 없을 정도로 모아 둔 돈이 전혀 없었다고 한다. 이때 유명한 시인 로버트 브라운과 그의 아내 엘리자베스의 도움도 받았으나 로버트 브라운은 엘리자베스와 홈에 대한 질투로 후에 「Mr. Sludge the Medium(쓰레기 영매 씨)」라는 시를 썼다고 한다.

그는 영국에서 많은 강령회를 열어 그의 능력을 있는 그대로 보였고, 앞에서도 말한 바와 같이 윌리암 크룩스 등의 과학자들이나 저명한 사람들에 의한 철저한 조사에 순순히 응하였다. 그리고 그의 그러한 능력이 사기나 마술이나 속임수에 의한 것이라고 비난을 받은 예가 단

한 번도 없었다.

그 후 이탈리아로 간 그는 그곳에서도 많은 강령회와 실험을 하였으며, 그곳에서 첫 아내 샤사 드 크롤을 만나게 되었다. 그는 장군인 크롤 백작 집에 초대되어 백작의 두 딸들 사이에 앉아 식사를 하였는데, 그것이 계기가 되어 2주 후에 약혼하고 4개월 후에 결혼했다. 그 결혼식의 들러리를 선 이는 『몬테크리스토 백작』 등으로 유명한 소설가 알렉산더 듀마였다.

1857년 2월에는 프랑스의 나폴레옹 3세의 초청을 받기도 했는데, 그 당시 그는 스스로 전에 예언했던 대로 만 1년간의 영매능력을 잃은 시기가 막 끝난 때였다. 그 후 영국으로 다시 돌아온 그는 스위스 등에서 유명한 이들의 초청으로 그들의 저택에서 강령회를 열었다. 그즈음 홈은 이미 아내의 덕택으로 재정 상태가 넉넉했기 때문에 다른 사람에게 의존할 필요가 없었다. 그의 부인은 당시 러시아 황제 알렉산더 2세의 수양딸이기도 했다. 그들은 유럽과 러시아에서 살았으며, 그때 그는 알렉세이 톨스토이 백작과도 친교를 맺었다. 톨스토이는 후에 "나는 그러한 강령회를 보기 위해서라면 천리라도 갔을 것이다."라고 썼다고 한다.

하지만 그러한 행복하던 생활도 1862년 남프랑스에서 그의 아내가 죽음으로써 끝났고, 그즈음 그 슬픔에 더 추가해서 그에 대한 회의론자들의 공격은 한층 더 심해졌다. 그 중 하나는 유명한 소설가 찰스 디킨스가 홈을 사기꾼이라고 비난한 것이었는데, 사실 디킨스는 홈의 강령회에 단 한 번도 참석한 일이 없었다. 홈은 그 후 영국의 사상가 존 러스킨의 초청으로 미국에 돌아와 강령회를 가졌고, 다시 유럽으로 건너간 그는 러시아 황제의 초청으로 러시아로 가서 톨스토이와 교류를 갖기도 하였다.

그는 다시 영국으로 돌아와 볼데로 장군의 초청으로 그의 집에서 많은 강령회를 가졌다. 그러한 강령회에 일어났던 일들을 볼데로 장군은 다음과 같이 글로 남겼다.

식탁이 너무 떨리고 접시들이 흔들려서 도저히 식사를 할 수 없었던 우리는 식사를 중단해야 했다. 벽난로 옆에 있던 커다란 안락의자가 저절로 움직여 식탁에 있는 한 손님 옆에 와서 멈춰 섰고, 그 방에서 그 현상을 목격한 모든 사람들이 깜짝 놀라고 말았다. 홈은 그때까지도 우리들이 식사를 하고 있던 방으로 아직 들어오지도 않았으며 그 의자에 끈이나 무엇이 연결된 것도 아니었다. 만약 그런 일들을 속임수로 했거나 연결된 끈으로 하였다면 그렇게 빠르고 또 정확하게 그 무거운 안락의자를 움직이고 또 그 자리에 멈춰 서게 할 수는 없을 것이다.

볼데로 장군은 또 스코틀랜드에서 군사적으로 중요한 직책을 맡고 있었을 때도 믿기 힘든 경험을 하였는데, 그 이야기는 다음과 같다.

1870년 2월 말경 영매 홈은 우리 부부의 초청을 받고 쿠파 파이페에 있는 우리 집을 방문하게 되었다. 그는 식사 직전에 우리 집으로 왔고, 식사가 끝난 후에 우리(홈과 우리 부부)들은 영적인 현상들이 일어날지도 모른다는 생각에 거실로 자리를 옮겼다. 그 방은 가스등이 켜 있었고 벽난로에도 불이 활활 타고 있었기 때문에 상당히 밝았다. 테이블보로 덮인 책상 앞에 홈은 난로를 등지고 앉았다. 나는 그와 마주 앉았고 아내는 그의 오른쪽에 앉았다. 피아노와 아내의 하프는 우리들로부터 약 3~4미터 정도 떨어진 방의 구석에 있었다.

거의 순간적으로 확실한 현상들이 일어났다. 곧 그 책상이 피아노 쪽으로 움직였다. 나는 하나의 손이 내가 있는 쪽의 책상 밑에서 나오는 것을 보았다. 그 손은 테이블보를 걷어버리며 피아노를 쳤다. 나는 완전한 하나의 손이 테이블보 밖으로 나와 피아노를 치며 어떤 곡을 연주하는 것을 보았다. 그때 홈은 피아노로부터 상당히 떨어져 있었으므로 그가 피아노를 친다는 것은 불가능한 일이었다. 물론 그가 발을 이용해서 피아노를 친다는 것도 불가능했다. 나는 그때도 그랬고 지금도 그렇지만, 홈이 그 당시 어떤 형태로든 사기를 칠 수 없었다는 것을 확신하고 있다.

그 후 내 뒤에 좀 떨어져 있던 하프가 가늘게 울렸다. 우리는 좀 더 큰 소리로 칠 수 없느냐고 물었고 대답은 낮은 소리로 왔는데 "우리는 힘이 없다."는 것이었다. 말투로 보아서 그 방에는 두 사람이 함께 이야기하고 있는 것 같았다. 홈이 자기는 계속 말을 하고 있겠다면서 말을 하였는데, 홈의 목소리와 다른 두 사람의 목소리가 섞여서 무슨 말인지 알아들을 수가 없었다. 우리는 홈에게 말을 하지 말라고 항의했으나 그는 자신이 말을 하고 있으면 복화술(ventriloquism)에 의한 사기가 아니라는 것이 증명된다면서 말을 계속했다. 사실 남의 목소리를 흉내 내는 복화술은 말을 하고 있을 때는 불가능한 것이다. 홈의 목소리는 그 방에서 들리던 다른 목소리와는 확연히 달랐다.

이것은 볼데로 장군의 설명이고 그의 부인의 설명도 함께 적어보기로 한다. 장군은 그의 부인의 설명이 더 정확할 것이라고 했다.

1870년 2월 28일 홈은 저녁 식사 직전에 우리 집에 도착했다. 식사가 끝난 후 우리는 벽난로 가에 있던 사각형의 카드놀이 테이블에 앉기로 했다. 잠시 후에 우리는 손에는 찬바람이 스치는 것을 느꼈고, 무언가 두드리는 소리가 들렸다. 두드리는 것에 의한 몇 가지 중요하지 않는 질문과 대답이 오갔다. 나는 더 열심히 기도하였다. 그 방에 있던 뻣뻣한 실크 드레스를 비벼대는 소리가 들렸다.(이 소리는 볼데로 장군도 기억한다고 했다.) 내 손은 테이블 위에 있었는데도 내 목걸이가 풀어져 바닥에 떨어졌다.(이 장면은 볼데로 장군도 수긍했다.)

누군가 내 드레스를 몇 번 당겼다. 나는 그 누군가에게 피아노를 칠 수 있느냐고 물었다. 피아노는 우리로부터 적어도 3~4미터는 떨어져 있었다. 거의 동시에 조용한 음악이 울려퍼졌다. 나는 피아노 앞으로 다가가 피아노의 건반덮개를 열었다. 피아노 건반이 눌러지고 있었지만 연주하는 사람은 아무도 없었다. 나는 아름다운 선율을 들으며 바로 곁에서 지켜보았다. 건반은 보이지 않는 손에 의해 눌러지고 있는 것 같았다. 홈은 연주가 계속되는 동안 피아노로부터 멀리 떨어져 있었다.

그때 마치 약한 바람이 하프의 선을 울리는 듯한 희미한 소리가 났다. 더 크게 연주할 수 없느냐고 내가 물었는데, 힘이 모자라서 어쩔 수 없다는 대답이 돌아왔다.

그 후 우리는 두 개의 다른 목소리들이 서로 말하고 있는 것을 분명히 들을 수 있었다. 그 목소리들은 서로 반대편의 천장 귀퉁이 근처에서 나오는 것 같았다. 그 목소리들은 분명 어린이와 어른의 목소리 같았으나 무슨 말인지는 알아들을 수 없었다. 그 목소리들은 멀리서 들려오는 것 같았다. 홈은 내내 말을 멈추지 않고 계속했다. 그는 자기가 말을 계속하는 이유는 자기가 복화술로 사기 치는 것이 아님을 증명하기 위한 것이라고 했다. 이러한 일이 일어나고 있는 동안 방안은 온통 생기가 넘치는 것 같았고, 나는 내가 느끼던 생기로 보아 어떤 일이 일어나도 이상하지 않으리라는 생각이 들었다. 홈은 자신도 이렇게 훌륭한 강령회를 갖기는 드물다고 했다. 홈도 그 강령회 내내 정말로 흥미진진해 하는 것 같았다. 나는 홈이 그 피아노를 칠 수 없었다는 것을 확신한다. 그가 피아노를 건드릴 수 있었다는 것은 전혀 있을 수 없는 일이다. 남편은 어떤 손이 피아노를 치는 것을 보았다고 했지만, 나는 보지 못했다.

이상이 볼데로 장군 부부가 직접 목격한 홈과의 영적인 경험이다.

영국에서 홈을 가장 많이 도왔던 사람은 어데어 경의 아들인 던레이븐 경으로 그는 홈이 1867년 애슐리 하우스에서 홈이 공중부상하는 것을 직접 보았고, 그 후 그들은 깊은 친교를 맺게 되었다. 그때 그들이 목격한 것을 변증법 협회(Dialectical Society)에 보고하였는데, 그 내용은 다음과 같다.

나는 홈이 공중부상하여 창문으로 나가는 것을 빅토리아 스트리트 쪽에서 보았다. 그는 먼저 트랜스 상태에 들어가 걷는 것이 쉽지 않았다. 그런 상태로 그는 홀(hall)로 들어갔다. 그가 홀로 들어간 후 나는 "그는 한쪽 창문으로 나가서 다른 창문으로 들어 올 것이다."라고 속삭이는 소리를 들었다. 그것은 너무나 위험스러웠기 때문에 나는 놀라고 걱정이 되었다. 나는 내가 들은 그 말을 다른 사람들에게 말했고, 홈이 들어오기를 기다렸다. 그가 들어온 직후 창문이 올라가는 소리를 들었다. 그는 누운 채 수평의 자세가 되어 창문으로 나갔다. 나는 그가 옆방의 창 밖 공중에 떠 있는 것을 보았다. 그것은 지상으로부터 26미터나 되는 공중이었다. 그 창문에는 발코니는 없었고 약 4센티미터의 턱이 있었을 뿐이다.

그리고 어데어 백작이 그 옆방으로 가서 홈이 방금 들어온 창문을 보았다. 그 창문은 불과 46센티미터 정도밖에 열려 있지 않았기 때문에 그는 홈이 어떻게 저렇게 좁은 창틈으로 들어왔는지에 대해 의아해 했다. 그때까지도 트랜스 상태에 있던 홈은 "보여드리지요."라고 하고는 자신의 등을 창 쪽으로 향한 채 수평으로 누운 상태가 되어 머리가 먼저 창밖으로 나갔다가 다시 조용히 들어왔다.

윌리엄 크룩스 경이 이러한 사실을 발표하며 "이처럼 사실 그대로 기록된 증거를 부정하는 것은 인간의 모든 증언을 부정하는 것이나 다름이 없다. 왜냐하면 성스럽거나 상스러운 어떠한 인간의 증언도 이보다 더 강한 확실한 증거는 없었기 때문이다."라고 했다.

이러한 사실은 크로포드 백작, 어데어 백작과 웨인 선장이 함께 목격했으나, 그러한 증언에 서명을 한 것은 위의 두 백작뿐이고 웨인 선장의 서명이 없었다.

이에 대해 심령 현상을 부정하는 사람들의 맨 앞에 섰던 카펜터 박사는 "단 한 사람의 정직한 증인이 홈은 그때 그의 의자에 앉아 있었음을 증언하고 있다."고 단정하며 반박했다.

이에 대해 그 직후 웨인 선장은 그 두 백작의 증언이 사실인 것을 확인하며 "만약 당신이 이들 정직한 세 사람의 증언을 믿지 않는다면 이세상의 모든 법정의 정당한 판결이란 있을 수가 없다."라고 반박했다.

1871년 홈은 윌리엄 크룩스 경에 의한 철저한 조사를 받게 되었고 크룩스는 전 장(章)의 아래에 기록한 것과 같은 보고서를『과학 계간지 (Quarterly Journal of Science)』에 발표하게 된다. 홈이 러시아를 방문하고 있을 때 검은 머리의 아름다운 여성 줄리를 만났고 크룩스와의 실험이 끝난 후 그들은 결혼했다. 그의 두 번째 결혼도 첫 번째 결혼처럼 행복했고 경제적으로도 넉넉했기 때문에 그의 나이 서른여덟 살 이후 그가 죽을 때까지 그는 조그마한 개인적인 강령회만을 개최했다. 그는 옛날에 그를 괴롭힌 적이 있는 결핵에 다시 걸려 쉰세 살의 나이로 1886년 6월 21일 죽었고, 라이에에 있는 러시아 묘지에 묻혔다.

홈에 대한 윌리엄 크룩스의 이러한 연구 결과를 뒷받침하는 다른 연구 결과들이 유럽과 남미 대륙에서도 많이 발표되었는데 그 중에서도 특히 흥미 있는 몇 가지를 소개하겠다.

그 외의 과학자들의 심령 현상 연구

브라질 리우데자네이루의 알렉산더 교수가 관찰하고 실험한 영매는 그와 친한 동료 교수의 두 딸이었다. 그의 실험은 엄격한 조건하에서 이루어졌다. 누구의 손도 닿지 않았는데 무거운 물체가 움직이거나 공중으로 떠오르기도 했고, 영매가 손가락만 대고 있던 슬레이트에 저절로 글이 씌어지기도 했다. 그 글씨는 어린 영매의 글씨와는 완전히 다른 세련된 글씨였다. 그러한 글이 씌어지는 동안 처음에는 인광(燐光)과 같은 불빛이 나타나 여기저기 장난스럽게 움직이다가 나중에는 완전한 사람의 형체가 되었다. 그러나 그것은 영매인 두 소녀에게만 보였고 다른 사람들에게는 보이지 않았다. 다만 그 방에 함께 있던 어린 아이는 그 유령을 볼 수 있어서 "아 사람, 사람!"이라고 고함치기도 했고, "이제 갔어."라고 하기도 했다. 또 그때 방에 함께 있던 개도 유령이 나타난 곳을 바라보며 짖어댔고 유령이 사라지자 짖는 것을 멈추었다고 한다.

　방에 있던 모든 사람들이 어떤 어린아이가 그들을 어루만지는 것을 느꼈고 밀가루를 뿌려 놓은 큰 슬레이트 위에 아주 작은 어린아이의 발자국이 나 있었다. 그 발자국은 그 어린 딸들의 발자국보다 훨씬 더 작았다. 이러한 실험은 알렉산더 교수의 엄격한 시험 조건하에서 이루어졌다.

　1900년대 초에 프랑스에서도 병리학자로 노벨 의학상을 수상한 샤를 리셰와 철학자로 노벨 문학상을 수상한 앙리 베르그송, 라듐의 발견으로 노벨 물리학상을 수상한 퀴리 부부, 소르본느 대학 총장이던 드비언 박사 등이 영매 에바 Q와 유자피아 팔라디노와의 실험을 통해 물질화 현상에 대해 상세히 연구하였다. 리셰는 연구 결과를 『Thirty Years of Psychical Research(30년간의 심령 연구)』라는 책으로 펴냈는데, 그는 이러한 현상을 1903년에 '엑토플라즘(ectoplasm)'이라고 붙였다. 그가 관찰하였던 물질화 현상에 대한 설명은 다음과 같다.

　영매인 에바 Q의 입과 가슴으로부터 액체나 젤리 형태의 물질이 나와 차츰 얼굴이나 팔 다리 등의 모양을 형성한다. 밝은 불빛 아래에서 나는 이러한 젤리가 내 무릎을 덮는 것을 느꼈다. 이러한 물질화 현상은 대체로 서서히 그리고 아주 엉성한 모양으로부터 시작되고 나중에 완전한 얼굴이나 사람의 형태로 나타난다. 이러한 형상들은 처음에는 대부분 완전하지 않다. 가끔은 육체라기보다는 외관상 굴곡이 없는 평탄한 그림 같기도 하다. 그렇기 때문에 사람들은 흔히 그것이 실제로 육체가 생성된 것이 아니고 가짜라고 판단하기 쉽다. 카르멘 빌라(Villa Carman)에서 나는 완전히 형성된 육체가 마룻바닥에서 솟아나는 것을 보았다. 커튼 앞에 놓인 그것은 처음에는 불투명한 흰색 손수건 같았고, 그 손수건이 마룻바닥에 펼쳐진 사람의 얼굴을 형성했다. 잠시 후에는 꼿꼿하게 일어서서 망토를 입은 작은 사람의 형상이 되어 한두 발짝 앞으로 나와서는 마룻바닥에 있는 문 속으로 들어가는 듯 사라졌다. 그러나 그곳에는 실제로는 그러한 문이 없었다.

이것이 노벨 의학상을 수상한 과학자의 면밀한 관찰이라는 점을 고려한다면, 물질화 현상은 마술이나 속임수가 아님을 알 것이다. 그러나 그 당시 영국 과학계의 유명 인사 가운데 한 사람인 마이클 패러데이는 크룩스나 리셰 등이 연구하던 심령 현상들에 대해 "주의를 기울일 아무런 가치도 없고 또 인류에게 도움이 될 힘에 관해 아무런 정보도 제공하지 못할 것"이라고 단정했다.

T. 헉슬리 교수는 "내가 아는 모든 것이 그러한 현상과 모순된다는 것이 사실이라 하더라도 나는 그러한 현상에 대해 흥미를 느낄 수가 없다."라고 했다. 이러한 태도에 대해 당시 세계적인 수학자이던 드 모건 런던 대학 교수는 "그러한 것이 비록 우리들의 인식(능력)의 결함을 표출한다 하더라도 진실은 받아들여져야 한다. 우리는 우리가 자신을 가지고 진리라고 생각하고 판단하는 많은 일들에 대해서도 우리는 아주 현명한 심판자만은 아니다."라고 적고 있다.

또 유명한 물리학자이자 버밍엄 대학 총장이던 윌리엄 로지 경은 헉슬리 교수의 말에 대해 이렇게 반박했다.

"…… 그러한 태도는 회사의 주주나 군인들과 같이 실용적인 사람

들이 가질 수 있는 생각이지만 유명한 과학자가 그러한 태도를 가진다
는 것은 놀라운 일이다. 과학자란 새로운 진리의 발견과 탐구가 그의
직업이기 때문이다."

또 그 당시 유명하던 병리학자인 카펜터 교수는 1876년에 대영학
회에서 초감각적 지각(ESP; extrasensory perception)와 심령 현상에 대해 "만
약 이러한 초상현상들이 진실이라면 그러한 현상들은 우리가 원할 때
언제나 재현(再現) 할 수 있어야 한다."고 주장했다. 이에 대해 논설가
인 R.H. 허튼은 "만약 카펜터 교수의 주장이 옳다면 우리는 그가 제시
한 정신의학에 관한 많은 사실들을 순전히 상상에 의한 것이라고 부정
해야 할 것이다."라고 반박하고 있다. 케임브리지 대학의 헨리 시지위
크 교수는 "나는 심령 현상을 과학적인 방법에 의해 정당하게 부정할
수 있는 어떠한 신중한 증거를 한 번도 본 일이 없다."고 말하였다. 이
렇듯 심령 현상에 대해 그 당시의 과학계는 그것을 받아들이려는 편과
완강히 거부하는 편으로 양분되었던 것 같다.

이러한 논쟁을 객관적인 관점에서 본다면 심령론자들의 주장이 더
논리에 맞는 것 같다. 헉슬리처럼 만약 그러한 것이 진실이라 할지라
도 스스로 흥미가 없다고 하는 것은 학자로서 가질 태도가 아니고, 그
러한 현상에 대한 반박할 논리를 가지지 못하고 있음을 나타낼 뿐이
다. 또한 카펜터의 경우 자신의 논문에서 정신 병리학은 정신병이 생
기는 원인마저도 밝혀지지 않았으므로 그것을 재현(再現) 한다는 것은
불가능함에도 자신의 학설은 과학적인 것으로 주장하고 심령 현상은
그러한 재현이 불가능하기 때문에 인정할 수 없다는 것은 자기모순
이다.

그리고 플로렌스 쿡의 강령회 때는 거의 언제나 나타난 케이티 킹의 경우와 같이 많은 경우의 심령 현상들은 재현이 가능하고, 그러한 현상이 일어나기 위한 조건(엑토플라즘을 모으기 위한 캐비닛, 영매의 존재, 너무 밝지 않은 환경 등등)도 상당히 구체화되어 있다. 그러므로 이러한 많은 강령회의 증거들을 재현된 현상이 아니라는 것은 억지에 가깝다.

그러한 현상들이 같은 조건하에서 재현되지 않은 것이 아니고, 그 당시 과학계의 이론이나 방법이 그러한 조건을 인정하지 않으려고 하였거나 심령 현상을 재현하기 위해 필요한 조건들이 과학자들의 실험실의 장비를 조작할 때의 조건과는 다르다는 것을 이해하지 못했기 때문이다.

즉 실험실에서의 조건도 화학 실험실에서는 온도나 압력이나 화합물질의 성분 또는 촉매의 역할 등이 재현을 위해서 중요한 조건이 되지만, 뉴턴의 운동의 법칙이나 중력의 법칙을 재현하는 데는 이러한 조건은 전혀 필요 없다. 화학 성분이 같거나 틀리는 것은 문제가 되지 않고 질량만이 문제이며 화학적인 촉매가 있고 없고는 뉴턴의 법칙을 재현하는 조건과는 아무런 상관도 없다. 또 전자파의 발생을 위한 실험실에서는 그곳의 중력이나 뉴턴의 운동법칙을 재현하기 위한 조건은 필요가 없으며, 진공관이나 트랜지스터 또는 집적회로의 무게와는 전혀 관계없고 그들의 작동에 맞는 실험 조건이 갖추어져야 한다.

그리고 심리 현상이나 병리현상 등에 대해서는 그 재현방법은 개인의 건강상태나 심리상태, 유전(遺傳)인자 또는 지식이나 과거의 경험 등 일률적으로 단일화할 수 없는 모든 조건들이 관계가 되므로 똑같은 상태에서 똑같은 병을 유발한다든가 똑같은 심리상태를 유발하는 것은 불가능하다. 이러한 이유 때문에 아마도 카펜터 교수는 자신이 주장하는 그의 정신 병리현상에 대한 것을 단 한 번도 같은 조건에서 유발하거나 재현하지 못한 것이 분명하다. 이들 심령 현상을 부정하는 사람들이 주장하는 것을 따른다면, 카펜터의 재현 불가능한 일들은 과학이 아니라고 부정해야 되지 않는가? 위의 논쟁에 대한 객관적인 입장에서의 평은 이 정도로 하기로 하자.

윌리엄 크룩스 경은 자신이 심령 현상에 대해 연구한 지 30년 가까이 지난 1898년 브리스톨에서 열린 대영학회에서 심령 현상에 대해 자신이 과거에 했던 실험들을 다음과 같이 이야기하고 있다.

또 다른 하나의 나의 관심사에 대해 아직 말하지 않았으나 그것은 수십 년 전에 내가 실험했던 심령 현상에 대한 연구로 그것은 나의 모든 과학적 업적 중 가장 중요하고 또 가장 큰 영향을 끼친 것이다. 우리의 과학이 알고 있는 인간의 이성 이외의 어떤 이성을 가진 힘의 작용에 대한 현상들을 연구하고 발표한 지 20년이 훨씬 지났다. 지금에 와서도 나는 그 결과에 대해서는 한 치의 의심도 갖지 않으며, 이미 그때 발표한 결과들에 대해 지금도 변함없이 그것을 고수할 뿐 아니라 거기에 더 추가할 것도 많다고 말했다.

그때로부터 다시 20년이 지나 세상을 떠나기 직전에도 그는 이렇게 말했다.

"나는 심령 현상에 대해 나의 마음을 바꿀 기회는 단 한 번도 없었다. 나는 내가 전에 말한 것들에 대해 완전히 만족하고 있으며 이 세상과 저 세상 사이의 연결 고리가 만들어졌다는 것은 사실이다."

그는 또 심령 현상이 물질만능주의를 말살하였다고 보느냐는 물음에 대해서 "그렇게 생각한다. 적어도 죽음 뒤에 또 다른 삶이 있다고 믿는 사람들에게는 그렇다."라고 대답했다.

참고로 그가 1870년부터 1874년에 이르는 기간 동안 영매 플로렌스 쿡과 다니엘 덩글러스 홈 등과의 면밀한 실험을 한 후 연구 결과를 과감히 발표했다는 것은 앞서 이야기한 것과 같으나, 그 후 1876년에 있은 대영제국 과학진흥회(British Association for Advancement of Science) 회의에서 그는 공중부상 현상에 대해 이렇게 말했다.

"그러한 현상을 지지하는 증거는 영국 과학진흥회가 제시할 수 있는 어떠한 다른 자연현상의 증거보다도 더 확실하다."

6

공중부상하는 영매 대번포트 형제

대번포트 형제, 즉 아이어러 이레스터스 대번포트와 윌리엄 헨리 대번포트는 각각 1839년과 1841년에 뉴욕주의 버팔로에서 태어났다. 폭스 자매들에 의해 그들이 살던 집에서 밤이면 두드리는 소리가 난다는 것이 세상에 널리 알려지기 2년 전에 이들 두 대번포트 어린이와 여동생을 포함한 가족들은 밤마다 집에서 나는 시끄러운 소리에 잠을 잘 수가 없었다. 두 대번포트와 여동생이 함께 실험을 하기 위해 책상에 둘러앉으면 책상이 요란하게 흔들리고 주먹으로 치는 듯한 소리가 났고 자동서기에 의한 메시지가 씌어지기도 했다. 이러한 사실은 여러 사람의 입을 통해 널리 알려졌으며, 그 후 그 집은 구경 오는 사람들로 붐볐다. 아이어러가 쓴 자동서기는 그 속도나 내용으로 보아 도저히 그가 스스로의 의식에 의해 쓴 것이라고는 믿어지지 않았다. 그 후 곧 그 어린 형제들은 공중부상을 하여 그 방에 모여 있는 사람들의 머리

위로 약 3미터나 되는 높이로 떠 있기도 했다. 버팔로 시의 수백 명의 정직한 시민들이 그 현상을 보았다고 증언했다.

한번은 가족들이 식사를 하려고 하는데 나이프와 포크들이 공중으로 떠오르기도 하였다. 어느 때는 밝은 대낮에 사람들이 보는 앞에서 아무도 건드리지 않은 연필이 저절로 일어나 글을 썼다. 이러한 일들이 일어나는 강령회가 자주 열렸고, 그때마다 사람들은 빛이 나타나거나 악기가 사람들의 머리 위로 떠다니며 연주하는 것을 목격하였다.

실제로 정체불명의 사람 목소리가 들렸고, 그 목소리는 거기 모인 사람들의 질문에 대해 대답도 했다. 각처에서 그들을 초청하여 강령회를 열었고, 그러한 강령회에서는 어김없이 그러한 현상들이 일어나 참석한 사람들은 누구나 그러한 현상이 일어났던 사실들에 대해 증언하고 있다.

처음에는 그 어린이들이 속이지 못하도록 사람들이 그들을 강령회가 열리고 있는 동안 붙잡고 있었으나 붙잡는 사람들도 믿을 수 없다고 하여 나중에는 그 어린이들을 밧줄로 묶기로 했다. 묶는 방법도 여러 가지로 고안되었으나 그러한 영혼 현상은 언제나 어김없이 일어났다. 하나의 실험이 끝나면 곧 다음의 다른 사람들에 의해 고안된 새로운 방법으로 실험이 이루어졌고 그때마다 그러한 사실이 반복해서 밝혀졌음에도 불구하고 모든 사람들을 믿게 할 수는 없었다.

1857년 하버드 대학 교수들이 그 어린이들을 실험하게 되었다. 그 교수들은 자신들의 재능을 다해 여러 가지 실험 방법을 짰고 그러한 방법에 의한 실험을 하겠느냐고 그 어린이들에게 물었다. 교수들은 "손에 수갑을 채워도 좋은가?" 물었고, 물론 어린이들은 "좋다."고 대답했다. "여러 사람들이 함께 그들을 잡고 있어도 되는가?"라는 제안도 어린이들은 순순히 받아들였다. 그 외에도 아주 기묘한 제안이 10여 가지 더 나왔고, 어린이들은 다 받아들이겠다고 했다. 그러나 교수들은 결국 그러한 실험을 포기했다.

그 후 피어스 교수에 의해 실험이 이루어졌는데, 약 150미터가 넘는 긴 밧줄을 가져와 그 아이들을 완전히 휘감아 묶어서 꼼짝도 못하게 하는 잔인한 방법을 썼다. 그리고 꽁꽁 묶인 채 캐비닛에 들어 있는 그 두 아이들 사이에 교수가 앉았다. 그가 앉고 캐비닛의 문을 닫자마자 한 유령의 손이 나타나 교수의 머리와 얼굴을 어루만졌고 계기(計器)들은 요란스럽게 작동을 했다. 조금의 움직임이 있을 때마다 교수는 자신의 손으로 묶인 어린이들의 상태를 확인했다. 얼마 후 유령의 손이 나타나 두 어린이들의 몸으로부터 감긴 밧줄을 풀었다. 실험이 끝난 후 사람들이 캐비닛의 문을 열었을 때 어린이들을 감고 있던 그 밧줄은 교수의 목을 칭칭 감고 있었다.

이러한 실제 실험이 끝난 후, 피어스 교수는 아무런 보고서도 쓰지 않았다. 그 실험이 사기였다고 쓰지 않은 것은 물론이고 실제로 그러한 영혼 현상이 일어났다는 사실마저도 쓰지 않았다. 이러한 것으로 미루어보더라도 만약 그가 그 실험에서 어떠한 의문점이라도 발견했다면 그는 틀림없이 대서특필로 발표했을 것이다. 그는 분명 그러한 영혼 현상이 어린이들이 꾸민 사기가 아니고 실제로 일어난 일이라는 것을 확인하였기 때문에 그 사실을 발표하지 못하고 침묵을 지킨 것이다. 이러한 사례로 미루어보면 영혼 현상에 대한 학계의 편견은 예나 지금이나 큰 차이가 없는 것 같다.

그러한 실험들이 있었을 때, 대번포트 형제들은 아직 어려서 능숙하게 사기를 칠 수 있는 능력이 없었다. 형제는 1839년 9월생과 1841년 2월생으로 하버드 교수들이 그런 실험을 했을 때, 그들의 나이는 열일곱 살과 열다섯 살이었다. 게다가 앞서 이야기한 실험들은 일찍이는 1846년에도 있었는데, 그때의 그들의 나이는 불과 일곱 살과 다섯 살이었다.

한 실험에서는 위와 같은 경우에 한 어린이의 손이 나타나서 그 실험에 참석하고 있던 잉글필드 선장의 어깨와 얼굴을 만졌고, 선장이 그 손을 자기 손으로 쥐어보았을 때 분명히 사람의 손 같았다. 그러나 그가 그 어린 손을 꽉 잡고 있었음에도 불구하고 어떻게 된 것인지 그의 손에서 빠져나갔다고 했다.

이러한 현상들을 면밀히 검사한 후 딕 부시칼트는 "정직성에 관한 이러한 현상들 일어났다는 것과 대번포트 형제들의 행동에 어떠한 사기성도 없다는 것은 전혀 의심의 여지가 없다. 이 이상의 의심이나 반론을 제기한다면 그러한 현상에 대해 자신이 무식하다는 것을 드러낼 뿐이다."라고 결론을 내렸다. 이들 두 형제에 대한 실험은 그 후에도 수 없이 계속되었고, 그러한 실험에 참석한 사람들은 그들의 정직성과 일어나는 현상들의 진실성에 대해 전혀 의심치 않았다. 대번포트 형제는 앞 절에서 소개했던 홈처럼 사람들의 사랑과 존경을 받았으나 그들이 이 세상을 떠난 지 거의 90년이 지난 오늘날에도 영혼 현상의 진실성을 공공연히 인정하려는 학자나 저명인사는 무척이나 찾기가 어려운 것 같다.

가장 많은 학자들로부터 조사받은 영매

이 장을 마치면서 전세기 말부터 시작해서 금세기 초반에 과학자들과 심령 현상을 연구하는 학자들에 의해 가장 많은 실험의 대상이 되었고, 또 속임수를 쓴다고 그녀의 인격 자체를 의심받았던 영매 유자피아 팔라디노에 대해 언급하지 않을 수는 없을 것이다. 심령 현상들에 대한 이해가 그간의 많은 실험과 경험을 통해 알려진 오늘날에 와서, 과거에 물의를 일으켰던 그녀의 일부 행동들을 되새겨본다면 그것이 설혹 속임수였다고 하더라도 그것이 그녀의 의지에 의한 사기가 아니고 그녀의 영능력을 의심하는 사람들의 생각을 따른 것이라 보는 견해가 있음을 덧붙여 말해 둔다. 왜냐하면 영능(트랜스) 상태에 있는 영매는 강령회에 참석한 사람들의 생각에 따라 자신도 모르게 행동하는 수가 있기 때문이다.

저명한 과학자인 히어워드 캐링턴은 영국 SPR에 의한 팔라디노의

조사에 참가하여 연구한 후 심령 현상에 대한 신봉자가 되었고, 1909
년 『유자피아 팔라디노와 그녀의 현상들(Eusapia Palladino and Her Phenomena)』
이라는 책을 썼다. 저자는 팔라디노에 대한 캐링턴의 저서를 구하지
못하여 그녀의 경력에 대해 비교적 상세히 살피고 있는 코난 도일 경
의 저서 등을 참고로 인용하였음을 밝혀둔다.

유자피아 팔라디노는 1854년 1월 24일 이탈리아와 프랑스 국경 근
처의 한 조그마한 시골 마을에서 태어났다. 그녀의 어머니는 그녀를
낳다가 죽었고, 아버지는 그녀가 열두 살 때 죽었다. 그녀가 영매 능력
을 보이기 시작한 것은 열네 살 때부터인데, 그때 그녀는 고아가 되어
친구의 집에서 살고 있었다. 그녀가 있을 때 일어나는 심령 현상 중에
두드러지는 것은 접촉이 없어도 무거운 물체가 움직이는 현상, 책상이
나 걸상 등의 물체가 공중으로 떠오르는 현상, 물질화된 사람의 손이
나 얼굴이 나타나는 현상, 여러 가지 빛이 움직이는 현상과 사람의 손
이 닿지 않는데도 아코디언이나 기타와 같은 악기가 저절로 연주되는
현상 등이다.

그녀를 처음으로 유럽의 학계에 소개한 것은 나폴리의 키아이아 교
수인데, 그는 1888년에 그 당시 범죄 심리학자로서 유명한 로마의 롬
브로소 교수에게 편지를 보내어 롬브로소 교수가 1891년에 처음으로
그녀의 경우를 조사하게 하였다. 롬브로소는 그녀에 의해 일어나는 현
상을 상세히 조사한 후 그러한 심령 현상에 대한 완전한 신봉자가 되
었다.

롬브로소의 조사가 있은 후 많은 학자들이 그녀에 대해 흥미를 갖게
되었고, 1892년에는 전 유럽을 망라하는 학자들에 의해 조직된 밀라

노 위원회라는 조사기구가 구성되었다. 그 위원회는 밀라노 천문대장인 스키아파렐리 교수, 밀라노 대학의 물리학과 과장이던 게로사 교수, 러시아 황제의 국무위원이던 아크사코프, 뮤니히 대학의 찰스 드푸렐 교수, 파리 대학의 리세 교수 등 다수의 유명 인사들로 구성되었다. 이 밀라노 위원회는 열일곱 차례에 걸친 실험을 했다.

다음 해인 1893년에는 나폴리에서 그리고 1893년과 1894년에는 로마에서, 또 1894년에는 프랑스와 와르소에서 리세, 올리버 롯지, F. W. H. 마이어스와 오코로비츠 등의 주관 아래 실험이 이루어졌다. 1895년에는 나폴리와 영국의 케임브리지에서 실험이 있었고, 또 같은 해 프랑스의 로샤스 대령의 집에서 실험이 있었다. 1898년 파리에서는 그 당시 유럽에서 가장 유명한 천문학자의 한 사람인 M. 프라마리옹, 병리학자 샤를 리세, 드 로샤스 대령, 언론인이자 정치가인 아돌페 비종, 심령 연구가인 G. 딜레인, 드 퐁트네 등 각계를 대표하는 유명 인사들로 구성된 위원회에서 조사를 했다. 또 1891년에는 제네바의 미네르바 클럽(Minerva Club)에 의해 실험이 이루어졌는데, 이 클럽의 회원에는 폴로, 모르셀리, 보자노, 벤자노, 롬브로소, 바살로 외 이탈리아의 유명한 인사들과 교수들이 여러 명 포함되어 있었다.

1905년에서 1907년까지 주로 프랑스에서 있었던 실험에서는 샤를 리세, 퀴리 부부, 앙리 베르그송, 그라봉 백작, 카펜터 교수, 소르본느 대학 총장이던 드비언 교수 등의 유명 인사들이 포함되어 있었다. 제일 먼저 이름을 든 네 사람인 샤를 리세, 퀴리 부부와 앙리 베르그송은 각각 노벨 의학상, 노벨 화학상과 물리학상, 노벨 문학상을 탄 사람들이다.

그러면 키아이아 교수가 롬브로소 교수에게 보낸 편지 내용부터 살펴보기로 하자.

제가 말하는 이 여인은 장애를 갖고 있는 여인으로 우리 사회의 가장 하층에 속하는 여자입니다. 그녀는 거의 서른 살이 다 되었고 무식한 여자입니다. 그녀는 호감가게 잘생기지도 않았고, 또 현대의 범죄 심리학자들이 말하는 매력을 가진 것도 아닙니다. 그러나 그녀가 원하기만 한다면, 밤이건 낮이건 간에 그녀는 이상한 현상으로 호기심에 찬 군중들을 한동안 완전히 매료시킵니다.

그녀가 의자에 묶여 있거나 양손이 옆에 있는 사람들에게 잡혀 있는데도 그녀 주위에 있는 가구들이 끌려오고 또 마호메트의 관처럼 공중에 떠 있으며 마치 그녀의 의지에 따르는 것처럼 물결치며 내려옵니다. 그녀는 마음대로 그 물건들의 무게를 올리거나 내릴 수도 있습니다. 그녀는 책상이나 벽이나 천장 등 그녀가 원하는 곳에서 두드리는 소리가 나게 할 수 있으며, 또 그 소리들도 리듬에 맞추어 울리게도 합니다. 관중들의 요구에 따라 그녀의 몸으로부터 번개 같은 것이 나와 그녀의 몸을 둘러싸거나 주위를 둘러 쌉니다.

그녀는 사람들이 들고 있는 카드는 무엇이든 알아맞힙니다. 또 방의 한 구석에 평평하게 만들어 놓은 진흙을 준비해 두면 잠시 후에 거기에 크고 작은 발자국과 얼굴의 모습(앞모습과 옆모습)이 나타나서 그것으로부터 석고상을 뜰 수도 있습니다. 그렇게 뜬 모습이 지금 이곳에 보관되고 있어서 누구든 그것을 가지고 연구할 수 있습니다. 그녀는 어떤 끈으로 묶어도 공중에 떠오를 수 있습니다. 그녀는 중력의 법칙에 반하여 공중에서 마치 의자에 누운 것처럼 있을 수 있습니다. 그리고 악기들이 마치 보이지 않는 손이나 요정들에 의해 작동되듯이 움직입니다. 때로 그녀는 키가 10센티미터나 늘어나기도 합니다.

이것이 키아이가 교수가 롬브로소 교수에게 보낸 편지이고 그것에 의해 롬브로소는 1891년 2월에 키아이아와 함께 본격적인 조사를 한 후 팔라디노에 의한 현상이 진실이라는 것을 믿게 되었다고 발표했다. "이른바 심령 현상이 일어날 수 있다는 것을 그처럼 끈질기게 거부해 온 것에 대해 나는 혼란스럽고 또 미안하게 생각하고 있다."

팔라디노에 관한 한 에피소드를 하나 더 소개한다. 앞에서도 말한 그 당시 유명하던 천문학자인 프라마리옹에 따르면 심령주의에 열심이던 다미아니가 팔라디노를 처음 만난 것은 다음과 같은 사연이 있었기 때문이었다고 한다. 그때 그녀의 나이는 스물둘셋 정도였고 그 전까지는 심령 현상에 대해 거의 모르는 상태에서 그런 현상을 보이고 있었다고 한다. 다미아니는 다음에 설명하는 사건이 있은 후 팔라디노에게 정식으로 심령 현상에 대해 교육시켰다. 그 당시 상황에 대해 그는 다음과 같이 말했다.

"나폴리에 살던, 나중에 다미아니의 부인이 되는 한 영국 여인이 어떤 강령회에 참석했다. 그런데 그때 나타난 지도령(指導靈)이 자신은 존 킹이라고 하며 그녀에게 유자피아 팔라디노라는 여인을 찾으라고 하며 그녀의 주소를 일러주었다. 그가 말하기를 그녀는 대단한 영매이고 자신(존 킹)이 그녀를 통해 나타날 것이라고 말했다. 다미아니의 부인이 될 그 여인은 부탁 받은 대로 그 주소를 찾아갔고 거기에서 그녀가 이전에 만난 일이 없는 유자피아 팔라디노라는 여인을 만났다. 그 자리에서 두 사람은 강령회를 가졌고 그때 존 킹이 나타났으며 그 후는 그가 항상 팔라디노 강령회의 지도령이 되어 나타났다."(존 킹은 윌리엄 크룩스가 1870년부터 1874년까지에 실험하던 영매 플로렌스 쿡의 강령회에 나타나던 유명한 영혼의 소녀 케이티 킹이 이 세상에서 살았을 때의 아버지이다.)

팔라디노의 강령회 때 일어나는 현상들을 구체적으로 설명하는 것이 순서일 것이지만, 공중부상 현상, 엑토플라즘에 의한 사람의 손이나 얼굴 또는 사람의 완전한 형체가 나타나는 것 등은 케이티 킹이나 영매 홈의 경우에서 본 현상들과 일치하기 때문에 여기서 되풀이하지는 않겠다.

1895년 케임브리지에서 있었던 실험 등에서 그녀에 의한 현상들이 부정적인 결과로 판명되기도 했는데 그 때 왜 그러한 판단을 했는지 히어워드 캐링턴이 나중에 한 설명을 들어보겠다. 히어워드 캐링턴은 그 후 1908년 SPR이 팔라디노에 대해 정식으로 다시 조사하였을 때 파견한 세 사람 중 한 사람이다. 그는 다음과 같이 두 가지 점을 지적하였다.

"첫째, 그녀가 어떤 현상을 재현(再現)하려고 속임수를 썼을 때는 언제나 실패했다.

둘째, 케임브리지 실험에 참석한 사람들은 영매 슬레이드 박사의 경우에 있은 엑토플라즘에 의한 사람의 손 같은 것이 만들어질 수 있다는 것에 대해 전혀 모르고 있었다. 만약 우리가 팔라디노가 그러한 제3의 손이 엑토플라즘에 의해 만들 수 있고, 또 그 손이 그러한 실험을 한 후 곧 그녀의 몸속으로 사라지는 것을 인정할 수만 있다면 시지위

크 부인이 제기하는 부정적인 관점은 해결된다."(시지위크 부인은 초대
SPR 회장이면서 케임브리지 대학의 교수였던 헨리 시지위크의 부인이었고
또 영국의 수상을 지낸 발포어의 여동생이었다.)

이렇듯 유자피아 팔라디노에 대한 부정적인 견해는 그녀가 했던 몇
번의 속임수 때문이기도 했지만, 거의 대부분은 너무나도 놀랄 만한
현상들에 대해 인식이 부족했기 때문이었다. 물론 SPR도 1908년에 다
시 조사한 후에는 팔라디노에 의해 일어나는 현상들이 거짓이 아님을
인정하게 되었다.

그러면 그러한 속임수에 대한 그녀 자신의 설명을 들어보겠다. 그녀
가 1910년 미국을 방문했을 때 한 기자가 그녀에게 속임수를 쓰다가
잡힌 일이 있느냐고 물었다. 이에 대해 팔라디노는 솔직하게 다음과
같이 대답했다.

"나는 여러 번 그런 말을 들었다. 어떤 사람들은 그러한 강령회에서
속임수가 있을 것이라 생각한다. 사실 어떤 사람들은 그런 일이 있기
를 바라고 있다. 그런데 아무런 현상도 일어나지 않는다. 그때 그들은
초조하게 되고, 속임수를 생각하게 된다. 속임수 외엔 아무 생각도 못
한다. 그들의 그러한 속임수에 대한 생각에 나는 자동적으로 즉각 반
응을 하게 된다. 그러나 그런 일이 자주 일어나는 것은 아니다. 그들이
나에게 그렇게 하도록 생각을 보내는 것이다. 그게 전부이다."

그녀의 이러한 대답은 변명 같지만 트랜스 상태에 있는 영매는 그
주위 사람의 생각을 읽을 수도 있음을 고려한다면 단순히 변명이라 생
각할 수만은 없다.

갈레오티 교수는 1907년에 있었던 실험에서 그녀의 왼팔이 두 개가

되는 것을 분명히 보았다. 그는 참석한 사람들에게 "겉보기에 똑같은 왼팔이 두 개 있다. 하나는 책상 위에 있는데 보타지가 잡고 있고, 다른 하나는 그녀의 어깨에서 나오는 것 같다. 그리고 그것은 그녀에게 접근하더니 그녀의 몸속으로 녹아 들어갔다. 이것은 환상이 아니다." 라고 말했다.

모르셀리 교수 등 여러 연구자들도 자신들의 조사 결과에서 "최소한 서른아홉 번 이상의 확실한 현상들을 목격했다. 침대에 묶여 있던 그녀가 사기를 칠 수는 없었다."라고 말하고 있다. 드 퐁트네는 그녀의 양손이 옆 사람들에 의해 잡혀 있는데도 별개의 손이 또 나와 있는 사진을 찍었고 그것을 1908년 심령과학연구회지 부록에 발표하였다.

1910년 미국에서 실험이 있었을 때 캐링턴은 그 당시 가장 유명하던 마술사인 하워드 서스턴을 그녀의 강령회에 데리고 가서 팔라디노의 손을 잡고 있게 하는 등 실제로 엄격히 관찰하게 하였다. 그렇게 보고 난 후 서스턴은 "나는 팔라디노 부인의 테이블이 공중으로 부상하는 것을 직접 목격했다.…… 그리고 나는 내가 본 그런 현상이 어떤 속임수나 그녀의 발이나 무릎이나 손에 의해 저질러지지 않았다는 것을 확신한다."라고 말했다. 이어서 그는 누구든 그녀의 그러한 현상이 사기적인 수단에 의해 행해졌다는 것을 증명해 보이면 1,000달러를 자선 기금으로 내겠다고 선언했다.

프랑스의 심령 연구가인 딜레인도 조사원들과 함께 많은 팔라디노의 강령회에 참석한 후, 그 강령회에 참석했던 조사원들이 낸 보고서에 대해 다음과 같이 비평하고 있다.

"그 강령회에서 팔라디노의 두 손과 발은 참석자들에 의해 잡혀 있었는데도 책상이 별안간 공중으로 올라갔다. 그 책상의 네 다리가 모두 공중에 떠 있었다. 이때 팔라디노가 주먹을 쥐자 그 책상은 아래위로 다섯 번이나 오르내렸다. 이때 책상의 다리가 마룻바닥에 닿는 소리도 다섯 번 들렸다. 그리고 다시 테이블이 30센티미터 정도 공중에 떠서 7초간 있었다. 그 동안도 그녀의 손은 책상 위에 고정되어 있었고 책상 밑에는 촛불이 켜 있었다. 그런데도 이 강령회에 대한 조사원들의 보고서는 '그렇게 보였다.' '그런 것 같았다.'라고 하며 그런 현상이 확실히 일어나지 않은 것 같은 인상을 준다."

그리고 그는 이어서 다음과 같이 말했다.

"좋은 눈과 그러한 현상을 관찰하기 위한 장비들을 갖추고 마흔세 번이나 진지하게 실험을 한 사람들이라면 적어도 그러한 현상이 정말 일어났는지 또는 속임수에 의해 일어났는지는 확실히 구별할 수 있었을 것이다. 그러나 그 보고서는 사람들에게 그러한 현상이 의문투성이고 불확실하다는 인상을 남기게 한다."

이 장을 마치면서 그녀의 강령회 장면을 하나만 더 소개하기로 한다. 다음 이야기는 조셉 벤자노 박사가 실제로 경험한 경우로 그는 이 결과를 1907년 심령과학연구회지 부록에 수록했다.

촛불이 하나 켜져 있었으므로 어둡기는 하지만 팔라디노 부인과 나의 동료 조사원들의 모습은 확연히 볼 수 있었다. 나는 별안간 키가 큰 누군가가 내 뒤에서 내 왼쪽 어깨 너머로 나를 내려다보면서 크게 흐느끼며 내 뺨에 몇 번이고 키스하는 것을 느꼈다. 그 흐느끼는 소리가 매우 컸기 때문에 다른 사람들도 다 그 소리를 들을 수 있었다. 나는 그 얼굴의 윤곽을 확실히 보았고 또 그 얼굴이 내 얼굴에 다가올 때 길고 고운 머리카락이 내 뺨을 스쳤으므로 그것이 여자라는 것을 알았다.

그때 테이블이 움직이며 두드리는 소리가 나기 시작했고 그 소리에 따른 글자의 해석으로 나의 가까운 친척이라는 것을 알았으나 거기 있던 다른 사람들은 그녀가 누구인지 알지 못했다. 그녀는 얼마 전에 죽었고 나와는 성격의 차로 인해 심한 갈등을 빚었었다. 나는 테이블의 노크 소리로 주어진 이름을 처음 듣고 있었을 때 그녀에 관해 전혀 생각하지도 않고 있었기 때문에 우연히 같은 이름이 나온 것으로 여겼다.

그때 나는 그 이름에 대해 마음속으로 생각하고 있었는데 나의 왼쪽 귀에 다가오는 따뜻한 입김을 내는 입술을 느꼈고 제노아 사투리의 낮은 목소리를 들었다. 조용히 속삭이는 몇 마디의 말은 옆에 사람들도 들을 수 있었다. 그 말들은 울음소리에 의해 끊기고는 하였는데, 자신이 저지른 잘못에 대해 내게 사과하는 내용이었다. 그것은 가족적인 문제로 죽은 그녀와 나만이 알 수 있는 내용이었으나 그녀는 상세히 말했다. 그 현상은 너무나 현실 같았기 때문에 내 쪽에서 오히려 그런 일에 대해 내가 너무 심하게 하였다면 용서해 달라고 말하지 않고는 견딜 수가 없었다. 그러나 내가 그런 말의 첫마디를 꺼내자마자 부드러운 두 손이 나의 입술에 대고 더 이상 말하는 것을 막았다. 그리고 나에게 "감사해요."라고 말하며 나를 껴안고 입에 키스를 한 후 사라졌다.

이 예에서와 같이 유자피아 팔라디노 부인의 강령회에는 엑토플라즘에 의한 영혼의 인물이 자주 나타났다.

팔라디노는 그녀의 그러한 신비스런 능력을 이처럼 많은 과학자나 학자들의 연구 대상이 되게 함으로써 심령 현상에 대한 진실성을 어느 누구보다도 더 확실히 알리게 한 사람이다. 1910년 미국에서 있었던 실험을 끝으로 그녀는 40년 동안이나 해온 공개적인 조사를 위한 실험에는 더 이상 참여하지 않았다. 그 후 나폴리로 돌아가 조그마한 개인의 강령회만을 열었으며 1918년에 세상을 떠났다.

저자가 유자피아 팔라디노에 관한 문헌 등을 조사하는 중에 조지 갤럽의 『죽음 그 다음의 세계(Adventure in Immortality)』를 보게 되었는데, 그 책의 부록으로 수록된 팔라디노에 관한 장에도 다미아니의 부인에 관한 일화가 적혀 있었다. 갤럽은 그 강령회에서 존 킹이 나타나서 "나폴리에 강력한 영매가 있는데 그녀는 내 딸이며 유명한 케이티 킹의 환생이다."라고 말했다고 적고 있다. 그러나 팔라디노가 케이티 킹의 환생이라는 그의 말은 사실과 다른 것 같다.

그 책에 의하면 다미아니의 미래의 부인이 될 여인이 팔라디노를 찾아간 것은 1872년의 일이고 팔라디노는 1854년에 출생했으므로 그녀의 나이 18세인 때이다. 그러나 윌리엄 크룩스 경에 의한 영매 플로렌스 쿡에 대한 조사는 1870년에서 1874년 사이에 이루어졌고 이때 쿡 양의 강령회에는 언제나 케이티 킹은 영혼의 소녀로 나타났다. 그러므로 케이티 킹은 적어도 그녀가 마지막으로 플로렌스 쿡의 강령회에 나타난 1874년 5월 21일까지는 환생을 하지 않았고 영혼의 상태에 있었다는 것이 확실하다. 그러므로 그 20년 전인 1854년에 태어난 유자피아 팔라디노가 케이티 킹의 환생일 수는 없다.

제4장

다양한 심령 현상

1

목사를 간절하게 만나고 싶어한 젊은이

다음의 이야기는 영국의 어느 목사가 영국 SPR의 회지에 자신의 경험담을 발표한 것을 인용한 것이다.

나 루이스는 템플바에서 일어난 실제의 이 유령 이야기에 대해 더 덧붙여 말할 것이 없다고 믿는다. 1866년 9월 19일 목요일에 이 사람은 죽었고, 나는 그 다음 일요일인 22일에 그의 유령을 보았으며, 그의 정식 장례는 25일 목요일에 치러졌다.

나의 의붓어머니는 마차를 가졌던 P씨의 집에서 일하고 있었는데, 그 집에는 제임스라는 아들이 있었고 그는 멀리 떨어진 런던에 가 있었다. 그는 P씨의 친구 집에서 상인이 되기 위해 일을 배우고 있었다. 나는 P씨로부터 그의 아들에 관해 한두 번 이야기를 들은 일은 있었으나 그날은 그의 아들이나 P씨 자신에 대한 것은 까맣게 잊고 있었다. 내가 관할하는 교구는 바다에 접해 있는 넓은 지역으로서 사소한 일까지 모두 기억하고 있을 수는 없다. 그렇기 때문에 지금부터 말하려는 유령 이야기도 어느 정도 앞으로 닥쳐올 일을 미리 생각하고 기다렸다고 보는 것은 잘못이다. 그런 오해가 없게 하기 위해 이런 것을 설명했다. 나는 그의 아들에 대해서는 실제로 아무 것도 모르고 있는 것이나 다름이 없었고 그를 만난 일도 없었다. 그러므로 그에 대해 생각하였을 리는 없다.

그날은 아주 더웠던 한 여름의 어느 오후였다. 그때의 일을 나는 어제와 같이 또렷하게 기억한다. 나는 해가 쨍쨍 내리쬐는 거리를 걸어서 P씨의 집 옆을 지나고 있었다. P씨의 집은 커튼이 완전히 닫혀 있었기 때문에 그것이 나의 주의를 끌었다.

P씨의 부인은 가구에 대한 자랑이 대단했기 때문에 햇빛에 가구가 상하지 않게 하기 위해 커튼을 닫은 것으로 생각했다. 그렇게 생각하긴 해도 무엇인가 이상하다는 생각이 들어서 P씨의 정원으로 들어가는 골목길에 눈을 돌렸다. 그때 그곳에는 약 스무 살로 보이는 한 젊은이가 모자도 쓰지 않은 채 검은 옷을 입고 현관 바로 앞에 서 있었다.

P씨와 너무나 닮았었기 때문에 그의 아들이구나 하고 생각했다. 우리 둘은 선 채로 서로를 물끄러미 바라보고 있었다. 그때 그는 갑자기 한두 발자국 내 앞으로 다가오며 더 크게 뜬눈으로 나를 뚫어지게 바라보았다. 눈을 깜박이는 것마저도 잊은 것처럼 보였다. 그러더니 그대로 멈춰 섰다. 그는 무엇인가 말하고 싶어하는 기색이 역력했으나 아무 말도 하지 않았다. 그러나 그의 표정에는 원망과 고통이 깃들어 있는 것은 분명했다. 처음에 나는 놀라기만 했지만 차차 화가 치밀어 올랐다.

'어째서 저놈은 사람을 그런 눈초리로 보는가?' 하고 생각하자 화보다는 당혹감이 앞섰다. 나는 방향을 바꾸어 서둘러 그곳을 떠났으나 마음속으로는 '저 애는 내가 그의 아버지의 친구라는 것을 알았을 텐데 인사하는 법을 몰랐겠지, 언젠가는 만날 기회가 있을 테니 그때 오늘 이야기를 하면 되겠지.'라고 생각하며 그 일은 잊어버리고 말았다.

목요일은 내가 묘지에서 매장에 참석하는 날이었다.

"누구를 매장하는 것입니까?" 하고 내가 물었을 때 "당신 집 근처의 청년이 폐병으로 죽었습니다."라는 대답이 돌아왔다. 왠지는 모르지만 그 말을 듣는 순간 나는 깜짝 놀랐고 이상한 기분이 들었다. 그러나 믿을 수 없는 초자연적인 일이 일어났다고는 조금도 생각하지 않았다. 나는 P씨의 아들에 대한 것은 그때도 전혀 기억하고 있지 않았다. 처음 느낀 것은 무엇보다도 당혹감이었다. 폐병으로 죽는다는 것은 오랫동안 병마에 시달렸음이 분명하다. 그런데 우리 집 근처에 있는데도 내가 몰랐다는 점이 나를 당혹하게 하였던 것이다.

그래서 바로 "그 매장 허가서를 보여주시오."라고 말했다. 매장 허가서에는 "제임스 H. P. 21세"라고 적혀 있었다. 나는 나의 눈을 믿을 수가 없었다.

나는 급히 서둘러 P씨의 집으로 갔다. P씨의 부인이 집에 있었는데 그녀는 나를 훨씬 더 당황하게 하는 말을 하였다. 제임스가 아버지를 쏙 빼닮아서 보는 사람마다 다 놀란다는 것과 마지막 3개월은 집에서 보냈는데 그간 내가 왜 방문하지 않는지 이상하게 생각하고 있었다는 것, 제임스는 나를 무척 만나고 싶어했기 때문에 내가 P씨의 집 앞을 지나면서도 들르지 않는 것에 대해 무척 섭섭해 했다는 것 등이었다. 그는 죽는 순간에도 나를 만나고 싶다고 말하며 죽었다는 것이다.

P씨 부인의 말은 내 가슴을 찔렀다. 물론 나는 그의 집을 방문하지 않았다. 그래서 그가 나에게 온 것이었다. 하지만 만약 내가 그의 사정에 대

해 조금이라도 알았다면 나는 물론 방문했을 것이다. 나는 나에게 아무 말도 해 주지 않았던 의사와 그의 부모들을 나무랐다. 내가 제임스를 본 것은 일요일이었으나 실제 그가 죽은 것은 그전의 목요일이었다. 죽을 때 그는 길쪽에 있는 방에 누워 있었고 그가 나타났던 장소와 거의 같은 높이에 있는 창문은 열리는 것이었다. 그가 죽은 후 매장될 때까지 그는 그 방에 눕혀져 있었다고 한다. 내가 그를 만났던 일요일의 그 시간에도 그는 만난 장소 근처인 그 방에 죽은 채 누워 있었던 것이다. 그럼에도 나는 그를 살아 있는 형태로 만났다. 내가 그를 만났던 그날 P씨 집의 그 장소에는 아무도 없었으며 뒤에 안 일이지만 P씨의 집은 일요일 내내 문이 잠겨 있었다고 한다. 그날 P씨의 집을 방문한 사람은 우유 배달부뿐이었는데 그도 그 집에는 P씨 부부만 있었다고 말하고 있다.

루이스 목사는 이상과 같이 적고 있는데, 설명을 위해 더 추가하여야 할 필요가 없음은 분명하다.

강령회에 나타난 독립전쟁 참전용사

1874년 8월 스테인턴 모지스는 의사이던 한 친구와 함께 웨이트 섬에 머무르고 있었는데, 어느 날 그가 열었던 강령회에서 한 유령의 전달자가 나타나서 자기는 에이브러햄 플로렌타인이며, 1812년의 미국 독립전쟁에도 참전했고 최근에 저승으로 왔다고 하며, 1874년 8월 5일 뉴욕의 브루클린에서 83세 1개월 17일 만에 죽었다고 모지스의 자동서기 기록으로 나타냈다.

그 강령회에 참석한 사람은 아무도 그 사람을 몰랐으므로 모지스는 그러한 내용을 런던의 신문에 내면서 그 내용의 진위가 밝혀질 수 있도록 미국의 신문들도 같은 내용을 실어 주도록 권유했다. 얼마가 지나서 뉴욕의 죽은 병사들의 유언을 집행하고 있던 한 미국의 변호사가 자기의 고객 중에 플로렌타인이라는 이름의 고객이 있다는 것을 뉴욕의 한 신문사에 알려왔고, 그에 관한 상세한 기록은 미국 전몰군인회에 보관되어 있다고 했다.

그에 따라서 미국 육군성에 그 서류에 관한 조회를 내었다. 육군성의 공식 보고서는 에이브러햄 플로렌타인이라는 병사가 금세기 초에 있었다는 것을 확인했고 그의 미망인이 살아 있다는 것도 알려왔다. 그 후 크로웰 박사의 조사에 의해 그 미망인은 아직도 생존해 있다는 것과 브루클린에 살고 있던 그녀의 주소도 확인되었다.

그 미망인의 말에 따르면 그녀의 남편은 1812년의 미국 독립전쟁에 참전했고 성미가 급한 사람이었으며 1874년 8월 5일 브루클린에서 83세로 죽었으며 그의 생일은 6월 8일이라고 했다. 그러므로 그는 83세 1개월 27일 만에 죽은 셈이다. 모지스가 자동서기로 얻었던 것과 차이가 나는 것은 17일이 27일이었다는 것뿐이었다. 그러한 오류는 메시지를 기록하는 동안에 흔히 있을 수 있는 일임을 고려하면 모지스는 그러한 정보를 플로렌타인의 영혼으로부터 직접 받았다고 하는 것 외에 달리 설명할 방법이 없어 보인다.

이 사건에 관한 상세한 기록은 영국 심령과학연구회 회보 제11권에 기록되어 있다.

얼굴에 긁힌 상처가 있는 여동생의 방문

다음은 SPR가 조사한 사례 중의 하나로 이것이 계기가 되어 윌리엄 바레트 경이 임종 시의 환영(幻影: Dead Bed Vision)에 대해 구체적으로 연구하게 되었다고 한다. 이 내용은 1888년 1월 11일자 SPR 학회지의 회보에 발표된 내용이다. 이 내용을 전한 사람은 보스턴의 F. G.라는 사람으로 그는 당시 세일즈맨이었다. 1867년 그가 특히 사랑하던 여동생이 콜레라로 18세의 나이로 죽었는데, 그 1년 후쯤부터 그는 세일즈맨이 되어 미국의 각 지방을 돌아다녔다.

1876년 어느 날 그 세일즈맨은 많은 주문을 받아 그 주문서의 내용을 전보로 보내려고 호텔 방에 들어와 기쁜 마음으로 담배를 피우며 주문서를 작성하고 있었다. 그런데 침대 가의 왼쪽에 한 여인이 손을 탁자 위에 올려놓은 채 앉아 있었다. 자세히 보니 그 여인은 9년 전에 죽은 여동생이었다. 그녀는 생전과 똑같아 보였으나 얼굴 오른쪽 뺨에 붉게 긁힌 상처가 있었다. 그가 벌떡 일어나 그녀를 반기려 하자 여동생의 모습은 사라졌다.

그는 분명 자신이 꿈을 꾸고 있지 않다는 것을 확인하였고, 또 여동생이 다정한 눈빛으로 자신의 눈을 바라보고 있었던 것도 확연히 기억할 수 있었다. 또 그녀의 살결은 살았을 때와 같이 맑았었다. 불안을 느낀 그는 즉시 기차를 타고 세인트루이스에 있는 어머니 집으로 갔다. 그리고 어머니에게 그 여동생의 얼굴 오른쪽에 붉게 긁힌 흔적이 있는 이야기를 했더니 어머니는 그 말을 듣고 기절하고 말았다. 어머니가 정신을 되찾았을 때 "네가 본 것은 분명 너의 여동생임이 틀림없다."며 해준 설명에 따르면 죽은 딸의 얼굴을 어루만지다가 실수로 시신의 얼굴에 상처를 입혔고 그것을 화장으로 지웠었으며 그러한 사실을 지금까지 어느 누구에게도 말한 적이 없다고 하였다.

그 어머니는 몇 주 후에 죽었는데 딸을 만날 수 있다는 희망으로 행복하게 임종을 맞았다고 한다. 딸의 환영이 오빠에게 나타난 것은 어머니의 죽음이 가까이 왔음을 알리는 것이었고, 또 어머니가 죽음을 쉽게 받아들이게 한 배려였다고 생각된다.

4

초상화 속의 인물이었던 유령

　다음은 하이슬롭 박사의 저서 『다른 세계와의 접촉』에서 인용한 것이다. 이 이야기는 초상화에 관한 것으로 확실한 물적 증거를 갖고 있는 경우의 하나이며, 영국 심령과학연구회 회지에 실린 기사이다.

　1852년 봄, X씨는 잘 알고 있는 사이인 G씨의 저택의 일부를 빌려 하인 두 명과 함께 살기 시작했다. 얼마 후 밤이면 이상한 소리가 난다고 하인들이 불평을 하였다. 가을인 9월 22일 밤 1시경 X씨는 자기 방에서 촛불도 들지 않고 2층에 있는 침실로 가고 있을 때 놀랄 만한 광경을 보게 되었다. 침실로 가는 복도로 나오니 그 복도는 밝은 빛으로 비치고 있었고 그곳에는 이상한 모습의 노인이 서 있었다. 그가 놀라서 노인을 바라보고 있는 사이 노인은 사라졌고 복도도 깜깜해졌다.

　1853년 9월 22일, 그곳에서 하룻밤을 보내게 된 X씨의 친구는 울음 소리, 신음 소리 그리고 저주하는 소리 등으로 밤새 한숨도 잠을 잘 수 없었다. 너무나 이상하게 여긴 X씨는 조사를 시작했다. 그 결과 그 이상한 노인은 집주인 G씨의 할아버지로 50년쯤 전의 9월 22일에 아내를 죽이고 자신은 자살하였다는 것을 알았다. 살인이 일어났던 방이 바로 그 이상한 소리가 들리는 2층의 방이었다. X씨가 조사하기 위해 만난 목사나 그 노인을 알고 있던 변호사는 그의 말을 믿으려 하지 않았다고 한다.

그런데 이 경우에 대한 극적인 증명이 4년 후 X씨가 런던에 있는 G씨의 집을 방문했을 때 일어났다. X씨가 그 집의 응접실을 통과하고 있을 때 그는 벽에 걸린 한 초상화가 눈에 띄었고 그는 무척이나 놀랐다. 그 초상화 속의 인물이 바로 그가 유령으로 본 그 노인이었기 때문이다. 그는 G씨에게 자신이 본 유령이 바로 초상화의 주인이라고 말했다.

그 후 G씨는 그 분이 바로 자기의 할아버지이고 자기네 가문에는 그렇게 명예롭지 못한 사람이라고 덧붙였다고 한다.

⑤

수십 년 전에 단 한 번 만난 인연으로 부탁하는 영혼

이 이야기는 SPR가 수집한 예는 아니지만 한 영혼으로부터 부탁을 받고 또 그 영혼이 예견한 일이 수 년이 지난 후에 현실로 나타난 드문 경우여서 여기에 소개하기로 한다.

앨런 로우는 1940년대 영국 윔블던 심령교회의 간부였으며 영매로서의 능력도 가진 사람이었다. 그가 런던에 살고 있을 때 자신의 여자 친구를 만나기 위해 심령교회 앞을 지나다가 그날 저녁 그 교회에서 노팅엄에서 온 영매인 조지 데이즐리의 강령회가 있다는 광고를 보았다. 그는 예전부터 그 영매를 만나보기를 원했던 터였기 때문에 여자 친구와의 약속으로 그 강령회에 참석할 수 없는 것에 대해 애석하게 생각했다. 그러나 그가 여자 친구와 만나기로 약속한 역에 도착했을 때 역무원으로부터 그녀가 늦게까지 근무해야 하므로 올 수 없다는 이야기를 들었다. 그래서 알란은 그 강령회에 참석했는데, 교회에 늦게 도착하였기 때문에 뒤쪽에 앉았다.

그 강령회가 열렸을 때 회장은 데이즐리가 약한 심장 마비현상을 일으켰기 때문에 오늘은 강령회를 주재하지 못한다는 사과의 말을 했다. 그는 교회에는 나왔지만 강령회를 주재하는 것은 다른 영매였다. 데이즐리는 직접 연단에 올라와 사과하고 전할 메시지가 하나 있다고 말했다. 그는 말하기를 그가 오늘 이 교회에 들어올 때 어떤 공군 병사의 영혼이 강령회에 모인 사람 중의 어떤 사람과 교신하고 싶다고 했다는 것이었다. 공군 병사의 영혼은 그의 어머니에게 긴히 전할 말이 있다고 하며 알란을 지적했다. 알란은 공군에는 아는 사람이 아무도 없다고 했으나, 그 영매를 통한 병사는 알란이 그의 어머니를 안다고 고집했다.

영매는 그 죽은 공군 병사의 이름은 올리버 애슈턴이고 그는 비행기 추락 사고로 죽었다고 했다. 그는 영국 땅 바깥에 있었으나 적진은 아니었다고 했다. 그는 그의 사망 날짜와 시간이 1945년 3월 13일 12시 15분이라고 했으며 같은 대원으로 함께 죽은 다른 여덟 명의 이름도 말했다. 그 병사는 자신의 어머니가 유해를 본국으로 찾아오기 위해 모금을 하고 있다고 했다. 또 그의 집안도 상세히 설명했으며, 알란이 그 집을 방문하게 될 것이라고도 했다. "당신은 식당으로 안내될 것이며 피아노 위에 있는 사진에 나와 누이와 아버지 어머니가 함께 찍힌 사진을 볼 것"이라고 했다. 그리고 그 병사는 자기도 알란을 단 한 번 만난 적이 있다고 했다.

알란이 그 후 그 병사의 가족을 찾기까지는 만 3년이 걸렸다. 그는 리버풀에 사는 그의 할머니를 방문했을 때 친척 중에 올리버 애슈턴이라는 사람이 있는지를 물었다. 그 할머니는 자기 아버지의 사촌으로 돌리 스미스라는 여자가 있었는데, 재혼한 성이 애슈턴이고 그녀의 아들 이름이 올리버이며 그는 전사했다고 말했다.

알란은 돌리 스미스의 주소를 찾아 그곳을 방문했다. 그녀는 알란이 방문한 것에 깜짝 놀랐다. 알란은 식당으로 안내되었는데, 거실은 너무 추워서 식당으로 안내한다고 했다. 그는 그녀를 따라 식당으로 들어갔는데, 거기에는 피아노가 있었으며 피아노 위에 놓인 사진은 영매 데이즐리가 설명했던 대로였다. 그가 그녀에게 그 이야기를 마쳤을 때 그녀는 2층으로 올라가서 시계 하나와 사진을 가져왔다. 그 시계는 아들의 유품이었는데, 13일 12시 20분에 정지되어 있었다. 사진은 그의 동료 비행대원이 함께 찍은 것으로 거기 적혀 있는 이름도 데이즐리가 말했던 이름과 같았다. 그녀는 알란에게 그 비행기는 아일랜드에서 훈련 비행 도중 추락했고 그녀는 그 유해를 찾기 위한 모금을 하고 있었다고 했다.

그녀의 말에 의하면 올리버와 알란은 단 한 번 만난 적이 있었다고 한다. 올리버가 막 출생했을 때 알란이 올리버의 어머니인 그녀를 병원으로 방문한 일이 있었다. 물론 이름도 짓기 전의 이제 막 태어난 올리버를 보았으나 알란이 그의 이름을 기억할 리 없을 것이다.

위의 이야기는 린다 윌리엄슨의 『영매와 사후 세계(Mediums and the Afterlife)』에서 인용한 실화이다.

여기서 알란이 경험한 미래 예측에 대해 검토해 보자. 올리버 애슈턴의 영은 분명 알란이 그의 집을 방문할 것이고 그때 식당으로 안내되며 피아노 위에 있는 사진에 자신과 가족이 함께 찍힌 사진을 볼 것이라고 했다. 물론 그가 예측한 일은 3년 후에 정확히 일어났다. 그러나 이러한 미래의 일은 만약 애슈턴의 영이 그러한 일이 일어나도록 관여하고 있었다면 전혀 예측할 수 없는 기적 같은 우연의 일치라고는 할 수 없을 것이다. 즉 이러한 예측이 달성되도록 애슈턴의 영이 작용할 수 있었다는 것이다.

이러한 점으로 미루어 보아 우리가 흔히 기적이나 우연의 일치나 미래에 대한 예언 등은 그와 관련이 있거나 또는 더 넓게 인류에게 영향력을 끼칠 수 있는 더 높은 영의 작용에 의한 것이라 추측할 수 있다. 그러나 위의 사실들은 애슈턴의 영의 작용이 아닌 어떤 방법으로도 설명할 수가 없다. 그러한 일이 우연히 일치했다고 설명하는 것이 과학적인 설명은 될 수 없을 것이다.

여기서도 우리는 사후의 생의 존재와 영들이 우리의 세계에 대해 어느 정도 영향력을 행사한다는 것이 증명되었다고 보아야 할 것이다.

아내가 사랑하던 오리 모형 도자기

다음의 이야기는 1990년대 후반에 일어난 일인데, 저자가 말레이시아에서 사업차 접촉하던 사람으로부터 직접 들은 실화로 대단히 신빙성이 높은 것이라고 생각되어 여기 옮기기로 한다. 그 분의 사생활에 대한 영향을 고려하여 신분은 밝히지 않겠으나 그는 말레이시아에서 유명하고 오래된 회사의 부사장으로 있는데, 그의 호주 태생의 부인이 죽고 난 얼마 후에 일어난 일이다.

그들 부부는 호주의 한 도시의 교외에 조그마한 수영장이 딸린 저택을 가지고 있는데, 수영장과 거실이 있는 건물은 잔디로 덮인 긴 통로로 이어져 있다. 어느 날 부부가 말레이시아의 말라카 해안을 방문하였을 때 부인이 오리 모양의 도자기를 사서 집으로 돌아온 후 그것을 수영장 바로 옆에 놓았었다.

그녀는 그 오리 모양의 도자기를 몹시 좋아했으며 그녀가 죽기 얼마 전에는 그 오리 도자기를 거실의 바로 앞 복도로 옮겨 놓았다. 아내가 그곳으로 옮긴 것을 알지 못한 그는 그 오리 도자기를 원래의 자리로 옮겨 놓았다.

며칠 후 아내가 그 오리 도자기를 다시 거실 복도로 옮기며 자기는 그 오리 도자기가 그 자리에 있는 것이 좋다고 하며 남편에게 그대로 두도록 당부했다. 그곳은 거실의 통로로 외부로부터 그곳으로 들어오기 위해서는 현관문을 열고 들어와야 한다. 오리 도자기를 두기에는 적합한 장소가 아니었다. 그러나 아내가 당부를 해서 그는 그 오리 도자기를 그곳에 그대로 두었다.

그런데 아내의 장례를 치른 얼마 후 난데없이 야생 오리 두 마리가 수영장에 날아와 앉았다. 그곳은 강으로부터 멀리 떨어진 곳으로 야생 오리가 날아오는 일은 이전에는 전혀 없었다. 그는 아내가 오리 도자기를 안으로 옮겨 놓았으므로 혹시 현관문을 열어 놓으면 그 오리들이 안으로 들어올지 모른다는 생각으로 문을 열어 놓았다. 그의 예상대로 그 오리들이 오리 도자기가 있는 자리로 날아 들어왔다.

너무나 이상하게 느낀 그는 곧 부인의 쌍둥이 여동생에게 전화를 하고 급히 오라고 했다. 그는 처제가 올 때까지 그 오리들이 날아가지 않을 것이라는 확신을 가졌었다고 한다. 약 15분 후 부인의 쌍둥이 여동생이 왔을 때도 오리들은 그 오리 도자기가 친구나 되는 것처럼 부리로 그 도자기의 이곳저곳을 건드리며 놀고 있었다. 그것을 보았던 부인의 여동생도 이상하다고 느꼈으며 그들은 함께 그 오리들을 한참 동안 관찰했으나 오리들이 날아갈 기미는 전혀 보이지 않았다. 한참을 더 관찰한 후 그 여동생이 떠났다. 그녀를 문 앞까지 전송하고 돌아왔을 때 그 오리들은 이미 날아가고 없었다고 한다. 그가 부인의 여동생을 전송하고 돌아온 시간은 2분도 채 되지 않았을 것이라고 했다.

그 후 그는 그 이웃에 살고 있는 한 노인에게 근처에 오리들이 나타나는 예가 있느냐고 물었을 때 그 노인은 지금까지 50여 년을 그곳에 살았지만 오리가 날아왔다는 말은 처음 듣는다고 했다는 것이다.

7

오페라 가수가 되고 싶었던 불구의 천재 가수

다음의 이야기는 『수지 스미스의 생은 영원하다(Life is forever by Susy Smith)』에서 인용한 것이다.

저널리스트인 커밍 월터스가 1923년 4월 1일 일요일, 사후의 생이 존재함을 설명하는 그의 책에 수록된 내용에 관한 강연회를 가졌다. 그 강연회에서 그는, 어느 여름날 밤에 영국의 맨체스터에서 여섯 명의 다른 사람들과 함께 강령회를 하고 있었는데 별안간 재미있는 노래를 합창하는 소리가 들렸다고 말했다.

강령회를 하는 사람들이 그 영에게 당신은 누구인가를 물었을 때, 그 영은 자기 이름은 프랭크 콜린스이고 자기도 오래 전에는 월터스가 속한 클럽의 회원이었다고 했다. 그리고 그가 여섯 명의 회원 이름을 말했는데, 그들은 모두 회원임이 확인되었다.

그 후에 열린 강령회에도 콜린스의 영이 나타났는데 그때는 그의 친구이고 같은 회원이었던 사람으로 리처드 로손이 있다고 알려주었다. 그러나 그 이름은 그 강령회에 참석한 사람이나 그의 클럽 회원 중 어느 누구도 모르는 이름이었다.

콜린스의 영은 자기는 성악가였으며 저녁 식사 초대 때나 크리스마스 파티 등의 모임에서 활약한 성악가로 상당히 알려졌었다고 했고, 자기가 좋아하는 음악은 영국의 옛날 발라드나 셰익스피어의 희곡에 연주되는 〈푸른 나무 아래서〉나 〈불어라 겨울바람아〉 등이라고 했다. 그는 특히 길버트와 설리번의 음악을 좋아했으며 〈빛나는 두 눈동자〉와 〈방황하는 음유시인〉을 불러 상당한 성공을 거두었다고 했다. 이러한 정보를 콜린스의 영이 자발적으로 말해 주었기 때문에 월터스와 그 강령회의 사람들이 그가 오페라 가수였는지를 물었다. 그는 자신이 절름발이라서 오페라의 가수가 되지 못한 것이 그의 생애에서 가장 한스러운 일이었다고 했다.

강령회에서 주어진 이러한 정보들이 대단히 흥미가 있어 월터스는 그 사실을 확인하는 작업에 착수했다. 그러나 그가 물어본 회원들 중 프랭크 콜린스나 리처드 로손이라는 사람을 아는 이가 없었다. 그렇게 6개월이 지난 어느 날 월터스가 친구들과 함께 맨체스터에서 32킬로미터 정도 떨어진 교외로 나가 점심 식사를 하게 되었다. 그 식사 중에 함께 갔던 한 부인이 에드윈 와우가 작곡한 랭커셔 노래들을 기억하느냐는 질문을 받았다. 그녀는 기억한다고 하며 그 자리에서 그 노래를 불렀다. 그녀가 노래를 마쳤을 때 그의 옆에 앉아 있던 한 80세의 노인이 "내가 이 노래를 듣기는 프랭크 콜린스가 부른 것을 들은 후 처음"이라고 말했다.

월터스는 뜻밖에 그 노인에게 콜린스에 대한 말을 듣고는 그에 대해 상세히 설명해 달라고 했고, 그 노인에 의하면 프랭크 콜린스는 노래를 아주 잘 불렀고, 특히 크리스마스 파티 때는 랭커셔의 옛날 노래나 셰익스피어 노래들을 즐겨 불렀다고 했으며, 만년에는 길버트와 설리번의 노래들을 불렀다고 했다. 그러면서 그 노인은 다른 테이블에 앉아 있던 그의 친구를 불러 프랭크 콜린스가 불렀던 길버트와 설리번 저녁 음악회를 기억하느냐고 물었다.

그 친구 노인은 "그럼, 기억하지. 〈빛나는 두 눈동자〉를 그 사람처럼 잘 부른 가수는 아직도 보지 못했어."라고 했다. 그 말을 듣고 있던 노인은 "그는 무대에 섰어야 했는데……."라고 말했다.

"그가 왜 무대에 서지 않았습니까?"라고 월터스는 시치미를 떼고 노인에게 물었다. "그는 절름발이였어요. 그게 그에게는 가장 큰 한이었지요."라는 대답을 들었다.

이런 우연한 확인을 한 후 월터스는 오래 전에 절판된 그 클럽의 옛날 회원 명부를 발견하고 호기심에 그것을 샀다. 그런데 그 명부에 프랭크 콜린스가 회원이었다는 것뿐 아니라 그가 크리스마스 파티에서 셰익스피어 희곡에 나오는 노래를 불렀다는 것이 적혀 있었고, 리처드 로손도 같은 해에 회원으로 등록되었음이 적혀 있었다.

낚시꾼과 처녀의 혼

지금껏 이야기한 모든 사례들이 외국의 사례이지만 국내에서도 이러한 현상들이 일어나고 있다. 국내 텔레비전을 통해 방영된 사례 하나를 소개하기로 하겠다. 이 이야기는 1997년 11월 22일 SBS 방송에서 방영된 것이다.

서울에 사는 한 청년은 낚시를 매우 좋아했다. 많은 낚시 애호가들이 그러하듯 그 청년도 새벽 낚시를 즐기기 위해 텐트와 침구 등 간단한 밤샘 준비를 하고 어느 강가로 가서 그날 밤을 그곳에서 보내기로 했다.

강가의 한 평평한 곳을 골라 그곳에 텐트를 치고 잠자리에 들었다. 그가 막 잠이 들었을 때, 그가 깔고 자던 매트 아래서 '쿵쿵' 하고 매트를 두드리는 듯한 소리를 듣고 그는 벌떡 일어나 매트 밑을 조사해 보았다. 그러나 아무런 이상도 발견하지 못한 그는 다시 그 자리에 누워 잠을 청했다.

다시 잠이 들었을 때, 또 그는 '숨막혀!' 하는 이상한 소리와 함께 그의 매트를 치는 것을 느끼고 놀라 다시 일어났다. 그런 일이 너무나 생생하였으므로 그는 무서움에 떨면서 옆에 놓아두었던 손전등으로 텐트의 주변과 매트 밑을 샅샅이 살폈으나 아무런 이상도 발견할 수 없었다.

그런 일이 두 번이나 있었기에 그는 더 이상 잠을 잘 수가 없었고, 그때 그의 손목시계는 새벽 3시를 가리키고 있었다. 한참을 두려움에 떨고 있던 그는 커피를 준비하고 날이 새기를 기다렸다.

그런데 그때 그가 있는 곳으로부터 약 10여 미터 떨어진 곳에 한 여인이 앉아 있는 것을 보았다. 그 여인은 20대 초반의 젊은 여인으로 보였다. 한밤 그것도 그렇게 외진 곳에서 젊은 여인을 만난다는 것이 두렵거나 이상하게 느끼는 대신 한밤중에 그러한 곳에 와 있는 것으로 보아 어떤 사연이 있는 여인이라고 생각하고, 그녀 곁으로 다가가 커피를 드시겠느냐고 물었다.

그녀는 대답은 하지 않고 고개만 끄덕이며 승낙했고, 그는 종이컵에 따른 커피 한 잔을 그녀에게 주며 곁에 앉아 함께 커피를 마셨다. 그리고 그는 그녀에게 이 근처에 사느냐고 물었다. 그때 그녀는 말은 하지 않고 또 고개만을 끄덕이며 그렇다고 긍정했다. 그 후 그의 일방적인 질문은 이어졌고, 한참이 지난 후에 "어디에 사세요?"라고 다시 물었다.

그때 처녀는 손짓으로 그 청년이 텐트를 쳐 놓은 장소를 가리켰다. 그러고는 순간적으로 사라지고 말았다.

그는 소스라치게 놀라 동이 트기를 기다렸다가 급히 인근의 마을로 가서 지난밤의 이야기를 하고, 몇몇의 마을 사람들과 함께 자기가 텐트를 쳐 놓은 곳으로 왔다.

마을 사람들과 함께 텐트를 걷고 그 밑을 파 보았다. 얼마를 파기도 전에 한 여인의 시체가 나왔다. 마을 사람들은 아직도 별로 부패되지 않은 그 여인의 시체가 얼마 전 장마에 떠내려가 행방불명이 된 그 마을의 처녀인 것을 확인했다. 그리고 그들은 전날 밤 그와 그 여인이 함께 앉았던 곳에 두 개의 종이컵이 있는 것도 확인했다. 마을 사람들과 그 청년은 함께 그녀의 시신을 좀 떨어진 높은 곳에 묻어주고 그녀의 혼을 위로하는 제사를 지내주었다.

고향으로 돌아온 관

다음은 우연의 일치라고 하기에는 너무나 많은 우연의 일치의 연속이 아니면 설명이 될 수 없는 참으로 신비스러운 이야기이다. 이 내용은 여러 책에 소개되어 있으나 찰스 버리츠의 『이상한 현상의 세계』에 나온 것을 주로 소개한다.

많은 비평가들은 우연의 일치라고 하는 것은 인간의 인식이 꾸며낸 하나의 사항일 뿐이라고 한다. 각각 분리되고 독립된 사건들이 일어날 뿐인데 그것들이 관찰되어 우연의 일치를 이룬다고 주장하고 있다는 것이다. 다시 말하면 우리는 우연히 일치하는 것만을 기억하고 그 나머지 분명한 연관성이 있는 것 같지 않은 수많은 다른 일들이 일어난 것은 잊고 있다는 것이다. 그렇다면 다음에 나오는 찰스 코플란의 이상한 관에 대한 이야기는 어떻게 이해해야 하는 것일까?

코플란은 캐나다의 동북부 해안 지방인 프린스 에드워드 섬에서 태어났다. 그러나 19세기 말엽에 호구지책으로 떠돌아다니는 극단의 일원으로 텍사스주 걸프지역의 중심지인 갈바스톤에 주로 살게 되었다.

1899년 코플란은 아마도 그때 그 지역을 휩쓸고 있던 열대성 유행병으로 죽은 것 같으나 그의 사인에 대한 기록이 남아 있지 않다. 그는 죽은 뒤, 납으로 봉인된 관에 담겨 영원히 안식할 수 있을 것으로 생각한 갈바스톤의 공동묘지에 묻혔다.

그 당시 텍사스주에서 가장 번창하고 인구가 많던 갈바스톤은 모래의 언덕에 건설된 것과 같아서 홍수나 그곳을 자주 휩쓰는 허리케인에 대해 취약점을 지니고 있었다.

1900년 9월 8일, 시속 300킬로미터가 넘는 허리케인이 높이 6미터가 넘는 파도를 몰고 와서 그 도시의 가장 높은 곳을 제외한 전 지역이 물결에 휩쓸렸다. 시가지는 완전히 파괴되었고 그때 6,000명에서 8,000명에 이르는 시민들이 사망하거나 물결에 휩쓸려 실종되었고 많은 시체들이 물결을 따라 바다로 떠내려갔다.

죽은 사람들도 예외는 아니어서, 묘지의 관 속에 고요히 잠들고 있던 그들도 거센 물결에 파헤쳐져 그들이 들어 있는 관과 함께 멕시코 만으로 떠내려 간 것이다. 납으로 봉인된 코플란의 관은 그 후 8년이라는 긴 세월 동안 멕시코 만의 따뜻한 물결을 타고 정처 없는, 아니 목적이 있는 여행을 떠나게 되었다. 멕시코 만에서 물결에 밀려 온 관은 플로리다의 남쪽 끝 플로리다 키스 제도에 도달했고, 그곳에서 다시 대서양을 따라 북으로 흐르는 멕시코 만류를 타고 긴 여행을 하게 된다. 결국 캐롤라이나와 뉴잉글랜드의 해안을 거쳐 북쪽으로 갔다.

1908년 10월, 프린스 에드워드 섬의 한 조그마한 어선의 어부들에 의해 거의 다 부서진 관이 파도에 밀려 해안가로 와 있는 것이 발견되었다. 어부들이 그 관의 납으로 봉인된 이름을 확인하면서 그 속에 있는 시체가 누구인지 알게 되었다.

그 관이 도달했던 해안가는 코플란이 태어나서 세례를 받은 교회로부터 1.6킬로미터도 채 떨어지지 않는 곳이었다. 그의 시신은 8년이라는 오랜 세월을 거쳐, 그의 넋이 진로를 지시하는 선장이 된 것처럼 수천 킬로미터나 되는 머나먼 고향으로 돌아온 것이다. 그의 시신은 고향 사람들에 의해 새 관에 넣어져 죽어서도 그리워 찾아온 고향 땅에 다시 묻혀 편안한 잠자리를 찾게 되었다.

죽어서 주인을 찾아온 개의 영혼

다음의 사례도 SPR의 사례집에서 발췌한 것이다.

1904년 영국의 작가이던 라이더 하거드는 이상한 꿈을 꾸다 아내가 몸을 흔들어 깨우는 바람에 잠에서 깨었다. 그는 검은 개가 강가의 어떤 숲 속에서 배를 위로 드러내 놓은 채 누워 있는 꿈을 꾸었다. 그 개는 그에게 애원하는 듯 머리를 숙이고 있었다. 그 이튿날 아침 식사 때 그는 딸 안젤라에게 그 꿈 이야기를 하였고, 딸은 어젯밤에도 기운이 넘치는 그녀의 개 보브를 보았기 때문에 아버지의 꿈에 대해 별 생각을 하지 않고 잊고 있었다. 그런데 그날 저녁 늦게 보브가 없어진 것을 알았다.

온 동네를 샅샅이 찾았지만 보브를 찾을 수 없었다. 4일 후에 보브는 죽은 채로 강가에서 발견되었다. 아버지가 보브를 꿈에 보았던 그날 밤 보브는 기차에 치었던 것이다. 사고의 정확한 시간을 조사한 결과 보브가 사고를 당한 것은 아버지가 꿈에서 깨어나기 몇 시간 전의 일이었다.

동물도 분명히 사후에 생존을 계속하는 영혼이 있는 것 같다. 이처럼 육체가 죽은 후에도 생존하는 영혼이 있다는 설명이 아니고서는 도저히 납득할 수 없는 많은 현상들이 존재한다는 것은 부정할 수 없는 사실이다. 그러나 사후의 생존에 대해 부정적인 견해를 가진 사람들을 이러한 가정으로 설득한다는 것은 결코 쉬운 일이 아니다.

콜린 윌슨은 그의 저서 『사후 세계(After Life)』에서 SPR에 속해 있던 과학자들이 '사후생존'에 관해 최종적으로 납득하기까지는 그들이 그런 연구를 시작한 후 20년이 지난 후였다고 한다. 올리버 롯지나 코난 도일이 그러했고, 제임스 하이슬롭과 윌리엄 바레트도 그러했으며 윌리엄 크룩스는 그가 죽기 2년 전인 1917년 그의 아내의 영이 한 강령회에 나타났을 때라고 하였다. 크룩스가 그러한 연구를 한 후 거의 50년이 지난 후였다. 그러므로 윌슨은 하물며 그런 것을 믿지 않으려는 사람에게 이런 것을 납득시키려면 몇 세기가 걸리겠느냐고 묻고 있다. 그러나 위에 말한 과학자들이 사후의 생존에 대해서 최종적으로 납득하기까지 그렇게 긴 시간이 걸렸다는 것이지 그 이전에도 그들은 사후의 생존에 대해서 상당히 긍정적이었다는 것은 그들의 많은 저서를 통해서 볼 수 있다.

심령 현상을 부정하는 사람들은 전혀 체계적이거나 지속된 연구도 하지 않고 기껏해야 어떤 강령회에 한두 번 참석하고는 자신들이 심령 현상의 모든 것을 다 파헤친 듯 심령 현상을 부정한다. 하지만 그들의 그러한 속단은 일반이나 언론에 의해 그대로 받아들여지고 증폭된다.

그런데 심령 현상을 연구하는 과학자들과 다른 연구가들은 강령회 참석이나 기타 과학적 연구를 수백 번 하고, 그리고 수십 년을 엄격한 조건하에서 연구한 뒤에 그 결과를 신중히 발표해도 그것들이 받아들여지지 않고 있다고 불평을 하는 것을 들을 수 있다. 과학과 물질문명에만 너무 익숙해진 우리 모두는 물질 만능주의의 짙은 색안경으로 사물을 보고 있다는 인식이 없기 때문이다.

사후의 세계는 상념의 세계, 즉 생각하는 것이 곧 현실로 나타나는 곳이므로 지옥과 천당이 따로 있는 것이 아니고 생각에 달려 있다. 따라서 사후에, 천당과 같이 아늑하고 행복한 곳으로 가려면 지금 이 세상에 있는 동안, 우리는 모든 일들을 낙관적으로 보고 마음을 편안하게 갖는 것이 중요할 것이다. 우리가 이 세상에서 가졌던 자신의 특성과 인격은 저승까지 함께 간다고 한다. 물론 환생이란 이러한 개인의 특성과 인격의 재탄생을 의미한다.

제5장

임종할 때의 환영

죽은 가족들의 환영을 본 죽음

저자는 모든 저서에서 윌리엄 바레트 경, 제임스 하이슬롭 박사, 멜빈 모스 박사 등의 조사 사례를 소개하고, 그것이 어떻게 사후의 생을 증명하는 근거가 될 수 있는지를 설명하였다. 여기에서는 다른 예들에 관해 설명하고자 한다.

특히 임종할 때나 죽음을 전후하여 가족이나 친척들에게 나타나는 환영(幻影)의 경우는 대단히 흔한 일인 것 같으며 그런 현상이 일어나는 확률에 대한 조사가 1870년대에 영국의 유명한 학자인 헨리 시지위크 케임브리지 대학 교수와 그의 부인에 의해 조사된 일이 있다. 그들은 죽음과 연관된 환영을 1만 7,000건이나 조사하였는데, 환영을 보았던 사람들은 환영을 보았을 당시에는 그 환영에 나타난 사람들에 대해 전혀 생각하지도 않고 있었으나 그들이 환영을 본 것과 죽음이 일치한 확률이 그렇지 않은 우연한 환영의 경우보다는 440배가 높았다고 한다. 이것은 확률적으로 볼 때는 대단히 높은 것으로 이처럼 죽음과 밀접한 관련이 있는 환영이 있다는 것은 부정할 수 없는 사실이다.

또 칼리스 오시스와 어랜더 해럴드슨의 저서 『임종시(At the Hour of Death)』에 의하면 1973년에 시카고 대학에서 실시한 조사에서는 "당신은 죽은 사람과 접촉한 일이 있습니까?"라는 물음에 대해 긍정적으로 답한 사람이 전체 수에 27%에 달한다고 하며, 이것은 미국 전체로 볼 때는 5,000만 명 이상의 사람들에게 그러한 경험이 있음을 의미한다.

또 배우자가 죽은 과부나 홀아비를 대상으로 같은 질문을 하였을 때는 그 배에 달하는 51%가 그렇다고 대답했다. 이것은 과부나 홀아비는 두 사람 중 한 사람이 죽은 사람과 접촉이 있었음을 의미한다.

다음은 미국 뉴욕에서 의사로 있던 윌슨 박사가 윌리엄 바레트 경에게 전해 준 실화로 그 당시 유명하던 미국의 테너 가수 제임스 무어가 임종할 때에 있었던 일이다.

병실에 쳐진 블라인드 사이로 그가 기다리던 새벽녘의 동이 트기 시작하던 오전 4시, 내가 침대 위로 그를 내려다보았을 때 그의 얼굴은 고요하고 눈은 맑았다. 그때 그는 나를 바라보며 자신의 두 손으로 내 손을 잡고 "선생님은 저의 좋은 친구였습니다."라고 말했다. 그리고 곧이어 내가 죽을 때까지도 잊지 못할 일이 일어났다. 그는 내가 아는 그 어느 누구나 다름없이 정신이 맑은 상태였으나 나는 그가 황금의 도시인 다른 세계에 가 있었다고밖에는 상상할 수 없었다. 그 이유는 지금까지 내가 보아 온 그와는 전혀 다른 힘 있는 음성으로 "저기, 저의 어머니가 계십니다. 어머니가 여기까지 저를 만나러 오셨어요. 그럴 필요 없어요. 제가 어머니에게로 갈 것입니다. 어머니, 조금만 기다리세요. 저는 거의 갈 준비가 되었습니다.”라고 말했다. 그의 얼굴에는 표현할 수 없는 행복감이 넘쳐흘렀고 그가 말할 때의 표정을 그곳에 앉아서 보고 있던 나로서는 그가 실제로 그의 어머니에게 말하고 있었다고 확신한다.

나는 그가 어머니와 한 대화라고 내가 믿는 것을 보존하기 위해, 내 생애 가장 이상한 일을 기록으로 남기기 위해 그의 말 한 마디 한 마디를 전부 기록했다. 그것은 내가 목격한 죽음 가운데 가장 아름다운 죽음이었다.

이상은 윌슨 박사의 실제 표현을 그대로 옮긴 기록이다.

다음은 진화론으로 유명한 찰스 다윈의 처남으로 그 자신도 유명한 학자이며 심령 현상에 깊은 관심을 가졌던 헨즐레이 웨지우드가 윌리엄 바레트 경에게 직접 전한 이야기이다.

지금으로부터 약 40~45년 전 일이다. 가까운 친척 소녀가 폐결핵으로 죽어가고 있었다. 그녀는 며칠간을 거의 혼수상태에 있었다. 그때 갑자기 소녀는 눈을 위로 뜨고 천천히 말했다. “수잔 언니, 제인 언니 그리고 엘렌.” 이라고 마치 그들이 곁에 있는 것처럼 불렀다. 그런데 그들은 얼마 전에 결핵으로 죽은 자매들이었다. 그러더니 조금 뒤에 다시 위로 향하며 “에드워드 오빠도 있네.”라고 계속 말했다. 그러나 그 오빠는 그 당시 인도에서 살고 있었기 때문에 그가 온 것을 보고 무척 놀란 눈치였다. 그 후는 더 이상 말이 없었고 그것이 그녀의 마지막이었다.

그 후 곧 인도로부터 편지가 왔는데, 에드워드가 그 여동생이 죽기 얼마 전에 사고로 죽었다는 내용이었다. 이 이야기는 죽은 소녀가 그러한 환영을 보고 있을 때, 옆에서 간호하던 그녀의 언니가 내게 직접 전한 것이다.

이상이 웨지우드의 설명이다.

그 소녀가 죽을 당시는 이미 죽었다는 사실을 알 수 없었던 오빠의 환영이 함께 나타났다는 데 대해, 죽는 이가 본 우연한 환영이었다고 설명하는 것은 과학적(확률적으로 볼 때)인 해답이 될 수 없다. 그 전에 죽었던 그녀 오빠의 영혼이 그녀를 맞으러 왔다고 해석하는 것이 모든 면으로 보아 좀 더 나은 설명이 될 것이다. 그것은 사후에도 영혼이 존재함을 나타내는 증거이다.

다음의 예는 미국 콜로라도주의 콜만 박사가 콜롬비아 대학의 하이슬롭 박사에게 전한 이야기를 옮긴 것이다.

콜만 박사의 한 조카가 죽어가고 있었다. 그 소년은 죽기 직전 분명한 어조로 곁에 있던 그의 어머니에게 "어머니, 학교 선생님이 곁에 와 계셔요."라고 말했고, 그 당시 그의 정신 상태는 어머니가 보는 한 아무런 이상이 없는 정상 상태로 느껴졌다. 그러나 이 경우가 보통의 환상이 아닌 것은 그 선생님이 불과 두세 시간 전에 죽었으며 그 소년은 그 선생님의 죽음을 모르고 있었다. 그리고 그 소년은 이어서 선생님이 입고 있는 옷을 상세히 말하였으며, "이제는 관 안에 누워 계셔요."라고까지 말했다.

콜만 박사는 하이슬롭 박사에게 정말 이런 일이 다른 데에서도 있을 수 있느냐고 물었으며 그 소년의 부모인 그의 사촌들의 증언도 함께 보내왔다고 한다.

②

자신이 갈 사후의 세계를 상세히 설명한 소녀

다음은 콜롬비아 대학의 하이슬롭 박사가 미국 심령학회지에 보고한 내용으로 비교적 상세히 옮기기로 한다.

데이지 아이린 드라이든이라는 소녀는 1854년 9월 9일 캘리포니아주의 메리스빌에서 태어나 열 살 때인 1864년 10월 8일 산호세에서 죽었다. 그녀는 감리교 선교회의 데이비드 드라이든 목사의 딸이었다. 그녀는 심한 열병으로 계속되는 구토증에 시달리고 있었으나 어느 날 오후 갑자기 증상이 많이 호전되는 것 같았고, 그녀의 병상 옆에 앉아 있던 아버지가 보기에는 기쁜 표정과 의아해 하는 표정으로 문의 위쪽을 바라보고 있는 것 같았다.

"데이지야, 무엇을 보고 있니?"라고 아버지가 물었다.

"영혼을 보고 있어요. 예수님이요. 예수님이 제가 곧 그이의 어린양이

제5장 · 133

될 것이라고 해요."라고 조용히 대답했다.

"그래 데이지야. 너는 예수님의 어린양이 될 것이다."라고 아버지는 대답했다. 그러자 그녀는 "오! 아빠 나는 곧 하늘나라로 갈 거예요."라고 말했다.

그녀는 장염을 앓고 있었으며 그 후 4일밖에는 더 살지 못했다. 처음 24시간 동안은 먹는 것을 다 토하였고 전혀 삼키지 못하는 지경이었으나, 그러한 환영을 본 이후로는 장염 증상도 사라졌고 고통도 훨씬 줄었으며, 그녀의 정신은 이상할 정도로 맑았다. 그녀의 감각은 예민했고 그녀는 이 세상과 저 세상 양쪽을 다 살고 있는 것 같다고 말하고 있었다. 그녀의 어머니에 의하면 그녀는 착하고 영리했고, 다른 아이들과 크게 다른 점은 없었다고 하며 그 때문에 그 아이가 죽음을 경험하는 것이 어떤 심령적인 영향이나 그러한 점에 대한 교육의 결과일 수는 없다고 말하고 있다. 그럼에도 불구하고 그녀의 죽기 전 행동이 너무나 이상해서 어머니는 딸이 하는 말들을 옆에 앉아 적기로 했다고 한다.

데이지는 그녀를 둘러싸고 있는 심령의 세계를 보는 것 같았으며, 그러한 세상이 그 소녀가 알고 있던 사실들과는 다른 것 같았다. 그녀가 죽기 이틀 전에 주일학교의 선생님이 그녀를 방문했는데, 소녀는 자신이 죽을 것에 대해 아무런 거리낌 없이 말하였을 뿐 아니라 선생님에게 교회 친구들에게 작별 인사를 부탁하기도 했다.

선생님이 "데이지야, 너는 곧 그 어두운 강을 건너게 될 것이다."라고 말하고 떠났다. 선생님이 떠난 후 데이지는 아버지에게, '어두운 강'이 무엇인지를 물었다. 아버지는 죽고 나서 건너게 될 강에 대해 알기 쉽도록 설명했는데, "그건 모두 잘못 알고 하는 말이에요. 강도 없고 커튼도 없어요. 이 세상과 저 세상을 가르는 선(線)조차도 없어요."라고 말하며 손을 활짝 펼치며 "여기와 저기는 함께 있어요. 나는 여기 있는 사람들을 다 보면서 저 세상의 사람들도 다 함께 보고 있어요. 그게 사실이에요."라고 말했다.

병상의 옆에 있던 사람들이 저 세상을 보이는 대로 설명해 달라고 부탁하자 데이지는, "나는 말로 표현할 수가 없어요. 그것은 너무나 다르기 때문에 여러분을 이해시킬 수가 없어요."라고 답했다.

이웃에 사는 B부인이 데이지의 환영에 관한 이야기를 듣고 그녀의 병상을 찾아왔다. 그녀는 사후의 생과 같은 것은 전혀 믿지 않는 사람이었고, 또 남편과 베이트맨이라는 열두 살짜리 아들을 얼마 전에 잃었다. 그녀는 데이지에게 질문을 하고 있었는데 별안간 데이지가 말했다.

"베이트맨이 여기 있어요. 그리고 베이트맨은 아주 잘 지내고 있고 너무나 좋은 곳에 있기 때문에 무엇을 주어도 이곳으로 오지 않을 것이라고 해요. 베이트맨은 이제 착한 아이가 되기 위해 배우고 있다고 하며, '어머니, 나 때문에 상심하지 말아요. 내가 그곳에서 성장하지 않은 것이 더 잘된 거에요.'라고 말했어요."

이러한 교신이 있은 후 B부인은 신중히 생각하게 되었고, 그 후로는 사후의 세계를 믿게 되었다고 드라이덴 부인은 말하고 있다.

데이지는 또 어느 때 이렇게 말했다.

"아빠 저 소리가 들리세요? 천사들이 노래하고 있어요. 아빠도 들으셔야 되는데, 이 방 전체가 천사들로 가득해요. 끝이 보이지 않게 많이 와있어요."

데이지의 마지막 날에는 그녀의 언니가 불러주는 찬송가를 즐겨 들었는데, 그 가사에 "흰 눈과 같은 천사의 날개"라는 말이 있었다. 언니가 찬송가 부르는 것을 끝내자 데이지는 말했다.

"룰루 언니, 이상하지 않아? 우리는 늘 천사들은 날개가 있다고 배웠는데 그것은 잘못이야. 그들에게 날개 따위는 없어."

그러자 룰루는 대답했다.

"날개가 있는 게 분명해 그렇지 않으면 그들이 어떻게 하늘에서 이리로 내려올 수 있어."

"아니야, 천사들은 날지 않아. 그들은 그저 오는 거야. 내가 알리(6개월 전에 열병으로 먼저 죽은 여섯 살짜리 동생)를 생각하면 그가 곧 와, 그리고 그가 지금 여기 와있어."

데이지는 말했다. 그 동생은 최근 상당히 자주 그녀 곁에 있는 것 같았다. 데이지가 대답 못하는 질문을 할 때마다 그녀는, "조금 기다려 알리가 오면 물어볼게."라고 대답하곤 하였기 때문이다.

데이지의 어머니의 기록에 의하면 어머니가 그녀의 병상 옆에 있을 때 어머니의 손을 잡으며, "엄마도 알리를 볼 수 있으면 얼마나 좋을까요. 그 애는 엄마 바로 옆에 있어요."라고 말했다.

그때 어머니가 무심코 옆을 돌아보면 데이지는 이렇게 말했다.

"엄마의 심령적인 눈은 닫혀 있어서 볼 수가 없어요. 그러나 나는 볼 수 있어요. 나의 생명은 이제 한 가닥의 실과 같은 생명으로 몸에 연결되어 있어요."

어머니가 "그 애가 그런 말을 금방 했니?"라고 물었을 때 "예, 그래요."라고 답했다. 어머니는 데이지가 동생과 대화하는 것을 보지 못하였기 때문에 다시 물었다.

"알리와 어떻게 대화했니? 나는 네가 그 애와 대화하는 것을 볼 수 없었는데."

데이지가 말했다.

“우리는 생각으로 대화하고 있어요.”

어머니는 이어서 물었다.

“데이지야, 동생은 어떻게 보이니? 옷을 입고 있니?”

그러자 데이지는 자세히 설명했다.

“아니요. 우리가 입는 옷 같은 것은 아니에요. 희고 아름다운 무엇인가를 걸치고 있는 것 같아요. 희고 너무 부드럽고 아름답게 빛나고 있어요. 그리고 접힌 데나 바느질한 흔적이 없는 것으로 보아 옷 같지는 않아요. 그러나 그것이 동생을 너무나 아름답게 보이게 해요.”

그때 아버지가 찬송가의 구절에서 따온 “그는 빛으로 된 옷을 입었고.”라고 인용하자, “그래요, 그대로예요.”라고 말했다.

그 소녀는 죽음에 관해 이야기하면서도 다가올 세상의 행복함을 생각해서인지 죽음에 대한 두려움을 전혀 보이지 않았다. 그녀에게는 모든 것이 연속으로 이 세상의 상태에서 하늘나라의 상태로 옮아가는 것에 불과한 것 같았다. 그녀가 죽던 날의 어머니의 기록에 의하면, 그녀는 죽기 전에 어머니에게 거울을 가져다 달라고 말했다. 어머니는 잠시 망설였다. 거울에 비친 그녀의 수척한 모습이 충격을 주지나 않을까 하는 염려에서였다. 그러나 옆에 앉아 있던 그녀의 아버지가 “그 애가 원한다면 보게 해주어요.”라고 말해서 어머니는 거울을 그녀에게 주었다. 두 손으로 거울을 들고 한참 얼굴을 들여다 본 후에 그녀는 말했다.

“나의 이 몸은 이제 다 낡았어요, 이것은 엄마의 옷장에 걸린 헌 옷과 같아요. 엄마가 그 옷들을 입지 않는 것같이 나도 이제 내 몸을 더 이상 입지 않을 거예요. 그 대신 영혼의 몸을 가질 것입니다. 실은 이미 나는 영혼의 몸을 가지고 있어요. 내가 이 몸에 있으면서도 하늘나라를 볼 수 있는 것은 영적인 눈을 이미 가지고 있기 때문입니다. 내 몸은 땅 속에 묻어

주세요. 이제 더 이상 필요하지 않아요. 그것은 내가 이 세상에서 살기 위한 것이었고, 나는 이제 이 세상은 마지막이에요. 그리고 이 가여운 육체는 버려질 것입니다. 나는 알리와 같은 아름다운 몸을 가질 거예요.”

그러고 나서 그녀는 어머니에게 부탁했다.

“엄마, 저 블라인더들을 열어 주세요. 마지막으로 이 세상을 보고 싶어요. 아침이 되기 전에 저는 갈 것입니다.”

어머니가 그녀의 부탁대로 블라인더를 열어주자, 이번에는 아버지에게 일으켜달라고 부탁했다. 아버지가 그녀를 일으켜 창밖을 볼 수 있게 해주자 그녀가 말했다.

“하늘아 잘 있어, 나무들아 잘 있어, 꽃들아 너희들도 잘 있고, 흰 장미야 붉은 장미야 다 잘 있어. 그리고 아름다운 이 세상아 잘 있어. …… 내가 얼마나 이런 것들을 사랑했는데. …… 그러나 나는 이제 더 머물기 싫어.”

그날 저녁 8시 30분에 그녀는 11시 30분이 되면 알리가 자기를 데리러 올 것이라고 말하면서 아버지에게 말했다.

“나는 아빠 가슴에 기대서 죽고 싶어요. 시간이 되면 알려드릴게요.”

그리고 11시 15분쯤 되었을 때 말했다.

“아빠, 저를 일으켜주세요. 알리가 저를 데리러 왔어요.”

그리고 그 그녀는 부모에게 찬송가를 불러 달라고 했다. 11시 30분, 정각이 되자 그녀는 양손을 위로 벌려 “알리야, 이리와” 라고 말하고는 숨을 거두었다. 그녀의 아버지는 생명이 없는 그녀의 부드러운 몸을 눕히며 “사랑하는 딸이 갔어요. 그 애는 이제 더 이상 아픔에 시달리지 않게 되었어요.”라고 말했다. 엄숙함이 방을 채웠고 그들은 울 수가 없었다.

유리컵을 깨뜨린 천사들

다음 몇 사례는 죽는 이가 임종하면서 환영을 보았을 때에 다른 물리적인 현상이 동시에 일어나는 흔하지 않은 예이다. 칼리스 오시스와 어랜더 해럴드슨의 『임종시(At the Hour of Death)』에서 인용한 것이다. 환자는 인도인으로 말기 폐결핵을 앓고 있었고, 그를 간호하던 간호사는 가족의 친구로 그를 잘 알고 있었다.

환자는 전혀 마취되거나 하지 않았으며 열이 조금 있었고 정신은 맑은 상태였다. 그는 신앙심이 깊은 사람으로 사후의 세계에 대해 믿고 있었다. 우리는 곧 그가 죽을 것으로 생각했고 그가 우리에게 기도해 달라고 부탁했을 때는 아마 죽음이 임박한 상태였을 것이다. 그가 누워 있던 방은 2층으로 올라가는 계단이 있었다. 그는 별안간 소리를 질렀다.

"저기 보세요. 천사들이 계단을 내려오고 있어요. 유리컵이 떨어져 깨어졌어."라고 외쳤다.

그 소리에 방에 있던 우리 모두는 계단 쪽을 바라보았는데, 거기에는 유리컵이 하나 놓여 있었다. 우리가 보는 순간 그 유리컵은 아무런 외견상의 이유 없이 산산조각이 났다. 그 컵은 떨어진 것이 아니고 폭발하다시피 했다. 물론 우리들은 천사들을 보지 못했다. 아주 평안하고 기쁜 표정이 그의 얼굴에 나타났고, 그 직후 그는 죽었다. 죽은 후 그의 얼굴에도 평안하고 행복한 그대로의 인상이 남아 있었다.

오시스와 해럴드슨은 이러한 물리적인 현상이 일어난 경우의 예를 몇 가지 들고 있는데, 토마스 에디슨이 임종할 때에는 그의 동업자 두 사람의 시계가 정확히 그 시간에 멈추었다고 하며, 에디슨 자신의 실험실에 있던 벽시계는 몇 분 후에 멈춰 섰다고 한다.

저승사자를 보고 숨으려던 경찰관

다음의 예도 칼리스 오시스 등의 저서에서 인용한 것이다. 주인공인 환자는 40대 인도인으로 힌두교도이며 경찰관이었다.

환자는 결핵으로 죽어가고 있었으며, 당시에 열이 조금 있는 상태였고 조금만 세게 접촉해도 심하게 몸을 떨며 물음에 대답하는 상태였다. 그 환자는 별안간 "저기 얌두트(인도인의 저승사자)가 나를 잡으려 와요. 어서 나를 침대 밑에 숨겨 주세요."라고 외치며 창밖을 가리켰다. 그의 방은 1층에 있었고 창밖에는 큰 나무가 서 있었는데, 그 가지에 많은 수의 까마귀들이 앉아 있었다. 그가 그러한 환영을 본 순간 까마귀 떼들이 마치 누가 총이라도 쏜 듯 요란한 소리를 내며 날아갔다. 우리는 그런 일에 놀라한 사람이 밖으로 나가 무슨 일이 있었나를 살폈으나 평소와 같은 고요함 외에 아무 것도 다르지 않았다. 평소 까마귀들은 조용하였으므로 그 환자가 환영을 보는 순간 다 날아가 버렸기 때문에 그 일은 우리의 기억에 선명히 남았다. 까마귀들도 어떤 좋지 않은 일이 일어날 것을 아는 것 같았다. 이러한 일이 있고 바로 뒤 환자는 혼수상태에 빠졌고 몇 분 후에 죽었다.

죽음을 전후하여 죽는 사람의 유령이 가까운 친척에게 나타나는 경우가 많다. 그리고 그러한 유령을 보았던 당시는, 그 죽어가는 사람에 대해 전혀 생각하지 않고 있는 경우가 대부분이다. 또한 그러한 유령이 나타났던 때 그 사람이 이미 죽은 후였는지 아니면 죽기 직전이었는지 불분명한 경우가 많으나 어쨌든 죽음을 전후하여 유령 현상이 상당히 빈번히 일어나고 있다는 것은 사실이다.

죽음을 목전에 둔 환자의 영혼은 수시로 그의 육체를 떠나기도 한다는 가설을 받아들인다면, 죽음을 전후한 유령의 출몰은 쉽게 설명할 수 있을 것이다. 그러면 그러한 예를 몇몇 들어보겠다. 처음의 경우는 유령이 이틀간이나 계속해서 나타났고 그 동안에 환자는 죽었으므로 죽기 전후에 모두 다 유령으로 나타났던 듯한 경우이다. 그 다음의 두 예는 제임스 하이슬롭의 저서 『다른 세계와의 접촉(Contact with the Other World)』에서 인용한 것이다.

바다에 있는 남편에게 자신의 죽음을 알린 아내

미국 볼티모어에 있는 한 상선회사의 선장인 리틀은 그의 저서 『바다에서의 생활20년』에 다음과 같이 적고 있다.

그때는 맑게 개인 밤이었다. 선원들은 모두 취침에 들어갔는데 경비를 서던 한 선원이 나를 깨웠다.

"선장님, 갑판에 검은 옷을 입은 여인이 있습니다. 그리고 그 여인은 선장님을 찾고 있습니다."

나는 그놈이 또 술에 취해 있다고 믿고 쫓아 버리려고 했으나 그는 매우 끈질기게 말을 했고 그가 그 여인과 대화를 가졌던 곳을 가리키며 물러나지 않았다. 그래서 갑판의 구석구석을 살폈으나 아무 것도 찾지 못했다. 그 후에 다시 침묵이 찾아들었다.

그리고 나서 두 시간 정도 지난 후 이번에는 다른 선원이 아까와 똑같은 보고를 하려고 나를 깨웠다. 그 여자가 아직도 나를 찾고 있다는 것이다. 그리고 그는 그 여자의 용모와 행동에 대해 상세히 설명했다. 그래서 다시 갑판을 전부 살펴보았으나 역시 아무 것도 찾을 수는 없었다.

나는 그 선원들이 둘 다 미신을 굳게 믿고 있어서 그러한 유령은 앞으로 배에 일어날 이변의 예고라고 믿고 있는 것으로 생각했다. 그래서 나는 그들에게 항로를 확실히 잘 보라고 꾸짖고 다시 망을 보도록 했다.

그 다음날은 큰바람이 불고 높은 물결에 휩싸여 정말 우리의 앞날이 어찌 될 것인지 모르는 상황이 되었다. 그런데 그날 밤에도 또 유령이 나타났다. 이번에도 나와 선원들은 이 유령을 찾을 수 없었다. 그러나 우리 배는 태풍을 무사히 돌파하고 구아돌프 섬(서인도제도에 있는 프랑스령)의 항구에 도착했다. 그때도 병으로 누워 있던 선원이 또 같은 유령을 보았다고 말했다.

그 후 우리 배는 귀항했는데, 항구에는 아내가 죽었다는 통보가 나를 기다리고 있었다. 그래서 그 유령을 본 날짜를 맞추어 보니 아내의 죽음과 정확히 일치했다.

선장의 부인은 바다에 멀리 나가 있는 남편을 마지막으로 찾아갔던 것이 틀림없다.

대녀(代女)에게 자기의 죽음을 알린 대부

다음의 경우는 윌리엄 바레트 경의 친구의 딸이 그에게 직접 전해 주었던 사건으로 그의 저서 『보이지 않는 세계의 경계에서(On the Threshold of the Unseen)』에서 인용한 것이다. 친구의 딸이 경험한 일은 영국 심령과학연구회(SPR)의 철저한 조사를 받았다.

친구의 딸은 그 당시 벨기에에 있는 한 수녀원의 부속학교에서 공부하고 있었는데, 그곳은 신문이나 기타 외부의 소식을 알 수 있는 정보가 전혀 전해지지 않는 곳이었다. 따라서 그녀가 본 유령에 관한 단서를 제공할 만한 정보는 전혀 없었다.

1907년의 봄에 영국 런던에서 상당히 잘 알려졌던 한 신사가 자살을 했다. 그 당시 그의 마음은 그날 아침 그의 모든 희망을 삼켜버리는 한 여인으로부터 받은 편지에 의해 걷잡을 수 없었음에 틀림이 없다. 그는 자신의 생명을 끊기 전에 그의 대녀이며 그가 사랑하던 내 친구의 딸에게 보조금을 남기는 메모를 썼다. 3일 후인 그의 장례식이 행해지던 날 유럽 대륙인 벨기에서 공부를 하고 있던 그 대녀에게 그의 유령이 나타나 자신의 급작스런 죽음에 대해 설명했다. 자신이 어떻게 죽었으며 또 자신을 죽음으로 이끈 동기 등에 대해 설명했고, 자신을 위해 기도해 달라는 부탁까지 했다. 그녀의 어머니는 이러한 그녀의 대부의 자살에 대한 소식으로 인해서 딸이 충격을 받을 것을 염려하여 장례식이 끝난 며칠 후까지 편지를 쓰지 않았고, 편지 내용에는 그녀의 아저씨(대부를 그렇게 부르고 있었다)가 갑자기 사망하였다고만 적었다.

그 후 딸이 돌아왔을 때 어머니는 딸이 보았던 유령의 이야기뿐 아니라 어머니가 딸에게 알리지 않으려고 하던 사실들마저 다 그 유령이 그녀에게 말한 것을 듣고는 놀랐다. 그 후 있었던 상세한 조사에서도 통상의 경로로 그러한 소식이 그녀에게 전해진다는 것은 불가능하다는 것이 밝혀졌다.

영국 심령과학연구회에서 파견한 찰튼 양이 그 수녀원으로 가서 조사한 결과 그 수녀원의 학교에 있는 학생들은 절대로 신문을 볼 수가 없고, 외부로부터 오는 모든 편지는 검열을 받으며, 그 수녀원에서 그 신사의 죽음에 관해 아는 사람은 한 사람도 없었다. 그러므로 그녀의 대부가 자살한 사실이나 자살의 동기 등이 통상의 경로를 통해서 전해진다는 것은 있을 수 없는 일이다. 그녀의 어머니도 나와 잘 아는 사이인데 그녀가 확인한 바로는 친척 중 누구도 그가 자살했다는 사실을 몰랐고 또 편지를 그녀에게 보낸 사람도 어머니 자신 외에는 어느 누구도 없었다고 했다.

강령회에 나타나 자신의 죽음을 알린 페렐리컨

다음의 예는 제정 러시아에서 일어났던 일이다. 러시아의 탐보프라는 마을의 영주격인 나체프라는 인물이 있었다.

1887년 11월 18일 밤, 나체프의 저택에는 그와 그의 아주머니인 저택 관리인과 그 지역의 유일한 의사였던 투루체프 박사만이 있었다. 그들은 불빛이 훤히 밝혀진 방의 중앙에 있는 테이블에 둘러앉아 10시 정각에 강령회를 시작했다. 모든 문은 잠겼고 각자의 왼손은 그 옆 사람의 오른손 위에 올려져 있고 왼발도 옆 사람의 오른발 위에 올려져 있었기 때문에 모든 사람의 손과 발은 그 옆 사람에게 알려지지 않고는 움직일 수가 없게 했다.

그 후 곧 마루에서 두드리는 소리가 났고 벽과 천장에서도 두드리는 소리가 났으며 조금 후에는 마치 누군가가 그의 주먹으로 위에서 내려치는 것 같은 소리가 그들이 둘러앉아 있는 테이블에서도 났다. 그 테이블을 치는 소리는 엄청나게 크고 또 자주 쳤으므로 테이블은 계속 진동하고 있는 것 같았다. 나체프가 말했다.

"좀 더 조리 있게 대답할 수 있겠소? '예'라는 대답은 세 번 두드리고 '아니오'는 한 번만 두드리시오."

"예"라고 세 번 두드리는 소리가 났다.

"알파벳을 이용해 대답하길 원하시오?"

나체프가 다시 묻자, 역시 "예"라고 세 번 두드려 대답했다.

나체프가 계속해서 말했다.

"그럼, 당신의 이름부터 알아봅시다. 맞는 알파벳이 나오면 '예'라고 두드리시오."

그 후 알파벳 하나하나를 보여주었고 그 영의 대답에 의해 그녀의 이름은 아나스타샤 페렐리권이라는 것을 알게 되었다.

"이제 당신이 왜 여기 왔으며 무엇을 원하는지 말하시오."

"나는 저주받은 여자입니다, 저를 위해 기도해 주세요. 저는 어제 낮에 병원에서 죽었습니다. 그저께 저는 성냥을 많이 먹고 자살을 기도했습니다."

"당신 자신에 대해 좀 더 상세히 말해주시오. 몇 살이지요? 한 살마다 한 번 두드리세요." 두드리는 소리가 열일곱 번 났다.

"당신 직업은 무엇이었지요?"

"저는 하녀였습니다, 저는 성냥을 먹고 자살했습니다."

"왜 자살을 했지요?"

"말할 수 없어요. 더 이상은 말하지 않겠어요."

조금 후에 벽 근처에 있던 무거운 식탁이 그들이 둘러 앉아 있는 테이블 곁으로 세 번씩이나 급히 움직여 왔다. 매번 그 식탁을 뒤로 밀었으나 그때마다 다시 밀려 왔는데 어떻게 밀려 왔는지 아는 사람은 아무도 없었다. 11시 20분에 그 강령회의 끝을 알리는 일곱 번의 두드리는 소리가 났고 강령회는 그것으로 끝났다. 이러한 사실에 대해 그날 그 강령회에 참석하였던 세 명이 아래와 같은 내용으로 서명했다.

"아래 서명한 사람들은 1887년 11월 18일 나체프의 저택에서 있었던 강령회에 참석했으며 아나스타샤 페렐리귄에 대해 이전에 안 사실이 없고 그녀의 이름도 그 강령회에서 처음 들었음을 확인합니다."

이튿날 그 자살했다고 주장하는 영혼으로부터 온 메시지에 대한 조사가 시작되었다. 그러나 그 강령회에 함께 참석했던 투루체프 박사는 그러한 것을 전혀 알고 있지 않았다. 그는 그 지역의 유일한 의사로서 그 지역 내에 자살 사건이 있으면 경찰에서 틀림없이 그에게 연락하게 되어 있었기 때문에 그가 모르는 자살 사건은 있을 수가 없었다.

그러나 아나스타샤 페렐리귄은 자신의 죽음이 어제 병원에서 일어났다고 했고 탐보프 마을에는 단 하나밖에 병원이 없었다. 비인파이안스라는 진료소가 있으나 그것은 투루체프 박사의 관할 구역이 아니었으며, 그곳의 책임자는 그러한 사건이 있으면 경찰서나 치안 판사에게 직접 알리기로 되어 있었다.

투루체프는 그 진료소의 책임자인 그의 동료 산드브랏트 박사에게 최근 그 병원에 자살로 인한 사망 사건이 있었는지, 혹시 그러한 사건이 있었으면 자신에게 그 죽은 사람의 이름과 신상에 대해 간단히 알려달라는 편지를 보냈다. 다음은 산드브랏트 박사가 직접 서명해 그에게 보내왔던 답장의 내용이다.

친애하는 동료에게

이 달 16일 나는 근무 중이었습니다. 그날 유황 물질로 자신을 중독시킨 환자가 두 명 입원했습니다. 처음에 온 사람은 베라 코소비치로 서른 여덟 살이며 관료의 아내로 저녁 8시에 입원했습니다. 두 번째 환자는 하녀로 열일곱 살인 아나스타샤 페렐리귄으로 밤 10시에 입원했습니다. 이 두 번째 여인은 한 통의 성냥과 함께 석유도 많이 마셨기 때문에 병원에 실려 왔을 때 이미 중태였습니다.

그녀는 17일 오후 1시에 죽었고 오늘 부검이 실시되었습니다. 코소비치는 어제 죽었고 내일 부검할 예정입니다. 코소비치는 너무나 외로워서 유황을 많이 먹었다고 했으나 페렐리귄은 음독한 사실에 대해 아무런 이유도 말하지 않았습니다.

1887년 11월 19일
산드브랏트

나체프에게 그의 집 관리인이 혹시 자살 사건에 관한 이야기를 들었는지, 그리고 하녀인 페렐리귄이 알파벳에 관한 질문을 어떻게 대답할 수 있었는지에 대해 물었을 때, 그는 이렇게 대답했다.

"나의 집 관리인은 나의 아주머니로 관리인이라기보다는 가족으로서 우리와 함께 있은 지가 이미 15년이 되었고 우리 전부가 그녀를 완전히 믿고 있습니다. 그녀는 탐보프 마을에는 아는 사람이나 친구가 없기 때문에 그녀가 그 자살 건에 대해 들은 일이 없으며 그녀는 집밖에 나가는 일도 없습니다. 그 병원은 마을의 다른 편에 있어 우리 집으로부터는 약 5킬

로미터나 떨어져 있습니다. 산드브랏트 박사에 의하면 페렐리권은 하녀
였지만 글을 읽고 쓸 줄 알았다고 합니다."

이상으로 미루어 보아 이러한 사실을 알린 장본인이 페렐리권의 영
혼이었다는 것을 알 수 있다.

부룸 경에게 자신의 죽음을 알린 친구

다음의 예도 하이슬롭의 저서에서 인용한 것이다.

영국의 부룸 경은 그의 자서전에 다음과 같은 예를 들고 있다. 부룸 경이 학생 시절에 친하던 한 친구와 둘 중에 누구든 먼저 죽는 사람이 유령이 되어 상대방에게 나타나기로 약속을 하였다. 둘은 영혼의 불멸을 믿고 있었다.

그 친구는 학교 졸업 후 관리가 되어 그 당시 영국의 식민지이던 인도로 떠났다. 그리고 몇 년이 지나서 부룸 경은 스웨덴으로 여행을 하던 중에 어느 온천에 머물게 되었다. 온천탕에서 나와 옷을 걸어놓았던 의자 쪽을 보는 순간 그는 깜짝 놀랐다. 그 의자에는 인도로 떠난 그 친구가 앉아 있었다. 놀란 그가 친구에게 말을 건 순간 그 친구는 사라져 버렸다.

그는 일기장에 그 사실을 상세히 적었다. 그런 일이 있은 후에 그가 영국에 돌아왔을 때 그 친구의 사망을 알리는 편지가 인도에서 와 있었다.
그 친구가 죽은 날짜와 그가 친구의 유령을 본 날짜가 정확히 일치했다고
그는 자서전에 적고 있다.

여행 간 여자친구에게 자신의 죽음을 알린 청년

다음은 미국에서 죽은 청년이 영국으로 휴가를 떠난 여자친구에게 자신의 죽음을 알린 경우이다. 미국의 두 젊은 자매가 영국 글로스타셔주의 여름 별장에서 휴가를 즐기고 있었다. 유령으로 나타났던 청년은 그 자매들과는 잘 아는 청년으로 언니가 쓴 편지의 내용을 아래에 그대로 옮긴다. 이 사건은 영국 심령과학연구회가 직접 조사하였으며 심령과학연구회지에도 실려 있다.

그 일은 약 10년 전인 1882년 8월 말경의 일이다. 나는 부모님, 여동생과 함께 영국으로 떠났다. 글로스타셔주에 있는 임대 별장에서 휴가를 즐기기 위해서였다. 우리가 영국으로 떠날 때와 같은 시기에 우리와 잘 아는 한 청년이 텍사스로 떠났다. 그는 텍사스로 농업에 대한 견학을 간다고 하였으나 그 말을 들었을 때 나는 별로 탐탁하게 생각하지 않았다. 왜냐하면 내가 영국에서 돌아오기 전까지 그는 아무 데도 가지 않고 그림을 완성해 놓기를 원했기 때문이다. 그 그림은 내가 중심이 되어 있는 풍경화로 나는 그처럼 내가 주인공인 그림을 갖고 싶었다.

영국의 별장에서는 나와 여동생이 한방을 같이 쓰고 있었다. 아침부터 밤까지 귀뚜라미 등이 시끄럽게 울어대어 우리를 괴롭힌 날이 있었다. 바로 9월 14일이었다. 다음 날 우리 자매는 어머니의 생일 선물을 두 사람이 함께 만들기 위해서 이른 아침인 6시경에 일어났다. 선물을 만들면서 우리 둘은 서로 이야기를 하고 있었고, 그때 나는 문득 앞을 바라보게 되었다.

그런데 거기에 텍사스로 떠난 그 청년이 서서 나를 물끄러미 바라보고 있었다. 나는 여동생을 바라보았으나 동생은 아무 것도 보지 못한 것 같았다. 나는 다시 앞쪽을 보았으나 그때는 그 청년의 모습은 감쪽같이 사라지고 없었다. 우리 둘은 이 이야기를 누구에게도 하지 않기로 했다. 나는 처음에 일기장에 이 일을 기록하려고 하였으나 기록하지 않고 그 날짜에 조그마한 표시만 해두었다. 일기장에 그 일에 관해 쓰는 것이 왠지 두려웠다.

미국으로 돌아와서 우리는 그 청년이 죽은 것을 알았다. 자살인지 타살인지는 확실하지 않지만 그 청년의 시체가 텍사스의 한 숲 속에서 발견되었다고 한다. 내가 일기장에 표시한 날짜와 그의 죽은 날짜가 정확하게 일치했다.

제6장

오시스와
해럴드슨의 조사

1

사후의 생을 최초로 주장한 오시스와 해럴드슨

　사후의 생에 관한 연구는 여러 가지의 형태를 지니고 있다. 물론 1800년대 말엽부터 SPR에서 시작한 심령 현상들에 대한 조사를 하였지만, 이외에도 최근에는 의사나 과학자들에 의한 다양한 조사가 있었다.

　이안 스티븐슨이 전생의 기억을 가진 아이들에 대해 조사하였고, 브라이언 와이스 등이 최면에 의한 전생 퇴행으로 공포증 등에 대한 치료와 전생의 존재에 대해 연구하였다. 또 위클랜드의 경우처럼 정신병을 빙의 현상으로 보고 빙의한 영을 물러가게 함으로써 정신병을 치료하는 연구도 있었고, 근사사(近似死)의 경험을 죽음으로부터 돌아온 사람들이 저 세상을 실제로 본 것으로 간주하여 사후의 생이 존재한다고 유추하는 연구도 있었다.

　이렇듯 다양하게 직간접적인 방법으로 사후의 생이 존재하는지 여부를 확인하려는 많은 시도들이 있었고, 지금도 많은 연구자들이 그러한 연구를 하고 있다. 이러한 연구는 영매들에 의해 일어나는 심령 현상에 대한 연구와는 달리 의사나 심리학자 등 과학자들 자신들의 일과 직접적으로 연관된 심령 현상을 연구하는 것이라는 점에서 많은 과학자들이나 학자들의 상당한 공감을 얻고 있다. 이러한 현상은 비과학적이거나 미신이라고 취급하던 종전의 편견으로부터 벗어날 수 있는 한 크나큰 진전이라 하겠다.

그 중에서도 특기할 만한 연구는 금세기 초인 1920년대에 윌리엄 바레트가 관찰한 임종할 때의 환영에 대한 현상이다. 그것은 죽음을 직면한 환자들이 말하는 이 세상에서의 마지막 표현이며, 어쩌면 그들이 가려고 하는 저 세상에 대해 그들이 우리에게 들려주는 역력한 메시지인지도 모른다는 데 착안하여 연구한 결과였다. 또 특기할 만한 연구는 그 훨씬 후인 1957~1961년에 걸쳐 의사나 간호원들이 겪은 환자들의 임종 시의 환영을 연구한 칼리스 오시스의 연구가 있고, 1970년대에 4년에 걸쳐 5만 명에 달하는 환자들을 치료한 의사나 간호사들이 관찰한 임종 시에 본 환자들의 환영을 분석한 연구가 있다. 이 연구는 과학적인 연구로서는 사후의 생이 있다는 것을 최초로 주장한 칼리스 오시스와 어랜더 해럴드슨의 연구였다.

그들은 사후의 생이 있다는 가정과 죽음은 모든 인격의 최후적인 말살이라는 가정을 두고 죽음에 이른 환자들이 보는 환영과 비교하여 어느 쪽이 그러한 관찰을 더 잘 설명할 수 있는가를 비교하는 방법을 택했다. 그들의 연구에 대한 구체적인 설명은 뒤에서 하기로 하고 우선 그들이 얻은 결과를 간단히 설명하겠다.

그들은 죽음에 이른 환자들이 임종할 때에 보는 환영은, 환자의 질병 상태, 약물의 복용 상태, 교육 정도, 종교적인 배경, 인종이나 다른 외부적인 요인에 의한 영향이 없다는 것을 연구에서 확인하였다. 또 환영을 보았을 때 환자들의 정신은 맑은 상태이며, 환영이 죽어 가는 뇌가 꾸며낸 것이라는 가정은 모순된다는 것을 보이고 있다.

그들은 또한 종교나 인종에 대한 영향을 알기 위해 종교와 인종이 완전히 다른 미국과 인도의 환자들을 대상으로 연구하였다. 또 환영의 대부분은 죽은 친척이거나 예수나 부처 같은 종교적인 인물들이었으나, 죽은 교회의 목사나 신부가 그들의 죽음의 세계의 안내자가 된 것은 단 한 건도 없었다.

인도의 경우도 단지 다섯 명만이 구루(Guru)에 의해 안내되었을 뿐이라고 한다. 이것은 상당히 주목할 만한 결과이다. 죽는 이들과 종교적으로는 가장 가까운 관계에 있어야 할 목사나 신부가 그들의 죽음의 세계에 대한 안내자로는 전혀 나타나지 않는다는 것은 어찌된 일일까?

오시스와 해럴드슨의 결론은 그들보다 50여 년 전에 조사하였던 윌리엄 바레트의 결과를 뒷받침하고 있다. 오시스와 해럴드슨은 사후의 생이 있다는 가정이, 인간의 죽음은 모든 인격의 말살이라는 가정보다는 그들이 관찰한 환영들을 훨씬 더 잘 설명한다고 결론 내리고 있다.

2

오시스와 해럴드슨의 조사에 나오는 사례들

오시스와 해럴드슨의 연구 결과에는 많은 통계와 임종할 때의 여러 환영들의 예가 나오고 있으나, 여기에서는 그들의 조사 중 특수한 경우에 한하여 분석하고자 한다. 그들의 조사 내용은 대단히 흥미 있고 또 과학적으로 실행된 것으로 독자 여러분들도 꼭 한번 그들의 책을 읽기를 권하고 싶다.

오시스와 해럴드슨의 연구에서는 의학적으로 회복하고 있다고 판단되는 환자들 중 환영을 보았고 또 그 환영에 의해 죽을 것이라는 메시지를 받은 환자들의 예가 많이 있었는데, 그러한 경우 그들은 의학적인 예견과는 달리 그 환영의 예언대로 죽었다.

또 이들의 조사에는 그와 정반대의 경우도 많다. 이 책의 앞장에서도 예를 들었던 예일 대학의 다이안 콤프 박사나 시애틀의 멜빈 모스 박사의 조사에서와 같이 의학적으로는 죽을 것이라 판단되었으나 그

러한 환자들이 환영을 보고 또 그 환영이 그들은 곧 회복할 것이라고
말한 경우가 많이 있다. 그러한 경우도 예외 없이 그들은 회복되었다.

그러한 사례를 아래 들어보기로 한다. 다음 예들은 물론 오시스와
해럴드슨의 저서 『임종 시(At the Hour of Death)』에서 인용한 것이다.

어느 세 살짜리 여자 아이를 그녀의 부모들이 병원으로 데려왔다. 3일
전부터 그 아이는 하느님이 자기를 부른다고 하며 곧 죽을 것이라고 말하
면서 두려워했고 또 걱정스러워했다. 그 어린이는 아프지는 않았으나 그
런 것을 보고 걱정한 부모들이 혹시 무슨 이상이 있는지 검사하기 위해
아이를 병원으로 데리고 온 것이다. 의사가 그 아이를 검사했지만 어떤
이상도 발견할 수 없었고 건강한 상태였다.

병원에서 그 아이는 "하나님이 저를 불러요. 곧 죽을 거예요."라고 떨
며 고함쳤다.

의사와 부모들은 그 아이를 진정시켰으나 몇 분 후에 또 같은 일을 되
풀이했다. 그러한 일이 되풀이되기 전은 정상적이었다. 그 아이는 분명 무
슨 소리를 듣고 또 무엇을 보는 것 같았으나 그런 것에 대해서는 아무 말
도 하지 않았다. 그 아이를 병원에 입원시킬 아무런 이유도 없었으나 부
모들의 간청으로 입원시켰다.

그런데 놀랍게도 그 이튿날 그 아이는 점진적인 순환장애로 숨을 거두
었다. 물론 그러한 순환장애가 일어날 어떠한 이유도 없었다.

이 경우는 너무나 이상하고 의외의 일이므로 오시스와 해럴드슨은
그 이유를 다음과 같이 추정하였다.

첫째, 그 어린이는 ESP에 의해 외부적으로 죽음의 통지를 받았다.

둘째, 그 어린이는 자기 스스로의 예상(self suggestion)에 의해 죽었다.

이 경우는 아마도 스스로의 예상에 의해 죽은 것 같은데, 과연 어디
서 그러한 예상이 온 것인가? 아이의 부모나 의사도 죽음에 대한 관념
도 아직 가지지 않은 세 살짜리가 어떻게 자신을 그렇게 할 수 있는가
라는 의문을 갖고 있다. 만약 그러한 현상이 외부적인 현상이 아니었
다면 그 아이는 예를 들면 왜 "할아버지"라고 하지 않고 그처럼 위엄
있는 "하느님"이라고 했는가라고 그 의사와 부모들은 묻고 있다.

고등교육을 받은 한 인도의 60대 여인이 병원에 건강 진단을 받으러
갔다. 어떤 분명한 증상이 있는 것은 아니었다. 의사는 면밀히 검사했다.
그녀는 약간의 열이 있는 외에는 모든 것이 정상이었다. 진단을 마친 후
그녀는 의사에게 "저는 곧 회복할 것입니다."라고 말했고, 그 말에 대해
의사는 "틀림없이 그럴 겁니다. 약간의 열이 있는 외에 아무 이상이 없습
니다. 이 종합검사가 끝나면 집에 가셔도 됩니다."라고 대답했다.

그런데 약 20시간이 지난 후 그녀를 방문한 한 친척에게 그녀는 누군
가가 자기의 귀에 대고 "당신의 시간은 다 되었어요. 나를 따라와요."라고
속삭인다고 말했다. 그 친척은 속삭이는 사람이 누구냐고 물었다. 그녀는
"얌두트(저승사자)."라고 대답했고, 이 이야기를 두세 번 더 했다. 잠시 후
그녀는 조용했고 안정되었다. 그러더니 조금 후 반혼수 상태에 이르고 두
시간 후에 죽고 말았다.

여기서도 어떤 병이 있어 병원에 온 것도 아니고 건강 진단을 받기 위해 온 환자가 조금의 열이 있는 것 외에는 정상이므로 곧 회복될 수 있을 것이라는 의사의 진단과는 달리 그녀가 본 환영의 예측대로 죽었다.

다음의 사례는 대학을 졸업한 한 20대 인도 청년의 경우이다.

그는 유양돌기염으로부터 회복 중에 있었다. 회복 상태가 매우 좋았기 때문에 그는 퇴원할 예정이었다. 그런데 퇴원하기로 예정된 날 새벽 5시에 그는 "누군가가 흰 옷을 입고 여기 서 있어. 나는 그와 함께 가지는 않겠어요."라고 고함쳤다. 그러나 그는 10분 후에 죽었다. 그 자신이나 의사 모두가 그의 회복은 틀림없다고 믿고 있었고 그는 분명히 그날 퇴원할 예정이었다.

이와는 정반대의 경우들은 이미 이 책의 앞장에서 그 예들을 들고 있다. 불치병이 감쪽같이 낳은 경우, 하느님에게 부탁하여 1년을 더 산 어린이, 뇌종양이 말끔히 사라진 경우 등을 참조하기 바란다. 여기서도 그와 유사한 몇 가지 예를 더 들어본다.

어느 일곱 살짜리 소년이 병에 걸려 대단히 위중한 상태에 있었다. 그는 약도 먹으려고 하지 않았고 병원에서 심하게 반항했다. 그런데 그 소년은 별안간 그 병원의 같은 층에서 의사로 일했던 자신의 죽은 아저씨를 보았다. 그 아저씨는 그의 가족들과도 가까이 지냈었다. 그 소년은 죽은 아저씨가 와서 그의 옆에 앉더니 약을 먹으라고 했다고 분명히 말했다.

그리고 아저씨는 그에게 곧 나을 것이라고 했다고도 했다. 그 후부터 그 소년은 의사들의 말을 잘 듣고 흥분하지도 않았고 그 죽은 의사 아저씨의 방문을 실제인 것으로 간주하고 있었다. 바로 그 다음 날 그 소년은 훨씬 상태가 좋아졌다. 그의 상태에 극적인 변화가 일어난 것이다. 그는 중환자로서 의사들은 그가 죽을 것으로 예상했었다.

다음 예도 역시 환영을 본 후 환영이 말한 대로 회복된 경우이다.

50대의 한 여인은 관상동맥 경화증으로 심장마비를 일으켰다. 그녀는 죽은 어머니와 아버지가 그녀를 멀리 데리고 가기 위해 왔다고 했다. 그 세 사람들이 한 언덕을 오르고 있는 동안 그녀의 부모들은 그녀에게 돌아가라고 했고 그녀는 돌아서서 그들과 헤어졌다. 그런 경험을 하고 나서 일고여덟 시간이 지난 그 이튿날 아침 그녀의 상태는 매우 좋아졌다.
담당의사는 그녀가 그날 밤에 죽을 것으로 예상했었다. "나는 그녀가 얼마나 위중한 상태인지 알고 있었다."고 의사는 말했다.

다음의 예는 50대의 한 엔지니어의 경우로 그는 심장병으로 죽어가고 있었다. 그의 담당의사는 다음과 같이 보고하고 있다.

그 엔지니어는 황금색의 긴 통로 끝에 수염이 달린 한 사람이 서 있는 것을 보았다. 그 사람은 고개를 저으며 그에게 "지금이 아니라 나중에……."라고 말하며 돌아가라고 했다. 그 말을 들은 엔지니어는 매우 기뻐했다. 그는 담당의사에게 "더 이상 약을 줄 필요는 없어요. 저 위에서

나를 아직은 원하지 않아요."라고 했다. 그의 상태가 극적으로 호전된 것
은 바로 그러한 경험을 한 직후부터였다.

의학적으로 이러한 기적의 치유나 예상 밖의 죽음을 어떻게 설명할
수 있을까? 죽음을 예상한 환자가 회복된 경우나 회복을 예상하던 환
자들이 죽은 경우들은 그들이 본 환영이 예언한 대로이며 그들 환자를
담당하고 있던 의사들의 판단과는 완전히 반대되는 일로 이런 결과를
의학적으로 어떻게 설명할 수 있을까? 또 그들의 회복이 어느 경우나
점진적인 것이 아니고 대부분의 경우 바로 그러한 환영을 본 직후, 몇
시간 이내에 일어난다는 것을 어떻게 의학적으로 설명할 수 있을까?
오시스와 해럴드슨은 이러한 점에 대해서는 구체적인 분석을 하지 않
은 것이 매우 아쉽다.

예를 하나만 더 들겠다. 이 경우는 위와는 다른 경우로 이 환자는 자
기가 죽을 날을 예언했다. 그러나 그녀의 요일에 대한 착각에도 불구
하고 그녀는 그녀가 예견한 '다음 달의 첫 금요일'에 죽었다.

60대의 한 여인이 말기 암으로 신음하고 있었다. 그녀는 환영을 보았
고 그 환영에서 어머니와 하느님을 보았는데 그들이 그녀가 죽을 날을 알
려주는 것 같았다. '다음 달의 첫 금요일'이라고 했다. 가톨릭 신자에게는
매월의 첫 금요일은 가톨릭의 옛 전통으로는 중요한 의미를 가진다. 그러
나 그 여인은 날짜에 관해 착각을 하고 있었다. 그녀는 그 다음날이 '다음
달의 첫 금요일'이라고 믿고 그녀의 신부에게 "내일 8시 10분 전까지 오

세요."라고 했고 그녀는 그때 자기가 죽을 것으로 예상했다. 그러나 그녀의 예상과는 달리 그녀는 그 다음 주의 금요일 7시 50분에 죽었다. 사실은 그녀가 죽은 날이 그녀가 환영에서 보았던 '다음 달의 첫 금요일'이었다. 예상 시간마저 일치했다.

이것을 어떤 환상의 이론으로 설명할 수 있을까? 이것은 그녀의 무의식에 의한 예견(precognition)으로 설명하기도 무척 어렵다. 왜냐하면 그녀는 그 다음 날을 자신이 죽을 날로 판단했기 때문이다. 만약 이러한 정보, 즉 '다음 달의 첫 금요일'이라는 정보가 그녀의 무의식에서 나온 것이며, 그것을 그녀의 의식이 이해하는 과정에서 착각하여 일주일을 틀렸다면 그녀의 무의식은 어디서 그러한 정보를 얻은 것일까? 그것은 분명 그녀가 현재 인식하고 있지는 않으나 과거 경험의 일부에서 그렇게 추리해낼 가능성이 있는 문제가 아니므로 그녀가 잊어버린 잠재의식에 새겨진 과거의 기억에 의한 것이라고도 할 수 없다. 분명 이러한 정보는 그녀의 외부로부터 온 것이라 결론 내릴 수밖에 없을 것이다.

또 그녀는 그러한 정보는 죽은 어머니와 하나님으로부터 왔다고 분명히 말하고 있다. 어떤 논리로 그녀의 주장을 반박할 수 있을까? 만약 그녀의 주장을 받아들인다면 어머니의 영혼이 그때까지 존재하고 있었다고 결론 내릴 수밖에 없지 않을까 한다.

3

오시스와 해럴드슨의 조사가 남기는 아쉬움

오시스와 해럴드슨의 연구 결과를 읽고 나서 저자는 다음의 몇 가지가 아쉬움으로 남는다.

그들이 조사한 환자 가운데 한 사람은 열일곱 살 때 시력을 잃어 완전한 장님이 되었다. 그러나 그는 스물두 살 때 죽었는데 죽기 직전에는 환영을 보았을 뿐 아니라 주위에 있는 사람들도 볼 수 있었다고 한다. 즉 그의 시력이 회복된 것이다.

또 다른 한 사람은 정신이상자로 그가 죽음을 직면하고 환영을 보았을 때는 그는 온전한 정신으로 돌아와 있었다. 물론 오시스와 해럴드슨도 그러한 예를 많이 보았다는 큐브라 로스 여사와의 개인적 서신을 인용하면서까지 정신이상이 있는 사람들이 임종할 때에는(적어도 환영을 보는 때는) 정상적인 정신상태가 되는 것에 대해 다른 연구자들도 연구할 것을 촉구하고 있다. 이것은 정신병이 빙의에 의한 것이라는 위클랜드의 빙의설을 뒷받침한다.

그러나 저자는 완전한 장님이 된 환자가 임종할 때에는 주위의 사람들을 볼 수 있었다고 하는 것을 읽고 그들이 좀 더 구체적인 다른 예들을 살피지 않은 데 대해 많은 아쉬움을 느낀다.

왜냐하면 죽음을 직면한 뇌는 더 악화될 것이라는 것이 당연한 의학적인 판단인데, 그와는 반대로 시력을 완전히 잃었던 환자가 시력을 회복한다는 것은 뇌에 관한 어떠한 이론으로도 설명할 수는 없기 때문이다. 그뿐 아니라 그의 시력의 장애가 동공이나 안구 등 기타의 기관에 의한 것이라 하더라도 죽음의 직전에 자율적인 치유가 일어난다는 것은 의학적으로는 도저히 설명할 수가 없다. 그러나 근사사 경험자들에 따르면 평상시의 신체적인 장애는 그들이 임상적으로 죽은 후에는 완전히 사라진다고 말하고 있다.

이 장님 환자는 임상적으로 죽은 후가 아니고 임종할 때 즉 죽기 직전에 그러한 장애가 없어졌다. 이것은 근사사 경험자들의 주장과 일치할 뿐 아니라 그러한 경험이 죽기 직전에도 일어날 수 있다는 것을 보여주고 있다. 근사사의 경험과 임종할 때의 환영은 같은 현상임을 이러한 예들에서 알 수 있다.

또 다중인격에 관한 장에서도 나왔으나 그러한 다중인격은 우리의 뇌의 활동과는 독립된 별개의 인격체가 우리 속에 존재한다는 것을 시사하고 있었다. 이들 정신병자들이 임종할 때에 완전한 제정신으로 돌아온다는 것은 그러한 정신병이 빙의 현상으로 일어났다는 증명이 될 것이다. 즉 그때까지 빙의하고 있던 영들도 임종할 때에는 당연히 그 육체를 떠날 것이고 최후로 남은 그의 영혼(인격)이 그의 육체를 마지막으로 지배하게 되었다고 한다면 그렇게 임종할 때에 제정신으로 돌아온다는 것은 당연한 일이다.

정신병이 빙의에 의한 것이었다면, 빙의하던 영이 떠난 상태는 정상이 되기 때문이다. 그러나 정신병을 뇌의 어떠한 장애에 의한 것이라 한다면 위에서 말한 것처럼 의학적으로는 설명이 불가능하다.

오시스와 해럴드슨도 이러한 현상에 대해 이렇게 말하고 있다.

"사후의 생이 있다고 가정하면 뇌가 치명적인 병을 앓고 있다고 하더라도 정신은 맑을 수 있다. 만약 사후의 생이 진실이라면 뇌가 없어도 마음(생각)이 더 명료하리라고 생각된다."

제3장에 나왔던 크리스틴 사이즈모어의 경우에서 그녀의 대뇌가 마취상태에 빠져서도 그녀의 제2의 인격은 마취되지 않고 활동하였는데, 이것은 오시스와 헤랄드슨의 "사후의 생이 있다면 뇌가 없어도 마음이 명료하게 작용할 것이다."라는 가정을 잘 증명하는 예가 될 것이다. 뇌가 없어도, 즉 대뇌의 작용이 정지된 마취 상태에서도 그녀의 제2의 인격이 활동을 하였다는 것은 이들의(오시스와 헤랄드슨) 설에 의한 사후의 생이 존재한다는 증거가 된다.

이번 장을 마감하면서 오시스와 해럴드슨의 사례들 중에 죽기 직전의 환자들은 마음의 평안함과 기쁨을 느끼고 많은 경우 자신의 죽음이 임박했음을 알고 있다는 몇 가지 예들을 여기에 옮겨 보기로 한다.

70대의 한 할머니가 폐렴으로 입원하고 있었다. 그녀는 거의 거동불능 상태이며 통증으로 신음하고 있었다. 그런데 별안간 그녀는 무엇인가 아름다운 것을 본 듯 안색이 평화로웠다. 그녀의 얼굴에는 형용하지 못할 미소와 맑음이 솟아나 그 늙은 얼굴이 아름답게 보여졌다.

그리고 그녀의 살갗도 윤기가 나고 투명하고 눈과 같이 희었다. 그 후 그녀에게 죽음이 찾아왔다.

다음은 결핵으로 죽어 가는 한 환자에 관한 것이다.

그의 얼굴이 별안간 환하고 평화로워졌다. 그러면서 그는 간호사에게 "저에게 큰 컵으로 물을 한 잔 갖다 주세요. 얼음도 담뿍 넣어서요."라고 말했다. 그의 요청대로 간호사는 큰 컵에 물을 가져가 그에게 주었다. 그는 물을 다 마시고는 간호사에게 "이 물은 내가 요단강을 건널 때도 같이 있을 겁니다."라고 말을 했는데 분명 그는 그가 죽을 것이라는 사실을 알린 것이다. 그는 90분 후에 죽었는데 의사들은 모두 그의 갑작스런 죽음에 놀랐다. 그러한 갑작스런 죽음이 오리라는 어떠한 의학적인 증상이라고는 없었기 때문이다.

70대의 한 환자가 암으로 신음하고 있었다. 그는 암으로 인한 심한 통증으로 쉴 수도 없었고 잠을 잘 수도 없었다. 어느 날 수면제를 복용하고 조금 잠을 잔 후 그는 미소를 띠며 깨어났다. 그의 통증은 완전히 사라졌고 마음도 평안하고 고요했다. 그 후 6시간 동안 그는 아주 약한 진통제인 페노바비탈이라는 약 이외에는 약물을 복용하지도 않았다.

그는 한 사람 한 사람 모두에게 작별의 인사를 했으며, 자신이 곧 죽을 것이라고 말했다. 그가 그렇게 행동한 적은 전에는 없었다. 그는 그때도 정신이 맑았으나 10분 후에 혼수상태에 빠졌고 그 몇 분 후에 죽었다.

의사들이 죽을 것으로 예상한 또 다른 환자의 이야기도 있다.

혼수상태에 있던 그 환자는 얼마 후 의식을 되찾았다. 그 후 그는 간호사에게 말하기를 흰옷을 입은 사람이 그를 아름다운 곳으로 데려갔고, 그곳에서 그는 흰 옷을 입고 손에 장부를 들고 있는 사람을 만났는데, 그는 그를 데리고 온 사람에게 엉뚱한 사람을 데리고 왔다고 하면서 이 사람을 도로 데리고 가라고 했다는 것이다. 그곳이 너무나 아름다웠으므로 그는 돌아오기가 싫었다. 그런데 그 병원에는 그 당시 그와 이름이 같은 사람이 입원하고 있었는데 그가 깨어나자 같은 이름의 그 환자가 죽었다고 한다.

다음은 폐렴으로 죽어가고 있던 한 인도인 환자의 경우이다.

그녀는 혼수상태에 빠져 있다가 깨어나서 간호원에게 다음과 같이 말했다.

"나는 아마도 하늘나라에 갔던 것 같아요. 거기에는 많은 집들이 있었는데 하나가 미완성 상태였습니다. 나는 나를 데리고 갔던 사람에게 이 집이 누구 것인지를 물었습니다."

그러자 그는 이렇게 말했다고 한다. "이것은 당신 집인데 아직 완성되지 않았어요. 당신이 이 세상에서 할 일이 아직 남았기 때문이요. 당신은 아들의 결혼식을 준비해야 하오. 그리고 당신의 손자가 태어난 후에 이쪽으로 올 것이오."

이 여인은 여러 해 뒤에 손자가 태어나고 나서 곧 죽었다고 한다.

　다음의 예는 인도의 한 대학병원 원장의 할아버지에 대한 이야기이다. 이 내용은 그 원장으로부터 직접 오시스와 헤랄드슨에게 전해진 것이다.

　그 원장의 할아버지는 대단히 신앙심이 깊은 사람으로 요가를 수행하고 있었다. 그는 또 자선가로 많은 주위 사람들을 도왔었다. 사람들이 어려울 때 그의 충고를 듣기 위해 찾아오기도 했다. 그의 할아버지가 죽기 48시간 전에 할아버지는 마음의 평정상태가 시작되었다.

　그 원장의 말에 의하면 그의 할아버지는 의식은 뚜렷했고 마음은 대단히 평화스런 상태였다고 했다. 그 직후 의학적으로 보기에는 아무런 변화가 없음에도 그의 할아버지는 자신의 죽음을 예견하는 것처럼 보였다.

　그는 화장(火葬)을 위한 장작을 준비하라고 하고, 멀리 있는 아들에게 전보를 보내라고 했다. 마지막 날의 4시에는 자기가 5시 30분에 죽을 것이니 가족들에게 미리 음식을 먹으라고 지시했다. 힌두교의 전통에 의하면 사람이 죽은 후 장사를 치를 때까지는 아무도 음식을 먹을 수가 없다. 그는 죽기 전에 죽음을 위한 힌두교의 정화(purification)의식을 하고 죽음을 맞을 준비를 했다. 그는 죽음에 대해 조금의 두려움도 보이지 않았을 뿐 아니고 우는 사람들에게 "내가 죽는 것을 기뻐해야지."라고 말하며 그들을 위로했다.

　그의 자세는 조금도 흐트러지지 않았으며 고요했다. 그는 육체가 죽어가는 과정을 하나하나 설명했다. 그의 다리가 뻣뻣해지고 찔러도 감각을 느끼지 못하는 것을 설명했고, 팔도 굳어져 이제는 영원한 자신의 일부가 아님을 설명했다. 그는 자신이 예견한 시간보다 5분이 지난 5시 35분에 숨을 거두었다.

이상의 여러 예들은 다름 아닌 그 죽은, 또는 급격히 치유된 환자들을 돌보던 의사들이 직접 전한 증언들이다. 환자들의 상태를 누구보다 더 잘 알고 있을 의사들의 예견보다도 뜻하지 않게 갑자기 환자들에게 나타난 환영들에 의한 예견들이 훨씬 더 정확했다는 것은 영혼이 존재한다는 가설 외에 그 어떤 가설로도 설명할 수 없을 것이다.

이러한 의미에서도 영혼이 존재하고 사후의 세계가 있다는 가설이 그 어느 과학적인 다른 가설보다 신빙성이 있음을 독자들도 느꼈을 것이다.

제7장

기도의 효과와
의학적 기적들

의학적으로 증명된 기도의 효과

다음의 예는 미국 남부지역 의학학회지에 발표된 샌프란시스코 캘리포니아 대학 의과대학의 랜돌프 버드 박사의 연구논문에서 발췌한 것으로 멜빈 모스 박사의 저서에서 인용하였다.

랜돌프 버드 박사는 400명의 심장 질환자를 무작위로 200명씩 두 그룹으로 나누고 그 중 한 그룹의 환자들은 그들의 성(姓)과(이름은 빼었음) 그들의 의학적 병력(病歷) 등을 적은 다음 가톨릭과 프로테스탄트 교회의 기도회에 보내어 그들을 위해 기도해 달라고 부탁을 하였다. 물론 그 환자들 자신들에게는 이러한 일을 전혀 알리지 않았다. 그러므로 200명은 자기들도 모르는 사이에 제3자들이 자기들을 위하여 기도를 하고 있었고, 나머지 200명은 전혀 그런 기도를 받지 않은 보통의 상태였다. 그런데 그 후 놀라운 결과가 나타났다.

기도를 받은 그룹의 환자 중 사망자는 단 한 사람도 없었다. 응급 처치를 받은 환자도 적었으며, 그 그룹의 환자들이 사용한 심장이상을 치료하는 치료제나 항생제의 사용량이 훨씬 적었다.

멜빈 모스는 의학지에 발표된 결과임에도 도저히 믿어지지 않아 자신이 한번 간단한 조사를 해보기로 했다. 자기가 있는 대학병원의 간호사가 특히 종교 활동에 열심이고 환자들을 위해 자주 기도하는 것을 알고 있었기 때문에 병원에서 환자들의 입원하는 평균적인 날짜를 다른 동등한 병원과 비교하였더니 입원 일수가 하루나 적었다.

이러한 결과는 놀라운 것으로서 멜빈 모스는 만약 기도가 알약이라면 그 알약을 처방하지 않는 병원은 없을 것이라고 했다. 또 그런 결과를 예전 같으면 그는 전혀 알지 못했을 것이지만, 이제 그런 일들은 매일 우리 주변에 일어나고 있고 또 우리의 눈으로부터 가려져 있지 않은 신비한 일들이라 믿는다고 했다.

조지 워싱턴의 기도의 힘

미국이 건국하는 데에 크게 이바지한 '건국의 아버지들(Founding Fathers)'은 착실한 기독교적인 사상을 가졌던 사람들로 그들의 열렬한 기도에 의한 기적이 일어났음을 많은 기록에서 볼 수 있다.

여기에서는 미국의 초대 대통령인 조지 워싱턴에 대해 그렇게 잘 알려지지 않은 몇몇 일화를 소개하고자 한다. 다음은 발시거 등의 공저 『믿을 수 없는 기도의 힘(The Incredible Power of Prayer)』에서 인용한 것이다.

워싱턴 장군이 아직 영국군으로 있으면서 프랑스군과 인디언들에 대항해 싸우고 있던 1755년에 일어났던 기적에 대한 것이다. 그 당시에 워싱턴은 영국의 브라독 장군 휘하에 있었다. 그의 군대는 그때 프랑스군과 인디언들을 물리치기 위해 듀케슨 진지를 공격할 준비를 하고 있었다. 7월 9일 약 1,000명의 인디언들이 약 1,500명의 브라독 장군 휘하의 병사들을 습격했다. 그 전투에서 브라독 장군은 전사하고 워싱턴이 그의 뒤를 이어 지휘를 하게 되었다. 그는 혼란에 빠진 그 병사들에게 철수 명령을 내렸다.

인디언과 워싱턴의 군사들이 서로 뒤섞여 싸웠으므로 사격 목표는 바로 눈앞에 있었다. 특히 몸집이 크고 또 지휘관이었던 워싱턴은 인디언들의 첫 번째 목표가 되었다.

철수하는 동안 워싱턴이 탔던 말이 적군의 총에 맞아 죽게 되어 그는 두 번이나 다른 말로 갈아타야 했다. 그가 무사히 인디언들의 공격을 피해 빠져 나왔을 때 네 발의 총알이 그의 옷을 관통했고 세 발의 총알이 그의 모자를 관통했다. 그러나 그는 아무런 부상도 입지 않았다. 워싱턴은 위의 사실을 그의 형에게 보낸 편지에서 다음과 같이 적고 있다.

"나의 주변에 있던 많은 군사들은 죽어서 쓰러졌습니다. 그러나 전능하신 신의 가호로 나는 무사히 보호되고 있었습니다."

그 전투가 끝났을 때 지휘관이던 브라독의 전사는 물론이고, 1,459명의 병사들 중 977명이 죽거나 부상당했다. 그러나 워싱턴은 그가 보였던 용맹함과 기적과 같은 신의 가호로 그의 명성이 널리 알려지게 된다. 그 이후도 그는 계속 신의 가호를 받고 있는 것으로 믿을 수밖에 없는 아래와 같은 기적들을 경험한다.

이 일은 막 독립을 선언한 미국의 연방들이 영국과 한참 전쟁을 하고 있을 때 일어난 일로 '롱아일랜드의 기적(Miracle at Long Island)'으로 알려져 있는 사건이다. 이때 워싱턴은 미 연방군의 총 지휘관으로 영국군과 싸우고 있었다.

독립전쟁의 초기에 롱아일랜드에 있던 워싱턴 장군의 병사들은 신의 가호를 받은 것으로 보인다. 그 전까지만 하더라도 영국군의 하우 장군은 미국 독립군에게 심한 타격을 주고 있었으나 그들을 사로잡거나 완전히 소탕하지는 못하고 있었다. 만약에 그런 일이 일어났었다면 그것은 미국의 독립군에게는 엄청난 타격이었을 것이다.

1776년 여름, 워싱턴 장군은 부룩클린 하이츠에 8,000명의 병사들을 집결시키고 있었는데 그 병사들 가운데 반쯤은 훈련을 전혀 받지 않은 지원병들이었다. 하우 장군은 스테튼 아일랜드에 3만 2,000명의 군대를 주둔시키고 있었고 8월 22일 그 중 1만 5,000명이 롱아일랜드의 남쪽 해안에 상륙했다. 그리고 3일 후에는 5,000명이 더 추가되었다. 그들은 미국 독립군을 완전히 소탕할 만반의 준비를 갖추고 있었다. 하우 장군의 전략은 수적으로 우세한 영국군이 미국 독립군들을 4면에서 완전히 포위하는 작전으로 그는 곧 3면을 포위하는 데는 성공했다. 워싱턴의 군대는 약 1.6 킬로미터 폭의 이스트 강을 향한 면만이 포위되지 않은 채로 있었다. 수적으로 워낙 열세였기 때문에 워싱턴은 정면 대결을 한다는 것은 패배를 자초할 뿐 아니라 독립전쟁 자체가 패배로 끝날 것으로 간주하고 있었다. 그러나 항복할 수도 없는 일이었다. 그때 미국 독립전쟁 중에 신의 가호가 내린 가장 기적적인 일이 일어났다.

하우 장군의 군대는 별안간 진격을 중지하고 2일 간이나 그 자리에 머무르고 있었다. 유명한 작전가로 알려진 하우 장군이 진격을 멈춘 것에 대해 전혀 이해할 수 없었다. 2일째 되던 날은 서북풍이 불고 비가 쏟아졌기 때문에 영국군은 강을 건널 수가 없었다. 그 때문에 영국군이 독립군을 사방에서 포위하는 것은 불가능했다. 그때 워싱턴은 전 병사들을 작은 배들에 태워 부룩클린에서 철수시켜 맨해튼에 있던 1만 2,000명의 다른 미국군과 합류시키는 계획을 보좌관들에게 말했다. 그의 보좌관들은 만약 강풍이 철수 도중에 그치면 모두는 독 안에 든 쥐가 될 것이라고 반대했다. 그러나 장군은 마지막으로 그에게 보내진 지원군이 우수한 뱃사람들이라는 것을 신의 계시로 받아들였다.

곧이어 작은 배들이 모아졌고 밤 사이에 8,000명의 모든 인원과 말과 무기와 장비들이 조용하게 맨해튼 섬으로 옮겨져야 했다. 철수가 시작되었을 때는 강한 바람으로 돛단배를 사용할 수 없었으므로 노 젓는 배에 의지해야 했다. 따라서 그러한 속도로는 밤새 철수는 불가능해 보였다. 그때 또 신의 가호가 있었다. 사흘간이나 그렇게 심하게 불던 바람이 밤 11시가 되면서 잠잠해졌다. 이젠 모든 배가 사용될 수 있었고 각 배에는 장비와 인원이 가득 실렸다. 게다가 보름달이 떠올라 그들의 철수는 순조로웠다. 그리고 이상하게도 영국 군인들은 밝은 달빛 아래서도 그들의 철수를 전혀 눈치 채지 못했다. 그러나 아침 해가 떠오를 때까지도 아직 상당수의 병사들이 철수를 기다리고 있었다. 그때의 광경을 당시 그 부대의 대위로 있던 텔메지의 기록을 통해 보기로 한다. 텔메지는 후에 위스콘신주의 주지사가 되었고 심령 연구에도 상당히 열심인 사람이었다. 그가 그처럼 심령 연구에 열중했던 것도 그의 이러한 경험에 의한 것인지도 모르겠다.

"그 다음날 새벽이 밝아지면서 남은 우리들은 안전에 대해 심히 염려하고 있었다. 그때까지도 철수를 기다리는 몇 개의 대대가 아직 남아 있었다. 그때 별안간 대단히 짙은 안개가 강물 위에서 일기 시작했고 이상하게도 영국군과 미국군 양쪽의 부대들을 덮었다. 나는 신이 우리를 보호하는 것처럼 그렇게 안개가 덮는 것을 지금도 확연하게 기억하고 있다. 안개가 너무 짙어 4~5미터 앞에 있는 사람을 전혀 분간할 수 없었다. 우리는 해가 중천에 떠오를 때까지 철수했다. 그때도 안개는 걷히지 않았다. 마지막 보트가 철수한 후에 안개가 걷혔다."

이렇게 해서 워싱턴의 군대들은 부룩클린에서 무사히 철수해 맨해튼의
병력과 합류할 수 있었다. 영국군이 미국군의 철수를 알아차리고 그들의
군대를 파견했을 때는 이미 모든 배들이 철수하고 없었고, 다만 뒤에 남아
노략질을 하려던 세 명의 불량배들이 타고 있던 한 척의 배만이 잡혔다.

계속해서 워싱턴 장군이 경험한 기적을 소개한다. 이것은 워싱턴 장
군이 겪었던 가장 어려운 일의 하나였다. 그와 그의 군사들은 1777년
에서 1778년으로 넘어가는 겨울 동안을 포지 계곡에서 보내고 있었다.
그와 그의 전혀 훈련이 되지 않은 군사들은 겨울 동안 많은 어려움을
겪고 있었다. 그러나 여기서도 믿을 수 없는 엄청난 기도의 힘이 미치
고 있음을 볼 수 있다.

워싱턴 장군이 펜실베이니아의 포지 계곡을 훈련 장소로 정한 이유는
그곳은 필라델피아로부터 24킬로미터밖에 떨어지지 않았고 또 방어하기
가 쉽기 때문이었다. 그러나 그는 그곳의 엄청난 겨울 추위에 대비하지
못했었다. 그의 군사들은 텐트나 모포, 의복, 양말 등 모든 필수품이 매우
부족했다. 겨울이 깊어가면서 어려움은 점점 더 커졌다. 식량이 부족해져
서 군사들은 여러 날을 한 끼도 먹지 못하고 지나게 되었다. 그들이 음식
을 먹는 날에도 음식은 평소의 4분의 1 크기의 빵과 조금의 식초가 고작
이었다. 1월과 2월 동안에 4,000명 이상의 병사들이 추위와 굶주림으로
움직일 수조차 없었고 그 중 4분의 1이 죽었다. 그러한 어려움을 겪는 동
안 워싱턴 장군은 하루도 거르지 않고 자기 막사에서 얼마 떨어진 숲 속
으로 들어가 눈 위에 꿇어앉아 신의 가호가 있도록 기도를 올렸다. 막사

에서도 목사가 없을 때는 자신이 보좌관들을 모으고 직접 기도를 주도했다. 기도의 많은 부분이 어려운 식량난을 해소하게 해달라는 것이었다. 그의 기록에 의하면 2월 중순경에는 그의 군대는 다 굶어죽을지도 모르며, 굶어죽는 것을 피하기 위해서 해산하거나 분산되어야 할 것이라고 적고 있다. 그의 그러한 기도에 대한 기적적인 해답이 스철킬 강으로부터 왔다. 브루스 랭커스터는 그 광경에 대해 다음과 같은 기록을 남겼다.

"안개가 끼었던 어느 날 군사들은 스철킬 강이 끓어오르는 것을 목격했다. 그 물의 요동은 수천 수만 마리의 청어들이 아직 이동의 철이 이른데도 상류로 올라가는 가운데 일어난 소동이었다. 병사들은 물로 뛰어들어 삽으로 수많은 고기들을 강둑으로 퍼올렸다. 그렇게 해서 순간적으로 그들의 식량난은 해결되었다."

이러한 기적이 기도에 의한 결과였다기보다는 우연이었다고 말할 수도 있을 것이다. 그러나 그 당시 훈련도 제대로 되지 않은 오합지졸인 식민지의 군사들을 이끌고 세계 최고의 군사력을 자랑하던 영국군을 물리치고 독립을 성취할 수 있었다는 것도 그러한 우연의 일치라고 해야 한다면, 워싱턴에게는 많은 우연의 일치로 일어난 일들이 연속적으로 일어났다고 하지 않을 수 없을 것이다.

3

환영을 본 후 감쪽같이 나은 불치의 병

의학적으로는 도저히 설명할 수 없는 경우로 불치의 병으로 죽음을 목전에 둔 환자가 어떤 꿈이나 환영을 본 후 감쪽같이 그러한 병으로부터 낫는 경우가 있다. 의사들은 이것을 임의치유(Spontaneous Remission or Spontaneous Healing)라고 한다.

멜빈 모스 박사가 수집한 사례 중에 그런 이야기가 있어서 여기에 소개한다.

어느 여섯 살짜리 소녀가 백혈병으로 입원을 하고 있었으나, 이제는 회생의 가망성이 전혀 없고 주검이 다가오고 있어 퇴원을 하여 집에서 최후를 맞기로 했다. 그러던 어느 날 그 소녀가 침대에서 기진맥진하여 막 잠에 들려고 할 때 방의 한 구석에 조그마한 빛이 있는 것을 발견했다. 그녀는 두려움 따위는 전혀 느끼지 않았고 그저 그 빛을 보고 있었더니 그것은 차츰 커졌고 급기야는 그 빛 속에서 아름다운 여인의 모습을 한 천사가 나타났다. 그러면서 아픔의 고통도 사라지고 마음의 평정을 느꼈는데 그 천사는 소녀의 이름을 부르며 소녀를 꼭 껴안아 주었다. 그리고 그 천사는 소녀를 데리고 터널을 지나 아름다운 곳으로 갔다. 그 동안 그들은 대화를 했는데 모든 것은 생각만 하면 곧 통했다. 소녀는 천사에게 "왜 나를 이 아름다운 곳으로 데리고 왔어요?"라고 물었다. 천사는 "너는 너무 어려운 삶을 살아왔기 때문에 좀 쉬는 것이 필요하단다."라고 대답했다.

그 소녀는 그곳에서 다른 소녀들과 함께 놀았다. 얼마 후 그 천사가 돌아와서 그 소녀를 다시 데리고 그 터널을 지나 자기의 방으로 데리고 왔다. 그러고는 천사는 그 소녀에게, "이제부터는 훨씬 쉬워질 것이다."라고 하고는 사라졌다.

바로 이튿날 소녀는 병원으로 다시 가서 의사의 진찰을 받았다. 의사들은 검사 결과를 보고 놀랐다. 백혈병이 나아지고 있었다. 며칠 후 다시 병원으로 와서 검사를 받았을 때는 상당히 좋아졌고, 2주 후에 받은 검사에서는 백혈병의 흔적도 없었다. 이러한 일이 병원에서는 가끔 일어나는데 그 누구도 왜 이런 신비스러운 일이 일어나는지는 모른다고 한다.

4

하느님에게 부탁하여 1년을 더 산 백혈병 어린이

다음 예는 예일대학 의과대학 소아과의사 다이안 콤프 박사가 모은 임종시에 환자들이 보는 환영의 자료 중 하나이다. 이 예는 그 환영들이 약물에 중독된 뇌가 꾸며낸 환상이 아니고 실제로 천사이거나 죽은 친인척의 영혼이라는 것을 간접적으로 증명하는 예가 될 것이다.

한 어린 소년이 백혈병으로 죽어가고 있었다. 그의 병세는 많이 악화된 상태이어서 의사들은 그가 살 수 있는 날이 얼마 남지 않았다고 믿었다. 그러던 어느 날 그 소년이 콤프 박사에게 하나님이 자기를 찾아와서 이야기를 했다고 말했다. 소년은 하나님에게 자기의 죽음을 세 살짜리 어린 동생에게 설명할 수 있도록 1년만 더 살게 해달라고 부탁했고 하나님은 그렇게 하도록 승낙하셨다고 말했다.

물론 그 의사는 그것은 불가능하다고 믿었다. 그는 그 당시의 상태로는

일주일을 넘기기도 어려운 상황이었다. 그러나 그 소년은 그렇게 의학적
으로는 도저히 불가능한 상황에서 1년 이상을 더 견뎠다.

이 경우도 앞에서 콜린 윌슨이 주장한 바와 같이 인격과 육체는 독
립해서 존재하고, 또 육체는 그것을 지배하는 인격에 의해 조정된다고
설명하면 의학적으로는 불가능한 이 경우를 설명할 수 있게 된다.

환영을 보고 말끔히 사라진 뇌종양

멜빈 모스는 자신이 모은 실제 사례들 중 인격과 육체가 독립해서 존재하는 경우가 수백 건이 넘게 보고되어 있다고 말했다. 다음의 몇 가지 예는 그의 책 『빛에 더 가까이(Closer to the Light)』와 『떠나는 이의 환영(Parting Vision)』에서 인용한 것이다.

여섯 살 먹은 데릭은 악성 뇌종양으로 죽어가고 있었다. 적어도 그를 담당하고 있던 의사들은 그렇게 생각하고 있었다. 그는 수주일 간을 입원해 있었고, 상태가 급격히 악화되고 있었으므로 의사들은 도저히 가망이 없다고 진단했다. 길어야 한 달 정도 살 수 있을 것으로 판단했다.

그러나 데릭은 전혀 다른 생각을 하게 되었다. 그는 어느 날 의사들에게 그림을 그려 보였는데, 그 그림은 뇌의 종양이 말끔히 사라진 그림이었다. 그는 그 그림을 의사에게 보이며 어젯밤에 한 환영을 보았는데, 자신의 뇌종양이 말끔히 사라졌다고 했다. 의사들은 그것은 꿈이었다고 데릭에게 설명해 주었으나 데릭은 그렇지 않고 정말이라고 했다. 그런데 이상한 것은 그날부터 데릭의 상태는 급격히 좋아졌고 얼마 후에는 그 종양이 완전히 사라졌다.

그런데 그와 정반대되는 경우의 이야기도 모스는 추가하고 있다.

어린 베키의 담당 의사들은 그녀가 최근에 받은 화학요법이 대단히 효과가 있어 뇌의 종양이 제거되어 이제는 틀림없이 살 수 있다고 그 소녀에게 말했다. 모든 검사는 그러한 사실을 확인해 주었다. 어느 날 밤 베키는 한 환영을 보았는데 그 환영에서 나타난 여인이 그녀에게 "너는 이제 곧 죽게 될 것이다."라고 말했다.

의사들은 그것은 꿈이고 실제로는 나아지고 있다고 장담했다. 그러나 베키는 자신이 죽는다는 것이 사실이라는 것을 알고 있었다. 그 환영은 사람들이 병실에 와서 자신에게 직접 말해주는 것처럼 아주 생생했고 확연했다. 며칠 후에 베키의 증상은 급격히 악화되었고 한 달이 지나지 않아서 베키는 죽었다.

뇌성마비 아기를 구한 어머니의 정성

멜빈 모스는 다음 에피소드의 서두에 "이 이야기는 아이다호 주의
한 작은 병원에 근무하는 의사가 자기가 담당한 한 환자의 경우를 내
게 직접 전해준 것인데, 나로서도 어떻게 풀이해야 할지 모르겠다."라
고 쓰고 있다.

한 여인이 출산 시 대단한 산고를 겪고 있었다. 태아가 자궁에 잘못 자
리 잡았을 뿐 아니라 태아의 머리 방향이 산도와 대단히 삐뚤어진 각도로
위치하고 있었기 때문에 이것만으로도 응급을 요하는 일이었다. 그 아기
는 출산되었을 때, 심한 뇌출혈을 일으키고 있었다. 그 아기는 몇 개월 동
안 그 작은 병원의 중환자실에 있었는데, 이유는 그 아기를 멀리 떨어진
시내의 큰 병원으로 옮기면 어머니가 항상 그 아기 곁에 있을 수 없었기
때문이었다. 의사들도 그 아기의 뇌가 손상이 너무 심하므로 도저히 치료

가 불가능하다고 판단했었기 때문에 큰 병원으로 옮겨도 소용이 없으니 그렇게 하도록 권하지도 않았다. 그 아기는 심한 뇌성마비 현상을 일으켰고, 그러한 마비 현상은 EEG(ElectroEncephaloGraphy, 뇌파도) 검사에도 확연히 나타났다. 어린이들은 이러한 증상으로부터는 절대로 회복될 수가 없다. 그들이 어릴 때 생명을 건진다 하더라고 심한 정신박약이 된다. 의사들이 그러한 충고를 하였으나 어머니는 여전히 그 아이와 함께 병실에서 지냈다. 실제로 그 어머니는 몇 개월 동안 하루 거의 24시간 병실의 그 아이 곁에서 보냈다.

다음에 그녀에게 일어난 신비한 일은 혹시 그녀의 그러한 희생과 수면부족에 의한 것인지도 모르겠다고 모스는 적고 있다.

어느 날 밤늦게 한 빛의 존재가 병실로 그녀를 찾아왔다고 한다. 그녀의 설명에 의하면 그 존재는 사람의 형상을 하였으나 남자인지 여자인지는 구별할 수 없었다. 그 사람은 마치 얼음 밑에 불빛이 있을 때 비치는 것처럼 회색 빛으로 빛나고 있었다.

"너의 아들은 아무 이상이 없을 것이다."라고 그 빛의 존재가 그녀에게 말했다.

그녀의 말에 의하면 그 빛의 존재는 사랑으로 가득한 느낌이었다고 했고 그 사랑이 자기 몸으로 흘러 들어오는 것같이 느꼈다고 했다.

다음날 아침 그 여인은 의사들에게 이 이야기를 하고 그 빛의 존재가 그녀에게 확인해 주었기 때문에 아기가 정상이 될 것이라고 확신했다. 그녀는 의사들에게 다시 EEG 검사를 해주도록 당부했고 의사들은 그 요청

에 의해 다시 검사를 하고는 놀랐다. 그 어린이의 뇌는 완전히 회복되어
정상임을 나타냈다.

"나는 그 어머니의 이야기에 너무나 감동하고 있을 뿐이다."라고 모
스 박사는 말하고 있다. 지성이면 감천이라는 우리의 격언이 실감되는
이야기이다.

의사의 지시에 따라 깨어난 혼수상태의 환자

의학적으로 혼수상태에 있는 환자는 외부의 어떠한 자극에도 반응을 하지 못한다는 것은 이미 굳어진 사실로 이것에 대해서는 의문의 여지가 없다. 혼수상태라는 말 자체가 외부의 어떠한 자극에도 반응할 수 없는 것을 의미한다. 그러나 최근 근사사의 연구 결과에 따르면 혼수상태의 환자는 의식이 자기의 몸을 떠나 외부에서 일어나는 일들을 관찰하고 있는 경우가 많음을 나타내고 있다. 다음의 예에 나오는 신디도 혼수상태에서 의사가 하는 말을 들었던 것은 아닐까 생각한다.

1980년대에 있은 일이다. 신디는 당시 열일곱 살이었고 그녀는 열다섯 살 때 집에서 뛰쳐나와 남자 친구와 동거하고 있었다. 그녀는 가끔 마약을 복용해 왔는데 어느 날 밤에도 코카인을 흡입하고 가슴의 통증을 호소했다. 남자 친구가 그녀를 병원으로 데리고 왔을 때는 이미 그녀는 심장이 멎어 있었고 의사들은 몇 시간을 그녀의 심장이 다시 뛰도록 온갖 노력을 다 했다.

그러한 조치로 그녀의 심장은 정상으로 돌아왔으나 그녀는 여전히 혼수상태에 있었고 그러한 혼수상태가 몇 시간을 더 지속하고 있었다. 그때 그녀의 가정의인 체레와텡코 박사가 도착했다. 그는 혼수상태에 있는 그녀에게 "너는 포기해서는 안 된다. 싸워서 이겨야 해. 우리가 할 수 있는 일은 다 했다. 이제는 너의 차례다."라고 말했다.

그런 말을 한 지 불과 수 초 후에 신디는 깨어났다.

그 후 모스는 신디에게 혼수상태에서 어떤 일이 있었는지를 물었는데, 그녀가 전형적인 근사사 경험을 한 것을 알았다. 그녀는 돌아가신 할아버지가 "너의 육체로 돌아가라."고 하셔서 곧 육체로 돌아왔다고 했다. 어쩌면 의사의 말을 들은 그녀의 할아버지가 그녀에게 돌아가라고 한 것인지도 모르겠다.

어두운 물 속에서 빛을 낸 어린이

근사사 경험의 핵심 가운데 하나가 그러한 경험을 하는 환자들이 빛을 본다는 것이다. 이것은 의학적으로는 도저히 설명이 불가능한 일로 받아들여지고 있다. 근사사 경험을 하는 환자들은 그들이 임상적인 죽음에 이를 때 빛을 감지하는 뇌의 활동이 정지됨과 동시에 빛에 대한 인식은 할 수 없게 되기 때문에 모든 것이 깜깜하게 느껴질 것이다. 근사사 경험에서 일단 주위가 어두워지고 컴컴한 터널이 나타나는 것은 시신경이 죽었음을 뜻하므로 그 후에 다시 밝은 빛을 본다는 것은 이러한 관점에서는 있을 수 없는 일이다.

그런데 어른이나 어린이나 거의 모두가 근사사 경험에서 이러한 빛을 감지한다. 다음의 경우는 멜빈 모스 박사의 소녀 환자의 이야기인데, 그러한 빛이 죽는 이가 아닌 다른 사람이 보는 경우로서 매우 드문 예에 속한다.

그 소녀는 여덟 살짜리 환자로 시애틀의 앞바다 프제트 사운드에서 아버지의 보트를 타고 가다가 떨어져 거의 익사할 지경이었다. 그녀는 어느 흐린 날 아버지의 보트 뒤쪽에서 떨어져 20미터 바다 속의 모래바닥에 가라앉았다. 아버지가 즉시 보트를 돌렸고, 함께 있던 아버지의 친구가 어두운 물속으로 뛰어들어 그 아이를 찾기 시작했다. 그는 그러한 응급상황에 있을 수 있는 용기와 힘으로 세 번이나 그 깊은 바다의 바닥까지 내려갔다 올라왔다. 그는 물살이 심하고 또 흐린 날씨 탓에 전혀 앞을 볼 수가 없어서 그 아이를 찾지 못했다. 그러나 그가 네 번째 물속으로 들어갔을 때 별안간 그 아이의 시체를 볼 수 있었다.

그 후에 그는 "그 아이의 몸속에서 빛이 뿜어져 나오고 있었다."고 했고, 그때 그는 엄숙하고 신성함을 느꼈다고 했다. 그들은 아이의 시체를 건졌고 즉시 병원으로 이송해 왔다. 최소한 20분 이상을 물속에 잠겨 있었음에도 그 소녀는 다시 살아났다. 그 아이를 구했던 사람은 누구나 그가 만나는 사람에게 다 그 빛에 대한 이야기를 했다.

며칠 후에 그 두 사람은 바다 속을 얼마나 볼 수 있는지를 살피기 위해서 다시 그 장소로 가서 스쿠버 장비를 착용하고 물밑으로 들어갔다. 맑은 날이었는데도 그 바닥에서는 그들은 겨우 몇 미터밖에 앞을 볼 수 없었다고 했다.

멜빈 모스는 근사사 경험에 의한 빛은 죽는 이 자신뿐만 아니라 구조 활동을 하는 사람도 동시에 볼 수 있다고 믿고 있다.

미래의 가족을 보고 죽음에서 돌아온 여인

미래에 대한 예측(Precognition)을 할 수 있는 능력도 심령 현상 가운데 하나에 속한다.

과학적으로는 도저히 설명할 수 없으므로 과학자들은 그러한 현상을 점성술이나 사기에 속하는 것으로 간주하고 있다. 그러나 의사들이 조사한 근사사 경험자 중에 극히 드문 일이지만 자신의 미래에 대한 것을 보는 경우도 있다.

다음의 예가 바로 그러한 경우인데, 근사사 경험에 대해 연구하고 있는 과학자 미셸 소렌슨이 직접 겪은 일이다.

미셸은 10대 소녀일 때 스키를 타다 사고로 다리를 다쳤다. 장시간의 수술로 끊어진 인대가 이어졌고 그때 피와 뼈가 감염되어 거의 목숨을 잃을 뻔 했다. 그 후 그녀는 자기의 집 응접실 의자에 누워 세 명의 여자 친구들과 함께 교과서를 보고 있는 중에 자신의 몸을 빠져 나오는 것 같은 느낌을 받았다. 그녀가 그때까지 경험하고 있던 통증과 몸의 열 때문에 느끼던 한기가 완전히 사라졌다. 아래는 그녀가 직접 남긴 기록이다.

나는 갑자기 내 몸의 위쪽의 방의 한 구석에서 나의 몸을 내려다보고 있었다. 나는 아늑한 따사로움을 느꼈고 그때까지 느끼던 한기는 사라지고 없었다. 어떤 남자가 내 뒤에 서 있었다. 그 따사로움은 그 사람으로부터 나와서 나를 감싸는 것 같았다. 나는 평안한 마음으로, 의자에 누워 있는 나의 모습을 바라보았다. 나는 내가 죽은 것을 알았다. 그때 나는 '진작 죽었어야 하는 건데'라고 생각하였다.

그 후 오랫동안 나는 그 남자와 어떻게 대화했는지에 대해 설명할 수가 없었다. 그러나 분명히 나는 그와 대화를 했다. 그 대화는 너무나 따스하고 사랑에 차 있었으므로 나는 그 빛나는 흰 광채가 그의 사랑인 것을 알았다. 그는 내가 어떤 고통을 겪었는지를 알았으며 그의 동정심이 나에게 위안이 되었다. 그는 말했다.

"네가 죽었다는 것을 알고 있니?"

"예, 알고 있어요. 너무 좋은데요."

"정말 죽고 싶니?"

"그럼요, 너무나 좋은데요."

나는 그 빛의 사랑에 듬뿍 젖어 있었다.

그때 나는 아래에 있는 나의 시체에 눈을 돌렸는데, 친구가 나의 이마에 손을 대어 체온을 감지하려 했고, 다음은 손을 나의 목에 대고 맥박이 뛰는지를 검사하고 있었다. 그리고 그녀는 "애가 죽었어요."라고 고함을 쳤고 다른 사람들이 뛰어 오는 것이 보였다.

나는 어머니와 오빠의 얼굴을 보았다. 오빠는 해외에 있었는데 가족들은 오빠에게 전화를 하고 있었다. 나는 전화 선로 망(網)을 훤히 볼 수 있었고, 또 전화를 받는 사람들의 얼굴도 보였다. 나는 가족들이 슬퍼하는 모습을 보고 마음이 아팠으나 가족들이 곧 극복할 것이라 생각했다. 부모마저도 내가 그러한 통증으로 신음하는 것에서 벗어난 것에 대해 안도감을 느낄 것이다.

그때 "저기를 보아라. 네가 무엇을 잃게 될 것인지."라는 음성이 들렸다.

나는 키가 크고 금발인 소녀가 두 아이를 데리고 있는 것을 보았다. 그 소녀는 펄쩍 펄쩍 뛰고 있었는데 금발 머리가 출렁이고 있었다. 다른 아이는 소년이었다. 나는 곧 이것이 나의 미래의 가족임을 알았다. 나는 실제로 그들을 만나기도 전에 벌써 그들에 대한 그리움이 사무쳤다. 내가 죽은 사람으로 느끼던 기쁨이 별안간 일시적인 것으로 느껴졌다. 나는 그러한 죽음의 희열을 다 맛보기도 전에 이미 흔들리고 있었다.

"예, 돌아가겠어요."라고 말하고 나는 돌아왔다.

그러한 빛의 경험은 그녀를 완전히 변하게 만들었다. 그 같은 경험을 한 다른 사람들처럼 그녀도 이 세상의 목적이 있다는 것을 인식하게 되었다. 미셸은 그 후 농구선수와 결혼을 했는데 그는 키가 큰 금발이고 그들은 두 자녀를 가졌으며 각각 아들과 딸 하나씩이다.

위의 이야기를 과학자들은 우연의 일치로 설명할 것이다. 그러나 우리의 현생의 삶의 기틀은 이미 우리가 태어나기 전에 정해져 있다는 숙명론을 뒷받침하는 한 예가 될 수도 있다.

요일을 정확히 맞히는 저능아

다음은 마이어스가 모은 사례로 비상한 정신력에 대한 것이다. 콜린 윌슨도 그의 저서인 『사후 세계(After Life)』에서 이를 인용하고 있다.

벤자민 브라이스라는 여섯 살 먹은 소년이 어느 날 그의 아버지와 산책을 하고 있었다. 소년이 지금이 몇 시냐고 아버지에게 시간을 물었고, 아버지가 7시 30분이라고 말했다. 그리고 얼마 후 소년은 자신이 태어나서 지금까지 살았던 전체 시간을 초(秒) 단위로 말했다. 이상하게 생각한 아버지는 집에 돌아오자마자 곧 종이와 연필을 들고 계산해 보았다. 그러고는 아들에게 "아니야. 네 답이 틀렸다. 17만 2,800초가 더 많잖아."라고 말했다. 이에 벤자민은 "아니에요. 아버지는 1820년과 1824년의 두 윤년에 대한 계산을 빠뜨렸어요."라고 대답했다. 아버지가 빠뜨린 2일간은 물론 정확히 17만 2,800초였다.

또 다른 한 예는 IQ가 60 정도밖에 안 되는 존과 마이켈이라는 쌍둥이 형제의 이야기이다.

쌍둥이 형제는 간단한 덧셈이나 뺄셈도 하지 못하는 저능아였으나 과거나 미래의 4만 년에 걸친 어느 날을 지적해도 그 날의 요일(曜日)을 정확하게 알아맞히는 신기한 능력을 갖고 있었다. 예를 들면 1877년 3월 6일이 무슨 요일이냐고 물으면 즉석에서 "화요일."이라고 대답하는 것이다. 그들에 관해 조사를 한 대부분의 과학자들은 아마도 간단한 공식이 있을 것이라고 생각했으나 물론 그러한 공식을 찾지 못했다.

그러던 어느 날 삭스 박사가 그들을 조사하고 있을 때 우연히 그가 갖고 있던 성냥갑을 떨어뜨려 성냥알들이 바닥에 흩어졌다. 그것을 보고 있던 이 쌍둥이들은 동시에 "111개군요."라고 말했다. 그러고는 또 "37개."라고도 말했다. 세어본 결과는 물론 정확히 111개였다. 그래서 "37개는 무엇이냐?"고 물었더니 "37개가 3번이면 111개죠."라고 말했다. 그들은 저능아로 간단한 덧셈이나 뺄셈도 못했기 때문에 어떻게 알았느냐고 물었더니 "보였기 때문이에요."라고 답했으며 37개는 어떻게 알았느냐고 물었더니 "역시 세 부분으로 나뉘는 것이 보였어요."라고 대답했다고 한다.

그리고 또 어느 날은 삭스 박사가 그들이 서로 어떤 숫자를 말로 주고받는 것을 보고 그 숫자들을 적어서 집으로 돌아와서 그 숫자들이 무엇인가 조사하였더니 그것들은 소수(素數)였다. 그는 다음 날 소수표를 가지고 그들을 다시 만났다. 그들은 8자리수의 소수에 대해 주고받고 있어서 삭스 박사도 함께 참여했다. 두 사람은 깜짝 놀라 그를 한참 바라보고 있다가 미소를 지으며 계속했고, 그렇게 한 지 한 시간 후에는 24자리의 소수를 다루고 있었다.

여러분도 아시다시피 소수를 찾는 공식은 없으며 개개의 숫자를 각 수로 다 나누어 보아야 하므로 전자계산기를 쓰더라고 한참이 걸려야 찾을 수 있다. 따라서 우리의 이성을 지배하는 좌뇌로는 도저히 상상도 하기 어려운 일이다. 그래서 삭스 박사는 쌍둥이 형제들이 우뇌를 이용하는 것이라고 결론 내렸다고 한다.

불 위에서 화상을 입지 않은 가제온 대령

윌리엄 크룩스의 홈에 대한 연구에서도 홈은 활활 타는 난로 안에 손을 넣어도 타거나 화상을 입지 않았다는 것을 보고하고 있다. 그와 비슷한 예가 또 하나 있다.

1899년 뉴질랜드의 행정관이던 가제온 대령이 뉴질랜드의 폴리네시아계 원주민인 마오리 족을 방문하였을 때 그들은 불 위를 밟고 다니는 의식을 하였다. 그 의식을 주재하고 있던 샤먼이 가제온 대령 일행도 함께 불 위를 걸으라고 하며, 자기의 마나(일종의 초인간적인 능력)를 함께 주겠다고 하였다. 마지못해 가제온 대령 일행은 겁에 질린 채 불 위를 걸었는데 전혀 뜨거움을 느끼거나 화상을 입지 않았다고 한다.

이처럼 현재의 과학으로는 설명할 수 없는 많은 현상들이 존재한다.

이러한 현상들은 대부분 심령 현상으로서, 그러한 현상을 사후의 생이
나 기타 우리가 지금까지 관찰해온 현상들과 연관 지워 설명하면 대개
의 경우에는 설명이 가능해진다. 이렇듯 영혼이 존재한다는 가정이 어
떤 과학적인 가정 못지않은 실효성을 가진다는 것을 강조하고 싶다.

제8장

물질화 현상
（Ectoplasm）

엑토플리즘이라 이름 붙인 '차가운 구름'

이제 물질화 현상에 대해 좀 더 구체적으로 알아보고자 한다. 영혼 현상을 관찰한 초기부터 많은 사람들이 물질화 현상이 일어나기 전에 그들과 함께 방에 있는 영매의 입이나 몸으로부터 반(半)발광성의 짙은 증기가 나오는 것을 목격했다고 기록하고 있다. 그들은 더 구체적으로는 그러한 기체가 차차 굳어져 고체의 플라스틱과 같은 물질로 변해 갖가지 형상의 물질이나 사람으로도 만들어지는 것을 보았다고 적고 있다. 그러면 먼저 그러한 기록의 예를 몇 가지 살펴보는 것으로부터 시작하자. 다음은 주로 코난 도일의 『심령주의의 역사』에서 발췌한 것이다.

1877년 피터슨 판사는 영매인 로렌스와 함께 있을 때 "그 영매의 몸의 옆 부분에서 '차가운 구름'이 나와 서서히 굳어지며 고체상태의 물질로 변했다."라고 적고 있으며, 제임스 커티스는 1878년 오스트레일리아에서 영매인 슬레이드와 실험을 하고 있을 때 "구름과 같은 회색의 증기가 나와서 모여지고 그것이 형상을 만들어 냈다."라고 적고 있다.

또한 영국 최고훈장까지 탄 유명한 학자인 케임브리지 대학의 교수였던 알프레드 월레스도 영매인 몽크 박사와의 실험에서 그가 목격했던 것을 적고 있는데 "하얀 헝겊 같은 것이 나오더니 차차 구름과 같은 기둥을 이루었다."고 말하고 있다. '구름 같은 기둥'이란 표현은 알프레드 스메들리가 영매 윌리엄과의 실험 상황을 설명하는 데에도 쓰고 있다.

1871년 윌리엄 크룩스 경은 영매 홈과의 실험을 묘사하였을 때, "빛나는 구름이 차차 굳어서 완전한 사람의 손을 형성했다."라고 적고 있다. 브랙케트는 1885년 영매인 헬렌 베리와의 실험에서 "조그마한 구름 같은 물질이 나와 3~4미터의 높이가 되었고 갑자기 둥글게 되더니 곧 사람의 형태가 되어 베르타(Bertha: 사람으로 변한 영혼의 인간)가 앞으로 나왔다."라고 적고 있다.

노벨 의학상을 탄 샤를 리셰는 이러한 현상을 자신도 면밀히 또 수없이 관찰한 후 1903년 그러한 기체상의 물질을 엑토플라즘(ectoplasm)이라 이름 붙였다는 것은 위에서도 말한 바 있다. 사실은 이러한 현상을 엑토플라즘이라고 처음으로 이름 붙인 사람에 대하여는 다른 이론도 있다. 윌리엄 바레트는 그의 저서 『보이지 않는 세계의 경계』에서 그것을 이름 붙인 사람은 마이어스로서 바르샤바 대학의 오코로비츠 교수의 권유에 의한 것이라고 적고 있다.

그러면 여기에서 리셰가 관찰한 물질화 현상에 대한 서술을 적어보기로 한다. 그는 그러한 현상에 대해 그의 저서인 『30년간의 영혼 현상 연구(Thirty years of Psychic Research)』에서 상세히 적고 있다. 그는 그러한 실험에서 뛰어난 과학자답게 냉철하고 또 영매에게는 불공정하리만큼 엄격한 실험환경을 조성했음은 물론이다. 그의 실험 중 한 예를 들어보자. 이것은 그의 연구 결과를 처음으로 『심령학 연구 지침(Annals of Psychical Research)』에 발표한 내용을 요약해서 적은 것이다.

영매 에바를 대상으로 한 실험에서 그녀가 트랜스 상태에 들어간 지 얼마 후에는 그녀의 몸으로부터 이상한 하얀색의 기체가 나와 유령 같은 남자가 되었는데 그는 자신의 이름이 빈 보아라고 했다. 이렇게 형성된 사람, 빈 보아는 살아 있는 사람으로의 모든 것을 갖추고 있었다.

그는 걷고, 말하고, 움직이고, 숨 쉬는 것도 실제 사람과 똑같았다. 그의 몸은 투명하지 않았고 근육적인 강도도 갖고 있었다. 그것은 그저 놓여 있는 형체나 인형이 아니었고 거울에 반사된 영상도 분명 아니었다. 그것은 산 것이었고 또 산 사람이었다. 다음의 두 가정 을 제외한 모든 다른 가정은 배제할 수 있는데 그것은 생명이 있는 유령이거나, 살아 있는 사람이 유령의 역할을 하고 있다는 것이다. 그것은 어떤 요술쟁이에 의한 요술이 아니었다.

우리가 보기에는 빈 보아는 우리들 사이로 오려고 하는 것 같았고 다리를 저는 것도 같았다. 그러나 나는 그가 걷고 있는 것인지 떠서 미끄러지고 있는 것인지 확실히 말할 수는 없었다. 한때는 그는 지탱할 수 없을 것으로 보이는 한 발로 걸어 앞으로 넘어질 것 같았다. 그러더니 그는 곧바로 커튼이 열려지는 쪽으로 갔다. 그러나 내가 믿기에는 커튼을 열지도 않고 아래로 꺼지며 땅 속으로 사라졌다. 그와 동시에 '쿵' 하고 몸이 바닥으로 떨어지는 듯한 소리가 났다. 이러한 일이 일어났을 때 영매는 앞쪽이 열린 캐비닛에서 트랜스 상태에 있는 것을 딜레인이 지켜보고 있었다."

그 이튿날 아침 리셰는 돌로 만들어진 바닥과 천장을 면밀히 살폈으나 그 어느 곳에도 조그마한 구멍조차 없었다.

리셰는 그 후, 빈 보아가 나타나는 다른 강령회에서 그가 숨을 쉬고 있을 때 살아 있는 사람처럼 탄산가스를 내뿜고 있는지를 실험하기 위해 수산화바륨 용액에 튜브로 입김을 불어넣게 하여 그 용액이 탁해지는지를 조사했는데 그 액은 탁해져서 사람의 입김처럼 탄산가스를 포함하고 있는 것이 증명되었다. 그때 그 실험을 보고 있던 강령회의 참석자들이 박수를 치자 빈 보아는 배우처럼 그들 앞에 나와 허리를 굽혀 몇 차례나 절을 하였다고 한다. 리셰와 딜레인은 함께 그러한 장면을 사진으로 찍었고 그 사진을 면밀히 검사한 올리버 롯지 경은 자신이 본 그러한 사진 중에서 가장 훌륭한 것이라고 말했다.

2

많은 과학자들에 의해 계속된 연구

다음은 이러한 엑토플라즘 현상을 관찰한 다른 학자들의 실험 결과에 대해서도 소개하기로 한다. 프랑스에서 그 당시 유명한 사람이던 아돌페 비종의 미망인인 마담 비종은 심령 현상에 대해 많은 관심을 가졌었다. 특히 리셰 교수와의 빌라 카르멘에서의 실험 후 그녀는 영매 에바를 그녀의 저택으로 초청해 실험을 계속했다. 이러한 실험에는 독일 뮤니히의 유명한 물리학자 놋징 교수를 함께 초청해서 실행했다. 그들의 실험은 1908년에서 1913년까지 5년간을 계속했다.

그들의 실험 방법도 사기나 속임수의 가능성을 줄이기 위해 에바의 옷을 다 벗게 하고 그들이 준비한 옷으로 갈아 입혔다. 그 옷은 단추가 없는 가운인데, 등 뒤에서 끈으로 묶는 것으로 혼자서는 도저히 벗을 수가 없는 옷이었다. 그녀의 손과 발은 자유로웠다. 다음은 그녀를 실험을 위한 방으로 데리고 갔는데, 에바는 그 이전에는 그 방에 들어가는 것이 허가되지 않았다. 그리고 그 방은 3면이 막혀 있었고, 그 안에 앞이 트인 작은 천으로 된 구역을 만들었는데, 그곳이 곧 캐비닛이라 불리며 엑토플라즘을 모이게 하기 위한 곳이었다. 다음에 실험 장면에 대한 놋징 교수의 설명을 그대로 옮긴다.

우리는 매번 아직까지 알려지지 않은 생리학적 작용에 의해 처음에 그 영매의 몸으로부터 반유체(半流體)적인 물질이 나오는 것을 보았고, 그것은 산 물질의 성질을 지닌 것 같았다. 특히 그것은 자체적으로 변형하고 움직이는 힘을 가졌고, 또 확실한 형태의 물체를 형성하기도 했다. 이러한 현상을 가장 엄격한 조건하에서 수백 번을 되풀이해서 관찰하지 않은 사람들은 이러한 현상이 일어날 수 있다는 것에 대해 의문을 가질 것이다.

그는 또한 "과학의 새로운 지평을 열기 위해 노력하는 당신들에게 쏟아지는 어리석은 공격, 비겁한 논평, 악의에 찬 사실의 왜곡 보도나 어떠한 위협에도 굴하지 말라. 사실이기에 너무나 놀랄 만한 것은 없다는 물리학자 패러데이의 말을 기억하며 당신이 걸어온 길을 계속해서 묵묵히 걸어가라."고 심령 현상을 연구하고 있던 그의 동료 과학자들을 격려하기도 했다.(사실 패러데이는 앞에서 설명했듯이 심령 현상에 대해 연구하는 것을 거절한 과학자의 한 사람이다.)

그러한 결과 그의 연구는 엑토플라즘의 연구 중 가장 완벽에 가까운 것이 되었다. 믿을 만한 이들의 수많은 증언에 의해 영매의 입이나 코 또는 몸으로부터 특수한 젤라틴 성질의 물질이 나온다는 것이 확실히 증명되었다. 또한 그런 현상이 사진으로도 분명하게 촬영되어 있다.

엑토플라즘에 대한 여러 과학자들의 관찰을 종합하면 엑토플라즘은 다음의 성질을 가진 것으로 보인다고 코난 도일은 말하고 있다.

엑토플라즘이 일단 생성되면 그것은 마음에 의해 형상이 만들어지고 간단한 모형의 경우는 아마도 트랜스 상태에 있는 영매의 마음이 그 주된 것으로 보인다. 우리는 가끔 우리 자신도 영혼이라는 것을 잊고 있다. 육체에 갇혀 있는 영혼도 육체를 떠난 영혼과 거의 맞먹는 능력을 가졌다고 생각된다. 특히 영혼 사진의 경우는 영매의 영혼이 작용한 것이 아니라는 것이 분명하며, 그보다 더 강력하고 의도가 확실한 힘이 관여한 것은 틀림없다. 나의 개인적인 의견이지만 각각 다른 심령 현상들의 원인이 되는 몇 가지 다른 형태의 엑토플라즘들이 발견될 것이며 그것으로부터 기원하는 플라즈몰로지(plasmology)라고 하는 여러 종류의 과학이 파생할 것이다.

영국 벨파스트의 퀸스 대학 기계공학 교수인 크로포드 박사도 영혼 사진과 영음 현상을 일으키는 것에 대해 이와 비슷한 견해를 발표하고 있다. 그는 캐서린 골리거라는 영매와 많은 실험을 한 후『심령 현상의 진실(The Reality of Psychic Phenomena)』,『심령과학의 실험들(Experiments in Psychical Science)』등의 저서를 내었다.

이러한 이상한 물질인 엑토플라즘이 생성된다는 자체만 하더라도 놀랄 만한 새로운 사실이 밝혀졌다고 할 수 있을 것이지만, 그보다도 더 놀라운 것은 "그런 물질이 영혼과는 어떻게 연관되어 있는가 하는 것"일 것이다. 정말 믿을 수 없을 것 같으나 에바와 같은 영매의 경우는 그러한 물질이 형상을 이루기 시작하면 사람의 손이나 사람의 형체를 이루는데, 처음에는 평평한 평면상의 것으로 보이다가 차차 완벽한 손이나 사람의 형체를 이룬다는 것이다. 수많은 사진으로 확인한 결과도 이렇게 생겨난 유령(?)은 많은 경우 실제의 사람보다는 훨씬 작고 그 얼굴의 형상들은 아마도 영매가 생각하고 있는 모습과 같은 것 같다고 한다.

월리엄 크룩스의 실험에서 엑토플라즘으로 형성되어 나타난 케이티 킹은 모든 면에서 산 사람과 같았고 맥박, 체온 그리고 움직임이나 말하는 것도 보통의 사람과 전혀 차이가 없었다. 그녀는 자신은 오래 전에 이 세상에 살았던 한 인디언 추장의 딸이었다고 말했다. 놋징은 마담 비종이 주선한 에바와의 실험이 끝나고 뮤니히로 돌아간 후, 다행스럽게도 폴란드의 여자 영매인 스타니슬라바를 만나 여러 실험을 되풀이하였는데, 그때도 에바와의 실험 때와 같은 결과를 얻었다.

놋징은 뮤니히에서 실행한 실험에서 예나, 기센, 하이델베르그, 뮤니히, 튜빙겐, 움살라, 프라이버그와 바젤 등에 있던 학자들과 함께 연구하여 그의 결과를 발표하였는데, 그때 발표한 내용을 입증하기 위해 그 학자들도 함께 서명하고 있다.

여기서 엑토플라즘 현상으로 형성된 손이나 형체가 사실이라는 것을 증명하는 또 다른 예를 들어보자. 이러한 현상을 처음으로 연구한 것은 1863년에 발간된 『자연의 신비(Nature's Secrets)』의 저자인 월리엄 덴튼인 것 같다. 덴튼은 영국에서 1823년에 태어났고 후에 미국 보스턴 대학의 지질학 교수였다. 그는 런던의 페인 홀에서 녹은 파라핀을 이용하여 그때 나타났던 영혼의 얼굴 모습을 찍어 내었다.

그 뒤 윌리엄 옥슬리는 1876년 2월 5일 아름다운 여자 영혼의 손 모형을 같은 방법으로 만들어 냈다. 그 손 모형은 물론 그때의 영매인 퍼만의 손과는 전혀 달랐다. 그뿐 아니라 그 강령회에서 영매인 퍼만은 그물로 된 망(網) 안에 들어 있었으므로 손을 밖으로 내어 녹은 파라핀에 넣는다는 것은 불가능했다. 그리고 그때 만들어진 손의 모형과 발의 모형은 손목과 발목 부분이 너무 좁아 파라핀이 굳은 후 손이나 발을 빼려면 그 모형이 부서질 수밖에 없었다.

쥴레이 박사는 당시 유명한 외과의사로서 파리 국립심령학회(Institute Metapsychique of Paris)의 회장이었다. 그 위원회의 위원으로는 노벨상을 탄 샤를 리셰, 이탈리아의 보건성 장관이던 산토리도 교수, 프랑스 학술원의 그라봉 백작, 프랑스 보건장관인 칼메트 박사, 당대에 가장 유명하던 천문학자 프라마리옹, 프랑스의 전(前) 국무장관이던 로셰 등의 많은 저명인사들로 구성되어 있었다.

이 단체가 주도가 되어 실행한 엑토플라즘의 현상 실험 중에는 그때 나타났던 유령의 손을 녹은 파라핀 속에 넣게 하여 뺀 다음 굳혀서 만든 손의 파라핀 모형이 있다. 이 모형들도 손목 부분이 너무나 좁기 때문에 억지로 손을 빼면 파라핀이 부서지지 않을 수 없지만, 완전한 손의 모형이 만들어져 지금도 보관되고 있다고 한다. 사실은 주먹을 쥔 상태의 속이 비어 있는 손 모형도 만들어져 있다.

그렇게 껍데기만의 파라핀의 모형이 만들어질 수 있었던 것은 그 안에 들어 있던 손이 파라핀이 굳은 후 자연적으로 소멸되었기 때문이다. 즉 엑토플라즘 현상이 일어났기 때문에 부서지지 않았던 것이다. 그러면 여기서 이러한 실험 상황을 설명한 쥴레이 박사의 보고서 일부를 여기에 인용한다.

　　그 당시 방안을 조명하고 있던 빛이 너무 어두워 실제로 일어난 상황을 볼 수는 없었다. 그러나 손을 액체 속으로 넣는 소리가 들려서 우리들은 손이 담겨지고 있음을 알 수 있었다. 그러한 작업은 두세 번 되풀이해서 담가야 했다. 처음 손을 담갔다 뺀 후 따뜻한 왁스가 묻은 손이 그 실험을 실행하고 있는 사람들의 손을 만진 후 다시 왁스 속에 담그곤 했다. 이러한 작업이 끝난 직후 아직도 따뜻한 손의 왁스 장갑 모형이 그 실험을 감독하는 사람의 손에 쥐어졌다.

　　이러한 실험은 앞에서도 말한 파리 국립심령학회의 위원인 저명인사들이 모두 참관하는 데서 이루어졌고, 그러한 실험은 그 후에도 수없이 되풀이되어 실행되었다. 또 이러한 실험에는 언제나 많은 외부의 학자들이 초청되어 함께 참관하였으며, 그러한 참관 후에 그들도 그 실험들의 진실성을 입증하기 위해 함께 서명했다.

　　폴란드의 영매 진 구직과의 실험 때는 서른네 명의 저명한 외부 인사와 학자들이 참관하였는데, 그들은 프랑스 학술회 회원, 프랑스 과학회 회원, 의학회 회원, 의학 박사들, 변호사들과 경찰의 수사 전문가들로 구성되었다. 파리 국립심령학회의 위원장인 쥴레이 박사는 이러한 결과를 발표하면서 "나는 우리가 실행한 이러한 실험에서 사기(詐欺) 행위가 전혀 없었다고 장담할 뿐 아니라 사기의 가능성마저 없었다고 단언한다."라고 말하고 있다.

　　그 당시의 과학자들 중 어느 누구도 손의 파라핀 모형이 만들어진

것에 대해 엑토플라즘 현상 이외의 어떤 다른 방법으로 그런 모형이
형성될 수 있다는 설명을 할 수 없었다. 손의 모형을 장기간 보존하기
위하여 파라핀의 모형 속으로 액체상의 석고액을 붓고 석고가 굳은 후
손의 석고상으로 보관하고 있다. 이렇게 만들어진 석고상에는 손금까
지 확연히 나타난다.

3

엑토플라즘으로 만들어진 영혼의 여성

크룩스 경이 조사하던 강령회에서 가장 많은 활약을 한 영매 플로 렌스 쿡의 지도령인 영혼의 소녀 케이티 킹의 모습과 그녀가 이 세상의 강령회에는 다시 나올 수 없다고 하며 이별하던 때의 상황 등을 플로렌스 마리에트(로스처치 부인)의 저서 『죽음은 없다』에서 인용하기로 한다. 마리에트는 작가이고 선장인 캡틴 마리에트의 딸이며 또 당시 가장 유명한 여류작가이며 배우였고 잡지의 편집인이기도 했다. 그녀는 자신의 죽은 딸이 그녀가 참석했던 강령회에 직접 나타난 것이 계기가 되어 그 후 많은 강령회에 여러 과학자들과 함께 참여하여 조사하고 위의 저서와 많은 극작품들을 남겼다.

코난 도일과 마리에트는 윌리엄 크룩스 경이 쿡을 영매로 하여 실행하던 강령회에 정기적으로 참석했다. 아래의 글은 크룩스의 저서 『심령현상의 연구(Research in the Phenomena of Spiritualism)』의 부록에도 실려 있다.

이 글은 그녀가 처음으로 플로렌스 쿡 양의 강령회에 참석한 일로부터
시작된다.

내가 처음으로 플로렌스 쿡의 강령회에 참석했던 것은 던피 씨의 저택
에서 실행할 때였다. 그때 나의 어린 죽은 딸이 그녀를 통해 나왔었다. 나
는 강령회 후에 저녁 식사 테이블에 앉아 있었다. 그 식탁에는 약 30명 정
도의 사람들이 모여 앉아 있었다. 그때 갑자기 식탁 전체가 그 위에 놓였
던 모든 물건들과 함께 우리의 어깨 정도로 올라갔고 위에 있던 식기들은
요란한 소리를 내며 흔들렸으나 깨어진 물건은 아무 것도 없었다.

　나는 그날 밤 본 것에 비상한 관심과 흥미를 느껴 쿡과 개인적으로 더
접촉을 가질 수 있기를 원했다. 그 여자의 강령회 때 나타나는 케이티 킹
은 유명해서 그녀의 부모의 집에서 실행하는 강령회에는 그것을 믿는 사
람들 뿐만 아니라 믿지 않는 사람들도 케이티 킹을 보기 위해 많이 몰려
들었다. 그 중에는 과학자로 유명한 서전트 콕스, 발렌틴 홀, 윌리엄 크룩
스 씨 등도 포함되어 있었다. 내가 이 강령회에 처음 참석할 수 있도록 주
선해 주었던 윌리엄 해리슨 씨에게 감사하고 있다.

　이 강령회는 언제나 같은 순서로 진행되었다. 플로렌스 쿡이 군중과 격
리되게 하기 위해 설치한 두꺼운 천으로 된 커튼으로 가려진 방의 뒤쪽으
로 들어가면 곧 흰 옷을 입은 케이티 킹이 나타나 가스등(燈)으로 조명된
사람들 사이를 걸어 다니며 그들의 일행이나 된 것처럼 자유롭게 대화를
시작한다.

　영매인 플로렌스 쿡은 몸집이 아주 작은 검은 머리의 소녀였다. 케이티
는 어떤 때는 쿡과 아주 빼 닮았고 키도 비슷했으나 어떤 때는 케이티가
쿡보다 훨씬 더 키가 컸다. 나는 케이티를 플래시로 찍은 사진을 가지고

있는데 그 사진에는 케이티와 쿡이 함께 겹쳐 찍혀 있다. 나는 그 외에도 크룩스 씨와 함께 케이티의 사진을 많이 찍었다. 내가 쿡의 검은 머리가 관중이 있는 커튼의 바깥쪽으로 나와 있는 것을 보는 동안 케이티가 우리의 사이를 돌아다니며 말을 하고 있는 것을 확실히 보았다.

커튼 뒤에는 크룩스 씨가 영매 쿡의 몸무게를 재려고 설치한 장치 위에 그녀가 누워 있는 것을 보았다. 그 동안 저울의 눈금은 우리가 볼 수 있는 곳에 있었다. 보통 때의 영매의 몸무게는 50킬로그램이었으나 케이티가 나타나자 말자 그 저울의 눈금은 25킬로그램으로 줄었다.

그 외에도 쿡과 케이티가 함께 나타난 때도 있었으므로 그들 둘이 서로 다른 사람이라는 것은 의문의 여지가 없다. 그리고 나는 그들 둘이 상당히 닮았기 때문에 처음 보는 사람들이 그들은 같은 사람이라고 믿는 것도 이해할 수 있다.

어느 날 케이티는 내게로 와서 나의 무릎에 앉았을 때 나는 그녀가 쿡보다 훨씬 크고 뚱뚱하다는 것을 느꼈다. 그때 그녀의 얼굴 모양은 놀랄 정도로 쿡과 비슷했다. 나는 그래서 그녀에게 쿡과 닮았다고 말했더니 그녀는 기뻐하는 표정이 아니었다. 그러면서 어깨를 으쓱하며 "닮은 것은 알고 있어요. 그것은 어쩔 수 없어요. 그러나 내가 이 지상에 있었을 때는 훨씬 더 예뻤어요. 언젠가 보여드릴 날이 있을 거예요."라고 말했다.

그날 밤 그녀는 얼굴을 커튼 쪽으로 내밀고 여느 때와 같이 혀를 내밀며 "로스처치 부인과 이야기하고 싶은데요." 라고 말했다. 나는 즉시 일어나서 그녀 옆으로 갔다. 그녀는 나를 커튼의 안쪽으로 들어오게 하였다. 그때 나는 그 커튼은 엷은 것으로 가스등의 불빛이 들어와 모든 것이 확실히 보인다는 것을 알았다. 그때 케이티는 나의 옷을 당기며 그 자리에 앉으라고 했다. 나는 그대로 했다. 그때 케이티는 다시 나의 무릎에 앉아이 세상의 여인들이 하는 것처럼 "우리 조용히 이야기해요."라고 했다.

그때 영매인 쿡은 우리 근처의 매트 위에 누워서 깊은 트랜스 상태에 있는 것이 보였다. 케이티는 나에게 그것이 틀림없는 쿡임을 확인하라고 하는 것 같았다. "만져 보세요."라고 했다. 그러고는 "손으로 머리칼을 좀 당겨 보세요. 쿡이 맞지요?"라고 했다. 나는 그것은 틀림없이 쿡이었음을 확인했다.

그 후 케이티는 나에게 "이제 이쪽을 보세요. 내가 이 세상에 있을 때 어떠했는지를 보세요."라고 했다. 그때 나는 나의 품속에 있는 사람에게 시선을 돌리고 있었는데, 회색빛의 크고 푸른 눈, 흰 피부 그리고 풍부한 금발의 여인이 마치 대낮에 보는 것처럼 뚜렷이 보였을 때 내가 얼마나 놀랐는지 모른다. 케이티는 내가 놀라는 모습에 만족한 듯 "어때요. 제가 쿡보다 아름답지 않아요?"라고 했다.

그리고 그녀는 일어서서 테이블 위에 있던 가위를 들고 와 그녀와 쿡의 머리카락을 잘라 내게 주었다. 나는 그것을 지금도 애지중지 보관하고 있는데, 하나는 흑발이고 하나는 금발이다. 그리고 케이티는 나에게 "그럼 이제 돌아가세요. 그러나 오늘밤은 아무에게도 이야기하지 마세요. 그렇지 않으면 다른 사람들도 나를 만나려 할 것입니다."라고 말했다.

또 다른 어느 따뜻하던 날 밤에도 그녀는 여러 사람들이 보는 앞에서 나의 무릎에 앉았었는데 그녀의 손에 땀이 나있는 것을 알았다. 나는 놀라서 그녀에게 우선 인간과 같은 혈관과 신경, 그리고 분비물이 있는지 또 피는 흐르고 있으며 심장과 폐가 있는지를 물었다. 그에 대해 그녀는 "쿡에게 있는 것은 다 있어요."라고 하였다.

다음의 일도 그녀를 따라서 캐비닛 쪽 뒷방으로 갔을 때의 일이다. 그녀는 그때까지 입고 있던 흰 망토와 같은 옷을 벗고 알몸이 되어 나의 앞에 서 있었다. 그러면서 그녀는 "제가 여자인 것을 아시겠지요?"라고 했다. 사실이 그러했고 여자 중에서도 대단히 아름다운 여자였으며 나는 그런 점을 상세히 조사했다. 그 동안에도 영매인 쿡은 우리 곁의 침상에 누워 있었다. 그 후 케이티는 나를 나가라고 하지 않고 쿡의 옆에 앉게 하고 초와 성냥을 내게 주며 "쿡이 깨어나면 히스테리가 심할 테니 당신의 도움이 필요합니다."라고 하며 그녀가 세 번 노크하면 곧 불을 켜라고 하였다. 그리고 그녀는 일어나서 나에게 키스를 했는데 그때도 그녀는 알몸이었다.

나는 그녀에게 "케이티! 당신의 옷은 어디 있지?" 하고 물었다. "오, 그것은 이미 갔습니다. 나보다 먼저 보냈어요."라고 대답했다. 그녀는 그러면서 나의 옆에 엉덩이를 내려놓으며 세 번 마룻바닥을 두드려 노크하였다. 그 신호와 거의 동시에 나는 성냥을 그었고 그 불빛이 타오르자 케이티는 번갯불이 반짝이듯이 순식간에 사라지고 없었다. 그녀의 말대로 쿡은 놀라 눈물을 흘리며 깨어났고 내가 달래어 진정시키지 않으면 안 되었다.

또 다른 강령회 때 그 모임을 시작할 때에 누군가가 케이티에게 왜 가스 버너 하나 정도의 불빛보다 더 밝으면 안 되느냐고 묻자 대단히 화를 내며 다음과 같이 말했다.

"나는 전의 강령회에서도 전부를 솔직히 말했어요. 나는 탐조등 같은 불빛 아래서는 견딜 수가 없습니다. 나는 그 이유는 모르나 견디지를 못합니다. 만약 내가 말한 것이 사실 그러한지를 확인하고 싶으시면 가스 불빛을 최대로 올려 나에게 어떤 일이 일어나는지를 보세요. 만약 그렇게 하시면 오늘밤은 강령회가 되지 않는 것만은 기억하세요. 왜냐하면 나는 돌아오고 싶어도 돌아올 수가 없기 때문입니다. 여러분들은 어느 쪽인가를 선택해야 할 것입니다."

그래서 전부가 의논한 결과 언제나 같은 강령회를 하는 것보다는 가스등을 밝게 하여 어떤 일이 일어나는지를 보기로 결정했다. 그것은 영체(靈體)가 나타나기 위해서는 어둡게 하지 않으면 안 되는 것에 관해 영원한 해답을 줄 것이라 믿었기 때문이다. 우리는 케이티에게 그렇게 결정되었음을 말했고 그녀는 그러한 실험을 받아들이겠다고 동의하였다. 그러나 우리는 그렇게 함으로써 그녀에게 무척이나 큰 고통을 안겨 주었다는 것을 알게 되었다.

그녀는 응접실의 벽 부분에 양팔을 벌리고 붙은 것처럼 서 있었다. 그리고 곧 약 5제곱미터 정도의 작은 방에 세 개의 가스등을 최대로 찬란하게 켰다. 케이티에 대해 그 불빛은 놀랄 만한 효과를 내었다. 그녀의 모습이 보인 것은 약 1초 정도뿐이었으며 차차 사라지기 시작했다. 그것은 뜨거운 불빛 앞에서 녹아내리는 초로 된 인형과 같았다.

우선 얼굴부터 쭈그러져 불분명하게 되고 여러 가지가 서로 합쳐지는 것 같았다. 눈은 속으로 들어가고 코는 사라졌으며 앞 얼굴의 뼈대는 일그러졌다. 그녀의 팔다리는 밑으로 녹아내리고 그녀는 마치 건축물이 무너져 내리는 것처럼 카펫 위로 차차 내려앉았으며 최후에는 마룻바닥에 그녀의 머리 이외에 남은 것은 없었으며 그 후는 그녀의 흰 망토와 같은 옷만이 남았다. 그것마저도 어떤 손이 잡아당기는 것처럼 순식간에 없어져 버렸다. 우리들만이 남아 찬란하게 빛나는 세 개의 가스등으로 케이티가 있던 곳을 물끄러미 바라보고 있었다.

이어서 로스처치 부인의 그 나머지 원문을 요약해서 적기로 한다. 그에 의하면 어떤 때는 케이티가 자신이 입고 있던 흰 드레스의 한 부분을 가위로 잘라 방문자에게 기념으로 주었는데, 그들이 그것을 소중히 봉투에 넣어 봉한 후 집에 가서 열어보면 아무 것도 없었다고 한다. 그리고 여러 사람들이 보고 있는 동안 그녀는 자신의 드레스를 몇 겹으로 접어 가위로 오려내어 그 드레스에 수 십 개의 구멍이 날 것 같았으나 펴보면 구멍은 말끔히 없어지고 이전과 같은 완전한 드레스 그대로였고, 그녀의 머리칼을 주위 사람들에게 가위로 자르라고 하여 얼마를 잘라도 머리칼은 곧 이전 그대로였다고 하며 잘려서 마룻바닥에 떨어졌던 머리칼도 간데 온데 없이 사라졌다고 한다. 그녀는 강령회에 나타날 때면 자신은 1874년 5월 이후는 이 지상에 더 나타날 수 없을 것이라고 말하였는데, 실제로 1874년 5월 21일 작별을 고한 후 다시는 나타나지 않았다.

그 마지막 장면에 대한 로스처치 부인의 증언을 계속해서 그대로 아래에 적기로 한다.

그녀는 언제나 1874년 5월 이후에는 이 지상에 나타날 수 없다고 하며 21일은 그녀의 친구들을 모아 그들에게 '안녕'이라고 인사했을 때 나(로스처치 부인)도 그 중의 한 사람이었다. 케이티는 쿡에게 큰 꽃다발과 리본을 준비하도록 일렀고 그녀는 침상에 앉아 친구들에게 줄 꽃다발은 만들었다. 나에게는 수선화와 핑크빛 제라늄으로 된 꽃다발을 주었는데, 17년이 지난 지금도 나는 소중히 간직하고 있으며 케이티가 그것을 나에게 주었던 당시를 생생하게 기억하고 있다. 그리고 거기에는 조그마한 전언이 달렸는데 "에니 오웬 모간(케이티의 살았을 때의 이름)으로부터 친우 플로렌스 로스처치, 1874년 5월 21일"이라고 적혀 있다.

그리고 그 작별의 장면은 친애하는 친구와 사별하는 장면과 같았으며 케이티 자신은 자신이 어떻게 가게 될 것인지를 모르는 것 같았다. 그녀는 다시 한 번 마지막으로 보려고 하는 듯 그녀가 애착을 갖고 있던 크룩스 씨 곁으로 갔다. 그녀의 예언은 그 후로 실천되어 영매 플로렌스 쿡의 강령회에는 케이티는 두 번 다시 나타나지 않았다. 그 후에는 자신을 메리라고 하는 영이 나타났는데 메리는 쿡이 하지 못하는 춤과 노래에 능한 영혼으로 케이티와는 확연히 달랐다.

영혼의 소녀 케이티는 이처럼 많은 사람들이 직접 그녀의 존재를 확인하고 있다. 그 외에도 많은 물리적인 영매(이러한 물질적인 현상을 나타내는 영매를 가리킴)들이 나왔는데, 프랭크 클루스키는 그의 강령회에서 많은 동물들이 나타나는 것으로 유명했다. 고양이와 개들이 그의 강령회 때 나타나 사람들의 무릎에 뛰어오르기도 했고, 한번은 사자가 나타나 사람들 사이를 걸어 다니며 꼬리로 식탁 등 가구들을 건드렸고 심한 사자의 냄새를 풍겼으며, 원시인처럼 생긴 사람이 나타나 그의 몸에 난 털을 강령회에 참여한 사람들에게 만져보도록 하였다고 한다.

헬렌 던컨 등의 강령회에서는 강령회에 참석한 여인의 죽은 남편이 나타나 재회하는 모습을 그 강령회에 참석한 전원이 함께 감격의 눈물을 흘리며 확인하기도 했다고 한다.

알렉 해리스라는 영매는 자신의 몸이 직접 비물질화하였다가 다시 물질화하는 현상도 나타냈다. 그 실제의 예를 린다 윌리엄슨의 책 『영매와 사후 세계(Mediums and Afterlife)』에서 인용한다.

영매가 검은 옷을 입고 강령회의 방으로 들어와 두 검은 커튼으로 가려진 구석으로 들어가 앉았다. 어두운 붉은 등이 그의 바로 머리 위에 켜 있었으므로 그의 모습은 확연하게 보였다. 강령회가 시작되자마자 한 사람의 모습이 물질화되더니 그 방의 중앙으로 걸어갔다. 그의 뒤를 따라 또 한 사람이 나왔고 그 뒤를 따라 또 다른 한 사람이 나왔다. 처음 사람은 북아메리카 인디언이었고 두 번째 사람은 비단 옷을 입은 중국인이었다. 세 번째는 이집트 인으로 영매에 가까이 있었다. 그 다른 두 사람은 우리가 자세히 볼 수 있도록 우리 주위를 돌아다녔다. 그러한 동안 영매는 머리를 한쪽으로 기울인 채 트랜스 상태에 있었다. 가끔씩 들리는 그의 코고는 소리로 사람들은 그가 깊은 잠에 빠져 있다고 생각했다.

그때 누구도 믿을 수 없는 일이 일어났다. 영매는 아직도 그 의자에 앉아 있었으나 그의 머리가 사라졌다. 그 다음 곧 우리는 그가 비물질화하고 있다는 것을 알았다. 우리는 그가 점차로 사라지는 것을 보았고 끝에 가서는 의자만이 남아 있었다. 믿을 수 없겠지만 이 일은 실제로 일어났다. 나는 다른 사람들도 내가 본 것과 같은 이상한 현상을 보았는지 그들의 표정을 살폈다. 나는 견딜 수 없어 물어보았다. 혹시 내가 환상을 보고 있는 것이 아닌가 하고 생각되었기 때문이었다. 곧 영매의 아내로부터 대답이 들려왔다.

"괜찮아요. 그는 어딘가 이 근처에 있을 거예요. 그들은 가끔 그를 데리고 간답니다."

그때 북아메리카 인디언인 영혼의 사람이 그가 곧 돌아올 것이라고 우리를 안심시켰다. 그러나 그 후 인디언은 영매의 아내에게 "지금 열쇠를 열고 마당으로 나가 보십시오. 그가 무릎을 꿇고 앉아 있을 것입니다. 그를 깨워서 이리로 데리고 오십시오."라고 했다.

그녀는 바로 일어서서 나갔고 알렉을 데리고 와서 의자에 앉혔으나 그는 곧 트랜스 상태에 들어갔다. 이러한 동안에도 물질화되었던 그 세 사람들은 우리들과 대화를 계속하고 있었다.

인용은 여기까지로 한다. 이 강령회에서 일어난 일들은 영국 심령과학연구회의 앨런 크로슬리의 조사로 확인된 것이라고 린다 윌리엄슨은 적고 있다. 너무나 믿을 수 없는 일로 보이겠지만 이러한 일들이 실제로 강령회에서 일어나고 있다. 이상의 간단한 역사적인 사실들을 검토하더라도 엑토플라즘 현상이 실제로 일어났고, 또 그러한 사실들이 그 당시 가장 존경받고 믿을 만한 학자들에 의해 확인되었음은 의심의 여지가 없다.

그럼에도 불구하고 아직도 그러한 현상은 과학적으로 설명할 수 없다는 이유만으로 그러한 현상 자체의 존재를 부정하고, 그런 현상의 존재 가능성을 긍정하는 사람들을 무식하거나 비과학적인 사람들이라고 낙인을 찍는 것은 참다운 학자나 과학자들의 할 일이 아닐 것이다. 전세기 말부터 금세기 초반에 이르기까지, 그 당시를 대표하는 대학자들에 의해 수없이 실행된 관찰과 실험과 그 결과에 따른 그들의 증언을 반박할 수 있을 만큼 더 많은 실험과 관찰을 한 과학자가 과연 지금 있을지 궁금하다.

그러한 실험도 하지 않은 사람들이 단지 그러한 현상이 현재의 과학의 범주에 드는 이론으로 설명이 불가능하다는 이유만으로 그들 선구자들의 업적을 부정한다는 것은 말이 안 된다고 생각한다. 실제로 이러한 현상들에 대해 무식한 사람들은 비판을 받지 않고, 오히려 찬사를 받아야 할 선구자들이 비판의 대상이 되고 있는 것이 현실이다.

엑토플라즘 현상의 참다운 이해와 그 현상의 근원을 확실히 설명할 수 있으면, 물질의 원격이송(tele-transport) 현상의 실현, 또 그러한 현상에 의한 빛보다 빠른 여행이 가능해질 수도 있을 것이다. 물론 이것은 현대 물리학의 근본에 위배되는 것으로 지금과는 전혀 다른 과학의 새로운 지평이 열리리라 믿는다.(현대 물리학의 근본인 아인스타인의 상대성 이론은 빛보다 빠른 속도로 움직일 수 있는 물체는 없다고 가정한다.)

제9장

자동서기 현상
（Automatic Writing）

영계에서 오는 메시지, 자동서기

자동서기 현상(Automatic Writing)이란 영매가 영적 감응 상태에 들어갔을 때 그가 손에 쥐고 있었거나 책상 위에 놓여 있는 연필이 자동으로 움직이며 전하고자 하는 메시지를 종이나 기타 매체의 표면에 쓰는 것을 말한다. 자동서기의 초기에는 영어의 알파벳이 정렬된 위자판(ouija board: 심령술에서 점괘를 나타내는 널빤지)과 연필이 꽂혀 있고 사용자가 그 연필이 꽂힌 움직이는 판 위에 손을 얹는 프란쳇 등이 이용되었다. 그러나 위자판은 알파벳을 한 글자씩 선택해 나가게 되기 때문에 메시지의 전달 속도가 대단히 느리다.

완전하게 깨끗이 닦아 놓은 슬레이트 위에 눈에 보이지 않는 손에 의해 글씨가 씌어지기도 하고 그러한 슬레이트 두 장을 함께 묶어 놓았어도 손이 닿을 수 없는 그 안쪽에 글이 씌어지기도 한다. 책상 위에 놓아 둔 연필이 자동적으로 눈에 보이지 않는 손에 의해 글을 쓰는 경우를 윌리엄 크룩스 경을 비롯한 많은 사람들이 보고하고 있다. 이러한 방법으로 긴 메시지가 전해졌는지는 알 수 없으나 저자가 조사한 중에는 아무도 건드리지 않은 연필이 자동으로 움직여 긴 메시지를(예를 들면 책을 쓴다는 등) 전했다는 기록은 찾지 못했다.

스테인턴 모지스, 앨런 카르덱, 루돌프 스타이너 등은 영계로부터 오는 영감을 직접 글로 쓰는 방법으로 심령 현상에 대한 많은 저서들을 내었고, 특히 모지스의 『영의 가르침(Spirit Teaching)』이나 카르덱의 『영의 책(Spirit Book)』은 그러한 예의 대표적인 것이 될 것이다.

이러한 경우 통상적인 방법으로는 단시간에 그처럼 많은 글을 쓸 수 없다는 것을 고려한다면 그러한 경우도 자동서기의 범주에 속한다고 할 수 있을 것이다.(이런 것을 영어로 Spirit writing이라고 함.) 영매인 큐란 부인은 페이센스 워스라는 이름으로 이러한 방법으로 많은 소설을 썼다. 이러한 글을 쓰는 것에 대하여는 글을 쓰는 사람의 무의식에 감추어진 정보들이 그들이 감응상태에 있을 때 자동서기 형식으로 나타난다고 보는 견해도 있다.

루스 몽고메리 등은 영계로부터의 메시지를 연필이나 펜 대신 타자기로 직접 받아쓰기도 한다. 로즈메리 브라운의 영계로부터의 메시지에 의한 작곡도 이러한 범주에 넣을 수 있을 것이다. 그녀가 영계에서 전하는 음악을 듣고 그녀 자신이 오선지에 그 곡을 적는 것인지 아니면 그녀의 손에 들고 있는 펜이 자동으로 움직여 오선지 위에 음표를 기록하는지에 따라 영음(靈音)에 속하는지 자동서기에 속하는지가 결정될 것이다. 그녀는 리스트, 베토벤을 비롯한 많은 영계의 작곡가들로부터 영감을 받아 작곡하고 있다.

또 코럴 폴그와 같은 영매는 전혀 만난 일도 없고 알지도 못하는 죽은 사람의 영혼의 초상화를 그린다. 그녀가 그린 초상화는 세세한 부분마저 구체적이어서 사진과 다름이 없으며 실제 그 사람이 살았을 때의 사진과 비교하면 틀림없는 그 사람의 초상화라는 것을 확인할 수 있다.

철저한 과학적 검증을 받은 자동서기 사례들

자동서기 현상도 다른 많은 영적 현상처럼 진정으로 일어나기보다는 영매나 자동서기를 하는 사람의 사기적인 수법에 의한 것이라고 하여 그 결과를 믿으려 하지 않던 깃이 대부분의 사람들의 일반적인 태도였다. 그러면 실제 예를 몇 가지 들기로 하겠다. 우선 위자판을 사용할 때 어떻게 속임수를 방지하려고 하였는지부터 살펴보기로 한다.

다음의 내용은 역시 그러한 조사와 연구의 선구적인 역할을 한 윌리엄 바레트 경의 책에서 인용한 것이다. 물리학 교수로 재직하던 더블린에서 그는 가까운 친구 몇 사람과 위자판을 사용한 실험을 몇 년간 계속했다.

다음 글은 그와 공동 연구를 하였던 세빌 힉스 목사가 영국 심령과학연구회에 보고한 내용이다.

위자판으로 실험을 하는 사람들은 눈을 가리개로 가리고 하는 것이 훨씬 수월하다는 것을 알았다. 눈가리개를 하였을 때 판은 더 빠르고 또 더 정확하게 움직이며 알파벳의 글자를 짚어 나갔다. 질문을 하는 즉시 해답이 나오며 손이 너무 빨리 움직이는 바람에 따라 적는데 어려움을 겪어 실제로 그것을 기록하고 있던 사람은 속기록을 사용했다.

나는 지도령(control)에게 자판을 거꾸로 돌려놓아도 되겠느냐고 물었다. 대답은 즉시로 나왔고, "그렇게 하세요. 아무상관 없어요."라고 씌어졌다.

그래서 위자판으로 실험하고 있는 사람은 눈가리개를 한 채로 우리가 알파벳의 판을 돌려서 그에게는 거꾸로 면하는 위치로 해놓았다. 그러한 상태에서는 눈가리개를 하지 않고도 바른 글자를 고른다는 것은 어려운 상태였다. 그러나 그 기계는 전과 하나도 다름없이 바르고 빠르게 작동했다. 나는 또 "나의 친구와 교신을 할 수 있을까요?"라고 물었다.

나의 죽은 친구인 존 하틀리 경이 그의 세례명과 성을 정확하게 대며 더블린의 '프리메이슨의 그랜드 롯지'라는 메시지를 전했다. 존 경은 살았을 때 프리메이슨(우애와 공제를 목적으로 한 비밀 조합) 조직의 높은 지위에 있었으나, 그 위자판을 실험하고 있는 사람 중에는 그러한 사실을 아는 사람이 나 이외에는 하나도 없었다.

그 후 나는 나 자신이 눈가리개를 하고, 눈가리개를 한 다른 두 사람들과 함께 위자판 위에 손을 얹었다. 손을 얹자 곧 판이 힘 있게, 결정적으로 또 빠르게 움직이는 데 나는 놀랐고 그런 상태로 어떤 메시지가 전달된다는 것은 불가사의했다. 그 메시지는 다음과 같았다.

"중요한 정보를 얻기 위해서는 항상 하던 사람들이 함께 해야 한다. 항상 하던 세 사람이 함께 하지 않으면 대단히 힘이 든다. 여기 있는 한 사람은 그러한 메시지를 받는 데 적합하지 않다."

이상의 예를 보더라도 문자판을 거꾸로 놓은 위치에서 또 눈가리개를 하고 정확히 한 글자씩 짚어나간다는 것은 사람의 능력으로는 불가능한 일이다. 이렇듯 위자판을 사용하는 사람들의 사기나 속임수를 방지하려는 대책은 수없이 있었으나 메시지는 언제나 전해졌다. 이러한 위자판의 움직임을 무의식의 능력으로 설명한다는 것은 이해가 되지 않는다.

연필을 가볍게 쥐고 있을 때 연필이 자동으로 움직여서 글을 쓰는 자동서기의 경우에 대한 속임수나 사기적인 수법의 방지책은 쉽게 있을 수 없기 때문에 그 글이 뜻하는 내용이 영매가 알고 있거나 알 수 있는 정보인가 아닌가 하는 것이 중요한 판단의 기준이 된다.

비록 이렇게 얻어진 정보들이 정확했고 또 그 영매가 평상시의 수단으로서는 알 수 없는 것이라 하더라도 텔레파시나 트랜스 상태에 있는 그 영매의 잠재의식에 의해 알 수 있지 않나 하는 의문을 제기하고 있다. 사실은 텔레파시 현상도 이전에는 실제 일어나고 있는 현상으로 받아들여지지 않았으나 윌리엄 바레트 등의 연구와 그 후 듀크 대학의 라인 박사 등의 연구로 이제는 과학계에서도 그러한 현상의 존재를 인정하고 있다.

또 그때 씌어진 글씨체가 그 메시지를 전하는 죽은 자의 글씨체와 같고, 메시지의 내용도 죽은 사람이 아니면 알 수 없는 경우가 많았다. 이런 경우는 그 메시지를 전달받는 본인은 정말 죽은 그 사람으로부터 오는 메시지라고 받아들이지만, 믿지 못하는 관찰자들에게는 별 효과가 없는 것 같다.

그러면 자동서기의 실험과 관찰을 수 없이 경험하고 조사한 학자들의 의견을 들어보기로 한다. 케임브리지 대학의 알프레드 월레스 박사가 슬레이트에 글이 써지는 자동서기를 몽크 박사를 영매로 리치몬드에서 실행한 실험에 관하여 알아보자.

월레스 박사는 두 장의 슬레이트를 그 자신이 직접 깨끗하게 닦았다. 그리고 그 두 장 사이에 연필 한 토막을 넣고 강한 끈으로 두 장을 묶었다. 그 슬레이트가 움직일 수 없도록 묶을 때도 가로와 세로로 단단히 묶었다. 그리고는 그 슬레이트를 가만히 책상 위에 내려놓았는데 그때도 그는 한시도 슬레이트로부터 눈을 떼지 않았다. 몽크 박사는 양손의 손가락을 그 슬레이트 위에 얹었고, 월레스와 또 그의 건너편에 마주 앉아 있던 부인은 그들의 손을 그 슬레이트의 다른 구석에 올려놓고 있었다. 그들의 손은 그가 뒤에 슬레이트를 묶은 그 끈을 풀 때까지 움직이지 않았다.

그때 몽크는 월레스에게 어떤 글이 어떻게 씌어지기를 원하느냐고 물었다. 월레스는 'God'라는 단어가 슬레이트의 긴 쪽으로 씌어지도록 주문했다. 잠시 후 안에서 글이 씌어지는 소리가 들렸고, 그 후 영매인 몽크 박사는 그의 손을 떼었다. 월레스는 즉시 슬레이트를 풀고 안에 쓰인 글을 확인했다. 월레스는 그 실험상황을 다음과 같이 말하고 있다.

"그 실험의 가장 중요한 요점은 그 슬레이트를 내 자신이 직접 깨끗이 닦았고 또 끈으로 묶었다는 점이다. 그리고 나의 손은 그 슬레이트 위에 계속 얹은 채 있었다. 한 순간도 그것이 내 눈 밖으로 나간 일이 없었다. 그리고 나는 거기에 적을 글을 지적했고, 또 어떤 형식으로 적어야 하는지를 지적했다. 그 후 내가 직접 그 슬레이트를 열고 확인했다."

물론 그 슬레이트에는 월레스가 지정한 대로 글이 씌어 있었고 그 강령회에 함께 참가하였던 영국 심령과학연구회의 부사무장인 에드워드 베네트도 그것을 확인하고 있다.

하버드 대학의 심리학 교수인 윌리엄 제임스는 영매 파이퍼 부인과 다양한 실험을 한 후 그의 명저인 『심리학 교과서』에서 다음과 같이 말하고 있다.

"나는 한 영매(파이퍼 부인을 지칭함)와 많은 실험을 한 후 그 영매의 지배령은 그녀의 어떤 통상의 인격과도 다르다는 것을 시인하지 않을 수 없다. 내가 이야기하는 영매는 그 지배령이 오래 전에 죽은 어떤 프랑스의 의사라고 하는데, 영매가 모르는 처음 보는 사람들의 죽었거나 살아 있는 친척, 지인(知人)들에 관해 알고 있는 것으로 보아 나는 그가 실제로 죽은 프랑스 의사라고 믿는다. 나는 트랜스 상태에서 일어나는 이러한 현상에 대해 심리학적으로 신중히 연구해 보아야 할 필요성이 있음을 느낀다.(영매 파이퍼 부인의 지배령은 피누이라는 프랑스의 의사였다.)"

제임스는 또 "나는 그녀가 트랜스 상태에서 평상시에는 들어보거나 알 길이 없는 사실들을 알고 있다는 것을 절대적으로 확신한다."라고도 했다.

러시아의 유명한 학자로 심령 현상을 오래도록 연구하였으며 러시아 황제의 국무의원이기도 했던 아크사코프 교수는 "영매의 잠재의식(무의식)의 인격만으로는 모든 사실들을 다 설명할 수는 없다. 보이지 않으나 외부적인 존재의 개입이 때로는 명확하게 나타난다."라고 말하고 있다.

파이퍼 부인에 대해 많은 조사를 했던 에든버러 대학의 총장 올리버 롯지 경도 "파이퍼 부인의 트랜스 상태의 인격은 의심의 여지가 없고, 그녀는 자신이 평상시에는 어떤 방법으로도 알 수 없는 사실들을 알고 있다."고 확신한다.

파이퍼 부인의 지배령 피누이는 트랜스 상태에서 그녀가 그러한 정보를 입수하는 것은 그녀의 지배령인 자신이 강령회에 나와 있는 사람의 죽은 친척이나 아는 사람들의 영혼을 직접 만나 대화하여 얻는다고 설명한다.

앞장에서도 메이프 교수의 딸이 자동서기로 그녀의 할아버지의 메시지를 아버지인 메이프 교수에게 전한 예를 들었으므로 여기서 더 긴 예를 드는 것은 그만두고 간단한 예를 두 가지만 더 들기로 한다.

다음의 예는 옥스퍼드 대학을 나오고 살아 있었을 때 정직성이나 인간성에 대해 많은 사람들의 존경을 받았던 스테인턴 모지스 목사의 자동서기에 나타난 것이다. 이 내용은 그의 사후에 그의 유물 관리인의 허락을 받고 서류들을 정리하던 마이어스에 의해 발견된 것이다.

모지스가 살아 있었을 때 일이다. 어느 일요일 밤 갑자기 그의 손이 저절로 움직이며 글을 쓰기 시작했다. 그 글을 모지스에게 자동서기로 전하는 여인은 그날 오후 런던으로부터 약 250킬로미터 떨어진 곳에 있는 시골집에서 죽었다고 했다.

모지스는 그 여인의 죽음이나 병에 대해 아는 것이 전혀 없었다. 그러나 그녀는 자기가 그날 오후 "육체를 벗어났다."고 했다. 그 며칠 후 역시 모지스의 손이 자동으로 움직였고 몇 줄의 글을 썼는데, 그것을 쓰는 것은 브란체 에버콤비라는 여인이라고 했고, 이어서 자신임을 증명하기 위해서 자신이 살아 있었을 때 쓰던 글씨체로 글을 쓴다고 했다. 모지스는 그 여인을 언젠가의 강령회 때 한 번 만났을 뿐이어서 그녀의 글씨체에 대해서 그가 알고 있을 수는 없었다. 그 내용이 개인적인 것이었기 때문에 그는 그 사실을 누구에게도 말하지 않고 그 글이 써진 페이지들을 겉에는 '개인적인 사항'이라고 적고 풀로 붙여 버렸다.

그런데 마이어스는 브란체 에버콤비를 알고 있었다. 그래서 마이어스는 모지스의 자동서기에 의해 씌어 있는 서류들을 정리하고 있던 동안 그 글씨를 그 여인이 살았을 때 자신에게 보내 왔던 편지의 글씨체와 비교했고 너무나 비슷한 것을 알았다. 마이어스는 모지스의 자동서기에 의한 글을 그 죽은 여인의 아들과 서체 감정인에게 감정하도록 부탁했다. 그들은 두 글씨가 동일인에 의해 씌어진 것임을 증명했다. 글씨체만 같은 것이 아니고 그 글의 내용도 그 여인의 것임이 확실했다. 마이어스는 이 여인의 실제의 이름을 알리지 않기 위해 브란체 에버콤비라는 가명으로 위의 내용을 공개했다.

다음의 예도 마이어스의 저서 『인간의 인격(Human Personality)』에 나와 있는 것으로 보통의 인식으로는 도저히 이해가 안 가는 것으로 미국 심령과학연구회(ASPR)의 호지슨 박사가 조사한 사례이다.

한 아이는 그 당시 막 네 살이 되었는데 글씨 쓰는 법이나 글자에 대해 배운 일이 없었다.

그 아이는 연필을 왼손의 중간 손가락 사이에 쥐고 있었다. 나는 그 아이가 마지막으로 쓴 문장을 보았다. 그것은 "너의 아주머니 엠마."라고 씌어 있었다. 그 글씨체는 어린이가 처음으로 쓰는 글씨체라기보다는 어른의 글씨체 같았다. 그 어린이에게는 몇 년 전에 죽은 엠마라는 아주머니가 있었다. 이 어린이도 그러한 메시지를 전한 얼마 후에 죽었다. 그 아이의 부모들은 심령주의자들도 아니었고 그들이 그 아이에게 알파벳이나 글씨 쓰는 법을 가르친 적이 없었다고 했다.

이상이 호지슨의 조사 내용이다. 만약 위의 사실을 부모들에 의한 사기였다고 한다면 글자를 써본 일도 없는 네 살짜리 어린이가 호지슨 박사와 같은 까다로운 검사관 앞에서 어른의 글씨와 같은 글을 쓰자면 얼마나 많은 연습이 필요했겠는가? 만약 그런 것이 가능했다고 하더라도 왜 그 아이의 부모는 그러한 황당하고 무모한 짓을 아이에게 시켰을까? 특히 죽은 영혼이 전하는 메시지따위를.

이런 점으로 보아 그 어린이가 쓴 글씨는 그의 죽은 아주머니의 영혼이 쓴 글씨가 틀림없다고 생각된다.

제10장

빙의 현상

1

루란시의 몸 속에 들어간 메리의 영혼

빙의(憑依) 현상이란 죽은 사람의 영이 산 사람의 몸에 들어가 그 사람을 지배하는 경우를 말하며, 빙의된 사람은 많은 경우 다중인격자나 정신병에 걸린 환자처럼 행동하는 경우가 많다. 이러한 경우의 사례를 살펴보기로 하자.

다음은 마이어스가 수집한 영국 심령과학연구회의 사례 중 특별히 감명 깊다고 생각되는 사례이다. 이 사건은 위에서도 나온 미국 심령과학연구회의 유명한 수석조사원이던 리처드 호지슨 박사에 의해 면밀하게 조사되었다.

1877년 7월 11일 미국 일리노이주의 워트시카에 사는 루란시 베넘이란 열네 살의 소녀가 발작을 일으켜 다섯 시간 동안 혼수상태에 빠졌다. 발작은 다음 날도 다시 일어났고 그녀는 마치 트랜스 상태에 빠진 것 같이 보였으며 죽은 사람들과 천사와 천국이 보인다고 했다. 루란시의 병세를 심한 정신병으로 간주한 교회의 목사나 친척들은 그녀를 정신병원에 입원시키기를 권했다. 그러나 그녀의 아버지의 지인(知人)인 로프 씨는 그녀의 증상이 예전에 죽은 자기 딸 메리의 증상과 유사해서 그는 그것을 빙의 현상으로 확신하였다. 그리고 루란시의 아버지인 베넘 씨에게 심령 현상에 대한 조회가 깊은 스티븐스 박사에게 진찰을 받는 것이 좋을 것이라고 말했다.

베넘 씨는 권유대로 루란시를 다음해인 1878년 2월 1일 처음으로 스티븐스 박사에게 데리고 갔다. 스티븐스 박사는 그 당시 마그네티즘이라고 알려진 최면법에 대해 잘 알고 있었으므로 루란시를 최면시켰다.

그때 루란시는 카트리나 호건이란 늙은 영에 의해 빙의되어 의자에 조용히 앉아 있었으나 의사가 접근하는 것은 막았다. 한참 후에 태도를 너그럽게 하고 곧 다른 인격으로 교체되었는데 이번에는 윌리 케닝이라는 젊은이가 되었다. 그 후 그녀가 다시 발작을 일으켜 트랜스 상태가 되었을 때 루란시 베넘 자신이 나타나서 자기는 많은 영들에 의해 빙의되었다고 했다. 그때 자기에게 빙의하여 자기를 도우려는 여러 명의 영들이 있는데 그 중 하나가 메리 로프라고 했다. 스티븐스 박사의 진료실에 함께 와 있던 메리 로프의 아버지는 즉시 그녀가 13년 전에 이와 비슷한 증상으로 죽은 자기 딸 메리라고 하고 그녀의 영의 도움을 받도록 루란시에게 부탁했다.

메리 로프의 영은 특히 루란시를 돕기를 원한다고 했으며 다른 악령들의 빙의를 막아줄 것으로 인정되었다. 그래서 '영혼' 상태의 메리 로프와 상의한 후 루란시는 그녀를 지도령으로 받아들이겠다고 하고 곧 최면에서 깨어났다. 그때부터 루란시는 자신이 루란시라는 것은 전혀 알지 못하고 메리 로프로서의 기억만을 가지고 있었다.

　주인공인 루란시는 1864년 생으로 1871년에 위트카로 이사 왔었고 그녀에게 빙의된 영인 메리 로프는 1846년에 그 마을에서 태어났으나 루란시가 태어나 13개월이 되었던 때 정신병으로 죽었다. 그러나 빙의 현상이 일어난 것은 루란시가 열네 살인 때였으므로 메리가 죽은 13년 후의 일이 된다.

　그 이후 루란시 베넘의 아버지는 로프 부인을 찾아가 딸이 자기는 메리 로프라고 주장하며 자기 집으로 가겠다고 주장한다고 알렸다. 그러자 메리 로프의 가족은 루란시를 자기들의 집으로 오도록 하였다. 그런데 메리 로프는 1865년 7월 루란시 베넘의 빙의가 시작되기 13년 전에 사망했을 때, 그녀도 발작을 일으켜 칼로 팔목을 찌르기도 하고 닷새 동안 실신한 적도 있었다. 그녀는 또 눈을 가리고 책을 읽을 수 있었다. 그녀의 투시 능력은 워트시카의 많은 사람들이 목격했다.

　1878년 2월 11일 루란시 베넘은 메리 로프가 되어서 로프가로 옮겨왔다. 오는 도중에 전에 살던 집 앞을 지났는데 그곳이 자기 집이라고 주장했다. 로프가의 사람들은 그들이 메리가 죽은 후에 지금의 집으로 이사했다는 것을 설명해야 했다. 새 집에 도착한 메리는 "어머나, 옛날에 쓰던 피아노가 아직도 있네, 덮개도 옛날 그대로고."라고 했다. 그녀는 그 다음 여러 친척들을 만났는데 하나도 틀리지 않고 그들이 누구인가를 정확히 맞혔다. 메리 로프의 주일학교 선생님이던 바그너 부인에게는 "선생님은 조금도 변하지 않으셨어요."라고 말했다.

　인사가 끝난 후 그녀는 천사가 3개월 후인 5월까지 이곳에 머무는 것을 허가해 주었다고 말했다. 그녀는 그녀를 방문한 친구나 친척은 다 알아보았고 시험해 보려는 가족들과 메리의 친지들의 모든 질문에도 하나도 틀림없이 대답했다. 그러므로 그들 모두는 그녀가 진정 메리의 일시적인 귀환이라는 것을 의심하지 않았다. 그러나 그 후 로프가를 방문한 자신의 친부모인 베넘 부부와 그녀의 친오빠는 전혀 알아보지 못했다.

어느 날 저녁 그녀가 정원에 나가 있을 때 로프 씨의 권유에 따라 로프 부인이 메리가 죽기 1년 전에 쓰던 벨벳 숄을 현관의 옷걸이에 걸어 놓았다. 루란시가 들어오며 그것을 보는 순간 그 숄이 걸려 있는 곳으로 가더니 "여기 내 숄이 있네, 이것은 내 머리가 짧았을 때 쓰던 건데."라고 말하며 로프 부인에게 "엄마, 내 편지들이 들어 있는 통은 어디에 있어요? 아직도 보관하고 있어요?"라고 물었다. 로프 부인이 다락방에 오랫동안 두었던 그 상자를 찾아와 루란시에게 주자 그것을 열고는 "엄마, 여기 내가 만든 것이 있네요. 왜 내게 편지와 이런 것들을 진작 보여주지 않았어요?"라고 말했다.

심령 현상에 대한 조사로 유명한 미국 심령과학연구회의 호지슨 박사가 12년이 지난 후 이 경우에 대한 상세한 조사를 하게 되었다. 그때 그는 죽은 메리 로프의 친언니인 미네르바 알터 부인을 방문해 조사를 하였는데, 그 부인은 루란시가 다니던 학교의 선생님으로 루란시가 그녀를 학교에서 가끔 본 일이 있는 정도였고, 언제나 알터 부인이라고 알고 있었다. 그러나 메리 로프에 의해 빙의된 후 루란시가 그녀를 방문하였을 때는 알터 부인을 꼭 껴안고 메리가 언니인 그녀를 항상 부르던 애칭인 "너어비(Nervie)"라고 불렀다고 했다. 또 그녀가 죽은 늙은 개의 이야기를 하였을 때는 그 개가 죽은 곳을 가리키며 "저기서 죽었어."라고 말했다.

어느 날 아침은 루란시가 "지금은 숲으로 덮인 저곳에서 알리가 병아리 눈에 기름을 발라주었잖아."라고 말했다. 그 일은 메리가 죽기 몇 년 전에 일어난 일로 알리가 병든 병아리를 치료하며 눈에 기름을 발라 준

일이 있었고, 알터 부인은 그것을 역력히 기억하고 있었다. 이런 조사를 하였을 때 알리는 일리노이주의 피오리아에 살고 있었고 루란시는 그를 만난 적이 한 번도 없었기 때문에 전혀 알지 못하는 사이였다.

또 메리가 칼로 그녀의 팔을 베었을 때의 이야기를 하자 소매를 걷어 올리고 스티븐스 박사에게 그 자국을 보이려고 했으나 그것이 이전의 자기 육체가 아닌 것을 알아차리고, "이 팔이 아니에요. 무덤 속에 있는 팔이에요."라고 말했다.

그녀는 어느 날 메리 로프의 남동생이 그날 밤 갑자기 위험해질 것이라고 그녀의 부모에게 말하고 그에 대한 대책을 마련하도록 일렀다. 그녀가 부모에게 그러한 말을 했을 때 그 동생의 건강은 아무런 이상도 없었다. 그런데 갑자기 밤 2시에 그는 심한 경련을 일으키며 한기에 떨며 위독한 상태가 되었다. 메리는 이러한 일이 일어날 것을 미리 알고 있었으므로 곧 동생을 돌보며 "마시 부인 댁으로 가서 빨리 스티븐스 박사를 모셔 오세요."라고 했다. 그녀의 가족들은 스티븐스 박사가 그곳에는 가지 않았을 것이라고 했으나 그녀는 계속 그곳으로 가서 스티븐스 박사를 모셔 오라고 우겼다.

그녀의 아버지가 마시 부인 댁에 도착했을 때 그는 스티븐스 박사가 예고 없이 전날 밤 그곳에 온 것을 알았고 급히 그와 함께 집으로 돌아왔다. 스티븐스 박사가 와서 보고는 만약 메어가 동생에게 행한 응급조처들을 하지 않았다면 그의 생명을 구할 수가 없었을 것이라고 말했다.

로프 씨와 그의 동료들이 영매 스틸 박사의 강령회에 참석했을 때 메리의 영이 일시적으로 루란시의 몸을 떠나 영매의 몸으로 들어와 그녀가 메리의 영혼임을 여러 가지로 증명했다. 그리고 루란시의 증세는 날로 호전되어 곧 완치될 것이라고 했다. 또한 자신은 5월 21일까지 그곳에 머물

수 있다고 말했다. 5월 21일, 메리의 어머니의 일기에는 다음과 같이 적혀 있다.

"메리는 오늘 11시 경에 루란시 베넘의 몸에서 떠난다고 했으며, 메리는 이웃에 작별 인사를 하고 부모를 껴안고 키스를 한 후에 메리의 언니와 함께 루란시의 집으로 향하는 도중에 메리는 사라지고 루란시 베넘으로 돌아왔다."

루란시의 어머니의 말에 의하면 그 후 루란시는 완전히 건강을 회복하였을 뿐 아니라 그 전보다 훨씬 더 영리하고 부지런하고 친절하며 이해심이 깊은 소녀가 되었다고 한다.

4년 후에 루란시는 조지 비닝이라는 농부와 결혼했고 그들은 발작이 다시 일어날 것을 염려하여 그녀의 영매 능력을 사용하지 않으려고 했다. 그러나 로프 부부가 그녀를 방문하였을 때 그들 앞에서 루란시는 때때로 트랜스 상태로 들어가고 메리 로프가 되살아났다. 그리고 루란시의 첫 출산 때는 메리가 그녀를 트랜스 상태로 인도했기 때문에 전혀 분만의 고통을 느끼지 않았다.

앞에서도 말한 바와 같이 이 사례는 마이어스가 SPR이 수집한 사례 중 가장 감명 깊은 것이라고 한 사례이고, 이에 대해서는 SPR의 임원 중 가장 회의적이고 까다롭기로 유명한 호지슨 박사에 의해 철저히 조사된 사례이다. 호지슨 박사는 SPR의 의뢰로 인도에까지 건너가 신지학의 창시자인 블라바츠키 부인을 조사하고 사기라고 비평한 장본인이다.

2

화가가 되고 싶은 조각가

다음은 미국 심령과학연구회의 창립요원의 한 사람이고 컬럼비아 대학의 교수이던 제임스 하이슬롭 박사에 의해 직접 조사된 유명한 사례이다.

뉴욕에 살던 금속조각가인 프레드릭 톰슨이라는 사람이 알 수 없는 어떤 환상과 충동에 의해 자신이 하고 있던 금속 다루는 일은 전혀 하지 않고 그때까지 해본 적이 없는 스케치 그림을 그리기 시작했다. 그는 여가 시간에 그림을 그리는 것이 아니고 생업을 포기하며 그림만을 그리려는 충동에 사로잡혀 그림을 그렸다. 그가 그러한 충동을 느끼기 시작한 것은 1905년이었으나 하이슬롭이 그것을 알게 된 것은 톰슨이 그를 찾아와 정신병에 걸린 것 같다고 호소한 1907년 1월이었다.

처음에 하이슬롭이 그 이야기를 들었을 때는 정신이상의 시초인가 하고 가볍게 넘겼다. 톰슨은 처음 그림을 그리려는 충동이 든 것은 1905년 여름에서 가을로 접어들 무렵이었는데, 이제는 그림을 그리고 싶다는 강렬한 충동뿐 아니라 산림과 그 외의 풍경에 대한 환영(幻影)이 떠오른다고 했다. 그러한 환영은 그에게 어서 그것을 그림으로 그리라고 말하고 있었다. 그리고 그림을 그리고 있는 동안은 자신은 톰슨이 아니고 로버트 스웨인 기포드라는 인간이라고 느껴졌다. 그 후 그는 자신의 아내에게는 "기포드가 그림을 그리고 싶어 한다."라고 자주 말했다. 이러한 충동으로 그는 1905년 처음 그러한 충동을 느낀 때부터 하이슬롭을 찾아온 1907년 1월까지 여러 장의 스케치와 그림을 그렸다. 그런데 그 당시 로버트 스웨인 기포드라는 화가가 실재하고 있었다. 톰슨이 매사추세츠주에 살 때 실제 기포드라는 화가를 한두 번 지나치며 만난 일이 있었다. 그가 산책을 하고 있을 때 기포드가 그림을 그리고 있는 것을 보았고, 한두 번 그의 캔버스 너머로 그림을 보며 몇 마디 대화를 한 적이 있었다. 그러나 그가 그림을 그리고 싶은 충동을 느끼고 있을 때 그 화가가 이미 죽었다는 것은 전혀 알지 못했다. 기포드가 죽은 것은 톰슨이 그러한 충동을 느끼기 약 반년 전이었다.

톰슨이 기포드가 죽은 것을 안 것은 1906년 1월 뉴욕에서 기포드의 유작전시회가 어느 화랑에서 열렸기 때문이었다. 그런데 그가 그 전람회를 보러갔을 때 기묘한 느낌을 받았다고 하이슬롭 박사에게 설명했다. 기포드의 그림들을 보고 있는 동안 별안간 그의 귀에 "나의 하던 일들을 이해했겠지요? 그것을 나 대신 계속해 주지 않겠습니까?" 하는 소리가 들렸다. 그가 주위를 둘러보았으나 아무도 없었다. 그 소리를 들은 후 톰슨은 그림을 그리고자 하는 충동이 더 강해졌고 환영도 더 뚜렷이 떠올랐다. 그러한 환영 중에서도 가지가 많이 굽어진 떡갈나무가 있는 풍경이 가장 역력하게 떠올랐다. 그 풍경은 항상 그를 사로잡았고 그는 그 그림을 몇 장 그렸다. 그 풍경이 어서 자신을 그려달라고 조르는 통에 미칠 것 같았다. 그때가 톰슨이 하이슬롭을 찾아왔던 때였다.

그가 그러한 충동으로 그린 그림은 조각가 톰슨이 그린 것이라고는 도저히 믿어지지 않을 만큼 훌륭한 것이었다. 그리고 그것은 어떻게 보더라도 기포드의 작품과 똑같았다. 그러나 그때까지 그가 그러한 충동으로 그림을 그리고 있는 것을 아는 사람은 그와 그의 부인뿐이었다. 실제 그의 그림 몇 장이 팔렸는데 그 그림을 사가는 사람들이 "기포드의 그림과 똑같아."라고 하며 기뻐했다고 한다.

그의 그러한 설명을 듣고 하이슬롭은 그의 현상이 정신병이 아니고 초상현상이라는 것을 확신하게 되었다. 하이슬롭이 톰슨에게 함께 영매에게 가서 조사를 해보자고 제안했으나 톰슨은 그런 것은 믿지도 않고 경멸하고 있었기 때문에 처음에는 가기를 거절했다. 그러나 하이슬롭의 설득으로 결국 함께 가게 되었다.

그들이 영매(R)를 처음 방문했을 때는 하이슬롭은 톰슨에게 어디로 간다고 알려주지 않고 그저 따라오라고 했고, 자기의 허락 없이는 어떤 말도 해서는 안 된다는 다짐을 받았다.

영매와의 교령회가 시작되자 영매가 톰슨 뒤에 어떤 남자의 상이 나타난다고 하며 그 특징을 상세히 설명했다. 물론 톰슨은 침묵으로 일관하고 있었으나 톰슨에게는 그것이 기포드인 것이 분명했다. 그리고 톰슨의 환영으로 나타난 떡갈나무나 풍경에 대한 설명도 같았다. 그리고 영매는 그곳은 바닷가에 있으며 영국은 아니고 그곳으로 가려면 배가 필요하다고 했다.

하이슬롭은 조사를 면밀히 하기 위해 톰슨을 또 다른 영매에게로 데리

고 갔다. 그 영매는 기포드에 대해 약 20가지의 여러 설명을 했고, 그가 급
사(急死)하던 당시의 사정도 상세히 말했다. 또한 죽기 전에 그리고 있던
그림에 대한 설명과 그 그림을 그리고 있던 아틀리에의 상황도 상세히 설
명했다. 물론 그 풍경과 떡갈나무의 이야기도 같이 나왔다. 이 영매와 처
음 교령회를 하였을 때 톰슨은 하이슬롭의 허가 하에 영매에게 질문을 하
였다.

"바닷가에 있는 한 고목을 그린 그림이 있을 텐데 나는 그것이 보고 싶
어요. 당신(영매)은 그게 보입니까?" 하고 물었다. 그것은 그의 환영 중에
언제나 나오는 그림이었다. 톰슨은 그 그림에 대해 하이슬롭에게 상세히
설명한 바 있으며, 그의 환영에 그처럼 뚜렷이 나오기 때문에 기포드도
죽기 전에 그 그림을 그렸음이 틀림없다고 톰슨은 생각하고 있었다.

다음은 그 교령회에서 하이슬롭이 한 속기록이다.

영매 : 당신은 그가 그 그림을 당신에게 주려고 한다고 믿고 있군요.

톰슨 : 그래요. 나는 그곳에 가서 같은 나무를 그리지 않으면 안 된다고
느껴요.

영매 : 그럼, 설명해 드리지요. 그도 아마 그 나무를 보았겠지요. 그 나
무를 그린 그림을 당신에게 주려고 했으니까. 당신도 그 나무를 곧 보게
될 것입니다. 그 장소는 나도 모르는 곳이지만 무엇인가 알 것 같아요. 내
가 말하는 대로 그 언덕을 올라 가세요. 앞은 바다고 또 바다를 왼쪽으로
끼고 조금 내려가면 그곳에 꺼진 것 같은 곳이 있어요. 이제 그곳을 올라
가세요. 올라간 곳이 바로 그곳입니다. 아시겠어요? 무엇인가 꾸부러진
고목 같군요. 똑바로 서있는 나무가 한 그루 있고 뿌리도 보이지요? 그러
나 말라 있지는 않아요. 말라버린 곳이 조금은 있지만 뿌리에까지 구부러

진 가지도 보여요. 그러나 뒤는 훌륭한 나무지요.

　　톰슨 : 아름다운 색깔이군요.

　　영매 : 그래요. 아름다운 색깔이에요. 그러나 당신이 그곳에 가보면 알 거에요. 부드러운 색깔로, 오래된 주단 같아요. 기포드는 이 색깔을 좋아했어요. 부드러운 색깔.

　　그 후에 그 나무를 발견하고는 그 영매가 말한 것이 정확했다는 것을 하이슬롭이 확인했다.

　　하이슬롭은 두 영매와의 최초의 교령회 후에 이미 그 배후의 영은 기포드라는 것이 확연했다고 말한다. 그 후 몇 번의 교령회를 더 가졌고 그때도 그 풍경에 대해 더 설명이 있었으며, 그 배후의 영이 자기 이름의 머릿글자가 R.S.G라고 했다.

　　그리고 톰슨은 그때까지 그의 환영에 따라 그가 그린 그림들을 하이슬롭에게 맡기고 그가 환영에서 본 것과 영매가 말하는 곳을 찾아 매사추세츠주로 떠났다. 하이슬롭은 그 그림들을 봉인하고 보관했다.

　　톰슨은 뉴잉글랜드 지방의 엘리자베스 섬과 여러 작은 섬들을 돌았다. 그리고 결국 그가 환영에서 보았던 것과 똑같은 곳을 찾았다. 그리고 그곳을 사진으로도 찍고 스케치도 해왔다. 그 중에는 그가 이미 환영으로 보고 그리고 출발 전에 하이슬롭에게 맡기고 간 그림과 똑 같은 것도 몇 장 있었다. 엘리자베스 섬은 실은 기포드가 생전에 즐겨 찾아가 그림을 그리던 곳이었다. 그러나 톰슨에게는 이번 여행이 그 섬으로 가는 최초의 여행이었다. 그 섬은 개인 소유이기 때문에 그 섬에 가려면 주인의 승낙이 필요하고 톰슨은 그러한 승낙을 이전에는 받은 일이 없었다는 것도 확인되었다. 그 후 하이슬롭은 톰슨과 함께 그 섬을 방문했다.

톰슨이 여행에서 돌아온 후 기포드의 미망인을 만났는데 그의 아틀리에는 2년 반 전에 그가 죽었을 때의 모습 그대로 있었다. 톰슨의 말을 인용하면 그는 그곳에서 졸도하리만큼 놀라운 경험을 했다고 한다. 이유는 그가 환영을 보고 그린 그림과 똑같은 그림이 기포드의 캔버스에 미완성인 채 남아 있었기 때문이었다.

그리고 하이슬롭이 함께 그 섬에 갔을 때 톰슨은 기포드가 좋아하던 음악 소리도 들린다고 했고(그곳은 인기척마저 없는 적막한 곳이었으나), 그림을 스케치하고 있을 때 "어서 가서 나무의 뒷면을 보세요."는 소리를 그가 듣고 함께 가보니 그곳에 'R.G.S.'라는 기포드의 머릿글자와 함께 '1902'라는 숫자가 새겨져 있었다. 하이슬롭의 면밀한 조사로는 그 흔적의 바랜 점 등으로 미루어 보아 톰슨이 지난번에 왔을 때 새긴 것이 아님은 분명했다고 한다.

이상이 하이슬롭이 조사한 기포드-톰슨의 빙의 현상의 실제이다.

위에서 설명한 바와 같이 제임스 하이슬롭 박사는 그 당시 유명하던 컬럼비아 대학의 교수였고 하버드 대학의 유명한 심리학 교수 윌리엄 제임스 박사의 절친한 친구로 두 사람은 미국 심령과학연구회를 창설한 장본인들이며, 그 후 오랫동안 여러 학자들과 함께 심령 연구를 하였다.

③

하루아침에 최상 계급인 브라만이 된 천민

이안 스티븐슨 박사는 버지니아 대학의 초심리학과 과장으로 1950년대 후반으로부터 전 세계에 걸쳐 전생(前生)을 기억하고 있는 아이들에 대한 사례를 과학적으로 조사하였다. 그의 전생 사례는 제14장에서 설명하고 있으므로 여기서는 그의 사례들 중 특이하게 빙의 현상으로 보이는 경우의 예를 인용하기로 한다. 그는 과거 40여 년간 수천 건의 환생 사례들을 수집 분석하고 있으며 그러한 사례들에 대한 많은 저서와 논문을 발표하고 있다. 여기 인용하는 사례는 그의 초기의 저서『환생이라 믿어지는 20가지의 사례(Twenty Suggestive Cases of Reincarnation)』에서 인용한 것이다.

자스비아는 인도의 라슬퍼라는 곳에 사는 스리 기르다하리 랄 자트의 아들로 1954년 그가 네 살이었을 때 천연두로 사망했다. 인도의 풍습에 따라 곧 매장하지 않고 하루 동안 그 어린 시체를 집에 두고 있었다. 그런데 죽은 지 하루가 지난 후 그 어린이가 움직이며 깨어났다. 그는 차차 정신을 차렸으나 그가 다시 말을 할 수 있게 된 것은 몇 주가 지나서였다. 그가 말을 다시 했을 때는 전에 쓰던 말이 아니고 전혀 다른 사투리 말을 하였다. 그 어린이는 자신의 이름은 소바 람이고 베헤디에 사는 스리생카의 아들이라고 했으며, 인도의 최상의 계급인 브라만에 속한다고 하면서 지금 자신의 가족이 속하는 미천한 쟈트(Jats) 계급의 음식을 먹기를 거부했다.

그처럼 그가 죽기 전에는 먹던 가족의 음식을 거부하는 것을 안 브라만 계급에 속하는 이웃의 도움으로 브라만 계급의 음식을 먹게 되었으나, 그 아이의 성격의 변화는 너무나 완연한 것이었다. 그는 위엄 있는 행동을 했고 그의 가족을 멸시했으며, 그에게 음식을 제공하는 이웃인 브라만 계급의 사람처럼 행동했다. 이처럼 이웃이 주는 음식만을 먹는 것은 1년 반쯤 지속했으나 그 후는 차차 가족의 음식을 먹기 시작했다. 그는 그가 베헤디에서 소바 람으로 살던 때의 기억을 하였으며, 그는 한 결혼식에 참석했다가 독이 든 음식을 먹고 어지럼증을 느껴 마차를 타고 집으로 가다가 마차에서 떨어져 몇 시간 후에 죽었다고 했다.

자스비아를 소바 람이 살던 베헤디에 데리고 갔을 때 그 어린이는 전생의 자신인 소바 람이 알던 사람과 그의 가족을 상세히 알아보았으며, 소바 람이 알고 있던 일들을 모조리 알고 있었다. 또한 그는 소바 람의 가족과 지내는 것을 훨씬 더 행복하게 느꼈다.

이러한 점으로 보아 그가 소바 람의 환생이거나 빙의라는 것은 확실했으며 스티븐슨은 1961년과 1964년 두 번에 걸쳐 그들을 방문하고 조사했는데, 그는 그 모든 것이 진실임을 인정하고 있다. 이 경우가 스티븐슨의 다른 환생의 예들과 다른 것은 자스비아가 탄생할 때의 인격이 그가 네 살짜리 어린이로 죽었을 때 소바 람의 인격으로 교체되었다는 점이다.

스티븐슨은 환생과 빙의의 차이는 외부의 영이 언제 그 육체에 들어갔는가에 달렸다고 보고 있다. 즉 영이 탄생 전에 들어갔다면 환생이 되는 것이고, 탄생 후에 들어갔다면 빙의가 되는 것이다.

빙의 현상에 대한 과학적인 연구

빙의에 의한 다중인격을 나타내는 경우, 인격과 육체는 어느 정도 분리되어 독립된 형태로 존재한다는 것을 다음과 같은 예에서 볼 수 있다.

크리스틴 사이즈모어라는 다중인격을 가졌던 환자는 나일론 섬유에 대한 심한 알레르기 현상을 갖고 있었으나 그녀의 다른 인격이 그녀를 지배하고 있을 때는 나일론에 의한 발진은 전혀 일어나지 않았다. 또 그녀는 심한 근시였는데도 다른 인격이 지배하는 동안은 안경을 쓸 필요가 전혀 없었다고 하며, 그녀를 마취시킨 상태에서도 다른 인격은 역시 전혀 마취되어 있지 않았다.

이러한 현상을 들어 콜린 윌슨은 육체는 마치 운전하는 운전사에게 자동차가 반응하는 것처럼 그 육체를 조정하는 인격의 요구에 응하는 것 같다고 결론 내리고 있다. 그러나 저자는 그렇게 간단한 설명으로 지나치기보다는 제2의 인격의 특성이 가져오는, 의학적으로 설명하기 어려운 문제들의 근원에 대해 알아보고자 한다.

크리스틴의 뇌가 마취된 상태에서도, 제2의 인격은 전혀 마취되지 않았다고 하는 것은 크리스틴의 의식을 조정하는 뇌(마취된 뇌)의 활동을 필요로 하지 않는 독립된 의식 활동이 가능함을 나타내고 있다는 점이 대단히 중요하고 생각한다.

뇌가 마취된 상태에서 의식할 수 있다는 것은 불가능한 것으로 여겨져왔다. 그렇다면 그녀의 뇌가 마취된 상태에서도 대화를 나눌 수 있는 완전한 의식을 갖고 있는 제2의 인격이란 그녀의 뇌의 활동과는 전혀 관계하지 않는 다른 의식이 아닌가? 이것을 의학적으로 어떻게 설명할 것인가? 이것은 빙의 이외의 어떤 의학적인 원리로도 설명할 수 없을 것이다.

칼 융은 급성인 뇌의 손상이나 심한 뇌의 쇠약 상태에서 의식을 상실한 환자에게도 외부세계에 대한 지각이나 강렬한 꿈의 체험이 일어날 수 있다고 했다. 그리고 의식을 담당하는 대뇌 피질이, 의식을 상실한 동안에는 차단되어 있으므로 그러한 체험이 일어날 수 없다는 오늘날의 이론으로는 이 현상에 대한 설명이 불가능하다고 말했다. 칼 융 역시 이러한 현상은 사후에도 존재하는 의식의 연속성을 증명하는 자료로 동원할 수 있다고 말했다.

만약 나일론에 대한 알레르기 현상이 그 육체의 고유한 특성이라면 그 육체를 지배하는 부(副)인격이 변했다 하더라도, 동일한 크리스틴의 육체를 가졌으므로 그녀의 육체적인 특성인 나일론에 대한 알레르기 반응은 바뀌지 않았어야 할 것이다. 그러므로 그러한 특성이 변했다는 것은 적어도 그 병은 육체적인 문제에서 오는 것이 아니고, 정신(인격)에 의한다고 결론 내릴 수 있을 것이다. 이러한 현상은 최면상태에 있는 사람의 손이나 몸에 손가락을 대면서 뜨거운 물건이라고 암시를 주면 그 닿은 부분에서 붉은 물집이 생기는 것과 같이 정신병리 작용(psychosomatic)에 의한 현상으로 설명할 수 있을 것이다.

그러나 근시안마저도 안경을 쓸 필요가 없어졌다는 데는 좀 더 깊은 고찰을 요한다. 근시안은 수정체의 두께의 변화로 초점이 맞지 않게 되어 일어나는 현상으로 이러한 점이 교정된다는 것은 수정체의 두께가 변했음을 의미한다. 이것은 위의 알레르기 현상이나 최면상태에서 암시에 의한 물집의 발생과는 근본적으로 다른 현상이다. 수정체의 교정은, 알레르기 현상이나 물집의 발생과는 달리 정확하고 수치적인 교정을 필요로 한다. 너무 얇아지면 원시가 될 것이고 너무 두꺼워지면 전보다 더한 근시가 될 것이다. 알레르기 현상이나 물집의 경우는 그 작용이 과다하면 더 심한 알레르기 현상이 일어나거나 더 큰 물집이 생길 뿐이지만, 그러한 현상 자체를 일으키기 위해서는 정확하고 수치적인 작용을 필요로 하지는 않는다.

이것은 정신 병리작용만으로는 설명이 불가능하다. 이것 역시 빙의에 의한 설명 외에는 달리 설명할 길이 없어 보인다. 근시안을 갖지 않은 영에 의한 빙의라면 그 영혼이 지배하는 동안은 안경을 쓸 필요가 없는 것은 당연하다.

여기서 우리는 또 더 중요한 가능성을 끄집어낼 수 있다. 만약 위의 크리스틴의 예에서와 같이 제2의 인격이 지배하는 동안 그러한 신체적인 결함이나 질병이 없어진다면, 인위적으로 유도된 빙의 현상이나 최면에 의해 전생의 인격을 불러옴으로써, 전생퇴행에 의한 공포증의 치료처럼, 불치의 병의 치료가 가능하지 않을까? 암이나 불치의 병으로 회생할 수 없다고 인정되는 환자들에 대한 이러한 실험을 시도해 볼 가치가 있지 않을까?

인위적으로 일시적인 빙의 현상을 일으키는 것이 일반적으로 가능한지 않은지는 모르지만 적어도 최면에 의한 전생의 인격을 소생시키는 것은 가능하고, 또 위클랜드 박사의 부인처럼 영매능력이 있는 경우는 실제로 인위적으로 일시적인 빙의가 가능하므로 그러한 방법을 채택할 수도 있을 것이다. 또 뒤에서 나오는 예들에서도 볼 수 있듯이 불치의 병으로 진단되어 죽음만을 기다리던 환자가 의학적으로는 설명이 불가능한 일에 의해 완치되는 경우가 종종 있다. 의학에서는 이러한 현상을 임의치유(spontaneous remission)라고 부른다. 그런 현상에 대한 이러한 명칭이 있다는 것만으로도 그러한 일이 종종 있다는 증명이 될 것이다.

그리고 콜린 윌슨은 그의 저서 『사후의 생(After Life)』의 마지막 장에서 "인간은 어떤 다른 상황에서 활동할 수 있는 몇몇의 잠재인격을 자신 속에 포함하고 있다. 다만 건강한 사람인 경우는 잠재인격은 기본인격 속에 용해되어 있어 분열하지 않는다."라고 말하고 있다. 저자는 다중인격을 가진 환자들을 대할 직접적인 기회는 없었으나 그러한 일들에 관한 여러 책들을 읽고 분석한 결과 다음과 같은 결론을 내릴 수 있다고 믿고 있다.

　"다중인격의 대부분의 경우는 빙의에 의한 것이라고 판단되나, 그러한 변이자아의 어떤 것은 그 환자의 전생의 인격이라고 생각된다."

　전생의 기억이 평상시는 잠재의식 속에만 저장되어 있다가 어떤 이유로 우리의 의식에 전해져 데자뷰(dejavu) 현상을 느끼게 되는 것처럼, 우리의 잠재의식에 기억되어 있던 전생의 인격의 기억이 우리의 현재의 의식을 지배하게 되면 우리는 전생의 인격으로 행동하게 되는 것이다. 즉 평소에는 완전히 격리되었던 우리의 의식과 잠재의식의 경계가 어떤 이유로 인해서 허물어졌을 때 이러한 현상이 발생하는 것이다. 최면상태에서 전생퇴행을 하는 경우, 전생의 기억이 최면상태에 있는 사람의 인격이 되는 것과 같다. 이때는 최면상태가 의식과 무의식의 경계를 무너뜨리고 무의식이 평소의 의식의 자리를 차지하였다고 볼 수 있다. 전생의 인격(기억)에 의한 다중인격의 경우는 다만 그러한 현상이 최면상태가 아닌 평상시에 그의 의식을 지배하게 되었다는 것만이 다를 뿐이다.

　이렇게 보면 콜린 윌슨의 위의 설명, 즉 "인간은 몇몇 잠재인격을 내포하고 있고, 건강한 사람의 경우는 잠재인격이 기본인격에 용해되어 분리하지 않는다."는 것을 설명할 수 있다. 다시 말하면 잠재인격은 그 개인의 전생의 인격이고 평상시는 의식과 무의식의 연결고리의 차단으로 전생의 인격이 드러나지 않았을 뿐이다.

　또 다중인격의 경우 전생의 인격이 환자의 의식을 지배하고 있는 인격과 다른 영에 의해 빙의된 인격과 서로 구별할 수 있다고 생각된다. 그러한 것을 다중인격의 경우로 유명한 샐리 뷰챔프의 경우에 대해 알아보기로 하자.

다중인격인가 빙의인가

다음은 다중인격의 경우로 널리 알려졌고 또 하이슬롭 박사와 호지슨 박사에 의해 면밀하게 조사된 경우의 예를 들어보자. 아래의 글은 하이슬롭의 『다른 세계와의 접촉(Contact with the Other World)』에서 직접 인용한 것이다.

다중인격의 예로 너무나 잘 알려진 샐리 뷰챔프의 경우가 있다. 이 경우와 대단히 유사한 도리스 피셔의 경우를 함께 비교하며 설명하고자 한다.

이렇게 비교해 설명하는 하는 것이 이해하기 쉽기 때문이다. 우선 샐리의 경우에 대해서 말하면, 그녀는 네 가지의 인격을 나타낸 경우이다. 그것은 하나의 육체 안에 네 개의 별도의 인격이 동거하고 있는 듯한 경우였다. 그 네 개의 인격은 각각 B-1(뷰챔프 1), B-2, B-3와 B-4라고 불렸는데 B-3가 샐리이다. 샐리는 대단히 장난기가 많은 인격이었고 가장 눈에 띄는 인격이었기 때문에 이 경우가 샐리 뷰챔프의 경우라고 알려지게 된 것이다.

샐리는 동거하는 다른 세 인격을 알고 있었으나 다른 인격들은 자신 이외의 다른 동거 인격을 알지 못했다. 도리스 피셔의 경우도 제2의 인격은 자신을 마가렛이라고 했는데, 그 제2의 인격이 현저하게 눈에 띄었고, 또 샐리처럼 장난기가 있었다. 샐리의 경우는 일단 다중인격의 경우로 결론이 나 있다. 그러나 그 이유는 그녀의 경우에 대해 철저한 심령 과학적 견지에서의 조사가 이루어지지 않았기 때문일 뿐이다. 만약 그러한 조사가 이루어졌다면 다중인격 외에도 빙의 현상이 확인되었을 수도 있었을 것이다.(다중인격과 빙의는 많은 경우 그 구별이 어렵다.)

적어도 네 사람의 인격 중에 특히 눈에 띄는 샐리는 그러한 가능성이 크다. 그 이유는 샐리가 뷰챔프의 육체를 조정하고 있는 동안은 다음과 같은 특징을 보였기 때문이다. 샐리 자신은 영혼이라고 말하고 있고, 또 자동서기 능력을 나타내며, 시간이라는 관념은 전혀 갖고 있지 않았으며, 자신은 언제나 깨어 있었고 트랜스 상태나 무의식 상태로 있은 적은 없었다. 다시 말하면 샐리는 영매가 트랜스 상태에 들어갔을 때 나타나는 영매를 지배하는 영(靈)인 컨트롤과 같았다. 그러므로 뷰챔프의 육체는 샐리가 컨트롤하는 동안은 자동서기도 가능했던 것이다. 샐리의 경우는 전적으로 빙의 현상이라고는 할 수 없어도 부분적으로는 빙의 현상의 요소가 있었다고 할 수 있을 것이다.

영매를 통해서 다중인격의 정체를 살펴보기로 한다. 도리스의 경우는 어떠한가. 도리스는 샐리의 경우를 다중인격이라 진료한 보스턴의 정신과의사인 프린스 박사로부터 나에게 소개되었다. 나와 호지슨 박사는 함께 심령과학의 입장에서 그녀를 조사했다.

　도리스가 다중인격의 증상을 보이기 시작한 것은 세 살 반 쯤 되었을 때이다. 그리고 그녀는 그녀의 어머니가 돌아가셨던 열일곱 살 때까지는 2중 인격만을 나타냈다. 정상의 인격 도리스와 자신을 마가렛이라 부르는 인격이 그들이었다. 그러나 어머니의 죽음에 의한 충격 탓이었는지 그 후는 5중 인격으로 변했다. 두 인격 외에 '병든 도리스', '병든 진짜 도리스' 그리고 '잠자는 마가렛'이 새로 등장한 인격들이다. 잠자는 마가렛은 도리스가 잠을 잘 때만 나타나는 인격이었다. 그리고 앞에서도 말했듯이 마가렛은 샐리처럼 장난기가 많았다.

　샐리는 흔히 뷰챔프의 다른 인격인 B-1이나 B-2 등을 골려댔다. 샐리는 뷰챔프의 육체를 조종해서 집에서 멀리 떨어진 곳까지 데리고 가서는 갑자기 사라지고 B-1이나 B-2의 인격으로 바뀌게 한다. 그러면 바뀐 인격인 B-1이나 B-2는 왜 자기가 그곳에 왔는지 알 수 없어 당황하다가 집으로 돌아온다. 이러한 장난을 샐리는 자주 했다.

　마가렛도 본래의 인격인 도리스에게 이와 유사한 장난을 쳤다. 마가렛은 도리스가 어떤 장소에 놓아둔 물건을 살짝 치워 다른 곳에 갖다 둔다. 그러면 도리스로 다시 돌아왔을 때 그녀는 물건이 어디 있는지 몰라서 애를 먹는 것이다. 마가렛의 이러한 장난 때문에 도리스는 절도 용의를 받은 적도 있다. 그러나 샐리와는 달리 마가렛은 자신이 영혼이라고 주장하지는 않았다. 또 샐리처럼 영혼의 특성, 즉 자동서기 능력 등도 보이지 않았다.

　도리스의 경우는 우리들이(하이슬롭과 호지슨) 조사를 진행해 감에 따라 빙의 현상의 요소가 강하게 나타났다. 처음에는 빙의나 영혼 등의 현상이라 판단할 아무런 요소나 특징은 보이지 않았다. 그래서 프린스 박사는 그녀를 이상한 환자로 취급하고 치료하고 있었다. 도리스는 위에서도 말한 것과 같은 장난으로 시달리던 것으로도 알 수 있듯이, 다른 인격에 대해서는 전혀 알지 못하고 있었다. 만약에 별도의 인격에 대한 것이나 그에 의한 장난 등을 알고 있었다면 마가렛이 감춘 것으로 인해 절도용의를 받는 수모는 당하지 않았을 것이다. 그래서 프린스 박사는 그녀를 기억상실증 환자로 치료하고 있었다. 나는 그 환자를 프린스 박사로부터 소개받고는 심령 과학적인 견지에서 조사해 보기로 했다. 그 동안 호지슨 박사의 협력을 얻어 그녀를 우리 집에 함께 묵게도 하고, 또 보스턴으로부터 통근을 하도록 하기도 하며 영매를 통해 조사를 했다. 그러한 조사 결과 다음과 같은 사실들이 명확해졌다.

사실은 도리스의 경우를 구체적으로 조사해 보자고 처음으로 제안한 것은 호지슨 박사였다. 그는 프린스 박사와도 개인적인 친구였으므로 "도리스의 경우는 그가 생각하고 있는 이상의 경우 같다. 프린스가 그때까지 다룬 경우 가운데에는 제일 좋은 경우가 아닌가."라고 하며 제안했다.

호지슨은 도리스의 병이나 증상이 처음부터 빙의에 의한 것이라고 판단했기 때문에 그것은 프린스 박사가 예상도 하지 못하던 다른 판단이었다. 도리스의 제2의 인격인 마가렛은 자신이 영혼이라고 주장한 적이 없다. 그러나 잠자는 마가렛은 자신이 영혼이라고 주장했다. 그러는 동안에 이 잠자는 마가렛이 한때 사라졌다가 다시 돌아오고 나서부터는 도리스가 자동서기 능력을 보이기 시작했다. 이 자동서기의 기록 중에 도리스는 자신을 인디언 소녀 '미네하하(웃는 물)'라고 썼다.

이러한 사실로 보아서도 잠자는 마가렛으로부터 여러 가지를 듣거나 그녀에 대해 조사하는 것이 가장 빠른 길임을 알 것이다. 사실은 나도 그렇게 생각했다. 그러나 잠자는 마가렛을 접촉하는 것은 쉬운 일이 아니었다. 도리스가 깨어 있을 때는 잠자는 마가렛은 사라지고 없기 때문이다.

그래서 나는 자고 있는 상태의 도리스를 어떻게든 조사해 봄으로써 이 문제를 해결하고자 하였다. 뉴욕에서 그 당시 잘 알려졌던 영매인 체노베스 부인의 지배령(컨트롤)이 역시 인디언 소녀 스타라이트였다. 도리스가 자동서기로 말한 미네하하가 인디언 소녀라면 체노베스 부인을 이용해서 그녀의 지배령인 스타라이트에게 미네하하를 접촉하도록 할 수 있을 것이라 나는 믿었다.

나는 영매 체노베스 부인에게는 도리스를 대면시키지 않고 전혀 모르는 사람으로 부인을 이용해서 도리스의 실험을 하고자 한 것이다. 이 실험은 도리스가 자고 있을 때가 아니면 의미가 없다. 그래서 도리스를 침대에 재우고 모포를 전부 덮어 누군지 보이지 않게 하였다. 또 체노베스 부인의 의복이 그러한 모포 등을 건드릴 수 없게 하고는 부인을 그 방으로 들어오게 했다. 그리고 실험이 시작되었다.

이렇게 해서 빙의의 정체가 밝혀졌다. 체노베스 부인이 트랜스 상태에 들어가면 그녀의 지배령인 스타라이트가 나타났다. 그녀에게는 인디언 소녀 미네하하가 보였고 이름을 말하려고 하였으나 잘 되지 않았다. 처음에는 '수선(水仙)'이라고 했고, 그 후 손짓까지 써가며 "폭포 같은 것이 보여요. 물이 떨어지고 있어요. 폭포인지 아닌지 확실하지는 않지만 폭포 비슷해요."라고 말했다. 그리고 곧이어 "그녀는 나에게 물을 가리키며 웃고 있어요."라고 말했다.

이쯤 되면 도리스가 자동서기로 말한 인디언 소녀의 이름(미네하하)을 스타라이트가 확실하게 맞힌 셈이 된다. 그러고 나서 스타라이트는 "어머니만 보여요, 영혼이 된 그 인디언 소녀의 몸의 일부가 보여요. 그녀의 몸의 반은 어머니의 몸속에 있고 반만 나와 있어요. 조금만 기다리면 그녀와 대화가 될 것입니다."라고 했다. 그러나 이때 잠자는 마가렛이 그 모습을 드러내지 않았기 때문에 마가렛이 실제로 영혼인지는 확인되지 않았다. 이와 같이 이때는 마가렛이 영혼인지 아닌지를 단정 지을 수가 없었다. 그러나 스타라이트는 소녀의 영혼임을 강조했고 그 후에 가서 그러한 사실이 확인되었다.

나는 체노베스 부인을 이용하여 이러한 실험을 그 후에도 계속했고, 그 기간도 몇 개월이나 걸렸다. 두 번째 실험에서 미네하하가 등장했다. 미네하하는 마가렛과 잠자는 마가렛의 두 사람을 가리켜서 말했고 전회에 스타라이트가 말한 인디언의 소녀가 이 미네하하였음도 확실해졌다. 그리고 마가렛의 장난기도 미네하하는 자기가 한 짓이라고 고백했다.

프린스 박사가 기록해 놓은 여러 가지 괴기한 사실들이나 도리스 본인 등 다른 인격들에 대해 한 일들을 미네하하는 구체적으로 이야기하면서 자기가 한 일들이라고 했다. 또 미네하하는 보스턴의 프린스 박사가 있는 곳에서 나와서 도리스가 살고 있는 캘리포니아에 돌아온 후 도리스에게 한 여러 가지 일들에 대해서도 구체적으로 이야기했다. 마가렛이 자신은 영혼이라고 주장한 일이 없다는 것은 앞에서도 썼지만 미네하하의 등장으로 그녀가 영혼이라는 것이 확실해졌다. "도리스의 이상한 병은 이상심리학의 문제가 아니라 영혼에 의한 빙의 문제일 것"이라고 처음부터 가정한 호지슨의 주장이 옳았다.

여기에서 도리스의 후일담을 간단하게 소개한다. 아마 독자들도 흥미를 가질 것이다. 도리스는 처음에는 치료할 수 없는 정신병 환자로 인정되었다. 그러나 우리들의 조사와 또 미네하하에 의한 고백이 있은 후 도리스는 훨씬 나아졌고 그 후 완치되어 성인이 되었을 때는 큰 양계 회사를 경영하였고 캘리포니아 양계 조합의 부조합장이 되었다.

　결과적으로 그녀는 치료할 수 없는 정신병 환자가 아니었고 영혼에 의한 빙의가 그녀의 소녀기를 혼란하게 만들었던 것뿐이다.

　뷰챔프의 경우, B-1을 뷰챔프 자신이라 한다면 B-2와 B-4는 뷰챔프의 전생의 인물이었을 가능성이 있다. 그러나 그 두 인격에 대한 충분한 묘사가 없으므로 그러한 것을 판단하기는 어렵다. 도리스의 경우도 병든 도리스와 병든 진짜 도리스라는 인격이 그녀의 전생의 인격일 가능성은 있으나 이 역시 그 인격들에 대한 충분한 묘사가 없어 판단하기 어렵다.

　(저자는 프린스 박사의 저서 『샐리 뷰챔프』를 구하지 못하여 하이슬롭의 저서에 의존했음을 밝혀둔다.)

제11장

영음 현상

영혼이 들려주는 소리

영음 현상(靈音現象 : Direct Voice)이라는 것은 영매가 최면상태에 들어갔거나 영적인 접촉상태에 들었을 때 영매의 주위나 영매와는 많이 떨어진 곳, 또는 공중에서 영혼으로 인정되는 존재로부터 직접 음성이 전해지는 현상이다. 많은 경우 그러한 음성은 강령회에 참석한 사람의 친구나 친척의 영혼인 경우가 많다.

한 번의 강령회에서 많게는 수십 명의 다른 영혼들의 음성이 차례로 들리거나 또는 동시에 여러 명의 음성이 각기 다른 사람에게 말하는 것이 들리기도 하는데, 이러한 것은 영매에 의한 사기나 벤트리로퀴즘(다중음술)으로는 도저히 설명할 수 없는 것이다. 특히 각기 다른 영혼이 나타나 영음(靈音)으로 메시지를 전할 때는 그 음색은 그 영혼이 살았을 때의 음색과 같고, 그 영혼만이 알고 있는 메시지를 전하는 경우가 대부분이다.

　이러한 강령회에는 흔히 트럼펫을 준비하는데 이것은 강령회 중 어둠 속에서 트럼펫이 자유롭게 움직여 그 영음의 메시지가 전해지는 사람을 향한다. 이때 트럼펫은 확성기의 역할을 한다. 칠흑같은 어둠 속에서 트럼펫이 자유자재로 움직이며 메시지의 당사자를 정확히 찾아 그 앞에 정지한다든가, 강령회 참석자의 요구에 의해 트럼펫이 그 사람의 무릎이나 얼굴 등을 가볍게 스치거나 건드리는 일은 어둠 속에서 보통의 인간이 도저히 할 수 없는 일이다. 또 강령회에 참석하고 있는 사람이 받은 메시지 중 받았을 당시는 전혀 그러한 사실을 모르고 있었으나 그 후의 조사에 의해서 그 메시지가 정확했다는 것이 증명되는 경우가 흔히 있다. 이러한 현상은 메시지가 텔레파시에 의해 전해졌다는 주장으로는 설명하기 어렵다.

　이러한 영음 현상이 어떻게 일어나는가 하는 것에 대해 과학적으로 설명하려는 많은 노력이 있었으나 현재의 과학 이론으로는 충분히 설명할 수 없다. 물리학자인 아더 핀들리의 설명에 의하면 엉매에 의한 엑토플라즘과 영계의 화학자에 의한 에테르체의 적당한 혼합으로 발성을 할 수 있는 성대가 만들어지고 영계의 영혼들이 그것을 가면형식으로 쓰고 사용한다고 한다. 현재의 과학 지식으로는 시행할 수 없는 것이므로 이러한 믿기 어려운 설명이 필요하였던 것으로 추측된다.

　특히 핀들리는 이런 현상에 대해 12년간의 진지한 연구를 한 끝에 1931년『에테릭의 경계에서(On the Edge of the Etheric)』라는 책을 썼다. 그의 이 저서는 심령과학서 중 불후의 명저 가운데 하나로 꼽힌다. 위에서도 에테르체란 것이 나왔는데 여기서 독자들의 이해를 돕기 위해 간단히 설명한다.

　고전물리학에서 사용된 에테르라는 용어는 우주 전체에 충만한 물질로서 우리가 알고 있는 물질의 성질, 즉 질량이나 형태 등을 갖고 있지 않으나 전자파와 같은 파동을 전달하는 가상 매체로서 인정되고 있었다. 빛(광선)의 파동설을 주장하기 위해서는 빛의 파동을 전달할 매체의 존재가 필요하였으므로 이러한 가상의 매체의 존재를 가정했었다. 그러나 유명한 마이켈슨 모레이의 실험에 의해 그러한 매체의 존재가 부정되고 있다.

2

나와 영혼만이 아는 이야기

다시 영음 현상의 설명으로 돌아가자. 다음의 내용들은 주로 핀들리의 저서에서 발췌한 것이다. 1918년 핀들러의 아내가 중병을 앓아 글래스고의 병원에 입원하게 되었고, 그도 글래스고에 함께 머물고 있었다. 그때 산책을 하게 된 것이 이 일의 발단이 되었다. 영음 현상에 대한 독자 여러분들의 이해를 돕기 위해 핀들리가 처음으로 경험한 사실부터 그의 문장 그대로 옮긴다.

나는 아내에게 밖에 나가 조금 걸으면서 신선한 바람을 쏘이겠다고 말하고 밖으로 나왔다.

이 산책이 이후의 나의 생에 있어서 죽음과 삶에 대한 나의 생각에 얼마나 큰 영향을 미칠지는 아직 몰랐었다. 나는 목표도 없이 이 거리 저 거리를 거닐다가 전면에 '심령교회'라는 큰 간판을 단 어느 교회 앞을 지나게 되었다. 이전에 그 교회를 본 일도 없고 또 그러한 교파가 있는지도 몰랐었기 때문에 그곳이 어떤 곳인지 보려고 잠시 멈춰섰다. 내가 심령학에 대해 조금 알고 있던 것은 아내가 누구로부터 받은 책 때문이었는데 얼른 보기에도 너무나 황당한 것 같아서 신중히 생각할 필요도 없었다. 나는 그 책은 읽을 가치가 없다고 느끼고 한 쪽으로 제쳐 놓았는데 일요일 저녁인 그때 내가 이 심령교회의 정문 앞에 서 있었다.

'그래, 이곳이 어떤 곳인지 한번 들어가 보자.'라고 생각하며 교회 안으로 들어갔다. 그때 설교가 진행되고 있었고 연사는 자신이 경험한 신비한 일들에 대해 열변을 토하고 있었다. 나는 조용히 앉아서 그의 말들을 들었고 설교가 끝난 후 그에게 다가가 물었다.

"당신이 오늘 저녁 말씀한 것을 정말이라고 믿으라고 하시는 겁니까? 순박한 사람들이었다면 당신의 설교를 믿었을지 모르나 합리적인 생각을 하는 사람들에게도 그것을 진실이라 믿으라고 하십니까? 그런 것을 나에게 증명해 보여줄 수 있습니까?"

나는 그러한 질문을 교구의 목사에게 한 일이 있었는데, 그때는 "내가 증명할 수는 없어요. 그러기 때문에 믿음이 필요한 것이요. 의심을 하지 말고 믿음을 갖으세요."라는 대답을 들었다. 그런데 내가 질문을 하고 있는 이 심령주의자는 그와는 정반대의 대답을 했다. 그는 내가 그런 증거를 보아야만 믿을 것이라고 생각하고 있었다. 그는 이렇게 대답했다.

"물론 그런 증거는 절대 필요합니다. 우리 심령주의자들이 믿는 것은 경험에서 오는 것입니다. 심령주의자들이 주장하는 것은 모두 증명될 수 있습니다. 만약 당신에게 증거가 필요하다면 그것을 볼 수 있습니다."

"어떻게요?" 내가 반문했다.

"영매에게 가면 됩니다." 그가 대답했다.

"그럼, 나를 그런 곳에 데리고 갈 수 있습니까?"

"물론이죠. 괜찮으시다면 내일 저녁은 어떻습니까?"

나는 시원스런 그의 대답이 마음에 들어서 그렇게 하기로 그와 약속했다. 다음 날 저녁 7시에 노스 프레드릭 스트리트와 조지 스트리트의 교차점에서 만나 그는 그 근처의 한 집에서 월요일 저녁마다 열리고 있는 강령회에 나를 데리고 가기로 했다.

내가 병원에 돌아와서 아내에게 그러한 이야기를 했더니 아내는 그렇게 하는 것이 괜찮은지 염려된다고 말했다. 아내는 모르는 사람을 따라 모르는 집에 가는 것은 위험하다고 하면서도 굳이 반대하지는 않겠다고 했다. 그래서 나는 그 이튿날 약속대로 그곳에 나가기로 했다.

다음날인 1918년 9월 20일 월요일 저녁 우리는 그곳에서 만나 조용한 거리를 걸었고 길가에 대문이 있는 어느 집으로 들어갔다. 그는 그곳은 영매인 존 슬로운의 집이라고 했다. 우리는 현관으로 갔고 이 나의 낯선 안내자는 노크를 했다. 곧 문이 열리고 우리는 안으로 안내되었는데 거기에는 열 명이 원형으로 줄지어 걸상에 앉아 있었다. 불이 켜 있었고 평상시의 대화들이 오가고 있었다.

한 사람이 소형 오르간으로 찬송가를 치고 있었다. 우리에게도 그 원안에 자리가 주어졌고 소개 같은 것은 없었다. 내 안내자가 오르간을 치고 있는 사람에게 한 말이란 그가 새로 한 사람을 데리고 왔다는 것뿐이었다. 그것이 전부였다. 안내자는 내 이름을 몰랐고 나도 그의 이름을 몰랐으며, 그 방에 있던 사람들은 모두 내게는 낯선 사람들이었다. 나는 그 사람들이 친절하고 착하고 열심히 일하는 보통사람들이며 우리들을 진정으로 환영한다는 것을 느낄 수 있었다.

그때 오르간을 치던 사람이 이제 시작할 시간이라고 말하며 불을 껐다.

한 찬송가가 연주되었고 거기 있던 사람들이 그 찬송가를 함께 불렀다. 또 다른 찬송가를 부르는 동안 오르간을 치고 있던 사람이 원형의 대열에 함께 들어와 의자에 앉았다. 잠시 후, 한 남자의 커다란 음성이 바로 내 곁에 앉은 사람을 향해 말하는 것이 들렸다. 나는 그가 하는 말을 전부 들었고 그가 말한 이름들도 다 들었다. 그 대화는 나의 옆에 앉은 여자와의 대화로 상당히 친밀감이 있는 대화였다. 그 내용으로 보아 그녀는 이 음성과 그 이전에도 여러 번 대화를 한 것이 틀림없었고 침착하고 자연스럽게 대화가 이루어지고 있었다. 그 음성은 지난번 대화를 한 후에 그녀가 한 중요한 일들에 대해 다 알고 있는 것 같았다. 사랑한다는 말과 다음 강령회에서 다시 만나자는 이야기를 끝으로 그 대화는 끝났다. 그러한 대화가 끝났을 때 그녀는 거기 있던 사람들에게 그 음성은 죽은 자기 남편의 음성이라고 했다.

이러한 일들이 세 시간이나 연속해서 이루어졌다. 죽었다고 하는 남자나 여자 그리고 어린이들의 음성들이 둘러앉은 각기 다른 열 명의 사람들과 대화를 했다. 나의 왼쪽에 앉은 사람에게 한 여인의 음성이 말을 했다. 그 음성은 이름을 댔고 그 동안 집에서 일어난 일들을 말했다. 그 음성은 특히 톰에 대해 말하고 있었는데 톰이 아버지에게 어려움을 주고 있었고 그 음성은 그를 어떻게 대해야 하는지에 관해 충고했다. 상당히 내밀한 가족관계의 이야기가 내 옆에 있는 남자와 그 여자 음성 사이에 오갔다. 마지막에는 사랑한다는 말과 잘 있으라는 인사로 그 대화는 끝났고, 내 옆의 남자는 귓속말로 나에게 그것은 자신의 죽은 아내였다고 했다. 그 남자는 "나는 여기에 잘 오지 않지만 그녀는 언제나 와요. 그리고 그녀는 집안에서 일어나는 일은 다 알고 있습니다."라고 했다.

이제 나는 이처럼 끝임이 없이 계속되는 대화에서 나만 제외되고 있는 것같이 느꼈다. 그곳에서 진행되고 있던 대화들은 다 진실이라고 했고, 나는 어떻게 죽은 사람들과 그처럼 친밀한 대화가 이루어질 수 있으며 그들의 사생활을 어떻게 아는가? 산 사람이 그러한 사기극을 할 수 있을까? 하고 생각했다.

만약 그것이 사기극이라면, 만약 둘러앉은 사람들 중 누군가가 이러한 사기극을 꾸민다면 그는 얼마나 탁월한 배우일 것이다. 그는 죽은 사람과 거기 모인 사람들의 관계를 정확히 알고 있어야 하고, 음성이나 행동양식도 알아야 하고, 무엇보다 그대로 흉내 내야 하는데, 그것은 불가능한 일이다. 또 어둠 속에서 누가 어디에 있는지 정확히 알고 단 한 번도 틀리지 않고 바로 그 사람 앞에서 말을 한다는 것은 도저히 있을 수 없는 일이다.

바로 그런 생각을 하고 있을 때 내 앞에서 크고 강한 음성이 들렸다. 그래서 나는 "당신은 누구시죠?"라고 물었다. 그 음성은 "너의 아버지 로버트 다운 핀들리다."라고 했다.

그 음성은 계속 말했는데, 그 내용은 나와 아버지 그리고 또 다른 한 사람만이 아는 내용이었다. 그리고 그 다른 한 사람도 아버지처럼 이미 죽은 사람이었다. 그러므로 그 음성이 지금 말하고 있는 것을 아는 사람은 산 사람으로는 나밖에 없었다. 그 일은 순전히 개인적인 일로 아버지나 나나 그 사람이나, 그들이 살았을 적에 다른 사람에게 그러한 이야기를 할 성질의 것이 절대 아니었다. 이 일만으로도 나에게는 믿을 수 없는 일이었는데, 아버지가 다음 한 말은 내게 엄청나게 큰 충격을 주었다.

"데이비드 키드스톤이 내 옆에 서 있다. 그도 그 일에 대해 너와 대화하고 싶다고 한다."

데이비드 키드스톤은 바로 이 일을 알고 있는 다른 한 사람이었다. 그는 아버지의 동업자였고 아버지가 돌아가신 후에는 나의 동업자였다. 세 사람만이 그 일을 알고 있었고, 지금 나는 글래스고의 한 영매의 집에 와서 아무도 모르는 사람들 사이에 있으면서 죽은 두 사람으로부터 이런 이야기를 듣고 있다. 그리고 그 음성은 아버지와 시작한 그 대화를 아주 자연스럽게 한 발짝 더 깊이 이끌고 갔다.

"이제 이렇게 털어놓으니 가슴이 시원해지는구나."

내가 처음에 이 책을 썼을 때는 이 이야기의 전말을 다 적었으나 그 후는 그것을 삼가기로 했었다. (중략) 그러나 지금은 나의 자서전이 이미 출판된 이후이므로 그 일의 내용을 감출 필요가 없어졌다. 나의 아버지는 다음과 같이 말했다.

"내가 너를 사업에 함께 참여시키지 못했던 것에 대해 미안하게 여긴다. 나는 그렇게 하고 싶었으나 키드스톤이 반대했었다. 만약 네가 나와 함께 일 했더라면 나는 한결 편했을 것이다. 왜냐하면 나의 일이 나에게는 큰 부담이 되었으니까. 키드스톤이 지금 내 옆에 서 있다. 그리고 그도 이 일에 대해 너에게 말하고 싶어 한다."

키드스톤이라고 하는 음성이 말했다.

"나는 데이비드 키드스톤이다. 네가 우리 회사에 들어오는 것을 반대했던 것은 나의 잘못이었다. 내가 반대한 것에 대해 미안하게 생각한다. 부디 오해 없기 바란다. 이제 이렇게 털어놓고 나니 마음이 후련해지는구나."

위의 사실은 진실이며 나의 아버지와 키드스톤 그리고 나밖에 모르는 일이다. 이 일은 14년 전인 1904년 나의 할아버지가 돌아가셨을 때 있었던 일이다. (중략) 영매에 의한 어떤 염탐이나 사기나 가장으로도 내가 경험한 일들을 만들어 낼 수는 없을 것이다. 나는 도저히 설명할 수 없는 상황에 직면했다.

이것이 나의 심령 현상에 대한 첫 경험이었다. 강령회가 끝난 후 내가 들어갔을 때 오르간을 치고 있던 사람에게 소개되었는데 그 사람이 존 슬로운이었다. 나는 나를 그곳으로 데려간 사람과 함께 슬로운의 집을 떠났다.

그는 나의 경험을 있는 그대로 받아들였고, "이렇게 해서 사람들이 심령교의 회원이 됩니다."라고 말했다. 이어서 그는 "제가 어제 저녁에 말한 것을 증명해 보일 수 있다고 했지요? 정말 그렇게 하지 않았습니까?" 그는 자신의 이름이 던컨 맥퍼슨이라고 했다. 나중에 알아본 결과 그는 글래스고의 심령전도 운동으로 유명한 사람이었고 그 자신이 영매였다.

3

같은 중대에서 근무했던 병사의 영혼

핀들리의 심령 현상에 대한 첫 경험에 대해서는 이것으로 마치고 실제의 영음 현상 중 특히 그가 확실한 증거(A-1 evidence)로 간주하는 예를 들어 보겠다.

나의 동생은 1919년 군대에서 부상당해 불구가 되었다. 나는 동생이 부상당한 직후에 한 강령회에 데리고 갔다. 그는 거기에 있는 사람 중 아는 사람이 하나도 없었고 또 소개도 하지 않았다. 나를 제외하고 거기 있는 사람 중 그가 군대에 있었다는 것을 아는 사람은 없었다. 그가 군대에 있을 때 어디에 있었는지를 아는 사람은 더더구나 없었다. 동생은 건강이 나빠 해외 근무를 감당할 수 없었으므로 로우스토프트 근처의 캐싱랜드라는 조그마한 마을에서 포병 훈련을 맡고 있었다. 이러한 예비지식을 갖고 다음 사항을 검토해 주기 바란다.

강령회가 시작되자 트럼펫이 방안 이곳저곳으로 움직였고 여러 가지 음성이 나오기 시작했다. 별안간 트럼펫이 동생의 오른쪽 무릎을 건드리며 그를 정면으로 향해 "에릭 사운더스"라는 음성이 들렸다. 동생은 그 소리가 자기에게 하는 말인지 물었고, 그 음성은 "그래요."라고 대답했다. 동생은 "그것은 아마도 잘못 찾은 것이겠지요. 나는 그런 이름의 사람은 알지 못합니다."라고 말했다. 그 음성은 그렇게 크지 않았으므로 누군가가 찬송가를 더 부르는 것이 어떠냐고 했고 모두는 찬송가를 불렀다. 그러는 동안에도 트럼펫은 계속 동생의 무릎과 팔과 어깨를 건드렸다. 계속되는 트럼펫의 성화에 동생은 "노래를 부르는 것을 멈추는 것이 좋겠어요. 누군가가 저에게 꼭 할 말이 있는 것 같습니다."라고 했다. 동생은 그 음성에게 다시 물었고, 그 음성은 전보다 훨씬 더 큰 소리로 "에릭 사운더스"라고 했다.

동생은 다시 자기는 그런 사람을 알지 못한다고 하며 자기를 어디서 만났느냐고 물었다.

"육군에서요."라는 대답이 들렸다.

동생은 자기가 장기간 체류하던 로우스토프의 이름은 제외하고 앨더쇼트, 비슬리, 프랑스, 팔레스타인 등의 이름을 대었다.

"아니, 그런 곳이 아니고 나는 당신을 로우스토프 근처에서 알았습니다."라고 그 음성은 말했다.

동생은 "왜 로우스토프 근처라고 하느냐?"고 물었다.

그 음성은 "당신은 그때 로우스토프에 있지 않고 캐싱랜드에 있었어요."라고 대답했다.

캐싱랜드는 로우스토프로부터 약 8킬로미터쯤 떨어진 어촌으로 동생이 1917년의 일부를 보낸 곳이었다. 동생은 어느 부대에 속했는지를 몰었고 그 음성은 "B중대"라고 했는지 "C중대"라고 했는지 분명치 않았다. 동생은 부대장의 이름을 기억하느냐고 물었다. "맥나마라"라고 대답했다. 그 이름은 그 당시 B중대를 지휘하던 장교의 이름이었다. 동생은 시험할 목적으로 그 사람을 아는 것처럼 "오 그래, 당신은 나의 루이스 포의 포병 이었군. 아닌가?"

"아닙니다. 그때 당신은 루이스 포는 갖고 있지 않았어요, 호치키스 포 였습니다."

그 말은 정확했다. 1917년 4월에 루이스 포는 전부 호치키스 포로 대치 되었기 때문이다.

동생은 몇몇 다른 질문을 했고 정확한 대답을 들었다. 사운더스는 "그 때가 좋았습니다. 장군님의 검열을 기억하세요?"라고 했다. 동생은 웃었 고 그는 그때 장군의 검열을 계속 받았던 일을 기억하고 "어느 날 장군님 이 우리에게 포를 들고 연병장을 뛰게 했었지."라고 했다.

그 일에 대해서 동생은 확실히 기억하고 있었고, 또 그 일은 사병들에 게 재미있는 일로 기억되고 있었다. 그는 동생에게 프랑스에서 전사했다 고 했고, 동생은 언제 출전했었느냐고 물었다. 그는 '1917년의 큰 소집' 때라고 했다. 그러면서 "큰 소집을 기억하지 못하세요? 그때 대령이 직접 소집장에 나와서 연설을 했지 않습니까?"라고 말했다. 그것은 동생도 분 명히 기억하는 일로 그때 특히 많은 병사를 프랑스로 보내면서 연대장이 직접 나와서 작별인사를 했었다.

그는 동생에게 포 훈련을 시켜준 데 대해 감사했고, 그 훈련은 프랑스 에서 큰 도움이 되었다고 했다. 동생은 그에게 왜 오늘 나와서 자신에게 말을 하느냐고 물었다. 그는 "왜냐하면 언젠가 당신이 내게 베푼 은혜를 잊지 못하기 때문입니다."라고 대답했다.

동생은 언젠가 어떤 포병 훈련병에 특별 휴가를 주었는데, 그 이름이 사운더스였는지는 확실한 기억이 없었다.

6개월쯤 지난 어느 날 동생은 런던으로 가서 군에 있을 때 자기 밑에서 하사로 있던 한 사람을 만났고 그의 수첩에 적혀 있던 기록에 의해 B 중대의 에릭 사운더스라는 사병이 훈련을 마치고, 1917년 8월에 전선으로 파병되었다는 것을 확인했다. 그러나 그가 소속된 부대 이름이나 지역을 알지 못해 육군에 문의한 결과 그에 관한 상세한 기록을 받을 수 없었다. 그 당시 전사한 병사 중에 사운더스라는 성이 4,000명을 넘는다는 통보만을 받았다. 이처럼 최후의 확인은 되지 않았다고 하더라도 이것은 상당한 증거로서 가치가 있다.

이것은 텔레파시나 조작의 가능성을 완전히 배제할 수 있는 경우인 것이다. 그 강령회에 있던 사람들 중 핀들리의 동생을 아는 사람이 전혀 없었을 뿐 아니라 동생도 자기가 말하고 있는 상대가 누구인지 전혀 몰랐었다.

너무나 길어졌으므로 영음에 관한 다른 사례들을 간단히 인용하기로 한다.

4

영혼이 전하는 아무도 모르는 사실

영국의 빅토리아 여왕은 심령 현상을 믿었기 때문에 많은 강령회를 버킹엄 궁전에서 자주 열었고, 그때 여왕은 죽은 남편이나 다른 왕족들과 영음 현상을 통해 많은 대화를 했다고 한다. 그런데 여왕은 영국의 종교적인 제약 때문에 조지애너 이글이라는 영매에게 정식 작위나 인정서를 줄 수가 없었고, 그 대신 금시계를 주었다. 그 영매가 죽은 후 여왕의 요청을 받았던 윌리엄 스테드는 윌리엄 크룩스 경과 알프레드 러셀 경과 상의한 후 다른 영음 현상의 영매인 미국 디트로이트의 에터 리트 부인에게 그 금시계를 전했으며 그녀가 죽은 후, 현재 그 금시계는 영국 심령학연구회에 보관되어 있다. 이처럼 영국의 왕가에서마저 영음 현상이나 다른 심령 현상들에 대한 강령회가 성행했고 그러한 현상들은 실제 일어나는 진실한 현상으로 받아들여졌다.

1911년 7월 런던에서 열렸던 영매 리트 부인에 의한 한 강령회에는 죽은 빅토리아 여왕이 직접 나타나 윌리엄 스테드와 대화하였다고 한다. 리트 부인의 또 다른 강령회에서는 워릭 공작부인이 생전에 가까이 지내던 에드워드 7세 왕과 자주 대화를 하였고, 그 대화는 주로 독일어로 하였다고 한다. 영매인 리트 부인은 독일어를 전혀 알지 못했다. 윌리엄 스테드는 다음 해인 1912년 타이타닉호의 침몰로 세상을 떠났으나 그가 죽은 20일 후에 리트 부인의 강령회에 나타나 사후의 생이 있음을 그 강령회에 참석하였던 모든 사람들에게 알렸다.

핀들리는 영음 현상을 모든 심령 현상 중에서 사후의 생을 증명하는 가장 직접적인 증거가 된다고 주장한다. 죽은 사람 외에 모르는 사실을 그 사람이 살아 있을 때의 목소리로 직접 전하는 내용보다 증거로서 더 가치가 높은 것은 분명 드물 것이다. 그러나 그들의 생시의 목소리를 모르거나 그러한 내용을 모르는 사람에게는 얼마나 증거로서 가치가 있다고 느껴질까? 이처럼 이떤 특정한 영혼 현상으로 영혼의 존재를 모두에게 증명한다는 것은 무척 어려운 일이다.

제12장

영혼 사진

사진 속에 나타난 죽은 이들

사진을 촬영하고 현상하였는데, 촬영할 때에는 없었던 사람이나 물체의 영상이 사진에 나타나는 경우가 있다. 이때 이런 사진을 영혼 사진(심령 사진; Spirit Photography)이라고 한다. 많은 경우 그 사진을 촬영하고 있던 사람들의 죽은 친척이나 친지의 얼굴이나 모습이 나타나는 경우가 대부분이고, 어떤 때는 빛이나 기타의 사물들이 나타나는 경우도 있다.

이와는 조금 다른 현상으로 염사(念寫; thoughtography)라는 것이 있는데 이것은 1920년대 일본 동경제국대학의 후쿠라이 도모키치 교수에 의해 발견된 것으로 영혼 사진과는 달리 그러한 사진을 찍기 위해 카메라가 필요하지 않고 검은 종이나 통에 든 필름만을 필요로 한다.

코난 도일 경의 저서에 의하면 증거로 남아 있는 최초의 영혼 사진은 보스턴의 윌리엄 멈러에 의한 것이라고 한다. 사실은 영국에서

1851년에 버스넬이라는 사람에 의해 그러한 사진이 찍힌 예가 있으나 그 사진은 잘못 촬영된 것으로 알고 폐기하였기 때문에 증거로 남은 것이 없었다. 그 후에는 수많은 사람들에 의해 영혼 사진들이 촬영되었다.

물론 영혼 사진의 경우도 다른 영혼 현상의 경우처럼 많은 반박과 사기적인 수법으로 얻은 것이라는 논란이 끊이지 않았다. 그러나 가장 면밀히 감시되고 준비된 사진 건판(乾板)을 사용하여도 확실한 근거는 얼마든지 확보될 수 있었다. 예를 들어 영혼 사진을 찍는 사진사에 의한 속임수를 배제하기 위하여 영혼 사진을 찍는(찍히는) 사람이 새 건판을 사진사가 모르는 상점에서 사 가지고 가서 사진기 속에 넣을 때까지 사진사는 건판에 손을 대는 일이 없게 했다. 사진사는 단지 셔터만 누르게 하는 경우가 많았다. 건판을 현상할 때에도 물론 속임수를 배제하기 위하여 몇 사람이 함께 암실에 들어가 붉은 빛 아래에서 엄격하게 감시하였다.

이러한 철저한 사전, 사후의 준비의 몇몇 예를 들어본다. 아래 예들은 코난 도일의 저서 『심령학의 역사(The history of Spiritualism)』에서 발췌한 것이다. 다음의 예는 제레마이어 거니라는 사람의 증언이다.

나는 직업적인 사진사로 28년의 경력이 있다. 나는 멈러 씨의 과정을 면밀히 살펴보았으나 사기나 속임수를 쓴다는 아무런 의혹도 찾을 수가 없었다. 단 한 가지 보통 사진사들과 다른 것이 있었다면 그가 그의 손을 사진기 위에 대고 촬영을 하였다는 것 뿐이다.

또 사진사가 전혀 알지 못하는 사람을 데리고 가서 사진을 찍고 거기에 나타나는 영혼의 모습이 그 모르는 사람의 친척으로 확인되는 경우의 예를 보자.

허드슨이라는 영혼 사진사는 1875년 환갑에 가까운 나이였다. 토마스 슬레이터라는 사람이 사진사에 의해 사전에 준비된 속임수를 배제하기 위해 그 자신의 카메라와 건판을 따로 가지고 허드슨을 찾아갔다. 이때 사진사와는 초면인 윌리엄 호윗트라는 사람도 함께 데리고 갔다. 슬레이터는 사진사 허드슨에게 자신의 카메라와 건판을 사용해서 호윗트의 사진을 찍게 하고 즉시 함께 현상을 했다. 그런데 그 결과 그 사진에는 호윗트의 죽은 두 아들들의 모습이 역력히 나타났다. 호윗트는 그 사진 속의 여분의 상(像)들은 자기의 아들들이 분명하고 또 완전하다고 확인했다.

다음은 그 당시 유명하던 케임브리지 대학의 교수이며 세계적인 생물학자이던 알프레드 러셀 월리스 박사의 증언을 들어보기로 한다. 월리스는 과학계에 공헌한 업적으로 영국최고훈장을 탄 사람이다. 다음은 월리스의 심령 현상에 대한 저서 『기적과 현대 심령주의에 관하여(On miracles and Modern Spiritualism)』에서 인용한 것이다.

나는 세 번을 촬영했다. 언제나 장소는 내가 정했다. 찍힌 사진에는 세 번 모두 두 번째의 형상이 나타났다. 첫 번째의 형상은 남자 모습으로 짧은 칼을 들고 있었고 두 번째 형상은 전신(全身)상으로 나의 뒤쪽 몇 미터가량 떨어진 곳에서 꽃을 들고 나를 내려다보고 있었다. 세 번째 촬영 때에는 카메라가 준비되고 필름이 넣어진 후에 나는 그 형상에게 내게 좀 더 가까이 와 달라고 부탁했다. 이 세 번째 사진에는 한 여인이 나의 앞쪽에 좀 가까이 와 있었기 때문에 가리개는 나의 아래 부분을 덮고 있었다. 나는 그 건판들이 현상되는 과정을 지켜보았다.

세 번 모두 그 여분의 형상들은 현상액을 붓는 순간에 나타났고 나의 모습이 나타나는 것은 현상액을 부은 지 약 20초 후였다. 나는 건판 상태의 음화에서는 이 형상들이 누구인지 전혀 분간할 수 없었다.

그러나 사진으로 나온 순간 세 번째의 사진은 나의 어머니의 형상이라는 것을 확신했다. 어머니의 모습이나 인상이 같았다. 물론 어머니가 생전에 찍은 사진과 똑같지는 않고 좀 슬픈 듯한 인상이었으나 나에게는 틀림없는 어머니의 형상이었다.

두 번째 사진의 형상도 불분명하였으나 어머니 형상이라는 것을 확인했고, 처음 사진에 나타난 칼을 든 남자의 모습은 누구인지 모르겠다.

그 당시 유명하던 언론인이며 자선가이던 윌리엄 스테드(그는 큰 해난 사고가 곧 일어날 것을 예언했는데, 공교롭게도 그는 타이타닉 호에서 익사했다.)는 자신이 면밀한 검사와 준비를 하고 직접 영혼 사진 촬영을 경험한 후 이렇게 말하고 있다.

"솜씨 좋은 마술사나 속임수를 쓰는 사진사들이 할 수 있는 속임수를 방지하기 위한 건판의 사전 준비과정은 사진사가 전혀 모르는 사람을 찍은 사진에서 그 사진에 찍힌 사람의 죽은 친척의 확실히 분간할 수 있는 얼굴이 나타난다는 사실에 비하면 전혀 중요하지 않다."

그리고 그는 영혼 사진사로 알려진 리처드 버스넬을 이용한 많은 테스트를 하였는데 그 테스트에 대한 그의 설명을 옮겨본다.

나는 몇 번이고 버스넬 씨에게 내가 보낸 친구들이 누구인지, 또는 그들이 사진에 나타나기를 원하는 죽은 친척이나 친구가 누구인지에 대한 아무런 정보도 주지 않고, 그들의 사진을 찍게 했다. 그런데 필름을 현상해 보면 그들이 원하는 사람의 형상이 사진 찍히는 사람의 앞에나 뒤에 자주 나타났다. 그러한 빈도가 매우 높았으므로 나는 어떠한 사기적인 수단으로도 그러한 일은 불가능하다고 단정한다. 한번은 그가 한 프랑스인을 데리고 버스넬 씨를 찾아가 그의 사진을 찍었을 때 그의 죽은 아내의 모습이 확연히 나타났다. 그 프랑스인이 기쁨에 넘쳐 몇 번이고 버스넬 씨에게 키스를 해서 대단히 당황했다.

미국 워싱턴 국립과학연구소 소장이던 앨러톤 커시먼 박사가 1921년 7월 영국을 방문했을 때 예정에 없던 홀란드파크에 있는 영국 심령과학대학에 들르게 되었다. 그런데 그때 그 대학의 영혼 사진사인 딘 부인이 찍은 그의 사진에서 그의 죽은 딸의 모습이 확연히 나타났다는 사실 때문에 미국에서 영혼 사진에 대한 관심이 높아졌다.

이 사건에 대한 내용은 미국 심령과학연구회지 1922년 3월호에 사진과 함께 상세히 소개되었다. 커시먼은 그 사진을 자신이 판단하였을 뿐 아니라 그의 가족과, 죽은 딸을 아는 다른 친척들에게도 그 사진을 보였다. 사진을 본 이들은 모두 한결같이 그 딸의 영상임이 틀림없다는 것을 확인했다.

②

상자 속의 건판에 나타난 영상

다음은 염사(念寫)에 대하여 좀 구체적으로 설명하고자 한다.

염사는 1920년도 초반 일본 동경제국대학 심리학과 교수였던 후쿠라이 도모키치 박사에 의해 발견된 현상이다. 이를테면 광선이 전혀 들어가지 않는 검은 종이나 상자 속에 넣어 둔 사진 건판(필름)에 영능력(靈能力)을 가진 영매가 정신을 집중함으로써 그 사진 건판에 실험자가 요구하는 글씨나 그림, 또는 사진 등이 찍혀 나오는 현상이다. 위에서 설명한 영혼 사진과는 달리, 카메라나 사진을 찍기 위한 어떠한 광학기기가 필요 없고 원하는 필름 위에 원하는 위치에 그러한 사진이 직접 나타나는 현상을 이른다.

세 장 이상의 건판(필름)을 겹쳐 싸놓고, 그 중간의 필름에만 영상이 나타나도록 요구하면, 앞뒤의 다른 필름은 전혀 감광되지 않고 요구된 중앙의 필름에만 영상이 나타난다. 이것은 영상이 광선에 의해 형성된 것이 아니라는 확실한 증거가 된다. 왜냐하면 만약 그 필름들에 광선이 비쳐 감광이 되었다면, 중앙의 필름은 물론이고 앞뒤에 있는 필름역시 감광되지 않을 수 없기 때문이다.

후쿠라이 박사는 자신의 이러한 발견과 그러한 것이 가능함을 과학적인 방법으로 수많은 실험을 통해 증명했으나 앞장에서 말한 펜실베이니아 대학의 메이프 교수나 뉴욕 대법원의 에드몬드 대법원장처럼, 과학적으로 설명할 수 없는 심령 현상을 주장한다는 이유로 교수직을 사임하지 않으면 안 되었다.

후쿠라이 박사는 그 당시 서양에서 성행하던 심령 사진도 염사의 일종일 뿐이므로 사진기가 필요 없다고 주장했다. 그리고 그는 영국을 방문했을 때 영국의 유명한 심령 사진사인 멈러를 찾아가 직접 그러한 것이 사실임을 증명하기도 했고, 1931년에는 런던에서 자신의 연구 결과를 『Clairvoyance and Thoughtography』라는 영문으로 된 책으로 발간했다.

그는 1916년 2월 이후 열 명의 일본 영매들에 대해 그들의 영능력을 조사했는데, 그 중 한 명에게는 영시(靈視)만을 연구하고, 네 명에 대해서는 염사만을, 그리고 나머지 다섯 명에 대해서는 투시(透視)에 대해서만 연구했다.

이 장에서는 그가 발견한 염사에 국한해서 검토하기로 한다. 그는 마루가메시(市)에 있는 나가오 판사의 부인과 처음으로 염사의 실험을 하였다. 나가오 부인은 영매였다. 그는 여러 번의 실험을 통해 다음과 같은 것이 가능하리라고 판단했다.

1. 나가오 부인으로부터 일정한 거리가 떨어진 곳에 세 장의 필름을 놓고, 그 중 가운데에 있는 필름에 부인이 정신을 집중하면, 그것은 감광할 것이다. 만약 그 감광이 그녀의 몸으로부터 나오는 물질적 방사능의 결과라면, 방사능은 모든 방향으로 균일하게 나오기 때문에 중앙에 있는 필름이 감광하면 동시에 좌우에 있는 두 장도 감광할 것이다. 즉 그 석 장은 똑같이 감광될 것이다. 그러나 만약 그러한 감광이 순수한 정신 작용에 의한 것이라면, 그 정신이 집중된 중앙의 필름만 감광되고 좌우의 두 장은 감광되지 않을 것이다.

2. 만약 겹쳐 놓은 세 장의 필름 중 가운데에 있는 것만이 정신력에 의해 감광하는 것이라면 한 장의 필름의 한 쪽에 정신을 집중하면 그곳이 감광되고, 다른 쪽의 부분은 감광되지 않을 것이다. 나는 이것을 국부감광이라 부르기로 한다.

3. 만약 정신 집중에 의해 국부감광이 된다면, 원형 또는 사각형 등을 관념(觀念)해서 정신을 집중하면 원형 또는 사각형의 국부감광이 될 것이다. 즉 염사가 될 것이다.

"위의 사항들은 대단히 평범하지 못한 생각이지만 나는 꼭 실험을 해보고 싶은 생각이 들었다."라고 그는 자신의 저서 『심령(心靈)과 신비세계(神秘世界)』에 쓰고 있다.

옆방의 필름에 영상을 만든 나가오 부인

다음은 후쿠라이 박사의 저서에 나온 대로 옮기기로 한다.

나는 대담하게도 실험하기로 했다. 그래서 12월 16일 한 장의 필름을 흑색 종이로 몇 겹 싸고 그 표면에 '一心'이라고 적은 붉은 종이를 붙이고 그것을 기쿠지 씨에게 우송했다. 그리고 별도로 서면으로 '一心'이라는 두 글자를 열심히 보고 그 문자를 필름에 감광되게 한다는 마음으로 정신력을 그 필름의 중앙에 집중시켜 달라고 나가오 부인에게 부탁해 주도록 당부했다. 그리고 또 12월 25일경, 내가 마루가메에 갈 것이므로 그 필름을 그의 곁에 두어 달라고 덧붙였다.

그러나 내가 25일 마루가메에 가서 보니 그 필름은 내가 주문한 대로 실험되어 있지 않았다. 나는 그 필름을 기쿠지 씨로부터 떨어져 나가오 씨댁에 두어서는 안 된다고 몇 번이나 당부해 두었는데도 기쿠지 씨는

"나가오 판사가 그 부인이 마음 내킬 때 시험하도록 우리 집에 두고 가라고 해서 할 수 없이 그 집에 두었습니다."라고 했다.

나가오 판사는 그 부인이 모르도록 그 필름을 뒤쪽의 옷장 속에 감추어 두었다. 그런 것을 모르는 부인은 미우라 씨가 의뢰한 실험을 할 때 투시에 의해서 그런 필름이 있는 것을 알고 그것에 염력(念力)을 보냈다고 했다. 그래서 내가 목적하던 실험은 실패한 것이다. 그러나 그 필름이 어떻게 되었는가 하고 그것을 받아 이시가와 사진관에 가져가 현상해 보니 전체가 새까맣게 감광되어 있었다. 그래서 그곳에서 새 필름을 한 묶음(12장) 사서 그것에서 한 장을 빼내어 검은 종이에 몇 겹으로 싸서 종이함에 넣어 그것을 가지고 나가오 씨 집으로 갔다. 그때가 12월 26일 오후 2시 경이었다.

나는 거실로 가서 또 새로운 하얀 상자에 넣어 그 위에 '心'자를 쓴 종이를 덧붙였다. 그리고 부인에게 다음과 같이 말했다.

"오늘은 '心'지 한 글자를 썼습니다. 그러니 '心'자를 필름에 집념하여 정신통일을 해주세요."

부인은 나의 요구를 받아들이고, 물로 입을 닦고 정신통일을 하려고 했을 때, 손님이 와서 실험을 중지했다. 나는 그 필름이 든 통을 내 뒤에 두고 방문객과 대화를 하려던 참이었다.

그때 나가오 씨는 나를 별실로 불러내 부인이 실험을 하려고 하니 건넌방에서 아무도 모르게 실험을 했으면 한다고 말했다. 나는 필름 통을 가지고 나가오 씨와 함께 건넌방으로 갔다.

부인도 들어왔다. 나와 부인은 90센티미터 정도 떨어져 얼굴을 마주보고 앉았고, 나가오 씨는 입회인으로 옆에 앉았다. 나는 그 상자를 내 무릎 위에 세우고 '心'자가 있는 쪽을 부인에게로 향했다. 부인은 양손을 무릎

위에 놓고 약 1분 동안 '心'자를 열심히 바라보았다. 다음에는 양눈을 감고, 두 손을 합장해서 "아마테라스오진구(天照皇神宮)"이라고 세 번 염창(念唱)했다. 그리고 합장한 손을 무릎 위로 떨어뜨리며 손가락과 손가락을 합치고 "나무아미 관세음보살"이라고 염창했다. 잠시 후 부인은 눈을 뜨고 목례를 한 후, "모르겠습니다만, 각념(角念)하였습니다. 이렇게 땀이 났습니다."라고 하며 얼굴과 겨드랑이 밑의 땀을 닦았다. 이것으로 부인의 염사는 끝났다.

나는 그날 밤 숙소인 여관에서 실내등을 끄고 미나모토 씨와 쓰보이 씨의 입회하에 그 필름을 현상해 보았다. 그러나 '心'이란 글자의 모양은 나타나지 않았고, 필름의 중앙에 알 수 없는 형태가 나타났다. 그 모양이 '心'이라는 글자의 모양은 아니더라도, 어떤 정신의 작용으로 필름의 중앙에 국부적 감광현상을 일으켰다는 것은 실로 불가사의한 것이라 하지 않을 수 없다.

다음날인 27일 곧 다시 나는 새 필름 두 장을 꺼내, 한 장씩 검은 종이에 싸서 상자에 넣었다. 오전 9시 20분경 나는 그것을 가지고 나가오 씨 집으로 가서 실험을 부탁했다. 나는 하얀 종이에 검은 원을 그리고 그것을 상자 위에 붙였다. "오늘은 검은 원을 염사해 주세요."라고 부인에게 부탁했다. 부인은 평소와 다름없이 입을 닦고 나와 마주보고 앉았고 나가오 씨는 입회인으로 참석해 실험에 들어갔다. 그러나 부인이 정신통일을 하던 중 여섯 살 난 로구로라는 어린이가 들여다보고 있었기에 부인은 정신통일이 어렵다고 실험을 중지했다. 그래서 나는 그 어린이를 다른 방으로 보내고 그 한 장의 필름에 다시금 실험을 하려고 했다.

그때 부인은 실험을 하던 다다미 방은 너무나 넓어 정신통일이 어려우니 작은 방에서 하자고 말했다. 나도 작은 방에서 하는 데 동의했다. 그래서 작은 방으로 자리를 옮겨 부인과 마주앉아 실험에 들어갔다. 부인은 종전대로 정신통일을 한 후 눈을 뜨고 "오늘은 분명히 투입했습니다."라고 말했다.

나는 곧바로 이시가와 사진관으로 가서 그 필름을 현상해 보았더니 원형의 감광 형상이 나타났다. 빛이 샌 것같이 그 윤곽이 확실치는 않았지만 어쨌든 원형의 형체가 찍혀 있다는 것은 인정이 되었다.

그날 오후 2시경 나는 새 필름 한 장을 포장해 나가오 씨 집으로 가서 실험을 부탁했다.

나는 하얀 종이에 사각형을 그려 상자 위에 붙이고 그것을 염사하도록 부인에게 부탁했다. 실험할 때의 양상은 이전과 같았고 그 결과로 아주 명확한 사각형의 감광 형상을 얻었다. 다음에 또 십자가를 하얀 종이에 그려 붙여 실험한 것도 성공이었다.

이상의 세 번에 걸친 실험으로 염사의 사실을 확인할 수 있었다. 그 후에도 '天照', '黑丸', '神', '仁', '川' 등의 문자 등을 염사했는데 모두가 성공이었다.

'川'자의 염사는 1917년 1월 4일에 했는데, 그때 입회자는 교토 대학의 이마무라 박사, 기쿠지 씨, 미나모토 씨, 후지와라 씨 등이었고 나는 다른 일로 고베시(市)에 있었으므로 거기에는 입회하지 않았다. 그 실험의 순서는 다음과 같았다.

미나모토 씨는 몇 겹으로 싼 필름을 상자에 넣고 또 그것을 나무로 된 상자 속에 넣은 것을 가지고, 이마무라 박사, 기쿠지 씨, 후지와라 씨, 쓰보이 씨와 함께 나가오 씨 집으로 갔다. 그때가 오전 10시경이었다. 미나모토 씨는 필름을 건넌방에 두고 안방으로 들어갔다. 다른 사람들도 안방으로 들어갔다. 이마무라 박사는 필름이 세 장 겹쳐져 있는 것을 설명하고 그 중앙에 있는 것에 염사하도록 부인에게 부탁했다. 부인은 그것을 승낙하고 '川'자를 염사하겠다고 했다. 염사의 제목은 부인의 자유에 맡겨졌으므로 그녀는 필름이 세 장이면 '川'자가 좋겠다고 그것을 선택했다. 부인은 우선 거실로 들어가서 정신을 맑게 했다. 이마무라 씨는 건넌방에서 필름을 가져오고, 나가오 씨와 후지와라 씨도 함께 거실에 들어가 부인과 마주보고 앉았다.

부인은 오전 10시 30분부터 시작해 41초 만에 실험이 끝났다고 말했다. 부인은 세 장의 필름이 겹쳐 보였으므로 중간 것에 염사했다고 말했다.

이마무라 박사, 미나모토 씨와 후지와라 씨 등 세 명이 그 필름을 가지고 이시가와 사진관 암실로 가서 세 장을 동시에 현상한 결과 중앙의 한 장에 선명한 '川'자가 나왔고 나머지 두 장은 전혀 감광되지 않았다.

위의 실험은 후쿠라이 박사도 후에 안 일인데, 그 당시 교토 대학에서도 후쿠라이 박사의 염사가 사기라는 말이 많아 기자들이 이마무라 박사에게 부탁해서 후쿠라이 박사가 없는 틈을 이용해 실험해 줄 것을 당부해, 그들의 요청으로 이마무라 박사가 위의 실험을 했다고 한다.

염사를 믿을 수 없었던 야마카와 박사

계속해서 후쿠라이 박사의 저서 내용을 소개하겠다.

내가 많은 염사의 연구 결과를 발표한 이후, 일본의 학자들 특히 물리학자들은 가슴을 졸이며 경악해서 염사는 물리 법칙에 반한다는 이유로 그것은 사기라고 단정했다. 그러나 우리들이 물러서지 않고 실제임을 주장하자 큰 소동이 일었다. 그래서 물리학계의 대선배인 야마카와 박사가 침묵만 지키고 있을 수는 없다고 하여 자신이 자진해서 나가오 씨 집을 방문하여 실험을 의뢰했다. 나가오 씨 집에서는 그것을 두 손 들어 환영했고 1월 8일 그 실험을 하기로 했다. 그 당시 도쿄나 오사카 등지의 큰 신문사 기자들은 혈안이 되어 천리안 문제(심령 문제)의 기사를 보도하기에 여념이 없었다. 그들은 학계의 주목을 받고 있는 염사가 야마카와 박사의 실험으로 시비가 가려질 것으로 기대하고, 일이 진행되어 가는 추세를 주시하고 있었다. 그러나 그 결과는 정말 바보같이 끝났다. 그 내막은 다음과 같다.

1월 8일 오전 7시 반경 나는 나가오 씨 집을 방문해 오늘 실험을 잘 해 내도록 부인을 격려했다. 그렇게 환담하고 있는데 후지와라 씨와 미나모토 씨가 왔고, 9시경 야마카와 박사가 왔으며 뒤이어 후지 씨가 왔다. 그 후에 마루가메 중학교 교장인 노부하라 씨와 기쿠지 씨가 왔다.

염사의 제목은 '健'자로 정해졌다. 나는 처음에는 노부하라 씨의 오른 쪽에 앉기로 되었으나 실험이 시작되면서 후지 씨의 왼쪽으로 옮겨 야마 카와 씨의 뒤에 앉았다. 그것은 그 전날 부인이 나에게 "야마카와 선생에 게 필름을 들게 하는 것은 내일 처음 있는 일이므로 마음이 쓰입니다. 만 약 실패하면 우리 가문의 불명예이니 열심히 하겠습니다. 그때는 선생님 이 야마카와 씨의 뒤에 앉아 주세요. 그렇게 하면 선생님이 그 필름을 들 고 있는 것같이 염력을 넣겠습니다."라고 부탁했기 때문이었다.

부인은 야마카와 씨와 마주보고 앉았고 이전과 같이 염력을 넣고 있었 다. 약 1분 5초가 되었을 때 부인은 머리를 들고 눈을 떠 야마카와 씨의 얼굴을 보며 다다미에 손을 대고 예를 표시한 후 "잠깐……"이라고 말하 며 일어서서 작은 방으로 갔다. 나는 무슨 일인지 몰라 어리둥절한 사이 에 부인은 미나모토 씨를 불러 "야마카와 씨가 수작을 부리고 있어서 실 험을 중지하고 싶습니다."라고 말했다. 미나모토 씨가 어찌된 일인가를 묻자 "아무리 빛을 비쳐 '健'자를 찍어보려고 해도 필름이 들어 있지 않습 니다. 두 개의 십자가가 보일 뿐 아무리 내부를 살펴도 필름은 보이지 않 습니다. 그래서 야마카와 씨가 수작을 부리고 있다고 생각합니다."라고 답했다. 그리고 격한 모습과 어조로 야마카와 박사의 실험을 거절했다.

미나모토 씨는 "그러면 그러한 내용을 전하겠습니다."라고 말하고 후지와라 씨를 불러 그러한 내용을 말하고 필름의 유무를 야마카와 박사에게 물어보라고 했다. 후지와라 씨는 야마카와 박사를 불러서 물었다. 야마카와 박사는 "확실히 필름을 넣었어."라고 단언했다.

후지와라 씨가 그것을 부인에게 알리자 부인은 눈물을 흘리며 "너무나 지독한 사람"라고 하며 야마카와 씨의 잔학함을 원망하며 필름이 절대 없다고 주장했다. 후지와라 씨도 할 수 없어 나(후쿠라이 박사)를 불러 사정을 말하며 어떻게 하면 좋은가를 물었다. 나도 하도 어이 없는 일에 당황해서 분별을 할 수 없을 때 방에서 "후지와라 군, 필름이 없어."라고 고함치는 목소리가 들렸다. 그 목소리의 주인공은 야마카와 박사였다. 그는 실험 상자를 열고 확인한 것이다. 모든 사람이 멍하니 한동안 아무 말이 없었다. 그때 후지 씨가 황급히 일어나 일동에게 인사도 없이 자리를 떠났다. 나가오 씨는 후지 씨가 황급히 떠나는 그의 뒷모습을 바라보며, 야마카와 씨에게 "후지 씨는 왜 떠났습니까?"라고 물었다. 그에 대해 박사는 "그가 상자 안에 필름을 넣은 놈이면 자신이 당황해 찾으러 갔겠지."라고 답했다.

그리고 그는 그 상자의 아래 위에 넣은 세 개의 납으로 된 십자가와 실험물을 넣은 상자의 이상 등에 관해 설명했다. 누군가가 우리의 연구를 방해하려고 하고 있다는 사실에 우리 전부는 크게 화가 났다. 이런 와중에 부인은 침실로 가서 이런 계략을 꾸민 사람이 누군인지 마음을 가다듬고 투시하였다. 그 결과 그 관계자 네 명의 얼굴이 모두 떠올랐다.

그러한 소란이 일고 있는 중에 후지 씨가 현관에 나타나 후지와라 씨를 불렀다.

"필름은 있었습니다. 제가 넣은 줄 알았는데 잊고 있었습니다. 이런 사실을 선생님에게 알려 주십시오."라고 하고는 바로 떠나버렸다. 후지와라 씨가 그 내용을 야마카와 박사에게 전하자, 박사는 부인 앞에서 양손을 합쳐 백발의 머리를 숙이고 "후지와라 같은 무책임한 놈을 써서 부인에게 죄송합니다. 제가 이렇게 두 손 모아 부인에게 사죄드립니다."라고 빌었다.

부인은 "박사님이 머리를 숙이시니 오히려 제가 죄송합니다. 실수였다면 저도 안심이 됩니다."라고 했다. 박사는 황급히 떠났다.

이상에서 본 것과 같이 서양이나 동양이나 한결같이, 과학계, 특히 물리학계에서는 물리학의 법칙에 어긋나는 심령 현상이 절대 일어날 수 없다는 생각을 갖고 있었다. 야마카와 박사처럼 당시의 일본 물리학계의 대선배마저도 어떻게 해서든 그러한 현상이 일어나는 것에 대해 부정하려고 했다.

그 후 후쿠라이 박사는 교토의 이마무라 박사와도 협력하는 등 많은 실험을 거듭하여 염사의 존재를 뚜렷하게 증명해 보였다. 그의 실험 장면을 더 이상 여기 적는 것은 이 장이 너무 길어지므로 피하겠다. 그 후 시의 공회당 등에서 수백 명의 관중이 보고, 군의 지휘관이나 고급 관리들의 엄격한 감시 하에서 이러한 실험들이 실행되었고 거의가 다 확실한 증거들이 얻어졌다. 그러나 위에서도 설명한 바와 같이 후쿠라이 박사는, 미국의 메이프 박사가 펜실베이니아 대학을 떠나야 했던 것처럼, 그가 재직하던 동경제국대학을 사직하지 않으면 안 되었다.

이상의 예들에서 본 것처럼 영혼(심령) 사진은 사진사나 기타의 사기적인 방법으로는 도저히 나타날 수 없는 상들이 나타나고 있는 것은 확실하다. 사진은 다른 환영들과는 달리 나중에라도 객관적인 조사가 가능한 가시적인 증거가 남는다는 점에서 다른 여러 심령 현상과는 차이가 있다.

저자는 특히 과학자인 알프레드 월리스 박사의 관찰에 대단한 호기심을 느낀다. 그는 그의 어머니가 나타난 그 사진을 현상했을 때(세 장, 즉 세 번이나) 영혼의 모습은 필름을 현상액에 담그는 순간에 나타났고 그 자신의 모습은 약 20초 후에 나타났다고 했다. 저자도 사진 현상을 하는 것을 여러 번 본 적이 있지만 언제든지 필름에 영상이 나타나는 것은 현상액에 필름을 담그고 한참 후의 일이었다. 영혼이 필름의 화학 작용에 어떤 영향을 미쳤다는 것은 영상이 나타난 것으로도 분명히 알 수 있지만 영혼의 영상이 먼저 나타난다는 것은 화학 작용의 속도마저 영혼의 영향을 받는다는 것이다. 그렇다면 우리가 관찰하고 있는 자연법칙과는 다른 자연법칙이 존재한다고 결론 내릴 수도 있을 것이다.

월리스는 위에서도 말한 바와 같이 그의 과학계의 업적으로 영국 최고훈장까지 탄 과학자이므로 그의 관찰을 신빙성이 결여된다고 할 수는 없을 것이다.

만약 영혼이 위의 예에서와 같이 화학반응이나 물리반응의 속도에도 영향을 끼칠 수 있다면, 영혼은 모든 화약의 폭발력을 무력화하는 것은 물론 원자탄을 무력화시킬 수 있는 힘도 가졌음이 분명하다. 왜냐하면 원자탄 내의 방사성 물질의 반응 속도를 느리게 하면 원자탄처럼 폭발이 일어나는 대신 원자로와 같은 안정된 연쇄반응이 일어나거나 연쇄반응 자체가 일어나지 않기 때문이다.

여기서도 누군가가 그저 영혼은 원자탄의 폭발을 막을 수 있는 힘을 가졌다고 주장했다면 우리는 그것을 전혀 신빙성이 없는 허망한 말로

단정했을 것이다. 그러나 월리스가 관찰한 대로 화학반응이나 물리반
응의 속도를 조정할 수 있는 능력이 영혼들에게 있다면 위에서 본 것
처럼 과학적으로는, 아무런 의심의 여지가 없이, 그들은 그러한 일들
을 할 수 있음을 알 것이다. 만약 영혼이 원자탄의 폭발마저 막을 수
있다면 무엇인들 못하겠는가. 이것만으로도 영혼이 우리의 세계에 얼
마나 큰 영향을 끼칠 수 있는가가 짐작된다.

제13장

영혼이 남긴 지문

범죄수사국에서 정밀 감정한 영혼의 지문들

이번 장의 내용은 이미 엑토플라즘의 장에서 일부는 설명하였으나, 그러한 증거들이 실제로 이 세상에서 살았었고 이제는 영혼의 세계에 있는 사람들이 보내는 직접적인 증명이 될 수 있다는 점에서 좀 더 구체적으로 살펴보고자 한다. 다음의 내용들은 1943년에 출판된 폴 밀러의 『영혼들의 행진(Cavalcade of the Spirit)』에서 발췌 · 인용한 것이다.

마저리 크랜든은 보스턴의 유명한 외과의사의 부인이었다. 그녀는 1924년에서 1942년 사이에 영매로서 활동하였는데, 그녀가 죽을 때까지 18년간 계속되었다. 그녀는 남편이 하버드 대학의 의학교수였기 때문에 학계나 상류층의 사회로부터 많은 질시와 시련을 겪은 영매의 한 사람이다. 그들의 생활이 윤택했으므로 그녀는 강령회를 생활수단으로 이용할 필요도 없었다. 그녀의 모든 강령회는 돈을 일체 받지 않았다. 단지 순수하게 과학계나 기타 단체들이 원하는, 강령회의 진실성을 입증하거나 사후의 생존의 증거를 제시하기 위해 강령회를 열었다. 가톨릭 신자가 많던 보스턴이었기 때문에 그녀는 특히 가톨릭 신부들로부터 많은 비난과 시험을 받게 되었다.

어떤 시험적인 강령회에서는 유명한 과학자들뿐 아니라 유명한 마술사인 후디니와 20여 명의 가톨릭 신부들이 함께 참여하여, 엄중히 감시하는 가운데 진행하기도 했다.

강령회의 지도령(指導靈)은 사고로 죽은 그녀의 친동생인 월터 스틴슨이었다. 그녀의 강령회에서는 많은 다른 심령 현상들이 일어났으나, 여기서는 가장 엄밀하고 과학적으로 진행한 시험에서 나타난 지문(指紋) 현상에 국한해서 설명하기로 한다.

한 강령회에서 많은 심령 현상들을 일으킨 후 그녀의 지도령인 월터는 강령회에 참석한 사람들에게 사후의 생을 증명하기 위해 어떤 실험을 해 보이면 되겠느냐고 물었다. 강령회에 참석했던 사람들은 그에게 지문을 찍어 보이면 그것은 절대 부정할 수 없는 증거가 될 것이라고 했다. 월터는 곧 그들에게 치과용 왁스와 따뜻한 물을 준비하라고 했다. 준비된 왁스를 방으로 가져 온 얼마 후 지문뿐만 아니라 손바닥의 무늬인 장문(掌紋)을 그 왁스에 남겼다. 이러한 현상에 대해 많은 과학자나 유명 인사들이 그 지문의 진실성에 대해 의문을 표했고 많은 논란이 일었다. 그 결과 영매 마저리 크랜든의 이름이 널리 알려지게 되었다. 월터의 지문은 그가 사망하기 직전에 쓰던 면도칼에 남은 지문과 대조하여 똑같다는 것이 증명되었으나 논란은 그치지 않았다.

그 후에도 엄격한 실험 조건하에서 지문이 계속 찍혀 나왔다. 처음에 찍혀진 지문들은 다 보통의 지문과 같이 양각(陽刻)의 지문이었으나, 그 후에는 우뚝 솟은 부분이 골이 되고 골이었던 부분이 등성이로 나타나는 음각(陰刻)의 지문도 찍혀 나왔다. 그뿐 아니라 지도령인 월터는 음각의 지문을 오목형(concave)과 볼록형(convex)으로도 찍었으며 실험자들을 더 당황하게 한 것은 그러한 지문의 거울상(좌우가 대칭적으로 바뀜)마저도 찍혀 나오도록 했다. 월터는 이러한 방법으로 총 131개의 갖가지 지문을 찍어 내었고, 그 지문들은 워싱턴, 보스턴, 베를린, 뮤니히, 비엔나의 지문 전문 감정기관들과 영국 범죄수사국의 정밀한 감정으로도 위조가 아닌 진실한 것임이 확인되었다. 그리고 이러한 지문들이 초자연 현상으로 찍혀진 것임도 인정되었으나 사후의 생에 대한 절대적인 증거로는 받아들여지지 않았다.

그 후 영매 마저리의 친척인 프랜시스 그레이가 뉴욕주의 버펄로시에서 사망하였는데, 그날 밤에 그들이 보스턴에서 열었던 강령회에 나타난 지도령인 월터는 오른손의 엄지와 왼손 엄지손가락의 지문을 찍어낸 후 "이 지문들은 프랜시스 그레이의 지문이다."라고 했다. 그들은 즉시 그레이의 집으로 전화를 했고, 강령회에서 일어났던 일들을 설명한 후 죽은 그레이의 지문을 찍어 놓도록 그레이의 남편에게 부탁했다. 나중에 지문 감식 전문가들이 확인한 결과 그녀의 지문과 강령회에서 얻어진 지문이 동일한 것임이 확인되었다. 이것은 사후의 생을 증명하는 새로운 방법이었음으로 많은 논란을 불러 일으켰다.

양각, 음각, 오목, 볼록, 거울상마저 찍힌 지문

이러한 논란의 종지부를 찍고자 심령 현상을 진실하게 믿던 유명한 물리학자이자 영국 버밍엄 대학의 총장이던 올리버 롯지 경은 크랜든 박사(영매 마저리의 남편)에게 편지를 보내어 그 당시 세계적으로 유명하던 호주의 곤충학자인 로빈 틸야드 박사에 의한 단독 강령회를 열어 달라고 부탁했다. 롯지 경이 크랜든 박사에게 보낸 편지 내용은 다음과 같다.

그(틸야드)와 영매인 마저리 단 둘이서 진행한 강령회에서 이러한 모든 것이 밝혀지면 심형 현상에 대한 조작이나 공모라는 비평가들의 비난이 줄어들 것으로 생각하고 있습니다. 그가 세계적으로 유명한 과학자이기 때문에 비평가들이 그가 함께 사기극을 벌였다고 주장하기는 어려울 것이기 때문입니다.

크랜든 부부는 이를 수락했고 틸야드 박사는 곧 실험에 착수했다. 이러한 실험이 시작되기 전에 틸야드는 영매에 대해 철저한 검사를 하였고, 그는 자신이 미리 준비한 치과용 왁스를 가져왔다. 물론 그 왁스에도 특별한 표식을 해두었기 때문에 왁스를 바꾸어치기 한다는 것은 불가능했다. 영매 마저리는 의자에 앉혀지고 그녀의 맨손은 의자에 테이프로 단단히 고정했다. 그녀의 양다리도 모두 의자의 다리에 같은 방법으로 고정되었다. 그리고 테이프와 고정된 의자 위에 푸른색 펜으로 표시를 했기 때문에 만약 그녀가 손이나 팔을 움직였으면 곧 표시가 나게 되어 있었다.

이러한 엄격한 조건하에 그녀는 3개의 지문을 찍어 냈다. 이 실험을 한 틸야드는 너무나 감격하고 확신했기 때문에 강령회가 끝난 몇 시간 후에 바로 롯지에게 편지를 썼다.

이것은 내가 지금껏 참여하였던 어떤 강령회보다도 훨씬 더 놀라운 것이었습니다. 내가 설정한 조건들은 과학적으로 엄격한 것이었습니다. 얻어진 결과는 심령 현상 연구의 역사상 가장 놀라운 것이었다는 것을 기록으로 남깁니다. 이러한 결과를 얻는 데 어떠한 속임이나 부정이 있을 수 없다고 확신합니다. 이 강령회야말로 나의 심령 현상 연구로 얻어진 결과의 절정이라고도 할 수 있습니다. 만약 내가 원한다면 이제 나는 내 전문 분야인 곤충학에만 전념해도 될 것 같습니다.

그 후 틸야드 박사는 그의 놀라운 결과를 과학계에 정식으로 알리기 위해 과학지인 『네이처(Nature)』에 그가 마저리와 가졌던 강령회에 대한 상세한 설명과 또 다른 두 개의 강령회에서 얻은 결과를 기고하였다. 그러나 『네이처』는 단 한 줄의 그의 글도 싣지 않았다.

그는 그 2년 후에 쓴 글에서(이것이 그의 최후의 글이 되었다.) "영매 크랜든과 그 후 실행한 후속 실험의 결과 나는 사후의 생의 존재에 대한 과학적인 증명이 되었다고 단정한다."라고 말했다. 이어서 이렇게 덧붙였다. "사기의 가능성은 두 가지 방법으로 제거되었다. 실험의 성격상 그러한 사기를 피할 수 있는 직접적인 방법, 즉 살아 있는 인간으로는 그러한 결과를 낸다는 것은 불가능하거나, 실제로 그러한 조건하에서 실행한다는 것 자체가 불가능한 방법으로 실험이 되었다. 또 그러한 실험은 언제나 몇 번이고 되풀이 될 수 있었고 동일한 결과도 언제나 얻어졌다. 실제의 사후의 생의 최종 증명은 정신적으로나 육체적으로 살아 있는 인간으로서는 실행하는 것이 불가능한 일들이 이루어졌다는 것으로 증명되었다."

"월터 스틴슨에 대한 나의 결론은 그는 1912년에 죽었으나 그의 인격이 아직도 살아 존재한다는 것을 과학적인 방법으로 증명하였다고 확신한다."라고 틸야드는 결론짓고 있다.

한 강령회가 진행되는 짧은 시간에 또 그러한 강령회가 진행되는 어두운 곳에서 지문과 같이 정교한 무늬가 양각, 음각, 볼록형, 오목형 그리고 좌우가 바뀐 거울상마저 찍힌다는 것을 어떠한 사기나 마술로서 할 수 있는 일인가? 그러한 지문들이 여러 나라의 공인 수사기관에서 엄정하게 검증까지 되었다면 더 이상 어떠한 증거를 제시해야 영혼이 존재한다는 것을 증명할 수 있는가?

영혼의 모습은 물론이고 영혼의 음성도, 영혼의 손이나 발의 실제 모형도, 아들이 어머니라고 인정하는 어머니의 영혼의 사진도, 영혼의 지문마저도 인정하지 않는다면 무엇을 제시해야 영혼의 존재가 증명되었다고 할 것인가? 어떠한 과학적인 실험이 이렇게 다양한 방법으로 실행되고 증명된 일이 있는가?

저자도 물리학을 전공한 사람으로, 이상의 과학자들이 실행한 실험 방법들은 사기를 배제하는 모든 객관적인 수단을 동원한 것들이었다고 판단하고 있다.

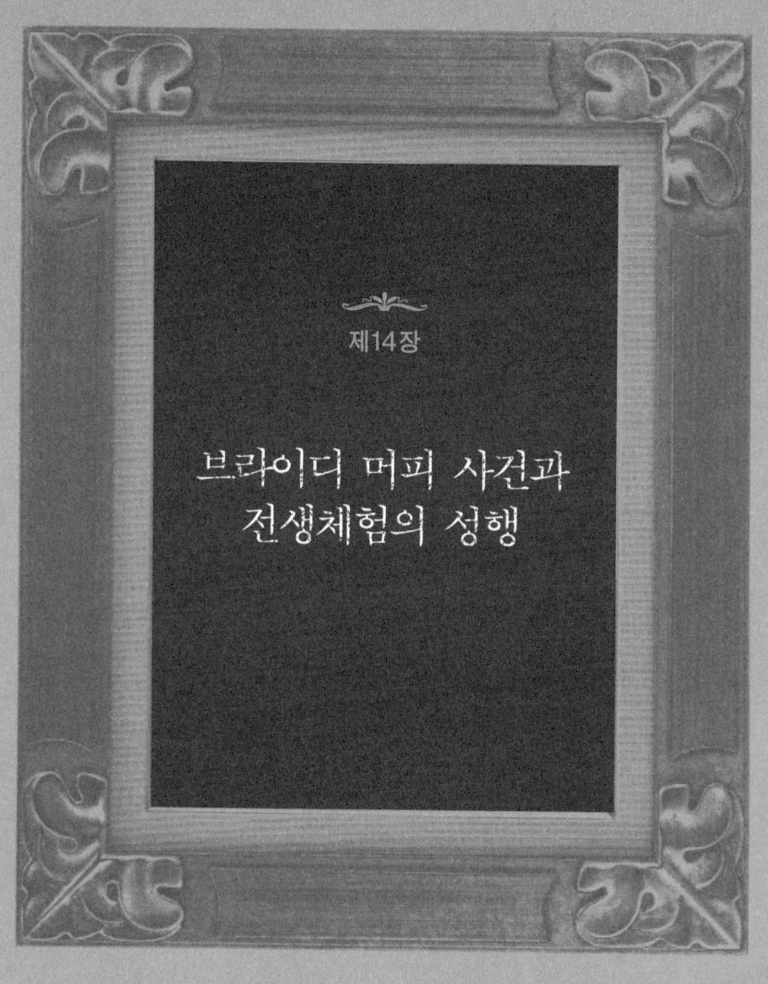

제14장

브라이디 머피 사건과
전생체험의 성행

100년 전에 아일랜드에서 살았던 미국인

1950년대 초에 미국과 전 세계에 '전생과 불멸하는 영혼의 존재'에 대해 사람들의 주의를 환기시키는 데 '브라이디 머피 사건'처럼 중요한 역할을 한 사건은 없을 것이다. 심령 현상에 대한 일반 사람들의 관심을 끌었다는 점에서 보면 100년 전인 1848년 미국 동부의 뉴욕주에서 있은 '하이즈빌 사건'에 견줄 만한 사건이다.

이 사건은 미국 중부지역인 콜로라도주의 한 사업가이자 아마추어 최면사인 모레이 번스타인이 루스 시몬스(결혼 후의 이름은 버지니아 타히)라는 한 가정주부에게 전생퇴행을 시켰을 때, 그녀가 19세기 아일랜드에 살던 브라이디 머피라는 여인의 과거 생을 상기해 낸 것이 계기가 되었다.

영혼의 불멸성과 환생에 관심을 가졌던 번스타인은 버지니아 비치에 있는 에드가 케이시의 본부도 방문하여 케이시의 리딩을 조사했고,

케이시의 실제 환자들도 만나 설명을 들었다. 또 듀크 대학에서 초심리학을 연구하던 라인 박사 등도 방문한 후 그는 전생에 관해 상당한 믿음을 가지게 되었다. 그가 콜로라도로 돌아와 루스 시몬스를 최면시켰을 때는, 그 전의 최면 유도의 암시를 고쳐 "탄생 전으로 돌아가라."는 지시를 내렸다. 이러한 지시를 받은 부인은 즉시 19세기 초반에서 중반에 걸쳐 아일랜드에서 살았던 한 여인의 생으로 돌아갔다.

그 당시 그녀의 이름은 브라이디 머피였고, 유아기의 최초의 기억은 금속성 침대의 페인트 색깔이 몹시 싫어서 페인트를 손톱으로 긁어 입에 넣어 씹고 있었다고 했다. 아버지는 배러스터(barrister; 법정변호사)였고 두 살 위의 던컨이라는 오빠가 있었다고 했다. 그들은 2층인 목조 건물에 살았으며 아버지는 매일 시내에 있는 법률사무소로 출근했다고 말했다.

미국에서는 변호사를 '로여(lawyer)'라 부르기 때문에 '배러스터'란 말은 쓰지 않는 말이다. 실제로 영국에서는 법정변호사인 배러스터와 단지 법률문서 등을 담당하는 솔리시터(soliciter)가 있다. 콜로라도의 시골에 있던 주부가 이러한 용어를 쓴다는 것은 극히 이례적이라고 할 수밖에 없다. 그 후 계속되는 최면에서 그녀는 평상시에는 전혀 알지도 못하는 단어를 쓰기도 했다. 또 손수건을 리넨이라고 하는 등 1950년 당시 아일랜드에서 쓰던 것과는 전혀 다른 표현을 썼다. 그러나 그 후의 조사에서 19세기 중반에는 실제로 그러한 단어들이 당시의 아일랜드에서 사용되었던 것으로 알려졌다.

또 그녀는 최면 중에 19세기에 벨파스트시에는 '존 길리건'이라는 백화점이 있었고 '화'라는 식료품점이 있었으며 역시 변호사이던 자신

의 남편이 그곳에서 자주 식료품을 구입했다고 말했다. 또 '다비'라든
가 '베일리스 크로스'라는 지역이 있다고 했다.

그러나 그러한 지명은 1950년 당시의 어떤 지도에도 나와 있지 않
았다. 그 후 현지 조사 에서 어떤 가톨릭 사제와 한 농부의 증언에 의
해 케번 지역에 그러한 곳이 있었다는 것이 증명되었다. 벨파스트의
도서관 자료에 의하면 그 백화점은 같은 도시의 노스섬버랜드 90번지
에 있었다.

또 그녀는 당시 아일랜드에서는 브레이드라는 '소원성취의 모자'가
있었는데 희망하는 일들이 이루어지지 않았을 때 그것을 쓰고 위안을
받으며, 또 장래에 그러한 소원이 이루어지기를 빌었다고 했다. 이것
역시 아일랜드의 풍습 가운데 하나로 콜로라도에 살던 주부로서는 쉽
사리 알 수 없는 일이다.

그녀는 당시에 더번스라는 동전이 사용되고 있었다고 했고 전문가
들은 그러한 화폐가 사용된 일이 없다고 주장했다. 그러나 나중에 조
사한 결과, 실제로 그러한 화폐가 사용되고 있었음이 증명되었다.

그녀가 최면 중에 한 말 중에는 『디어터의 탄식』이라는 책에 관해
이야기하기도 있었다. 이 점에 대해 전국적으로 유명한 한 잡지에서
그러한 책이 처음 나온 것은 1905년이라고 했으나(그녀가 아일랜드에서
살았다고 하는 19세기 중반보다 이후의 시기) 그 후의 『덴버 포스트』의 의
뢰로 현지 조사한 결과 영어와 겔어로 된 그 책이 1808년에 단행본으
로 간행되었다는 것이 확인되었다.

그 유명한 잡지는 1850년 이전의 아일랜드에서는 철제 침대가 사용
된 적이 없다고 했고, 그러므로 브라이디가 어릴 때 철제 침대의 페인

트를 손톱으로 뜯어내어 씹었다는 것은 있을 수 없는 일이라고 주장했다. 그러나 역시 『덴버포스트』의 의뢰로 조사하던 버거라는 조사원은 『브리태니커』 백과사전에서 소설가 삭가레의 각서 등 여러 문건을 발견하고 그러한 내용에 의해 브라이디가 말하는 것과 같은 철제 침대가 이미 19세기 초에 사용되고 있었음을 증명했다. 또 그 후 계속되는 최면하에서 그녀는 어릴 때에 아일랜드의 고유 무용인 지그 댄스를 배웠다고 했고, 브라이디 머피는 계단에서 굴러 사망했다고 했다.

이러한 내용들이 『덴버포스트』에 연재되자 '더블데이'라는 출판사에서는 그 내용들을 담은 『브라이디 머피를 찾아서(The Serarch for Bridey Murphy)』라는 책을 출간하였다. 이 책은 발행되자마자 큰 반향을 일으키며 베스트셀러가 되었다. 미국 내의 51개 신문사가 기사를 연재했고, 하도 많은 사람들이 재연재를 신청했기 때문에 같은 가사를 두 번이나 연재하는 신문도 있었다.

더블데이는 처음에는 아일랜드의 현지조사 결과가 나온 후 그 결과와 함께 책을 발행할 계획을 하였으나, 『덴버 포스트』에 네 번의 연재가 있은 후 그 책에 대한 너무 많은 주문이 쇄도해 조사가 미비한 채로 책을 발행했던 것이다. 그로 인해 과학계에서는 저자인 번스타인에 대해 과학자답지 못한 행위라는 비판도 많았다.

그러나 번스타인 자신은 과학자가 아니었고 펜실베이니아 대학의 경제학과를 졸업한 한 사업가였으며, 그가 이러한 책을 발행하려는 의도는 사후의 생의 존재를 과학적으로 증명하려는 것이 아니었다. 그는 "이 책을 쓰는 목적은 나의 실험에 나타난 불가사의한 결과를 진정한 자격을 가진 과학자들이 검토해 주기를 바라기 때문이다."라고 말하고 있다.

어쨌든 이 책은 전국적으로 전생에 대한 선풍을 일으켰다. '전생 가장(假裝) 파티', '전생 칵테일'이 등장했으며, 〈브라이디 머피의 사랑〉, 〈브라이디 머피의 발라드〉 등의 유행가가 유행했고, 나이트클럽의 무대에서도 전생퇴행을 위한 최면술이 성행하기도 했다.

또 학교의 기숙사나, 사무실 레스트랑 심지어는 비행기 안에서와 같은 공개적인 장소에서도 전생에 관한 토론이 행해졌으며, 어떤 만화가는 두 여인이 슈퍼마켓에서 이야기하는 장면을 그렸는데, 한 여인이 "우리 남편은 나를 브라이디 머피라고 불러요. 당신은 도대체 하나의 생으로서는 음식을 만드는 법을 배울 수는 없을 것이라고 하면서. 그런 고약한 평이 어디 있겠어."라고 하는 만화를 그렸다. 심리학자 지나 서미나라 박사는 "어떤 이는 죽으면서 자기의 전 재산을 미래의 자기 앞으로 남긴다는 유언을 쓴 사람도 있다."고 적고 있다.

또 『브라이디 머피를 찾아서』라는 책은 프랑스어, 독일어, 이탈리아어, 덴마크어 스웨덴어 등 각국어로 번역되었다. 번스타인은 전생과 환생의 개념을 일반인에게 널리 알리는 계기를 제공했던 것이다.

그러나 기독교의 목사나 신부들에게는 강한 거부감을 불러 일으켰고, 임상실험 최면학회나 기타 의학분야로부터도 심한 반발을 불러 일으켰다. 어떤 신학자는 이것은 "사탄의 작품 이다."라고 공언했고 또 다른 신학자는 "이런 일은 훨씬 이전부터 알려져 있는 일이다. 그러나 그런 것은 이단(異端)의 주장이다."라고 그러한 사실이 존재한다는 것을 인정하기도 했다.

몇 달 전에 『덴버포스트』에 4회에 걸쳐 브라이디 머피에 관한 연재

물을 썼던 윌리엄 버거 기자는 자신이 직접 전생퇴행 실험을 한 후 그때까지 미확인된 사항들을 직접 아일랜드로 가서 확인하고자 『덴버포스트』의 후원을 받아 3주간의 조사 여행을 떠났다. 그는 그 결과를 『덴버포스트』에 「브라이디 머피의 진상」이라는 기사로 발표했다.

그가 아일랜드에서 실제 조사를 하였을 때, 불완전하거나 이미 폐기된 것들이 많아 원하는 자료들을 쉽사리 구할 수가 없었다. 또 아일랜드 사람들은 종교적인 믿음이 강했으므로 설혹 브라이디 머피가 실제의 인물임이 증명될 만한 자료가 나오더라도 처음에는 틀림없이 부정하는 태도를 취했다. 따라서 그는 자료를 수집하는 데 많은 어려움을 겪었다.

그러한 어려움을 겪으면서도 그는 위에 설명하였던 지명이나 소설 등이 실제로 브라이디의 시절에 있었던 것을 증명했다. 이러한 찬반의 논쟁은 전생퇴행에 대한 일반의 관심을 높여 많은 심리학자나 정신분석학자들도 본격적으로 최면에 의한 전생퇴행을 실시하였고, 1960년도 초에는 버지니아 대학의 이안 스티븐슨 등에 의한 '전생을 기억하는 아이들에 대한 연구' 등 실제의 환생 사례를 과학적인 차원에서 조사하기 시작했다.

허점 투성이인 목사의 반박 기사

이 책의 저자인 나로서는 당시의 미국 사정을 잘 알 수 없으므로 이 사건에 대해 철저한 조사와 분석을 한 심리학자 지나 서미나라의 저서를 인용하기로 한다.

그러나 브라이디 머피 사건이 루스 시몬스의 어릴 때 기억의 소산이라고 하는, 이 사건에 대한 결정타라고 할 만한 자료가 워리 화이트라는 목사에 의해 『시카고 아메리칸』에 발표됨으로써 이 사건은 하나의 센세이션으로 끝나는 것 같았다.

전국의 목사나 신부 등 교회 관계자는 안도의 한숨을 돌렸고, 연옥과 지옥의 불꽃은 다시금 제자리를 찾았고, 교회의 교리를 부정하는 사람들을 위협했다. 과학계에서도 한 아마추어에 의해 시작된 영혼이 존재한다는 비과학적인 센세이션이 진정되어 가는 것을 진심으로 환영하는 것 같았다.

이 기사의 발단은 루스 시몬스가 어릴 때 다니던 교회의 주일학교 선생이었던 화이트 목사가 철저한 조사를 한 결과 브라이디 머피의 기억이라고 하는 것의 상당 부분이 그녀의 어릴 때의 기억이라고 주장했다. 『시카고 아메리칸』에 실린 화이트 목사의 기사는 다음과 같은 내용을 담고 있다.

1. 루스 시몬스는 어릴 때의 자기 자신의 금속성 침대의 페인트를 긁어 낸 일이 있다.
2. 근처에는 그녀가 "프라스 아저씨"라 부르던 연상의 친구가 있었다.
3. 그녀는 연기를 잘했고 남의 흉내를 잘 냈다. 또 무대에서 아일랜드 방언으로 혼자 중얼거리는 연기도 했다.
4. 아일랜드의 무용인 지그 무용도 가끔 했다.
5. 루스 시몬스의 근처에 살던 사람으로 브라이디 머피 코켈이라는 부인이 있었고, (그녀는 이 기사가 폭로될 당시 시카고에 거주하고 있었다고 함) 루스는 그녀의 아이들과 자주 놀았다.

이 중에서도 특히 5번 항목은 루스 시몬스의 브라이디 머피에 관한 기억이 어릴 때의 이 부인과 연관된 기억일 뿐이라고 하며, 그녀의 사진과 함께 "브라이디 머피 이제야 발견되다. 계속 시카고에 살고 있었다."라는 기사가 대서특필로 발표되었다. 많은 다른 간행물들도 위의 기사를 전재하거나 내용을 발췌해 보도함으로써 브라이디 머피는 시카고에 살던 한 여인에 불과하다는 인상을 독자에게 인식시키게 되었다.

이로써 브라이디 머피 사건은 종지부를 찍는 것 같았다. 뉴욕의 한 정신과 의사는 "화이트 목사의 기사는 훌륭한 것이다. 누군가가 그런 일을 할 것을 믿었다."라고 했고 최면 정신학회 회장인 루이스 월버그 박사는 "루스 시몬스가 그 전생 환상으로 꾸며낸 소재라고 할 만한 과거의 비밀을 폭로한 귀중한 노력"이라고 발표하고 브라이디 머피 사건이 일단락된 것으로 생각하고 안도의 한숨을 쉬었다.

그러나 사실은 화이트 목사의 주장에 대해 조금만 더 깊이 분석하면 그의 주장으로 루스 시몬스의 기억을 다 설명하는 것은 불가능하다는 것을 알 것이다.

『덴버포스트』와의 인터뷰에서 루스 시몬스는 『시카고 아메리칸』의 기사 내용을 거의 다 부정했을 뿐 아니라 그 신문사가 시몬스가 어릴 때 발성법을 가르쳤던 선생을 찾아내고 그에게 확인한 결과(그도 시카고에 살고 있었다고 함) 시몬스가 어릴 때 남의 흉내를 잘 내었다는 주장을 부정했다. 또 그녀가 어릴 때 배운 무용은 아일랜드의 지그 무용이 아닌 '찰스톤 브랙 보틈'뿐이라고 한다.

또 화이트 목사의 기사에서 루스의 어린 동생이 계단에서 떨어져 죽은 사실이 있다고 하며 그러한 기억이 브라이디가 계단에서 떨어져 죽은 기억으로 나타났다고 주장했다. 그 두 사건의 연관성은 이해될 수 있으나 꼭 그러한 경험이 브라이디의 생의 기억으로 변했다고 단언할 수는 없다.

또 그녀는 코켈 부인에 대해서는 기억하고 있으나 그녀의 이름이 '브라이디'라는 것이나 그녀의 결혼 전의 성이 '머피'라는 것은 전혀 알지 못했다고 주장한다. 사실 어린이들이 그들의 소꿉친구 어머니의 이름이나 결혼 전의 성씨를 안다는 것은 거의 없는 일이며, 특히 시카고와 같은 대도시에서는 어른들마저도 부인의 결혼 전의 성을 아는 경우는 드물다.

또 화이트 목사의 주장처럼 그녀가 어릴 때 무대에서 아일랜드에 관한 연극을 하였다고 하더라도 그녀가 과연 몇 번이나 그러한 연극을 했으며, 당시에 전혀 알려지지 않은 지명(베일리 크로스 등)이나 그곳의 '존 길리건'이라는 백화점이나, '화'라는 식료품점의 이름마저 대며 연극을 했을 리는 없을 것이고, 전문가마저 조사하기 전에는 사용된 적이 없다고 부정하는 화폐의 이름을 그러한 연극에서 배웠다는 것은 더더욱 있을 수 없는 일이다.

이렇게 밝혀진 사실만으로도 브라이디 머피에 대한 루스 시몬스의 기억은 어린 시절의 이웃에 대한 기억이나 교회 등에서 하던 연극의 내용에 대한 어렴풋한 기억이라고 말할 수는 없을 것이다. 그러나 당시의 미국 사회의 일반 통념에 반하는 전생사상을 바탕으로 하는 브라이디 머피 사건은 과학적인 견지에서 보면 실로 불충분하기 짝이 없는 한 목사의 폭로 기사에 의해 가라앉는 것 같다.

위의 내용은 그 당시의 사회 배경을 잘 분석하고 있던 지나 서미나라 박사의 저서 『내면의 세계(The World Within)』에서 발췌한 것이다.

1960년 초부터 이안 스티븐슨에 의한 전생기억을 하는 아이들에 대한 연구가 시작되었고 1960년대부터 1970년대에는 미국에서 최면에 의한 전생퇴행이 성행했다. 또 1970년대 초의 퀴브러 로스나 오시스와 해럴드슨에 의한 죽음과 임종 시의 관련 현상 등에 대한 연구, 1975년에는 레이몬드 무디에 의한 근사사의 경험(임사체험)의 발표, 그 후 1980년대와 1990년대에는 브라이언 와이스 등에 의한 전생퇴행으로 공포증, 비만증 등의 치료 등 전생과 사후의 생에 관한 학술적 연구가 다방면으로 이루어졌다는 것을 보더라도 브라이디 머피 사건의 영향이 얼마나 큰 것이었나를 짐작할 수 있다.

그리고 최면에 의한 전생퇴행은 그 후 전 미국뿐 아니라 유럽의 여러 나라에서도 성행하게 되었다. 1990년도 후반에 와서는 우리나라에서도 브라이언 와이스의 저서 『많은 생과 많은 마스터들(Many Lives and Many Masters)』 등의 영향을 받은 정신과 의사인 김영우 박사나 설기문 박사 등의 영향으로 최면에 의한 전생퇴행은 일반인들의 많은 호기심을 자극하고 있는 것 같다.

최면에 의한 전생퇴행이나 전생을 기억하는 아이들에 대한 여러 사람들의 연구에 대한 것을 검토하기 전에 좀 더 예로부터 알려진 현상들에 대한 과학자들의 연구에 대해 살펴보기로 한다.

제15장

에드가 케이시의
라이프 리딩

'천상의 기록'을 보았던 에드가 케이시

에드가 케이시는 자기최면에 들어간 상태에서 옆에서 비서가 어떤 사람의 주소와 이름만 말해 주면 아무리 멀리 있는 사람이라도 즉석에서 그 사람의 현재 상태나 병환 등을 정확하게 진단하고 정확한 처방과 치료방법을 알려 주었다. 그는 그러한 진단을 리딩(reading)이라 불렀다. 나중에는 주소와 이름이 주어진 사람의 전생(前生)까지도 보는 능력을 가졌었으며, 그러한 실제의 기록이 지금도 버지니아 비치에 있는 그의 기념관에 1만 4,000건 이상이 보관되어 있다.

이러한 전생에 관한 리딩은 병환의 진단과 구별하기 위해 라이프 리딩(life reading)이라 불렀다. 그는 그러한 진단을 할 수 있는 것은 그가 아카식 레코드(akashic record : 천상의 기록으로 모든 만물의 과거와 미래의 일들이 기록되었다고 함)를 볼 수 있기 때문이라고 했다. 그는 평상시(자기가 유도한 최면상태가 아닌 정상상태를 말함)는 독실한 기독교 신자로 주일

학교의 선생이었다.

그는 1877년에 태어나서 제2차 세계대전이 끝나던 1945년에 죽었다. 어릴 때부터 그는 다른 사람들이 볼 수 없는 영혼의 사람들을 볼 수 있었고, 흔히 자기 또래의 영혼 친구들이 그를 찾아와 같이 놀기도 했다. 그는 어릴 때부터 성경 읽기를 좋아했고 학교에 갔다 와서는 성경을 들고 집 앞의 숲 속에 있는 큰 나무 밑에 앉아 그것을 열심히 읽는 일이 흔했다.

어느 날 그가 이처럼 성경을 열심히 읽고 있는데 뒤에서 여자의 목소리가 들렸다. 처음에는 어머니가 오신 것인가 생각했으나 뒤를 돌아본 그는 놀랐다. 천사가 그를 바라보고 미소 지으며 "너의 기도가 전해졌다. 네가 하고 싶은 일이 무엇인지 말해 보아라."라고 했다.

그는 처음에는 놀랐으나 너무나 인자하고 부드러운 천사의 말에 "예, 남을 도와주는 일을 하고 싶어요. 특히 어린이들을."이라고 대답하고 다시 고개를 들어 보았을 때 천사는 이미 사라지고 없었다.

그의 어릴 때의 일화로 그의 특수한 능력을 나타내는 것이 여러 가지 있는데, 재미있는 것을 한두 가지 소개한다. 다음에 소개하는 일화는 위의 천사와의 대화가 있은 얼마 후의 일이다.

케이시의 아저씨가 그가 다니던 초등학교의 선생님이었는데 케이시가 'cabin'이라는 단어도 외워서 쓰지 못하는 것을 알고 케이시의 아버지에게 그러한 사실을 전했다. 화가 난 아버지는 케이시를 밤늦게까지 데리고 공부를 시켰으나 아저씨의 말대로 그의 학습상태가 진전이 전혀 없었다. 이때 케이시의 앞에 얼마 전에 보았던 그 천사가 나타났다. 그리고 그에게 "책을 베고 잠시 쉬면 다 알게 될 것이다."라고 일러주었다. 케이시는 잠시 쉬고 다시 하면 알게 될 것이라고 아버지에게 말하며 잠시 책을 베고 쉴 수 있도록 해달라고 말했다. 약 30분 정도 책을 베고 쉬고 난 후 아버지의 질문에 그는 모두 대답하였을 뿐 아니라 그 책에 있는 내용은 무엇이든 다 알았다.

이처럼 신기한 아들의 능력을 아버지는 여러 사람에게 선전했고 그곳의 짐 매킨지라는 국회의원에게도 말했다. 매킨지 의원은 그러한 것을 증명할 수 있느냐고 물었고, 케이시의 아버지는 무엇이든 그가 선택하는 것을 다 암기해 읽을 수 있다고 했다. 매킨지 의원은 그 당시 말라리아의 특효약으로 알려진 키니네에 관한 유명한 국회의 연설로 대통령 특사로 남아메리카를 방문하게 될 만큼 유명한 사람이었다. 그의 국회에서의 키니네 연설의 원문이 그들의 테스트의 내용으로 선정되었다. 이틀 후 케이시는 학교 졸업식을 마친 자리에서 그의 연설을 장장 1시간 30분 동안 외워 발표했다. 그 동안 그는 한 글자도 틀리지 않았다고 한다.

이러한 일은 매킨지 의원을 놀라게 한 것은 물론 그의 연설을 발표하는 것을 들었던 모든 사람들을 놀라게 했다.

그 후 그는 한때 그의 목소리를 완전히 상실하게 되었다. 어떤 치료로도 그의 목소리를 회복할 수 없었다. 케이시는 레인이라는 최면사의 도움으로 자신이 최면상태에 들어가 자신의 목소리 증상을 정확히 진단했고 레인으로 하여금 어떻게 치료하도록 설명했다. 레인에게 자기가 진단한 치료를 받은 후 최면에서 깨어난 케이시는 원래의 목소리를 회복했다.

최면상태에서 5,000킬로미터 밖의 환자를 치료

에드가 케이시의 초기의 치료로 유명한 것은 그의 고향인 켄터키의 홉킨스빌의 장학관이던 디트리치의 어린 딸 에이미에 대한 치료였다. 그 당시 그는 보울링그린에서 일하고 있었는데 어느 날 디트리치로부터 자신의 다섯 살된 딸 에이미를 치료해 달라는 전화를 받게 되었다.

그는 디트리치에게 왕복 기차표만 보내주면 방문해 보겠다고 했다. 그렇게 해서 홉킨스빌 역에 도착한 그를 마차로 자기 집까지 데리고 가는 동안 디트리치는 케이시에게 에이미의 병력에 관해 설명했다. 에이미는 두 살 때 유행성 감기를 앓은 후 정신을 잃기 시작하고 신체적인 발달도 거의 정지된 상태로 심한 구토 증세로 시달리고 있다고 했다. 또 유명한 의사는 다 찾아갔으나 병을 아는 의사는 하나도 없었고 결국 죽음을 기다리기 위해 집으로 데리고 온 상태이라고 했다.

그 집에 도착한 케이시는 디트리치 부인이 에이미를 진단해 보겠느

냐는 질문에 그럴 필요가 없다고 하고 함께 방문한 레인이 케이시를
최면상태로 유도했다. 최면상태의 케이시는 레인이 말하는 디트리치
의 주소를 듣고 곧 에이미를 찾았고 그가 본 에이미의 상태를 설명했다.
케이시는 최면상태에서 "에이미가 유행성 감기에 걸리기 며칠 전에
마차에서 내리면서 그녀의 척추의 마지막 부분을 다쳤고, 감기의 균이
그곳에 정착해서 지금의 증상을 일으킨 것이다. 골절사인 레인이 치료
를 할 수 있을 것이다."라고 했다.

　이 말을 들은 디트리치의 부인은 이제는 에이미를 고칠 수 있을 것
이라는 희망에 찬 목소리로 그에게 그러한 일이 실제로 있었던 사실을
설명했다. 디트리치 부인의 설명에 의하면 에이미가 감기에 걸리기 3
일 전 마차에서 내리면서 등을 부딪쳤으나 조금 후 아무런 이상을 보
이지 않아 그 일을 까맣게 잊고 있었다고 했다.

　케이시와 레인은 에이미를 며칠 동안 치료했다. 그 후 케이시는 보
울링그린으로 돌아왔고 레인이 혼자서 케이시의 처방대로 치료했다.
그 결과 3주 후에 에이미는 이전의 정신을 되찾았고 그 후 급속히 회
복되어 몇 달 내로 정상적인 다섯 살의 어린이로 회복되었다.

　케이시의 이 치료는 그 후 하버드 대학의 뮌스터버그 박사의 조사
에서도 밝혀져 그의 초기 치료의 유명한 케이스가 되었다. 뮌스터버그
박사의 기록에 의하면 케이시는 캐나다의 어떤 신부의 암을 치료했고,
자신의 아들이 화약 폭발로 눈을 다쳐 실명의 위기에 있었을 때에도
치료했다. 의사들은 그 아이가 실명할 것이라고 했는데, 케이시는 곧
리딩을 했고 어떻게 치료를 해야 할 것인지 상세히 치료의 방법을 알
렸다. 그 후 리딩에서 권장하는 대로 치료를 하여 결국 의사들의 진단

과는 달리 그 아이의 시력을 완전히 되찾게 했다.

또 디트로이트의 한 회사의 중역이 요독증(尿毒症)으로 혼수상태에 빠져 죽음을 앞에 두고 있는 상태에서 불과 며칠만의 치료로서 그를 완전히 회복하게 하였다. 그의 이러한 치료의 예는 위에서도 말한 바와 같이 1만 4,000건이나 기록으로 남아 있다.

다음은 에드가 케이시에 대해 많은 연구를 하였던 심리학자인 지나 서미나라 박사도 그녀의 저서 『내면의 세계(The World Within)』에서 인용하고 있는 예이다.

케이시는 버지니아 비치에 있는 자신의 집에서 의자에 누워 있으면서 5,000여 킬로미터나 떨어진 오리건주에 있는 쉰일곱 살의 환자에 대한 리딩에서 "비스코, 네 자신의 몸에 대해 즉시 조처하지 않으면 심장이나 동맥경화증을 일으켜 혼수상태에 빠질 것이다. 여러 곳에 혈액이 응고한 것이 있어."라고 했다.

그것을 기록하던 비서나 케이시 자신도 이상하다고 느꼈는데 그 후 환자의 부인으로부터 온 편지에 의하면 그의 진단이 정확했던 것은 물론이고 케이시가 그 환자의 어릴 때의 별명인 비스코라고 부른 데 놀랐다는 내용이었다.

위의 저서에 담겨 있는 또 다른 리딩의 내용도 여기 소개한다.

1934년 필라델피아에 있는 어떤 실업가가 케이시에게 한 통의 편지를 보냈다. 그는 케이시의 능력에 대해 의심하고 있었다. 자신이 누구인지를 알아맞혀 보라는 내용으로 그는 가명을 썼고 자기의 주소는 샤프빌딩 내의 어떤 외국 공관이라고 했다. 케이시는 그에 대해 더 이상 그러한 테스트에 응할 수는 없으나 실제적으로 병을 치료하기 위한 도움이 필요하면 리딩을 해주겠다고 하며 정식 주소와 성명을 보내달라고 했다. 그 실업가도 케이시의 이러한 주문에 응했다. 그에 대한 리딩이 시작되자 케이시는 "여기 그의 몸이 있다. 지금은 11시 47분으로 그가 읽고 있던 신문을 막 옆에 놓고 있다."라고 했다. 이처럼 의뢰자의 호기심을 만족시킨 후 그는 리딩에 들어갔는데 식후 소화불량의 증세가 있음을 말했다. 그리고 마지막으로 "12시 27분에 그에게 방해가 되는 일이 일어났다."고 했다.

케이시가 이러한 리딩을 하고 있을 때 그는 그 환자와 320킬로미터 이상이나 떨어져 있었고 그 환자는 그가 전혀 모르는 사람이었다. 그 실업가는 그 후 케이시의 리딩이 처음부터 끝까지 정확했음을 알려왔다. 11시 47분 신문을 옆으로 놓았던 것, 또 12시 27분에 다른 사람이 그 방에 들어왔기 때문에 투시에 장애가 일어난 일 등 모두 정확했다고 인정했다.

이러한 이상한 일들에 대한 기록이 많이 남아 있어 케이시의 전생에 대한 발언에도 신빙성과 경의를 더 한다고 지나 서미나라 박사는 말하고 있다.

서미나라 박사의 라이프 리딩에 대한 연구

지나 서미나라 박사는 심리학자로 에드가 케이시에 대해 철저한 연구를 한 사람이다. 에드가 케이시의 리딩에 대한 그녀의 분석 결과를 아래에 소개한다. 그녀는 케이시의 전생 리딩(life reading)이 신빙성을 주는 점은 다음과 같은 이유 때문이라고 적고 있다.

1. 성격 분석과 생활환경 묘사가 정확하다는 점. 수백 킬로미터 떨어진 곳에 있는 전혀 모르는 사람에 대해서도 정보는 정확했고 또 수천 개의 그러한 기록이 남아 있다는 점.
2. 직업상의 능력이나 적성이 맞는 직종 등에 대한 예언이 갓 태어난 어린이나 아이들, 또는 어른들에 대해 행한 것이나 뒤에 가서 보면 결과적으로 그 예언들이 정확했다는 점.
3. 심리적 특징에 대해서 전생체험이라 믿을 만한 사실들에 대해 납

득이 가는 설명을 하고 있다는 점.

4. 자료들이 22년간을 통해 일관성을 가지고 있다는 점. 어떤 때에 얻은 몇 백이나 되는 각각의 리딩도 다른 리딩과 비교해 보면 근본적인 원칙이나 상세한 내용마저도 처음부터 끝까지 모순이 없다는 점.

5. 리딩에 나오는 상세한 역사적인 사실은 일반적으로 세상에 알려지지 않은 것이라 하더라도 뒤의 조사에서 사실이 확인된다는 점. 무명의 인물에 대해서도 그 리딩이 지적하는 곳에 가서 조사하면 그 이름이 나온다는 점.

6. 리딩은 그것을 받아들이고 그 조언을 따른 사람들에게 그들의 생애에 유익한 영향을 끼쳤고 새로운 삶을 살게 했다는 점.

7. 리딩에 포함되고 그것에서 유도할 수 있는 철학적 · 심리학적 사상 체계는 맥락성과 일관성이 있다는 점. 인간의 정신생활에 관한 여러 가지의 사실들과 합치하며 지금까지 설명되지 않았던 인간의 심리에 대한 새로운 설명을 발견할 길을 열어 주었다는 점. 또 리딩의 사상 체계는 인도 등에서 수천 년간 가르치고 있는 고대철학의 교의(敎義)와 일치한다는 점 등을 들 수 있다.

이상과 같이 지나 서미나라 박사는 케이시의 전생 리딩에 대한 신빙성을 부여하고 있다.

케이시의 전생 리딩의 근본을 이루고 있는 사상은 불교나 힌두교 등의 카르마(karma, 업보)의 개념을 그대로 받아들이고 있다. 그가 카르마의 법칙을 깨닫게 된 것은 불교철학이나 힌두교의 교리를 통한 것이 아니고 그의 리딩을 통한 우주의 근본원리를 이해함으로써 얻은 결과이다. 그의 전생 리딩에 나오는 카르마의 법칙에 대한 특성을 지나 서미나라 박사는 다음과 같이 말하고 있다.

1. 카르마를 부정적인 것으로 보아서는 안 된다. 카르마에는 연속성과 응보성(應報性)이라는 두 가지의 면이 있다.

2. 연속성이라는 면에서 보면 우주적인 이법(理法)이나 법칙에 반하지 않는 행동은 그 효과가 지속하는 경향이 있다. 이러한 노력은 결코 헛되지 않는다.

3. 어떤 생애에서 습득한 능력이나 재능은 그 후 지속되는 생애에서도 존속하는 경향을 지닌다. 그러나 다른 카르마상의 인생의 사정이 있는 경우 그것으로 인하여 재능의 발현이 억제되기도 하고 또 일어나기도 한다.

4. 성격상의 특징 흥미, 태도(종교, 인종문제, 정치, 섹스, 동물에 관한 관심) 등도 환생 시에 가지고 나오는 경향이 있다. 내향성이나 외향성 등의 기본적인 특성도 카르마상의 새로운 요인이 있거나 밸런스의 노력이 없는 한 계속되는 경향이 있다.

5. 카르마의 응보적인 면에서 본다면 다른 존재(개인이나 단체 혹은 동물도 포함해서)의 행복을 해치는 어떠한 악업(惡業)도 그 악업이 끼친 해(害)의 정도나 성질에 상응한 처벌을 받는다.

6. 응보의 카르마는 육체적인 면이나 심리적인 면에도 작용한다.

7. 다른 사람을 비방하거나 비웃으면 그 응보는 심리와 육체의 양면으로 나타난다. 다른 사람을 비방하거나 비웃은 것과 같은 일들

을 자신이 겪게 된다.

8. 과거 생에서 배우자에게 부정(不貞)을 저지르면 이번 생에서 자신의 배우자로부터 같은 부정을 경험하게 된다.

9. 심한 고독이나 고립은 전생에서 자살을 한 응보인 경우가 많다.

10. 한 생에서 저지른 카르마가 다음 생에서 꼭 나타나는 것은 아니고 몇 생을 거친 뒤에 나타날 수 있다. 일종의 집행유예라고 보면 된다. 이러한 카르마의 집행유예는 다음과 같은 근본 이유 때문이다.

   a. 카르마의 빚을 갚기 위해서는 그 시대의 문화적인 배경이 갖춰져야 한다.

   b. 자신의 카르마를 소화할 충분한 내면적인 능력을 개발할 필요가 있다.

   c. 다른 사람과의 관련된 카르마를 해결하기 위해서는 다른 사람과의 적당한 관계를 갖는 것이 필요한 경우가 많으므로 변제의 상대가 다시 이 세상에 태어날 때까지 기다려야 한다.

11. 심리상의 이상 성질이 과거 생의 원인에 의한 것으로 판명될 때가 많다. 동물을 무서워한다든가 물에 대한 공포를 가진다든가 등등. 이러한 공포증의 대상과 관련이 있는 전생의 무서운 경험(그 때문에 사망한다든가를 포함한)이 그 원인이 되는 경우가 많다. 동일한 꿈이나 환상이 되풀이되는 것은 과거 생의 경험에 기인하는 것이 많으며 정신병의 많은 경우가 빙의에 의한 것으로 판명된다.

12. 어떤 사람의 영혼도 자유의지를 갖는다. 그러한 의지를 이기적

인 목적이나 과도의 관능적인 만족을 위해 악용하면 생명의 카르마의 법칙이 작용하여 자유의지는 억제된다.

13. 어떤 영혼이 환생하여 카르마의 변제를 하고자 할 때, 자기에게 필요한 유전형질을 가진 육체와 생활환경을 부여해 줄 수 있는 양친에게 당겨진다.

14. 우리의 무의식 안에는 모든 과거 생에서 겪은 모든 경험의 내용이 기록 보관된다.

위에서도 본 것처럼, 케이시가 최면상태에 들어가면 그는 기독교의 이념과는 전혀 다른 전생의 개념을 말하고 있다. 최면상태의 그는 영혼이 존재한다고 말하고 있고, 멀리 떨어져 있는 사람을 최면상태에서 찾아가 볼 수 있는 그의 능력도 육체와 분리할 수 있는 그 무엇(영혼)이 있기 때문에 가능했다. 그의 그러한 능력은 잠재기억이나 융의 집단무의식으로는 설명할 수 없다.

최면상태에서 주어지는 전혀 모르는 사람의 주소와 이름만으로 그들이 사는 곳이나 병의 상태를 확실하게 진단하는 구체적인 사실들을 무의식이나 집단무의식으로 어떻게 설명할 수 있는가? 육체를 떠날 수 있는 영혼의 존재를 가정하지 않고 그의 그러한 능력을 달리 설명할 수 없을 것이다.

케이시는 영혼의 존재를 믿었고 사후의 생을 믿었고 또 환생을 믿었다. 만약 그의 이러한 믿음과 주장을 부정하려면 그의 능력이 어디서 나왔는지를 달리 설명할 수 있어야 하고, 영혼과 사후의 생을 긍정하는 그의 주장을 반박할 논리가 있어야 한다. 그러한 확실한 논리가 없는 한 영혼은 존재한다는 그의 주장을 받아들이고 그 다음의 여러 현상을 그 가정(假定)에 따라 설명하는 것이 가장 과학적이고 합리적일 것이다.

과학이란 무엇인가? 우리가 관찰한 어떤 현상을 진실이라고 가정하고(자연법칙) 그것을 토대로 더 복잡한 문제를 설명해 가는 과정이 과학이다. 과학에서는 그러한 자연법칙이 왜 그러하지 않으면 안 되었나에 대해서는 묻지도 않고 또 대답도 할 수 없다.

예를 들면 물체의 운동에 관한 뉴턴의 제2의 법칙에서 "왜 가속도는 힘을 받는 물체의 질량에 비례하지 않고 반비례하는가?"라고 누구도 묻지도 않으며 또 누구도 그것에 대해 대답할 수도 없다. 다만 가능한 대답이 있다면 그것은 "우리가 아무리 상세히 관찰해도 그러하니 창조주가 그렇게 만들었기 때문일 것이다."라고 설명할 수밖에 없다.

에드가 케이시의 주장을 반박하지 못하고 그보다 더 잘 설명할 이론을 제시하지 못한다면, 그의 기록으로 남은 수많은 사실들이나마 모순 없이 설명이 가능한 그의 이론을 받아들여야 할 것이다. 즉 그의 영혼의 존재와 전후(前後) 생을 인정하는 주장을 말이다.

이 장의 마지막으로 전세기 말과 20세기 초에 걸쳐 가장 유명한 수학자로 알려진 런던대학 드 모건 교수의 평을 적기로 한다.

심령 현상을 믿는 사람들은 오래된 방법을 채택했다. 그들은 먼저 이론을 설정하고 그것이 어떻게 사항을 설명하는지를 살폈다. 왜냐하면 이론이 없이는 그러한 사실들은 혼란스런 폭도들이지 군대는 될 수 없었기 때문이다. 이 방법은 뉴턴이 채택했던 방법으로 그는 아무리 멀리 있는 별

의 한 창고에 있는 소금 알갱이도 이 지구의 누구의 창고에 있는 소금 알
갱이를(아니 소금뿐 아니라 후추가루마저도) 끌어당기고 있다는 전혀 믿
어지지 않는 이론을 내세웠고, 그것이 그 후의 엄중한 실험을 거쳐 오늘
날 가장 보편적인 진리로 인정되는 중력(만유인력)의 법칙으로서 우리의
가장 중요한 한 유산이 된 것이다.

제16장

근사사 경험

죽었다 깨어난 사람들

근사사 경험(임사체험)은 임상적으로 죽었다 다시 깨어난 사람들을 대상으로 연구한 레이몬드 무디 박사에 의해 널리 알려지게 된 현상이다. 그 사람들이 임상적으로 죽었던 동안 경험한 내용을 조사한 결과 상당히 많은 공통점이 있었다. 무디 박사는 그러한 공통점을 열거하고 그러한 경험을 '근사사 경험(NDE; Near Death Experience)'이라고 이름 붙였다. 그가 1975년에 발행한 『생후의 생(Life after Life)』이라는 저서에는 그 핵심적인 경험 내용을 다음과 같이 발표하고 있다.

의사가 환자가 죽었다고 선언하는 동안 그(환자)는 그의 몸에서 빠져나와 병상 위의 천장 근처에서 아래를 내려다보며 의사의 사망선언과 가족들의 울음소리 등을 들으며 또 밑에 있는 자신의 시체와 그 병상 주위의 장면들을 확실하게 보고 있다. 이때 어떤 환자는 어머니 머리의 윗부분이 거의 머리카락이 없는 상태라는 것을 처음으로 알게 된 사람도 있다.

그런 동안 이상한 소리가 그의 귓전을 울리는 것을 느끼고 그는 그의 앞에 긴 터널 같은 것이 열리고 터널의 끝에 희미한 빛이 있는 것을 발견하고 빛을 향해 터널을 지나간다.

그때 그의 옆에 누군가가 함께 있는 것을 느끼는데 대개의 경우는 오래 전에 죽은 친척이거나 천사로 인정되는 사람들이다. 터널을 나와 밝은 빛으로 된 정체를 만나고 무한한 마음의 평정을 경험한다. 기독교인들은 그 빛의 정체를 예수님이라 생각하는 사람이 많다. 그의 눈앞에는 지난 생이 주마등처럼 순식간에 지나가며, 자기가 가해자로 저질렀던 일들도 그 일을 당하는 피해자의 입장에서도 느낀다. 이때 이미 그는 이 새로운 곳에 대해 너무나 마음이 끌렸기에 그곳에 머물기를 원한다. 그러나 그 빛의 존재로부터 아직 그곳으로 돌아올 시기가 아니라고 다시 돌아가기를 권고 받는다. 그리고 그는 이 세상과 저 세상의 경계로 보이는 경계를 넘지 못하고 다시 자신의 육신으로 돌아와서 깨어나게 된다.

이상이 무디가 열거한 핵심적인 경험 내용이다. 대개의 경우 근사사 경험에서는 이러한 특징 전체를 포함하는 경우는 드물고 그 중 몇 가지를 포함하고 있는 것이 보통이다.

무디가 이러한 현상을 조사하고 발표하기 이전에도 역사적인 기록을 담당하는 사람들이나 또는 의사나 간호원 등 의학계의 종사자들에게는 이러한 현상의 존재에 대해 많이 알려져 있었다. 그러나 통계적이거나 과학적인 조사가 그 이전에는 없었기 때문에 그러한 현상을 부정하거나 죽음에 임박한 환자의 환상(幻想)으로 취급해 왔다. 무디가 이러한 현상에 대해 조사하고 또 그러한 현상을 '근사사 경험'이라 이름 붙이면서 의학계나 과학계에서도 그러한 현상의 존재를 받아들이게 되었다.

그러나 무디의 발표에 대해 의학계에서는 여러 가지 부정적인 반응도 일어났다. 무디의 조사는 사후의 생을 믿기 위한 재료를 수집했다는 비판과 함께 약물에 의한 환상, 죽음에 이른 산소 결핍상태의 뇌가 죽음을 쉽게 받아들이게 하기 위해 자체 방어적 작용에 의해 꾸민 환상, 또는 우리가 무의식적으로 가지고 있던 종교적인 개념 등이 작용하여 그러한 죽음의 환상을 만들어 냈다는 등의 부정적 반응이었다.

그러나 위에서도 말한 바와 같이 이와 비슷한 기록들이 의학 분야 외에서도 다수 발견되었고, 또 많은 의사들이나 간호원들이 실제로 자신들도 이러한 경험을 했음을 인정하기도 했다. 그러한 점들을 고려하여 심리학자 케네트 링, 내과의사 마이클 세이범, 에디트 피오르 등은 좀 더 신중하게 연구를 계속했다. 또 어른들의 종교적인 편견이나 기타의 기존 관념의 영향을 배제하기 위한 소아과 의사인 멜빈 모스에 의한 어린이들을 상대로 한 근사사 경험의 조사가 있었다.

이러한 후속 연구 중에서 특히 저자의 주목을 끄는 것은 소아과 의사인 멜빈 모스 박사에 의한 어린이들을 상대로 조사한 내용이다. 그가 어린 환자들을 상대로 조사를 한 것은 어른들이 가지는 종교적 지식이나 기타 지식에 의한 편견 등의 영향을 줄일 수 있었기 때문이었다. 또 그는 약물에 의한 영향을 배제하기 위해 중병을 앓고 있으나 생명에는 위험이 없는 그룹(이 그룹에는 121명의 환자들이 포함됨)과 생명의 위험이 많은 병을 앓고 있는 그룹(이 그룹에는 12명의 환자가 포함됨)

으로 나누어 조사를 했다. 양쪽 모두 약물의 복용은 비슷했다.

　그러나 생명의 위험이 없는 중병을 앓고 있던 어린 환자들의 그룹에서는 근사사 경험과 비슷한 환상을 본 사람이 단 한 사람도 없었고 대신 무서운 도깨비 등의 환상을 본 환자가 3명 있었다. 나머지 118명의 환자는 아무런 환상도 보지 않았다. 그와 반대로 생명의 위험이 있는 중병을 앓은 8명의 환자들이 무디가 조사한 어른들의 근사사 경험과 동일한 경험을 하였다. 단지 그들은 지나간 생에 대한 회고가 없을 뿐이었다. 극히 드문 경우로 지난 생에 대한 회고가 있었으나 그것은 십대 후반의 경우에 한했다. 국제 근사사 연구협회의 낸시 부시가 어린 이들에 대해 근사사 경험을 조사한 결과에서도 지난 생에 대한 회고는 전혀 없었다.

　그러므로 우리는 근사사 경험과 같은 환영은 죽음과 직접적인 관계가 있다는 증거를 확인한 셈이 된다. 왜냐하면 생명의 위험이 없는 어린이들에게는 근사사 경험과 같은 환영이 전혀 없었기 때문이다. 그들의 대부분은 아무런 환영도 보지 못했고(118명), 환영을 본 3명도 근사사 경험과는 거리가 먼 도깨비 등의 환상을 보았을 뿐이다.

　그러나 생명의 위험이 있었던 어린 환자들 중에서는 분명 임상적인 죽음의 상태에 이르거나 실제로 죽은 환자들도 있었을 것이다. 그들 중 75퍼센트에 달하는 많은 환자들이 근사사 경험을 하였다는 것은 근사사 경험과 죽음은 어떤 연관이 있음을 나타낸다고 보아야 한다.

　근사사 경험을 하지 않은 25%는 비록 그들의 병세는 생명에 위험이 있었으나 그 조사 기간 동안 실제로는 임상적인 사망을 경험하지 않았기 때문인지도 모른다. 모스는 그 기간 동안 그들이 임상적인 죽음을 경험했는지에 대해서는 상세히 밝히고 있지 않다.

또 어린이들의 근사사 경험에서는 지난 생에 대해 회고하는 과정이 없었다는 것도 상당한 중요한 의미가 있을 수 있다. 근사사 경험이 단지 죽어가는 뇌가 꾸며낸 환상이라면 죽어가는 어린이의 뇌도 같은 환상을 볼 것이다. 그러나 다른 근사사 경험의 환상은 같았으나 유독 지난 생에 대한 회고가 없다는 것은 그들이 살았던 생이 짧았고, 또 어린 그들 자신의 의지나 판단으로 현생을 살았다기보다는 부모나 선생님 등 외부의 영향으로 살았던 생이었으므로 그들 자신의 영혼의 성장을 위한(카르마의 해결을 위한) 반성의 회고(回顧)는 필요가 없었던 것이다. 왜냐하면 그 생은 그들 자신의 의지로 살았던 생이 아니었기 때문이다. 그러므로 다른 경험들은 어른들의 경험과 같았으나 이 부분만이 빠진 것이다. 이것은 환생론(카르마)의 개념을 뒷받침하는 하나의 강력한 증거로 간주될 수도 있다.

만약 그들의 경험 중 빛의 존재를 만나는 것이 없었다든가, 돌아오는 과정이 없었다든가, 아니면 어른들의 경험에는 없었던 새로운 것, 예를 들면 죽음의 경계 같은 것을 넘어간 것이 있었다면, 근사사 경험은 영혼이 죽은 후에 천국에 갔다가 돌아온 경험이란 설명이 틀리다고 주장할 수도 있었을 것이다. 왜냐하면 돌아오는 과정이 없거나 죽음의 경계를 넘었는데도 살아왔다면 그것은 죽음에서 돌아온 것이 아니라고 말할 수 있기 때문이다.

또 어린이의 경험에서도 빛의 존재나 그들이 예수님이라 믿는 존재를 만난 것이 없었다고 한다면 그들이 천국에 갔다 왔다고 할 수는 없기 때문이다. 그러나 어른과 어린이들의 근사사 경험에는 이러한 모순이나 천국에 갔다 돌아왔다고 주장하는 데 대해 모순이 될 현상은 전혀 없고, 우연히 모인 결과라고 하기엔 너무나 논리 정연하게 연관된 환영들만을 골라서 모은 것 같다. 어린이의 경험에서 지난 생의 회상이 없었고 그 외의 경험들은 어른들의 것과 같았다는 것은, 그들의 경험에서 지난 생의 회상이 있는 것보다도 더 영혼이 천국에 갔다 왔다고 하는 가설의 강력한 근거가 된다.

병원에 누워 집에 있는 가족을 본 소녀

모스의 『빛에 더 가까이(Closer to the Light)』에 나오는 어린 환자인 케이티의 경우는 그녀가 임상적으로 죽은 동안 의사들이 자기를 되살리기 위해 의료기기를 작동시키는 것을 정확히 보고 있으며, 어느 의사가 어떤 일을 하였는지도 보고 있고, 또 그녀의 영혼(?)은 집을 방문해서 어머니가 부엌에서 치킨라이스를 만들고 있고, 아버지는 병원에 있는 자신을 생각하고 있는 듯, 근심에 찬 얼굴로 신문을 읽고 있었으며, 동생은 지아이 조 장난감을 가지고 놀고, 여동생은 바비 인형을 가지고 노는 모습을 확실히 보고 있다.

케이티는 아홉 살의 순진한 소녀로 몇 시간 전에 수영장에서의 사고로 익사상태에 있었다. 그녀가 이러한 것들을 본 때, 그녀의 움직이지 않는 시체와 같은 육체는 응급실 병상에서 생명을 유지하기 위해 작동하는 의료기기들에 연결된 채 혼수상태로 있었다.

약물에 중독된 뇌가 만들어낸 환상이라는 비판에 대한 해답은 멜빈 모스의 조사로 확연히 밝혀졌다. 근사사 경험은 약물에 중독된 뇌가 꾸며낸 환상이 아니라는 것이 모스의 다른 그룹에 속하는 환자들의 환상이 이들과 전혀 다르다는 데서 알 수 있다. 만약 그러한 환상들이 약물 중독에 의한 것이라면 두 그룹의 환자들의 환상의 상당 부분이 일치하지 않으면 안 될 것이다. 왜냐하면 양쪽이 다 같은 정도로 약물을 복용하고 있었기 때문이다.

그러나 근사사 경험이 죽음과 관련이 있다는 것은 모스의 연구로도 확실하지만, 그것이 실제로 죽음에 의해 육체를 벗어난 영혼의 경험이라는 증거가 있는가? 만약 육체를 벗어나 주위를 관찰할 수 있는 그 무엇이 없었다고 가정하면 죽음에 이른 환자가 천장 근처에서 아래를 내려다보며 그때 병실에서 일어나는 일들을 아는 것을 어떻게 설명할 수 있을까?

약물에 의한 환상이나 또는 죽음에 고통하에 있는 산소 결핍 상태의 뇌가 꾸며낸 환상이라 하더라도 그러한 환상이 실제 일어난 일들과 일치할 수가 있을 것이다. 그러나 만일 있다고 하더라도 그러한 확률이 얼마나 될까?

그들은 의사가 임종을 선언하는 말은 물론이고 병상 곁에 있던 많은 사람들의 말이나 행동을 정확히 알고 있지 않는가? 그뿐 아니라 많은 경우 그들은 옆 병실이나 복도 등에서 일어나는 일까지 알고 있다. 그것은 그들이 임상적으로 죽은 후에 일어난 일들이다.

아홉 살의 어린 케이티가 죽은 동안 그녀가 누워 있던 병원의 병상에서 멀리 떨어진 자기의 집에서 일어났던 일들을 어떻게 상세히 볼 수 있었는가? 그것을 어떤 환상의 이론으로 설명할 수 있을까? 우리는 케이티나 그들의 부모가 의사인 모스에게 거짓으로 꾸며 그러한 말을 했을 수 있다고 가정할 수도 있다. 그들이 그러한 거짓말을 꾸밀 아무런 동기나 이유는 없지만 말이다. 그렇다고 하더라도 응급실 내에서 일어난 일들을 케이티의 부모가 어떻게 알았는가? 어느 의사가 어떤 기계를 어떻게 작동했는지 말이다.

케이티의 그 무엇(영혼)이 보았던 것으로서도 알 수 있듯, 그들의 가족들은 그때 그들의 집에 있었지 않았는가? 어머니는 부엌에, 그리고 아버지는 근심에 찬 얼굴로 신문을 읽고……. 이것으로도 그녀의 부모가 만들어 낸 시나리오를 케이티가 연출하고 있다는 것은 배제된다.

실제로 영혼이 존재해서 그녀가 임상적으로 죽었던 동안 그녀의 몸을 빠져나가 응급실의 상황을 보고 집을 방문하고 또 저승에 가서 그러한 경험을 했다고 설명한다면 모든 것이 아무런 무리 없이 명확하게 설명이 되지만, 실제로 그녀의 영혼이 갔었다는 것은 영원히 누구도 장담할 수 없다. 왜냐하면 우리는 누구도 죽어서 저 세상에 갔다가 돌아왔다고는 믿으려고 하지 않기 때문이다. 그러나 이러한 환영은 너무나 명백한 간접 증명이 된다.

또 근사사 경험자들 중에는 그들의 의식이 그들의 죽은 몸으로부터 빠져 나오는 과정을 확실하게 느끼거나 관찰한 경우가 많이 있다. 이러한 것은 영혼이 육체를 이탈했다는 직접적인 증명으로 받아들여야 하지 않는가?

익사한 뒤에 올라간 하늘나라

여기서 근사사 경험의 한두 가지 경우를 더 소개하기로 하자.

여덟 살짜리 소녀, 준은 수영장에서 수영을 하던 중 배수관에 그녀의 머리카락이 빨려 들어가 거의 익사할 뻔했다. 한 병원의 응급실에 근무하는 그녀의 부모와 응급실의 의사들에 의해 45분 간 이상의 심장 마사지 등을 한 후에야 그 소녀는 겨우 숨을 쉴 수가 있었다. 그 후 6주 이내에 완전히 회복했다. 그러나 그 소녀는 아무에게도 그녀가 겪었던 일을 말하지 않았다.

어느 날 준이 자전거를 타고 집 앞에서 큰길로 나가고 있을 때 그녀의 어머니가 집의 창문으로 내다보며 큰 소리로 "조심해!" 하는 바람에 준은 달려오는 자동차와 거의 충돌할 뻔 했다.

그때 그 소녀는 어머니에게, "엄마, 내가 또 죽기를 원해요? 이번에 죽으면 다시 돌아오지 않을지도 몰라요."라고 고함쳤다. 그 후 준은 어머니에게 수영장에서 거의 익사했을 때 어떤 일이 있었는지를 말했다. 그 이야기를 들은 어머니는 근심스러워서 주치의에게 정신과 의사를 소개해 달라고 부탁했고, 그 의사는 그러한 일에 관심을 가지고 있던 멜빈 모스에게 그 환자를 보냈다.

준은 모스에게 수영장에서 거의 익사할 뻔 했던 때의 이야기를 했다.

"제가 기억할 수 있는 것은 머리카락이 배수관에 빨려 들어갔다는 것뿐이고 그 후는 정신을 잃어 캄캄했어요. 그 다음 기억나는 것은 제가 몸을 빠져 나와서 위에서 물속에 있는 저의 몸을 보고 있었는데 하나도 겁나지 않았어요. 별안간 저는 터널을 통해 위로 올라가고 있었어요. 그리고 제가 채 생각도 하기 전에 하늘나라에 와 있었어요. 모든 것이 밝고 아름다우며 모두가 명랑한 것을 보고 그곳이 하늘나라라는 것을 알았어요. 어떤 사람이 나보고 거기 머물고 싶으냐고 물었어요. 저는 정말로 거기 있는 것에 관해 생각했어요. 그러나 제 가족과 함께 있고 싶다고 했어요. 그래서 다시 돌아왔어요."

그 후의 모스는 그녀가 이러한 신비한 체험을 하였을 뿐 아니라 응급실에서 처치 상황 등을 본 것에 대해 비교적 정확히 설명했다고 기록하고 있다.

여덟 살 먹은 미셸은 심한 당뇨로 혼수상태에 빠졌다. 그녀는 며칠 후 이러한 혼수상태에서 깨어났다. 멜빈 모스 박사는 그녀에게 혼수상태에 있었을 때 어떤 일이 있었는지 물었으나 잘 대답하려고 하지 않았다. 연필과 종이를 주며 그때의 일을 그림으로 그려보라고 하자 그녀는 그림을 그리며 설명을 했다. 그 소녀는 자기가 의식을 잃으려는 순간 어지럽고 구토증이 나는 것을 기억한다고 했다.

"별안간 나는 위로 떠올라 나의 육체를 내려다보고 있었어요. 두 의사 선생님이 나를 들것에 싣고 응급실로 옮겼어요. 그 의사들은 두 분이 다 여자였어요. 이상한 것은 어머니가 나를 이곳에 데리고 왔을 때만 해도 나의 머리는 심하게 아팠는데, 내가 떠다니고 있을 때는 전혀 아픈 것을 못 느꼈어요."

그러고 나서 흰 옷을 입은 여러 사람의 모습을 그린 후 미셸은 그녀의 이야기를 이었다.

"나는 어딘가에 누워 있었어요. 나의 뒤에는 흰 옷을 입은 여러 사람들이 있었어요. 그들은 내게 말을 걸었어요. 그리고 나의 앞에는 두 개의 버튼이 있었는데 하나는 붉은 색이고 다른 하나는 초록색이었어요. 흰 옷을 입은 사람들은 나에게 붉은 단추를 누르라고 했어요. 그러나 나는 초록색 단추를 눌러야 된다는 것을 알고 있었어요. 왜냐하면 붉은 단추를 누르면 나는 돌아올 수가 없다는 것을 알았어요. 나는 그들의 말과는 달리 초록색의 단추를 눌렀어요. 그러고는 혼수상태에서 깨어났어요. 붉은 단추가 왜 나쁜지는 모르지만 그건 나빠요. 제가 여기 다시 돌아왔잖아요."

여기서도 근사사 경험의 핵심 몇 가지가 들어 있음을 알 것이다. 그 소녀는 육체를 이탈한 것이나 응급실 주위의 상황을 설명했다. 또 어떤 사람들이 어떤 기구들을 어떻게 사용했는지도 설명했다. 그리고 그녀는 저세상의 사람들을 만난 것과 돌아오는 과정의 결정에 대해서도 설명했다. 이것들은 모두 근사사의 핵심 경험 내용과 일치한다.

"내게 무슨 일이 일어난 거야? 또 죽어야 해?"

다음의 예는 심령과학연구회지에 나온 1889년 캔사스주 스키디 마을의 의사인 윌체 박사의 경험을 소개한 것이다. 이것은 1975년에 발표된 레이몬드 무디의 근사사 경험에 관한 것이 발표되기 거의 90년이나 전의 일이다.

이 경험의 주인공은 의사로서 자신이 죽어가던 과정을 너무나 세세하고 확연하게 묘사하고 있어 지금까지 저자가 본 어떤 근사사 경험보다도 더 상세하다. 그래서 여기에 그의 근사사 경험을 적은 마이어스의 저서 『인간의 인격과 사후에도 존재하는 인격(Human Personality and Its Survival of Bodily Death)』에 나온 내용을 옮긴다.

만약 우리가, 혼수상태에서 깨어나, 죽어가는 사람들에게 그들이 혼수상태에서 겪은 경험이나 꿈 또는 환영 등에 대해 묻는다면 많은 것을 배울 수 있을지도 모른다. 만약 그러한 경우가 있다면, 그가 그 후 바로 죽지 않는다 하더라도, 그것은 환자의 의식으로부터 급격히 지워질 것이므로 즉시 기록되어야 할 것이다. 그러한 경우가 바로 월체 박사의 경우인데 그는 그러한 상태에서 소생하였고, 그 이야기는 『세인트루이스 의학저널』 1889년 11월호에 게재되었다. 다음은 그 내용이다.

1889년 여름, 낮은 체온과 맥박으로 점차 혼수상태에 빠진 후, 나는 자신을 확인하기 위해 내가 확실히 제정신인가를 물었다. 긍정적인 답을 들었기에 나는 가족과 친지들에게 각각 그들에게 적합하다고 생각하는 충고와 위안을 주며 작별을 고했다. 그리고 영혼의 불멸에 대한 찬반에 관해 말하며, 그들이 보는 나의 육체적인 상태에서, 나의 마음의 변화(작동)를 관찰하라고 했다. 나의 동공이 열리고 시각이 없어지고, 말소리가 약해지고 있었다. 나는 힘을 주어 굳어진 다리를 폈고 양팔을 가슴 위에 얹고 굳어지는 손가락을 폈다. 그리고는 곧 혼수상태로 들어갔다.

나는 네 시간 동안이나 맥박이나 심장의 박동이 거의 없는 상태에 있었다는 것을 그 당시 나를 치료하고 있던 레인스 박사에게 들었다. 그때 내 주위에 있던 몇몇 사람들은 내가 죽은 것을 확인하고 교회에도 그러한 사실을 알렸기 때문에 교회의 종도 울렸다.

그러나 레인스 박사의 말에 따르면 그가 내가 "죽었다"고 선언하기 위해 그의 귀를 나의 얼굴에 가까이 대면 가끔 한 번씩 대단히 미약한 숨을 들이쉬는 것을 느낄 때도 있었기 때문에 그러한 선언을 중지하고 주사 바늘을 나의 다리와 엉덩이 등 몸의 여러 군데를 찔렀으나 아무런 반응이 없었다고 한다.

내가 맥박이 없어진 상태는 거의 네 시간이나 되었으나 보기에도 확실히 죽은 것 같은 상태는 약 30분 간 계속되었다고 한다. 이때 나는 완전히 의식을 잃은 상태였으나, 다시 나의 상태를 의식할 수 있게 되었고, 아직도 육체를 가지고 있음을 알았으나 그것에 대해 평소 가졌던 흥미는 없었다. 나는 처음으로 놀람과 기쁨으로 나 자신, 나의 진정한 에고(ego)를 보았으나 내가 아닌 나는 흙속의 무덤에 덮이는 것 같았다.

나는 의사의 흥미를 가지고 내 육체의 내부를 보았으며, 조직과 조직이 밀접히 연관된 것이 그 죽은 육체의 내 영혼이었다. 나는 표피는 이른바 영혼의 가장 바깥 경계라는 것을 알았다. 나는 내 상태를 알았기 때문에 조용히 생각해 보았다.

이때 나는 그런 상황을 "사람들이 말하는 대로 나는 죽었다. 그런데도 나는 이전과 다름없이 살아 있고 또 내 몸에서 빠져 나가려는 것을 의식하고 있었다."라고 판단했다.

나는 육체와 영혼이 분리되는 이 흥미진진한 사실을 주의 깊게 관찰했다. 분명히 나 자신의 힘이 아닌 어떤 다른 힘에 의해 나의 의식은 흔들렸고, 이러한 과정에 의해 몸의 조직은 끊어졌다. 조금 후 좌우의 흔들림은 나의 발바닥과 발가락으로부터 시작해서 급격히 무릎까지 무한히 많은 작은 선들이 끊기는 것을 느꼈고 들었다. 이런 것이 끝나자 나는 발로부터 서서히 머리 쪽으로 고무줄이 줄어들듯 줄어들었다. 나는 엉덩이까지 그러는 것을 기억하며 그때 나는 자신에게 "이제 엉덩이 밑에는 생명이 없어."라고 했다.

이런 것이 배와 가슴을 거치는 것은 기억에 없으나 내 전체가 머리에 와 있던 것은 역력히 기억한다. 그래서 나는 "이제 머리에 다 와 있으니 곧 자유로워질 것이다."라고 생각했다. 분명히 기억하기로는 나는 마치 색과 형체가 해파리와 같았다.

이렇게 빠져나올 때 내 머리맡에 두 여인이 있는 것을 보았다. 나는 침대의 끝으로부터 그녀들의 무릎까지의 거리를 가누어 보았고 일어설 충분한 여유가 있다고 판단했다. 그러나 내가 발가벗은 상태로 그녀들 앞에 나타나게 된 것을 알고 매우 당황했다. 그러나 내가 영혼이기 때문에 그들의 눈으로는 나를 보지 못할 것이라는 생각에 다소 위안을 받았다.

내가 머리로부터 빠져 나와 서서히 일어날 때 나는 대롱에 매달린 비눗방울과 같았고 결국은 몸으로부터 분리해 마룻바닥에 가볍게 넘어졌다. 거기서 서서히 일어나면서 완전한 사람의 형체가 되었다. 나는 투명한 것 같았고 푸른빛을 띠었으며 완전한 나체 상태였다.

나는 무척 당황해서 그 두 여인의 눈을 피하기 위하여 반쯤 열린 문으로 달려갔다. 그런데 내가 거기 도착했을 때는 나는 옷을 입고 있었다. 안심하고 거기 모여 있던 사람들 쪽으로 눈을 돌렸다.

내가 돌아섰을 때 나의 팔꿈치가 문 옆에 있던 두 신사 중 한 신사의 팔에 부딪쳤으나 놀랍게도 그의 팔은 나의 팔에 아무런 저항도 없이 거쳐 지나갔다. 그렇게 끊겼던 그의 팔은 아무런 흔적이나 고통 없이 공기가 원상회복되는 것처럼 원래대로 복구되어 있었다. 그래서 나는 그가 그것을 느꼈는지 알려고 그의 얼굴을 보았으나 그는 아무런 기색도 보이지 않았고 그 전처럼 내가 일어났던 그 병상을 바라보고 있었다.

나는 그가 보고 있는 곳을 바라보았다. 그곳에는 나의 죽은 시체가 있었다. 나는 힘들여 옆으로 누웠던 그대로였는데, 다리는 꼬였고 양손은 가슴위에 놓여 있었다. 나는 내 모습이 창백한 것을 보고 놀랐다. 나는 며칠간 거울을 보지 않았으나 내 얼굴이 다른 환자들처럼 창백하리라고는 생각하지 않았었다. 나는 내 자세가 단정한 것에 대해 자신에게 축하하며 다른 사람들도 그렇게 생각하리라고 믿었다.

나는 시체 주위에 여러 사람들이 앉거나 서 있는 것을 보았다. 특히 나의 왼쪽에 무릎을 꿇고 앉은 두 여인들이 울고 있는 것을 알았다. 나는 뒤에 그들이 나의 아내와 여동생인 것을 알았으나 별다른 관계를 느끼지 못했다. 아내나 여동생이나 친구나 다 같이 느껴졌다. 나는 어떤 관계에 대한 것을 느낀 기억이 없다. 나는 남녀의 구별은 할 수 있었으나 그 이상은 없었다.

나는 그들도 불멸이라는 것을 알리고 위안하기 위해 그들의 주의를 끌려고 했다. 그들의 주의를 끌기 위해 나의 오른손을 흔들며 그들에게 인사를 했고 또 그들 사이를 통과도 했으나 그들은 나를 전혀 인식하고 있지 못한다는 것을 알았다. 하도 이상해서 나는 한바탕 크게 웃었다. 나는 그들이 그 소리는 분명히 들었을 것이라고 생각했으나 누구하나 눈을 깜박이는 사람도 없었다. 그때 나는 그들의 눈으로는 육체만 볼뿐 영혼을 볼 수 없다는 결론을 내렸다. 그들은 그들이 나라고 생각하는 것을 보고 있으나 그것은 틀린 것이다. 그것은 내가 아니다. 여기 있는 것이 나이고 나는 여느 때처럼 살아 있다.

나는 돌아서서 열린 문으로 나갔다. 포치(porch; 문앞 지붕)를 나올 때 머리를 숙이고 발 디딜 곳을 주시하며 발을 디뎠다. 포치를 지나 계단을 내려와 샛길을 거쳐 거리로 나왔다.

거기서 잠시 주위를 둘러보았다. 내가 그때 본 것보다 그 거리를 더 선명하게 본 때가 없다. 흙이 붉은 것을 보았고 빗물에 씻긴 자국을 보았다. 나는 먼 길을 떠나는 사람처럼 무엇인가 섭섭하게 느껴졌다. 그때 내가 생전의 나보다 큰 것을 알았고 또 나 자신에게 그것에 대해 축하했다. 생전에는 내가 원했던 것보다는 다소 키가 작았었고 다음 생에는 내가 원하던 정도가 될 것이라 생각되었다. "얼마나 좋은가"라고 나는 느꼈다. 단

몇 분 전만하더라도 나는 많이 아프고 또 스트레스가 쌓였었다. 그럴 때 내가 그처럼 두려워하던 죽음이 왔다. 그것은 지났고 나는 지금도 한 사람이고 살아서 생각하고, 언제보다도 더 분명히 생각하고 또 얼마나 좋게 느끼는지……. 나는 더 이상 아플 일이 없을 것이며 또 죽을 일도 없다.

그때 거미줄 같은 가느다란 줄이 내 어깨에서 내 시체의 목에까지 이어진 것을 알았다. 나는 얼마 걸어가다 다시 정신을 잃었고 내가 일어났을 때는 공중에 떠 있었는데 두 손에 의해 들려 있었다. 나는 옆구리를 살짝 누르는 듯한 느낌이 들었다.

만약에 그 누르는 손의 주인이 있었다면 그것은 나의 뒤에 있었을 것이고 나를 상당한 속도로 공중으로 밀고 있었을 것이다. 내가 그 상황을 어느 정도 이해했을 때는 나는 떠밀렸고 좁지만 잘 닦인, 위로 향한 길을 가볍게 올라갔다.

올려다보았을 때 하늘을 볼 수 있었고, 구름도 보통의 높이에 있었다. 내가 내려다보았을 때 푸른 나무 꼭대기를 보았고, 그것은 저 아래 있고 구름은 그만한 거리의 위에 있다고 생각했다.

갑자기 내 앞 얼마 안 되는 곳에 길을 막고 있는 커다란 바위덩이를 보았다. 그때 나는 멈추었고 왜 이러한 좋은 길을 막는가 하고 생각했다. 어떻게 할까 주저하는 동안 약 4,000제곱미터 정도의 큰 구름이 내 머리 위에 머물렀다. 별안간 그 안은 살아 꿈틀대는 천둥 번개로 가득했다. 구름과 마주쳐도 꺼지지도 않았다. 나는 마치 깊은 물속에 있는 고기를 보듯, 그저 보고 있었다. 나는 보지는 못했으나 어떤 것이 곁에 있는 것을 느꼈고 내가 남쪽으로부터 그 구름 속으로 들어간다는 것을 알았다. 내 마음에는 그 존재가 어떤 형체라고는 생각되지 않았는데 그것은 구름 전체에 충만한 지능 같았기 때문이다.

그때 구름의 좌우로부터 한줄기 수증기가 뿜어져 나와 내 머리의 좌우에 머물렀고 그들이 나를 건드렸을 때 내 것이 아닌 생각이 나의 머리에 들어왔다.

"이것은 그의 생각이지 나의 것은 아니다." 나는 이렇게 말했고 그것은 아마 그리스어나 히브리어로 내가 모르는 언어였다. 그러나 내가 그의 뜻을 알 수 있도록 나의 모국어로 친절하게 들려왔다. 비록 그 언어가 영어였으나 내가 다시 재현하기에는 너무나 뛰어나기 때문에 나의 옮김은 그 원어에는 도저히 미치지 못한다. 다음이 내가 표현할 수 있는 한계이다.

"이것은 영원으로 이르는 길이다. 저기 있는 바위들은 이 세상과 저 세상의 두 생명들의 경계이다. 일단 그것을 넘으면 너는 다시는 너의 몸으로 돌아갈 수가 없다. 만약 지상에서의 너의 일이 끝났으면 너는 그 바위를 넘어가도 된다. 그러나 숙고 끝에 너의 일이 끝나지 않았다면 너의 몸으로 돌아갈 수 있다."

그러한 생각은 그쳤고 구름은 서서히 그 산의 동쪽으로 이동했다. 나는 돌아서서 잠시 동안 그것을 바라보고 있을 때, 내가 움직이지도 않았는데, 나는 세 개의 바위 앞에 서 있었다.

그때 나는 그 다음 세상을 보고 싶은 큰 호기심에 싸였다. 거기에는 네 개의 입구가 있었는데, 하나는 매우 어두웠고 그것은 검은 바위벽과 세 바위 중 왼쪽에 있는 한 바위 사이에 있었다. 하나는 왼쪽과 중간에 있는 아치로 된 문이고, 하나는 그것과 오른쪽 바위 사이에 있었고 나머지는 그 길의 가장자리 오른쪽에 있는 바위를 둘러가는 좁은 길이었다. 나는 그 경계를 넘고 싶었다. 나는 머뭇거리며 생각했다.

"나는 이미 한 번 죽었다. 내가 돌아가더라도 곧 다시 나는 언젠가는 죽어야 한다. 만약 내가 여기 머물면 누군가가 내 일을 대신 할 것이다.

그러므로 결과는 같고 다 이루어질 것이다. 그런데 내가 또 죽어야 하나? 아니다. 내가 이미 이처럼 가까이 와 있으니 건너고(그 경계를) 여기서 쉬겠다.”

이렇게 결정하고 나는 조심스럽게 그 바위를 따라갔다. 그 중간에 도달했다. 여기서 나는 루비콘 강에 있는 시저처럼 양심에 저울질을 했다. 그것은 마치 의무를 지는 것 같았으나 나는 그렇게 하기로 결정했고 나의 왼발을 그 선 너머로 내디뎠다. 내가 그렇게 하자 작고 검은 구름이 나의 앞에 나타나 내 얼굴로 향해 왔다. 나는 내가 서야 한다는 것을 알았다.

움직일 힘과 생각이 나로부터 떠나버리는 것을 알았다. 나의 손은 힘없이 처졌고 나의 머리는 앞으로 숙여졌으며 구름이 나의 얼굴에 닿았다. 그 이상 나는 아무 것도 알 수 없었다.

나의 어떤 생각이나 노력 없이 나의 눈이 열렸다. 나는 내 손과 내가 누워 있는 조그마한 흰 침대를 보았다. 내가 내 몸으로 돌아온 것을 알고 놀라고 또 실망스러운 끝에 나는 “도대체 내게 무엇이 일어났단 말인가? 또 죽어야 해?”라고 고함쳤다. 나는 대단히 허약했으나 말리는데도 불구하고 이런 것들을 전할 만큼의 힘은 있었다. 나는 급격하게 회복했다.

여기서도 분명히 그가 죽은 동안 유체 이탈을 하는 과정과 주위의 상황을 정확히 보고 있는 사실 등을 알 수 있다. 죽음의 경계 대신 검은 바위와 구름이 그의 앞을 막았다. 이러한 것은 모두 근사사 경험의 핵심에 속하는 것들이다. 그리고 이 예에서 보는 것처럼 그러한 사례는 무디의 조사보다 훨씬 이전에도 이처럼 많이 보고되고 있었다.

근사사 경험이 죽었다 다시 살아 온 경험이라는 것에 대한 반대론자들은 그는 임상적으로는 죽었어도 실제로는 죽지 않았다고 반박할 것이다. 왜냐하면 그는 죽지 않고 다시 살아서 돌아왔기 때문이다. 그들에게는 죽으면 다시는 돌아오지 못한다는 것이 어떠한 의학적인 판단(임상적으로 죽었다는 판단)보다도 우선하는 전제이기 때문이다. 죽어서 영원히 돌아오지 않는 사람만을 죽었다고 간주하고 그들의 증언만이 유일한 증거라고 한다면 죽어서 땅에 묻힌 사람은 영원히 말이 없을 것이기 때문에 사후의 세계는 영원한 미제로 남을 것이다.

그러나 분명한 것은, 임상적으로 죽었을 때 그의 영혼이 육체를 떠났다는 가정은 어떤 다른 가정보다도 이러한 일 모두를 확연히 설명할 수 있다는 데 우리는 주목해야 할 것이다. 왜냐하면 과학적인 설명이란 최소의 가정으로 관찰한 사실들을 가장 많이 설명할 수 있으면 되기 때문이다. 육체와 분리될 수 있는 영혼의 존재를 인정하는 것만으로 근사사 경험을 아무런 무리 없이 설명할 수 있다는 것을 보더라도 영혼이 존재한다는 가정은 영혼 현상을 설명하기 위한 가장 기초 법칙으로서의 가치가 충분하다고 할 수 있을 것이다.

제17장

전생을
기억하는 아이들

전생이라고 생각되는 두 가지 경우

　우리가 전생이라고 생각되는 일들을 기억하는 것은 크게 두 가지로 분류할 수 있다. 하나는 태어나 말을 막 시작한 어린이가 자기의 어머니나 가족들에 대해 말하는 경우로, 이런 말을 하는 어린이는 완전히 자발적으로 전생에 대한 말을 할 뿐 아니라 그러한 것을 꺼리는 부모들의 만류에도 불구하고 계속해서 전생이라고 생각되는 경우를 상세히 말하는 것이 일반적이다.

　그리고 이런 회고를 하는 어린이는 과거의 가족이나 집에 대한 동경과 그리움을 느끼고 있다. 여러 번 되풀이되는 그들의 전생에 관한 발언은 언제나 내용이 같으며 차차 더 많은 기억을 하게 되면 그러한 기억은 한 사람의 독립된 생에 대한 이야기라는 것이 확실하고 그 내용에 모순이 전혀 없다.

　그들이 말한 내용을 상세히 기록한 뒤에 그 어린이가 전생에 살았다고 말하는 곳에 가서 조사하면 그러한 이름의 사람이나 가족이 실제 있으며, 전생의 인물이라는 사람도 그 어린이가 죽었다고 말하는 시기 와 원인으로 죽은 것이 확인된다.

그때 만약 그 어린이가 함께 그곳으로 갔으면 그는 그 마을에 들어 서자마자 여러 곳을 다 알며 자기가 죽은 후 변화된 곳에 대해서는 예 전에 그곳이 어떠했다는 것을 말한다. 물론 자신의 옛날 집을 아무런 안내 없이 찾아가는 것은 물론이고 그때 만나는 예전의 가족이나 친지 들을 다 알아보며 현재의 자신보다 나이가 많은 전생의 자식들을 대할 때는 어린이답지 않게 부모의 태도로 대한다.

버지니아 대학의 이안 스티븐슨 박사는 1960년대 초이래 지금까지 전 세계에 걸쳐 그러한 사례들을 조사하고 있다. 인도에서는 버나지 교수 등이 스티븐슨이 조사를 하기 이전부터 그러한 사례에 대한 조사 를 하고 있었다.

두 번째의 경우는 최면에 의한 전생퇴행의 경우로, 최면 상태에 있 는 사람에게 탄생 전으로 돌아가라는 암시를 주면 많은 사람들이 전생 이라고 생각되는, 지금과는 다른 생에 대해 말하는 경우가 많다. 이때 떠오르는 영상들은 너무나 역력하여 꿈이나 보통의 환상으로는 생각 되지 않으며 실제로 있었던 현실로 느껴지며 시각(視覺)적인 영상뿐 아 니라 음식물의 냄새나 맛을 느끼기도 한다.

또 물이나 높은 곳 등에 대한 공포증을 가진 환자들의 대부분은 그 들의 전생에서 물에 빠져 죽거나 높은 곳에서 떨어져 죽은 경험 등을 경험하고 나면 그들을 그처럼 오래 괴롭히던 증상이 말끔히 사라지는 경우가 많다. 실제로 전생퇴행은 그러한 공포증이나 비만증의 치료로

활용되고 있다.

　브라이언 와이스 박사의『많은 생과 많은 마스터들(Many Lives and Many Masters)』은 아마도 이러한 분야의 책으로는 가장 널리 알려진 경우일 것이다. 그러면 전생을 자발적으로 기억하는 아이들과 전생퇴행에 대해 좀 더 상세히 알아보기로 한다.

2

쌍둥이로 다시 태어난 두 자매

스티븐슨의 사례들은 이미 저자의 모든 저서에서도 소개한 바 있으나 전생 사례의 연구로서는 가장 과학적이고 학문적인 것이므로 여기에서도 한두 가지의 예를 인용하기로 한다. 그의 저서 『전생을 기억하는 아이들(Children who Remember Previous Lives)』에서 인용한 것이다.

이안 스티븐슨의 많은 사례들은 인도나 미얀마 혹은 알래스카의 트링기트족 등, 기독교를 믿지 않는 민족들에서 일어난 경우가 많다. 다음의 예는 잉글랜드의 북부인 노던 섬버랜드에서 일어난 사례로 스티븐슨의 초기의 사례 중에는 드물게 기독교 국가에서 일어난 일이다.

일란성 쌍둥이인 줄리안과 제니퍼 프락은 1958년 10월 4일 노던 섬버랜드에서 태어났다. 그들이 두 살에서 네 살이 될 때까지, 1957년 5월 5일 술 취한 여성이 운전하는 차에 치어 죽은 쌍둥이의 언니들인 조안나와 재클린의 전생의 기억을 하는 것 같은 말을 하였다.

그 사고 당시 조안나는 열한 살이었고 재클린은 여섯 살이었다. 이 비참한 사고로 인하여 아버지인 존 프락과 어머니 플로렌스 프락은 슬픔에 빠져 거의 식음을 전폐할 정도였다. 어머니와는 달리 아버지인 존 프락은 전생에 대해 강하게 믿고 있었다. 1958년 초에 부인인 플로렌스가 임신을 하자 그는 그 죽은 두 자매가 다시 태어나려고 한다는 강한 믿음을 가졌고, 또 이번에는 그들이 쌍둥이로 태어날 것이라 주장했다. 병원의 진찰 결과는 쌍둥이가 아니라고 했으나 그는 쌍둥이가 태어날 것이라는 확신을 가지고 있었다. 그러나 실제로 출생한 것은 아버지 존 프락의 예언대로 일란성 쌍둥이 자매가 태어났다.

또 얼마 후에는 아버지의 예언을 입증하는 증거도 발견되었다. 즉 재클린의 몸에 있는 두 개의 모반(母斑)은 그 부위나 크기가 죽은 언니인 제니퍼의 몸에 사고로 인해 생긴 상처 자국과 같았다. 제니퍼의 눈썹 사이에 있는 모반은 재클린이 넘어져 다친 흔적과 같았고 제니퍼의 배에 있는 갈색의 모반은 역시 재클린의 배에 있던 모반과 모양과 크기가 같았다.

앞에서 잠시 설명한 것과 같이 두 살부터 네 살 때까지 쌍둥이들은 죽은 두 언니들에 대해 여러 가지 사실을 말하였다. 그뿐 아니라 언니들이 가지고 놀던 장난감 등을 구별해 낼 수 있었는데, 부모들은 그것은 통상의 방법으로는 도저히 알 수 없는 것이라고 주장한다. 부모들은 쌍둥이들에게 죽은 언니들에 대한 이야기를 한 번도 한 적이 없었다. 또한 쌍둥이 아이들은 그러한 장난감을 처음으로 보았을 때부터 알고 있었으며 그들이 이전에는 그것을 본 일이 없다고 부모들은 말하고 있다.

그리고 쌍둥이들이 한 살도 되기 전에 그들이 살던 핵삼이라는 곳으로부터 다른 곳으로 이사를 했고, 그 후 한 번도 핵삼을 방문한 일이 없었다.

그런데 다시 처음으로 핵삼을 방문하였을 때 쌍둥이들이 핵삼에 도착하기도 전에 학교와 공원에 있는 놀이기구인 프랑코에 대해 말하기 시작했다. 그들이 생후 9개월 때 이사를 하였으므로 그 전에는 그들을 유모차에 태우고 공원에 간 적은 있었으나 그 때문에 그들이 공원과 학교에 있던 프랑코에 대해 알지는 못할 것이라고 부모는 말한다.

줄리안과 제니퍼는 죽은 언니들과 일치하는 행동도 보였다. 재클린은 언니 조안나에게 많은 것을 의존했었는데 제니퍼도 쌍둥이 언니인 줄리안에게 많은 것을 의존했다. 그들 둘이 글자를 쓰기 시작하였을 때 줄리안은 연필을 아무 어려움 없이 잡고 글을 썼으나 제니퍼는 주먹으로 움켜잡았다. 조안나는 죽기 전까지 수년간 학교에 다녔으므로 글을 쓸 줄 알았으나 죽을 때 여섯 살이던 재클린은 연필을 겨우 잡을 정도였다. 나(이안 스티븐슨)는 1964년에 이번 조사를 시작했고 프락 일가와는 1985년까지 접촉을 계속하고 있었다.

스티븐슨은 프락이 환생에 관해 깊이 믿고 있었으므로 비록 그가 그 쌍둥이 자매들에게 죽은 언니들에 대해 말한 적이 없다고 하지만 그 말을 믿기 힘들다고 생각하는 사람이 많을 것이라고 말한다. 그러한 견지에서는 이 사례는 증거적 가치가 떨어진다. 그러나 프락은 스티븐슨이 이러한 환생의 사례를 믿는 것을 알기 때문에 서양의 다른 부모들 같으면 무시하거나 웃어버릴 이러한 발언이나 행동들을 유심히 살피고 기억하고 있다고 말했다고 한다.

1978년 스티븐슨은 프락 일가를 방문하고 그 쌍둥이 자매들이 일란성인가를 알기 위해 혈액 검사를 하였으며 그 결과 그들이 일란성 쌍둥이인 것이 확인되었다. 그러므로 그들의 유전형질은 전적으로 같은 것이다. 제니퍼의 몸에 있는 모반은 유전적으로 생길 수도 있는 것이 므로 만약 그것이 유전적인 원인으로 생긴 모반이라면 줄리안에게도 같은 모반이 있어야 한다. 그러나 줄리안에게는 그러한 모반은 없었다. 임신 중에 있은 어떠한 생물학적인 영향으로 그러한 모반이 생길 수도 있다고 생각되지만, 죽은 재클린의 몸에 있었던 상처 자국과 부위와 크기가 거의 같은 모반이 제니퍼의 몸에 있다는 것은 이러한 가설로서 는 설명이 되지 않는다고 스티븐슨은 말한다.

줄리안과 제니퍼는 그 후 정상적인 여성으로 성장했고, 성인으로 성 장하기 이전에 이미 전생의 기억을 완전히 상실하고 말았다. 그 후 스 티븐슨은 그들을 몇 번인가 만났으나 그들은 그들이 가지고 있던 전생 의 기억에 대해 회의적이었다고 한다. 그들은 그때 이미 전생의 기억 을 상실하고 있었으므로 자신들이 환생의 존재를 증명하는 증거라고 는 말하지 않았으나 그들이 어렸을 때 관찰한 그들 부모의 발언에 대 해서는 부정하지 않았다고 스티븐슨은 적고 있다.

3

죽은 이의 상처 자국과 일치하는 모반

다음은 스티븐슨의 최근의 저서인 『환생과 생리학이 교차하는 곳 (Where Reincarnation and Biology Intersect)』에서 인용한다.

돈 인 손챰 여인은 1942년 5월인가 6월 태국의 가라신 지방의 사오라오라는 마을에서 태어났다. 돈 인은 출생 직후 등에 출혈을 하고 있는 모반이 있는 것을 어머니인 '담'이 발견했다. 돈 인에게는 세 개의 모반이 있었으나 출혈을 하고 있는 것은 하나뿐이었다. 그 모반들은 색깔은 옅은 편이었으며 직선적이었다. 그리고 모두 등의 중심선 부근에 있었다. 돈 인이 성인이 되고 난 후는 그 모반들은 길이가 6~8센티미터이고 폭은 3밀리미터 정도가 되었다.

어머니 담이 돈 인을 임신하기 전에 돈 인의 이모인 담의 여동생이 꿈을 꾸었는데, 자신을 포함한 네 사람의 여성이 그 마을로 돌아오고 있을 때 혼자 서서 기다리고 있던 한 여인을 만났다. 그 여인은 그들에게 접근하여 한 사람, 한 사람의 손을 만져보고 누구의 체온이 가장 낮은가를 조사했다.(온도가 높은 태국에서는 몸이 찬 것을 선호하는 경향이 있다.) 담의 몸이 가장 차가웠으므로 그 여인(아마도 육체가 없던 여인이던)은 담의 집에까지 따라왔다.

이 꿈의 내용은 돈 인이 태어난 후 전생에 대해 말하기 시작할 때 한 말들과 일치한다. 돈 인의 말에 따르면 그 여인은 자신이 죽은 후 자신의 마을에서 걸어서 사오라오 마을까지 갔다고 한다. 그 도중에 네 명의 여인을 만났으며 그들의 몸을 스쳤을 때 담의 체온이 가장 낮아서 담을 따라 그녀의 집까지 갔다고 했다.

그리고 돈 인은 전생에 자기가 죽은 상황을 자세히 말했다. 그 당시의 이름은 '세'였고 결혼하고 있었다. 어느 날 남편과 그의 형이 심한 말싸움을 하였다. 남편은 형의 폭력을 우려하여 그곳에서 도망쳐 나갔다. 그의 형은 너무나 크게 화가 나서 도끼를 들고 제수(弟嫂)인 세의 등을 세 번이나 찍었고 그녀를 한발로 밟고 박힌 도끼를 빼 내었다. 돈 인에 의하면 세는 죽은 후 잠시 집 주위를 맴돌았고 그 후 사오라오를 향해서 걸어갔다고 했다.

전생에 관한 돈 인의 말은 세라는 여성에게 일어난 실제의 일과 일치했다. 세는 돈 인이 말한 것처럼 사오라오 마을로부터 6~7킬로미터 떨어진 논군푸아라는 마을에서 살해되었다.

돈 인이 태어나기 전 약 1년 전에 그녀가 살해되었다. 돈 인은 논군푸아 마을에 가기를 꺼렸으나 결국은 그곳에 갔고 그곳에서, 죽은 세가 심은 나무를 알아냈다.

나(스티븐슨)는 세가 도끼로 세 번 찍혀 살해되었다는 것을 돈 인의 증

언 이외는 확인하지 않았다. 그 살인 사건에 대한 돈 인의 증언이 내가 확
인한—세는 시아주버니에 의해 살해되었다.—사실과 일치했기 때문에 나
는 돈 인의 이러한 발언이 정확한 것으로 믿고 있다.

만약 그러한 돈 인의 발언이 정확한 것이라면 그 여성의 등에 있는
세 개의 진기한 모반은 죽은 이의 상처 자국과 일치하는 것을 잘 설명
하고 있다.

전생퇴행으로 치료된 공포증

다음은 스티븐슨 이외의 다른 사람들에 의해 밝혀진 전생을 기억하는 아이들에 대한 사례들을 살펴보기로 한다. 1997년에 발간된 『어린이들의 전생들(Children's Past Lives by Carol Bowman)』이라는 책에서 저자인 캐롤 보우만은 어린이들이 전생에 대해 말을 할 때 자연스럽게 더 구체적인 내용을 말하게 한다든가 간단한 방법으로 전생퇴행하게 함으로써 더 구체적인 정보를 얻는 것은 물론이며 전생의 죽음과 관련한 공포증이나 우울증 등을 쉽게 치료할 수 있다고 적고 있다. 물론 그녀의 방법은 스티븐슨의 경우와는 달리 어린이가 우연히 말하거나 또는 어떤 전생의 기억이라고 판단되는 증상을 보일 때 그러한 현상을 더 확연하게 하기 위해 그의 기억을 되살리려는 인위적인 노력이나 최면을 이용했다는 점에서 스티븐슨과는 다르다.

스티븐슨은 그러한 기억을 인위적으로 돕는 과정은 엄밀히 피했으며 어디까지나 어린이의 자발적인 발언을 면밀하게 기록하고 증거를 통해 그 발언의 옳고 그름을 판단하려고 하였다. 이러한 점으로 볼 때 그녀의 경우는 엄정한 과학적인 조사 과정을 거치는 것이지만, 그 결과에 대한 과학적인 분석에서는 다소 뒤지는 느낌이 있다. 그러나 어린이들의 자연적인 전생에 대한 묘사를 더 확연하게 유도한다는 데는 상당한 공감을 갖게 하며, 그러한 공포의 장면을 기억하고 나면 그들의 공포증이 완전히 사라진다는 치료 효과에 대해서는 주목할 만하다.

여기에서 캐롤 보우만의 책에 나온 몇몇 사례를 인용해 보기로 한다. 첫 번째는 그녀의 다섯 살짜리 아들인 체이스의 경우이다.

체이스는 어느 날 부모와 함께 불꽃놀이 구경을 갔다. 처음 불꽃을 쏘아 올리는 대포와 같은 소리가 나자마자 체이스는 공포에 떨며 고함을 질렀고 그를 더 이상 달랠 수 없다는 것을 안 어머니는 그 아이를 데리고 먼저 집으로 돌아왔다. 집으로 돌아온 후 한참 동안을 품에 안고 달랜 후에야 그의 공포가 가셨다. 그 후에도 어느 해 8월, 친구의 집 수영장에서 놀고 있을 때 다이빙 소리에 놀라 전과 같이 공포에 떨며 고함치며 놀랐다. 이것을 본 어머니는 그가 큰 소리에 대한 공포증이 심각하다는 것을 깨달았고, 그 후 전생최면을 잘 시키는 한 친구의 방문을 계기로 체이스를 최면시켰다. 체이스를 최면시키는 데는 어른의 최면의 경우처럼 많은 준비도 필요 없었고, 단지 "큰 소리를 들을 때 어떤 것이 떠오르느냐?"는 간단한 질문으로 곧 그를 전생으로 유도할 수 있었다. 어린 체이스는 곧 총을 들고 전선에서 싸우는 한 병사가 되었다.

"나는 총을 가지고 바위 뒤에 숨어 있어요. 그 총은 길고 끝에는 칼이

꽂혀 있어요.”

“어떤 옷을 입고 있지?” 최면사가 질문했다.

“더럽고 구겨진 옷을 입고 있어요. 그리고 갈색의 장화를 신고 허리띠를 하고 있어요. 나는 바위 뒤에 숨어서 무릎을 꿇고 적군들을 쏘고 있어요. 나는 계곡의 끝 부분에 있는데, 싸움은 온 사방에서 일어나고 있어요.”

그는 또 이어서 “나는 바위 뒤에 숨어 있어요.”라고 되풀이하며 “나는 내다보기 싫지만 총을 쏘려면 내다보아야 해요. 연기와 불꽃이 사방에서 튀고 있고 포탄 터지는 소리와 비명소리가 사방에서 들려요. 너무나 무서워요. 나는 움직이는 것이 있으면 무엇이든 쏘고 있어요. 나는 여기 있고 싶지 않고 다른 사람들을 쏘고 싶지도 않아요.”

“나는 바위 뒤에 움츠리고 있는데, 오른쪽 옆구리에 총을 맞았어요. 누군가가 계곡의 위쪽에서 쏜 것 같아요. 나는 바위에 쓰러지면서 피를 많이 흘리고 있어요. 매우 어지러워요.”

“누군가 나를 부상당한 병사들이 있는 곳으로 데리고 갔어요. 보통의 병원 같지는 않고 큰 기둥이 세워진 열린 텐트 같아요. 침대들이 있는데 그것들은 나무로 된 벤치와 같아요. 너무 딱딱하고 불편해요.”

그는 그 부상으로 인해 일시적으로 전투에서 제외되었으나 곧 다시 전쟁터로 보내졌다고 했다. 그때 그는 닭들이 길에 다니는 것을 보았고 또 대포를 끄는 마차를 보았다고 했다. 대포는 로프로 마차에 묶여 있었고 큰 바퀴를 가진 마차였다고 했다.

그는 언덕 위에 있는 포를 담당하도록 명령을 받았고 그는 그곳에 가기 싫다는 그의 심정을 토로했다. 그리고 그가 집에 두고 온 가족이 그립다고도 했으며, 그러고는 그의 영상이 차차 사라진다고 했다.

그 후 그들은 애슈빌에서 필라델피아로 이사를 하였는데 새 집으로 이

사 온 며칠 후 체이스는 어머니에게 "엄마 내가 병사였다고 하는 것 아시지요. 나는 그때 흑인 병사였어요."라고 했다.

그가 총에 맞았다고 하는 자리는 그 어린이가 평소에도 항상 습진으로 고생을 하고 있는 자리였다. 그리고 전생의 기억을 한 후 그는 다시 큰 소리에 대한 공포나 언제나 같은 장소에 나타나던 습진이 완전히 사라졌다.

이상의 사실들이 다섯 살 어린이의 설명이라는 것을 독자들은 믿을 수 없을 것이다. 전투 장면에 대한 구체적인 설명, 집에 두고 온 가족에 대한 그리움 등 이것은 어떻게 보더라도 다섯 살 어린이의 상상이라거나 TV에서 본 것을 되풀이 설명했다는 것으로는 그 구체성이나 실제의 전쟁 장면이나 병사의 장비 등이 역사적인 사실과 일치한다는 점 등을 설명할 수 없다.

이어서 그 책의 저자인 보우만의 아홉 살짜리 딸의 전생에 대한 기억도 옮기기로 한다.

체이스가 이러한 전생의 일들을 말하고 있는 장면을 본 그녀의 딸 사라는 자신이 느끼고 있는 화재에 대한 공포심의 원인을 알기 위해 자신도 최면을 받아 보고 싶다고 자청했다. 사라는 화재에 대한 공포심을 아주 어릴 때부터 가지고 있었다고 했으나 부모들이 그녀의 그러한 공포증을 알게 된 것은 약 1년 전이었다.

사라가 어느 날 에이미라는 친구의 집에서 밤늦게 TV에서 나오는 화재 장면을 보고 있었다. 사라는 그 화재 장면을 보고는 극심한 공포증에 싸였는데, 도저히 그녀를 진정시킬 수 없는 에이미의 어머니는 사라를 한

밤중에 도로 사라의 집으로 데리고 왔다. 사라는 전에도 여러 번 에이미의 집에서 잔 적이 있었지만 이러한 일이 일어난 적은 없었다. 그날 밤 부모들이 사라를 진정시키는 데 무척이나 어려움을 겪었다. 사라는 후에 어머니에게 자기는 화재, 특히 집에서 일어나는 화재에 대해 극심한 공포를 가지고 있다고 말했다. 그리고 그 때문에 평소에도 그녀가 좋아하는 바비 인형 등을 보자기에 싸서 침대 밑에 보관하고 있으며 화재 시에는 언제나 그 보자기를 들고 곧 뛰어 나갈 준비를 하고 있다고 말했다. 물론 그녀의 부모는 그러한 사실을 전혀 알지 못하고 있었다.

얼마 후 사라도 어머니의 친구인 노르만이라는 최면사에 의해 최면을 받았다.

"창고 같아요. 주위는 농장과 숲으로 싸여 있어요. 풀이 많이 나 있는 마차길이 그 집 앞으로 나 있어요."라고 하였고, 그녀는 열한두 살의 여자아이라고 했다.(그 당시 그녀의 나이보다는 두세 살 위였다.) 그녀는 언제나 어머니를 도와 일을 했고, 때로는 아버지를 도와 동물들을 살피기도 했다고 했다. 그녀는 학교에 가지 않았는데 부모가 여자아이는 학교 교육을 받을 필요가 없다고 느꼈기 때문이었다. 또 그녀는 어린 남동생이 있는 것도 보았다. 그녀는 눈을 찌푸리고 자세히 본 후 동생은 아마도 장애가 있는 것 같다고 했다.

이때까지 사라는 자신이 관찰자의 입장에서 본 것을 이야기하는 것 같았다.

최면사가 화재 사건이 있은 때인 더 훗날로 진전하라고 말하자, 사라의 관점이 완전히 바뀌었다. 그녀는 자신이 그 소녀가 되었고 모든 표현은 현재의 동사로 했으며 공포에 질려 있었다.

"나는 별안간 연기 냄새 때문에 깨었어요. 집이 불타고 있어요. 너무나 무서워요. 나는 당황해서 침대에서 뛰어내렸어요. 부모님들을 찾아 복도로 뛰어나왔는데, 모든 곳이 불길로 휩싸였어요. 계단은 이미 큰 불길로 휩싸였고 여기저기 모든 곳에서 불길이 치솟고 있어요. 내 잠옷 끝자락에 불이 붙었어요. 나는 부모님의 방으로 뛰어 갔는데, 부모님은 거기에 없었고 침대는 정리되어 있었어요. 부모님을 찾기 위해 뛰어다니다가 불길 때문에 나는 방의 한 구석에 몰리게 되었어요. 왜 그들은 나를 구해주지 않아요? 그들은 어디 있어요?"

최면상태의 사라는 숨을 몰아쉬었다. 그녀의 얼굴은 공포에 질려 창백한 상태였다.

"불이 붙은 큰 기둥이 내 앞으로 떨어져 마루에 큰 구멍을 뚫었어요. 불이 사방에 붙었어요. 나갈 수가 없어요. 뜨거워서 숨을 쉴 수가 없어요. 나는 내가 곧 죽는다는 것을 알아요."

그녀는 잠시 동안 잠잠했다. 그리고 얼굴 표정도 느슨해졌다.

잠시 후 최면사가 "이제 무엇을 경험하고 있니?" 하고 물었다.

"나는 나무 위를 떠다니고 있는 것 같아요. 나는 공기처럼 가볍게 느껴져요. 나는 아마 죽은 것 같아요. 고통은 전혀 느끼지 않아요. 이제 그것이 끝난 것에 대해 마음이 진정되었어요. 너무나 참혹했어요."

이때 최면사는 사라에게 가족을 볼 수 있는지를 물었다.

"저의 집은 불길에 완전히 싸였어요. 지붕은 이미 없어졌고 가족이 마당에 있는 것이 보여요. 동생은 마당에 앉아 있고 아버지는 울부짖으며 불길 속을 뛰어들려는 어머니를 잡고 있는 것이 보여요."

가족에 대해 설명하는 동안 그녀는 흐느껴 울고 있었다. 그녀는 가족이 자기를 구하려고 노력했으나 불길 때문에 어쩔 수 없었고, 그들이 딸을 구출하지 못해 절망 상태에 있다는 것을 알았다. 사라는 가족들이 느끼는 슬픔과 절망감에 깊은 감동을 받았다. 그녀는 가족이 그녀를 진정으로 사랑한다는 것을 느꼈다고 말했다. 그녀는 가족이 그녀를 불 속에 타서 죽도록 그만 놓아두었다고 잘못 생각하고 있었다는 것을 말했다.

최면에서 깬 사라는 눈을 몇 번 비비고는 미소를 지었고, 그녀의 공포는 완전히 사라진 것 같았다. 그녀는 불길에 휩싸였을 때 오직 부모를 찾는다는 생각 외에는 없었고 최후의 순간에는 부모에 대한 원망으로 가득했다고 말했다. 며칠 후 사라는 그녀의 침대 밑에 싸 놓았던 보자기를 풀었다. 그날 이후 그녀의 화재에 대한 공포증이 말끔히 사라졌다.

여기까지의 예들만 본다면 전생을 기억하는 아이들의 기억이라기보다는 전생퇴행에 의한 전생기억을 상기하는 경우와 비슷하다. 그러나 다음의 예들을 더 관찰하면 그녀의 방법이 전생퇴행과는 다르다는 것을 알 것이다.

5

사실로 확인된 전생의 기억들

어린이들이 그들의 전생에 대해 말하는 것은 대단히 단편적이고 또 순간적인 것으로 어른들이, 그러한 표현들이 전생에 대한 이야기인 것을 인식하지 못하는 경우가 많다. 다음에 그러한 사례들을 살펴보자.

일리노이주에 사는 케런 그린이라는 주부는 어느 날 그녀의 세 살짜리 딸 로렌을 차에 태우고 치과 의사에게 갔다. 로렌은 안쪽의 이를 여섯 개나 은으로 된 틀니로 끼워야 했다. 이처럼 틀니를 끼우는 동안 그녀는 잠잠히 착하게 있었다. 그런데 돌아오는 길에 차에서 로렌은 "나는 은니를 하는 것은 싫어요. 우리 둘이 함께 죽었을 때 나쁜 사람들이 우리들의 은니를 빼어 간 것을 기억해요?"라고 말했다.

그 아이가 이런 말을 했을 때 어머니인 케런은 거의 기절할 뻔했다고 했는데, 그들이 유태인이므로 그녀의 딸이 나치수용소에 대해 이야기하고 있다는 것을 직감으로 느꼈다고 한다. 그리고 어린 로렌의 진지하고 어른 같은 말씨에 그녀가 장난으로 그렇게 말하지 않는다는 것을 느꼈다고 했다.

또 세 살짜리 로렌이 TV에서 그러한 장면을 보았을 가능성은 전혀 없다고 단언하고 있다. 케런은 어린 딸이나 아들이 어떠한 공포스러운 장면도 보지 않게 평소에도 특별히 주의하고 있다고 했다.

다음의 이야기는 버지니아의 한 주부로부터 저자인 케롤 보우만에게 전해진 것이다.

아들 빌 리가 두 살 반이 되었을 때, 나는 설탕으로 쿠키를 만들고 있었다. 그 애 앞에서 그런 것을 만든 일이 전에는 없었으나, 빌리가 그의 아주머니가 만들었던 쿠키를 만들어 달라고 해서 설탕으로 프로스팅을 만들고 있었다. 빌리를 건너편에 앉혀 놓았고 내가 프로스팅을 만들기 위해 설탕의 봉지를 뜯었을 때 빌리는 그것이 무엇이냐고 물으면서 조금 맛을 보아도 되느냐고 했다. 물론이라며 그 봉지를 그의 앞으로 가져갔다. 빌리는 조그마한 손가락으로 설탕을 찍어 맛을 보더니 곧 표정이 변했다. 정말 이상스럽게도 표정은 어른스럽고 어깨가 처진 것 같았고 실제의 나이보다 훨씬 더 나이가 든 것같이 보였다. 빌리에게 그러한 변화가 일어났으나 나는 그것이 어떤 것인지도 모르고 어리둥절했다.

그때 빌리는 태연스럽게 "오! 이것은 할머니가 쓰던 것이구먼."이라고 말했다. 나의 어머니는 쿠키를 만든 적이 없기 때문에 빌리가 누구를 말하고 있는 것인지 몰랐다. 나는 빌리에게 친할머니를 말하느냐고 물었다.

"아니, 아니, 다른 할머니."라고 대답했다. 나는 다시 물었고 빌리는 "아니 다른 할머니"라고 되풀이했다.

어떤 할머니냐고 물었을 때 빌리는 "나의 옛날의 할머니."라고 말했다.

"옛날 할머니라니 그가 누군데?"

그때 그는 그 할머니에 대해 설명했다. 그 할머니는 이러한 설탕을 사용했고 그녀가 얼마나 빌리를 사랑했으며, 또 빌리가 그 할머니를 얼마나 사랑했는지 말했다. 나는 빌리가 어떤 이상한 꿈을 꾸거나 환상에 잡혔다고 믿고 "엄마도 있었니?" 하고 물었다.

"그래요, 나의 엄마도 있었어요."

"그럼, 아버지도 있고?" 하고 나는 물었다.

빌리는 그 말에 대한 대답을 찾는 것 같았고 기억을 되살리려는 듯이 주위를 살폈다. 그러더니 "한두 사람의 남자들이 있는데 가끔 그곳에 머물러요. 그런데 그들이 나의 아버지 같지는 않아요. 어머니의 친구들이에요."라고 말했다.

빌리가 이러한 말을 했을 때 나는 얼마나 놀랐는지 모른다. 처음에는 그의 꿈이나 상상이라고 생각했으나 두 살 반짜리가 꿀 꿈이나 상상이 아니었다. 빌리의 표현은 그 또래의 어린이가 쓸 수 있는 단어들이 아니었고, 빌리는 완전한 문장을 사용했고 단어를 찾기 위해 주춤거리지도 않았다. 빌리의 이야기는 그것뿐이 아닐 것이라는 느낌이 들어 좀 더 자세히 이야기해 달라고 했고, 빌리는 그 말에 대단히 기뻐했으며 그 이야기를 계속했다. 빌리와 그 할머니는 뒷마루에 앉아 넓게 펼쳐진 들판 저 멀리 기차가 지나가는 것을 바라보는 것을 즐겼다고 했다.

이상한 것은 우리는 아파트에 살고 우리 집 근처에는 기차 같은 것은 전혀 없었다. 다시 그의 가족에 대해 물었을 때 빌리는 매우 슬퍼 보였다.

그리고 우울한 표정으로 그의 가족은 돈이 없어 더 이상 살 수 없었다고
말했다.

"어디를 갔었지?"라는 나의 물음에 빌리는 조금 있다가 대답했다.

"엄마, 그들은 음식을 살 돈이 없었어요. 우리는 근처의 식품 가게에 갔
었고, 그 가게 주인은 우리에게 빵을 주곤 했어요. 그런데 어느 날 그는 더
이상 줄 수 없다고 했어요. 돈을 내야 준다고 했으나 우리는 낼 돈이 없었
어요. 나의 옛날 할머니는 쿠키를 만들어 주었어요."

그러면서 그는 또 기차를 바라보던 이야기를 되풀이했다. 나는 그 후
어떻게 했는지를 캐물었고, 빌리는 "그들은 돈이 없어 나를 먹일 수가 없
어 나가게 두었어요."라고 했다. 나는 빌리에게 다른 집에 가서 살았느냐
고 물었다. 그 말에 빌리는 화를 내며 "아니 그들은 나를 나가게 했어요,
엄마."라고 말했다. 나는 이해할 수가 없다고 했고 그 후 빌리가 어디에
갔는가를 다시 물었습니다. 그때 빌리는 나의 눈을 똑바로 쳐다보며 "그
들이 나를 엄마에게 주었어요."라고 대답했다.

나는 온몸에 소름이 끼쳤고 그의 말뜻을 그전에 못 알아들었던 것에
대해 바보처럼 느꼈다.

그래서 나는 "아빠와 내가 어떻게 너를 받았지?"라고 물었다.

"그들은 나를 죽게 했어요. 그때 나는 일곱 살이었어요."

"너의 어머니에게도 그것은 무척이나 고통스러웠겠구나."

"예, 그들에겐 무척 슬픈 일이었어요. 그들이 나를 더 이상 키울 수 없
었기 때문에 나를 죽도록 놓아두었어요."

"어떻게 죽었는데?"

"내가 일곱 살 때 '도요타 딜러십' 앞에서 차에 치어 죽었어요."

두 살 반짜리 빌리의 이러한 말은 나의 말문이 닫히게 했습니다. 어

린이가 '도요타 딜러십'이란 것을 알 수가 없기 때문이었다. '딜러십(dealership)'이란 단어는 빌리가 아는 말에는 전혀 포함되지 않는 단어였다. 나는 또 언제 어디에서 그런 일이 있었는지를 물었다.

빌리는 주위를 살피더니 "할리우드"라고 대답했다.

"캘리포니아의 할리우드 말이니?" 하고 물었을 때 빌리는 "아니요, 다른 할리우드. 텍사스의 할리우드요. 그리고 그것은 1987년에 있은 일이에요."라고 했다.

두 살 반짜리 어린이의 대답으로는 기가 막히는 대답이었다. 나에게는 네 살 반짜리 아이가 있는데, 그는 아직 '어느 해'라는 개념이 전혀 없다.

그 후 그녀는 크고 상세한 텍사스 지도에서 할리우드라는 지명을 발견했다. 보통의 지도에는 그곳의 이름이 나오지 않는다. 그 후도 가끔 빌리는 그 이야기를 했고 언제나 내용은 변하지 않았다. 한 1년이 지난 후부터는 그의 그러한 기억이 완전히 사라진 것 같았다고 한다.

보우만은 피터와 메리 해리슨의 저서인 『시간이 잊은 아이들(The children that Time forgot)』에서 나온 예들도 몇몇 인용했는데 두 살짜리 멘디는 그녀의 무덤을 정확히 알아냈고, 또 그녀의 장례식의 모습을 상세히 설명함으로써 부모들이 멘디는 죽은 멘디 언니의 환생이라는 것을 확신시키고 있다고 말하고 있다.

또 두 살짜리 사이먼은 19세기에 한 선원이었던 전생의 기억을 말했다. 그는 그때의 장면을 설명하면서 그들의 부모나 보통 사람들이 알지 못하는 스팽커 돛(spanker sail)이라는 표현을 사용했는데, 이것은 많은 돛을 가진 배의 제일 뒤쪽에 있는 돛을 뜻하는 말이다. 그리고 또 어느 날 우연히 사이먼이 젤리가 담긴 그릇을 넘어뜨렸는데, 그는 근심스러운 어조로 어머니에게 그가 헤이즈(haze)하지 않으면 안 되느냐고 물었다. 그 말의 뜻을 모르는 어머니는 헤이즈가 무슨 말이냐고 물었고, 사이먼은 선원이 잘못을 저질렀을 때 갑판을 닦는 등 어려운 일을 강제로 해야 하는 일종의 처벌이라고 했다. 그 부모들이 조사를 해보니 두 살짜리인 아들의 설명이 정확했다는 것을 알았다.

다음은 환생의 경우에 대한 조사 기록으로 『환생; 피닉스 불의 신비(Reincarnation; The Phoenix Fire Mystery)』에 나오는 이야기로 어린이들이 배운 일이 없는 외국어로 말하는 경우의 예이다.

뉴욕의 유명한 의사이던 마샬 맥더피 박사와 그의 부인 윌헬미나 여사의 어린 쌍둥이 아들들이 전혀 배운 적 없는 외국어로 서로 대화하고 있는 것을 발견했다. 그 후도 그들은 그런 대화를 계속했으므로 부부는 그 쌍둥이를 콜롬비아 대학의 언어학 교수에게 데리고 갔으나 그 교수도 그 말이 어떤 말인지를 알지 못했다. 그때 그 옆에 있던 같은 대학의 한 외국어 교수가 그들이 아람어로 대화하고 있다는 것을 알았다. 그 언어는 예수님이 살았을 때 쓰던 언어라고 한다. 맥더피 박사의 부부가 아람어를 모르는 것은 말할 것도 없고 그의 주위에도 아람어를 아는 사람은 전혀 없었다고 한다.

이상으로 환생의 경우의 예를 드는 것은 끝내기로 한다.

영혼의 존재를 인정하는 과학자들

이안 스티븐슨 박사는 그의 40년이 넘는 연구 결과에 대해 다음과 같이 결론을 내고 있다.

"어린이들의 사례 중 상당수는 실제로 그 어린이들이 살았던 선생이라고 믿을 수밖에 없다."라고 말하고 있다. 그렇다면 이 이상 더 확실하고 직접적인 전생의 증명이 있는가? 스티븐슨의 결론은 과학자로서 실제 사례들을 40여 년이라는 장기간에 걸쳐 분석한 결과이므로 그 이상 더 과학적인 결론이란 무엇을 뜻하는가? "현재의 과학의 이론으로 설명할 수 없는 것은 과학이 아니다."라고 부정해야 하는가?

이와 같이 부정할 수 없는 많은 사례들이 믿을 만한 사람들에 의해 수 없이 되풀이 증명되었어도, 과학계에서는, 아니 지식층 대부분은 그러한 증거는 외면한 채 사후 생의 존재나 영혼의 존재를 왜 받아들이지 않으려 하는지를 저자는 이해할 수가 없다. 영혼의 존재는 모든 종교의 근간이며 인류 역사상 아마도 가장 오래 지속되어온 믿음의 하나일 것이다. 17세기 이후 근대과학의 눈부신 발전과 그 결과 이룩한 생활의 윤택함 등으로 과학에 대한 인간의 믿음이 과학에 대한 맹신을 낳았고, 무엇이든 과학으로 설명할 수 없는 것은 미신으로 치부해 버리게 되었다는 것은 이해할 수 있다.

그러나 진지하게 과학을 연구하는 과학자나 철학자 등은 과학의 근본 가정(관찰된 자연법칙)과 그에 따라 도출될 수 있는 결과의 한계를 분명히 알고 있었을 터임에도, 그러한 견지에서 이러한 과제를 해결해 보려고 노력한 흔적이 매우 드물어 보이는 것은 어찌된 일인가?

예를 들면 뉴턴의 운동의 법칙들은 사물의 운동에 대한 설명은 할 수 있어도(그것마저도 매우 빠르게 움직이는 물체에 대해서는 완벽하게 할 수 없지만) 질병의 원인은 설명할 수 없지 않은가? 다윈의 진화론은 물체의 운동에 관하여는 하등의 정보도 제공할 수 없다. 프로이트의 정신분석 이론에만 의지해 비행기를 만들 수 있는가?

같은 물리학의 범주에 속하는 것이지만 뉴턴의 법칙만 이용해 전자파의 존재만이라도 예측할 수 있었는가? 가시광선 이외의 전자파의 존재를 우리의 귀나 눈 아니면 우리의 다른 감각기관으로 확인할 수 있는가? 지금 이 순간도 우리가 서로에게 전파를 통해 보내고 있는 수없이 많은 메시지들을 TV나 라디오가 없으면 그러한 것들의 존재마저 인식할 수 없지 않는가? 영혼의 존재를 자동차나 전화기를 가지고 확인할 수 있는가? 영혼의 존재를 인식하기 위해선 그것을 탐지할 수 있는 새로운 방법이 필요하지 않은가?

마치 오늘의 전자공학을 이룩하기 위해 18세기 이전에 없었던, 아니면 몰랐던 전자기학에 대한 가설과 이론이 필요했던 것처럼, 영혼의 존재를 확인하거나 부정하기 위해서도 물리학에서처럼 심령학의 제임스 맥스웰이나 하인리히 헤르츠가 필요한 것이 아닌가?

그 방법을 찾는 과정마저(예를 들면 심령 연구) 미신으로 치부한다면 물리학자가 의사나 생물학자들의 연구 과정을 미신으로 치부하는 것이나 다를 것이 무엇인가?

뉴턴이 물체의 움직임을 관찰하여 운동의 법칙을 만들었듯이 크룩스나 리세 등이 관찰한 심령 현상의 결과에 의거해 "영혼은 존재한다."는 것을 심령학의 제1법칙이라고 정한다면, 뉴턴의 관찰에 의해 운동의 법칙을 정한 것이나 다를 것이 무엇인가?

이 장에서 분석해온 사례들만 보더라도 현대 과학의 어느 가설로도 그러한 현상들 전부를 설명할 수 있는 가설이 없지 않은가? 그러나 우리가 영혼의 존재만 가정한다면, 위의 모든 사실들은 명백히 설명할 수 있게 된다. 그렇다면 적어도 과학적인 견지에서는 "영혼은 존재한다."는 가설은 심령 현상 연구에 있어서만은 지금까지 인류가 모색했던 어떠한 가정보다도 더 유용한 것이 아닌가? 그렇다면 영혼이 존재한다는 것을 영혼 현상 연구의 제1법칙으로 정해도 하등의 하자가 없을 것이다.

몇 번이고 되풀이한 이야기이지만 가장 좋은 과학의 이론이란 가장 적은 수의 가정으로 가장 많은 것을 설명할 수 있으면 되는 것이다. 그보다 더 적은 가정으로 더 많은 것들을 설명할 수 있는 새 이론이 나올 때까지는, 우리는 그것을 타당한 이론으로 받아들이고 있지 않은가? 과학은 새로운 이론으로 새로운 사실들을 발견하고 설명해 가는 과정이다.

그러한 예를 과학 중에서도 가장 이론 체계가 정연한 물리학에서 찾아보기로 하자. 현대 물리학의 탄생기인 전세기 말엽부터 금세기 초에 이르는 기간 동안 물리학이 걸어온 발자취를 되돌려보면, 톰슨에 의해서 전자(電子)와 양자(量子)가 동일한 수로 여기저기 박혀진 스펀지 구형의 원자 모형이 제안되었고, 그 모델로 원자의 구조를 설명하고 있었다. 그러나 그 후 방사성 물질에서 나오는 방사선의 회절 실험에서 원자는 많은 빈 공간으로 되고 질량이 집중된 곳은 극히 적은 부분인 것이 밝혀짐으로써 J.J. 톰슨의 원자 모형은 닐스 보어의 원자핵을 중심으로 전자들이 공전하는 태양계와 같은 모델로 바뀌었다. 이 모델은 지금도 조금의 수정으로 받아들여지고 있는 모델이다. 그러나 원자핵을 공전하고 있는 전자는 가속 운동을 하고 있으므로 전자기학의 법칙에 의하면 전자는 에너지를 계속 방출하고 결과적으로는 원자핵으로 떨어져 버리지 않을 수 없다는 모순을 지녔다.

이 어려움을 극복하기 위하여 양자의 가설을 도입해야 했다. 즉 전자가 어떤 궤도에 있을 때는 에너지를 방출하지 않고, 그 궤도에서 다른 궤도로 옮길 때만 에너지를 방출한다는 가정이다. 이것은 분명 맥스웰의 전자기학과는 모순이 되는 가정이지만 관찰된 수소원자의 스펙트럼을 설명할 수 있다는 점, 그리고 전자가 에너지를 잃고 원자핵에 붙어버리고 만다는 모순을 피할 수 있다는 점 등으로 인하여 정설로 받아들여지고 있다.

그렇다고 해서 전자가 안정 궤도에 있을 때는 왜 맥스웰의 전자기학의 원리에 의해 방출되어야 할 에너지가 방출되지 않는지에 대한 이론적인 설명이 있은 것은 아니다. 다만 그 궤도에 있을 때는 에너지의 방출이 없다고 가정했을 뿐이다. 더욱이 그러한 가정과는 분명히 모순되는 맥스웰의 전자기학을 포기한 것도 아니다.

이러한 점으로 보더라도 이론 체계가 정연한 물리학에서도 몇몇 현상을 설명할 수 있는 가정으로부터 시작하고 그 가정에 모순이나 부족함이 발견되면 보완하는 가정을 추가함으로써 설명해 가고 있다.

또 다른 예로서, 우리의 감각이나 상식으로 받아들이기 어려운 이론으로, 우주의 모든 물체가 옛날에는 한 점(点)에 모여 있었고, 대폭발에 의해 오늘의 우주가 창조되었다는 소위 빅뱅(Big Bang) 이론보다 더 황당해 보이는 이론이 또 있겠는가? 이 지구가, 아니 이 작은 내 몸이 한 점으로 축소되는 것도 상상을 초월하는데, 하물며 우주 전체가 한 점으로 축소되다니 정말 믿기 힘든 일 아닌가?

그러나 이 학설은 1920년대 프리드만과 르메트르에 의해 제창되고 그 후 1940년대 조지 가모브에 의해 발전된 이래 우주 창조에 대해 설명할 수 있는 가장 뛰어난 이론으로 받아들여지고 있다. 누구도 우주의 전 물체가 한 점에 집합되어 있었던 것을 증명한 사람은 없다. 그러나 그러한 상상마저 초월하는 가정으로 현재 우리가 관찰하는 우주(별들의 세계)의 상태(예를 들면 팽창하는 우주)를 설명할 수 있기 때문에 우리는 그 이론을 받아들이고 있는 것이다.

"영혼이 존재한다."는 가정이 "우주에 존재하는 모든 물체가 예전에는 한 점에 축소 집합되어 있었다."고 하는 르메트르나 가모브의 가정보다도 더 황당하고 받아들이기가 어려운가?

이것뿐만이 아니다. 물리학이나 우주론에 대해 지식이 없는 일반인들에게 더 놀라운 것은 가모브의 빅뱅설과 함께 1950년대에는 프레드 호일에 의한 정적인 우주설이 상당히 많은 학자들에 의해 받아들여지고 있었다는 사실일 것이다. 이들 두 설이 탄생하게 된 주원인은 허블의 관측에 의한 것으로 그에 의하면 우주의 더 먼 곳에서 오는 빛일수록 적색 편위가 더 심하다는 것이고, 이것은 우주의 가장자리는 끝없이 빠른 속도로 더 멀어져가고 있다는 것, 즉 우주는 팽창하고 있다는 것을 나타낸다. 에딩턴 등은 팽창하는 우주를 주장했고 이 팽창하는 우주를 이론적으로 설명하기 위한 것이 가모브와 호일의 이론이다.

그러므로 두 설은 우주가 팽창한다는 데는 일치하고 있으나 우주 전체에 있는 물질의 평균 밀도에 있어서는 서로 상반되는 주장을 하고 있다. 호일은 우주가 팽창함에 따라 새로운 은하들이 계속 탄생함으로써 우주의 물질의 평균 밀도는 일정하게 유지된다고 가정하는 반면, 가모브의 이론에서는 처음 폭발 당시 물질의 양이 정해졌고, 그것이 차지하는 우주가 계속 팽창함으로써 그 물질들로 채워지는 우주의 평균밀도는 줄어들 수밖에 없다고 한다. 이러한 서로의 모순이 있었어도 물리학계에서는 양쪽 이론을 다 가능성이 있는 가설로 인정하고 연구를 계속해 왔다. 물론 현재로서는 가모브의 빅뱅 이론이 더 우세하다.

이러한 물리학의 전철을 보더라도 "영혼이 존재한다."는 것을 가정하고 그에 따라 여러 심령 현상을 설명하는 것은 과학적인 관점에선 하나도 모순될 것이 없다. 그와 마찬가지로 "영혼이 존재하지 않는다."는 가정으로 관찰된 여러 심령 현상들을 설명할 수 있다면 우리는 당연히 그러한 가정, 즉 "영혼은 존재하지 않는다."는 것을 심령학의 법칙으로 채택할 수 있을 것이다. 심령학에 대한 과학적인 연구가 시작된 지(SPR의 탄생: 1882년) 120년을 넘게까지 영혼은 존재하지 않는다는 가정으로는 영혼 현상들을 전혀 설명하지 못하고 있지 않은가? 그렇다면 늦게나마 "영혼이 존재한다."는 가정으로 관찰된 영혼 현상들을 설명해 보겠다는 데 대해 반대할 어떤 이유가 있는가?

더 나아가 우리에게 지금은 진실이라 믿어지는 것도 우리가 관찰하고 있는 인식의 한계 내에서 그렇다고 할 수 있을 뿐이다. 뉴턴의 법칙이 우주의 저 너머에서도 성립되는지는 누구도 모르며 다만 그러할 것이라고 가정할 뿐이다. 또 뉴턴의 법칙이 앞으로도 영원히 우주에서 성립할 것인지 아닌지도 우리의 인식으로는 모른다. 뉴턴의 법칙이 성립하지 않는 세계가 있을지, 또 뉴턴의 법칙이 어떤 시간 이후 또는 이전에는 성립하지 않는 시기가 있을지 아무도 모르지 않는가?(실은 빅뱅 이론에서는 그 최초의 시기에는 현재의 물리법칙이 성립되지 않았다고 가정하고 있다.) 그럼에도 불구하고 우리는 우리의 관찰 범위 내에서 관찰한 사실들을 그 이상의 영역과 시간에서도 똑같이 성립할 것이라는 가정 아래 과학을 연구하는 것이다. 이렇게 되풀이해서 말한 것은 학문은, 적어도 과학은, 수많은 가정하에 이루어지고 있음을 지적하고자 함에서였다.

심령 현상에 대한 연구는 심령 현상을 설명할 수 있는 가정의 모색, 바로 그 과정이다. 영혼이 있다든가 없다든가, 어느 가정이 관찰된 영혼(심령) 현상들을 더 잘 설명할 수 있는가를 탐색하는 절대 필요한 과정이다. 그것을 미신이나 가치 없는 일로 취급하는 것이야말로 무지의 소산일 뿐이다.

뉴턴의 법칙으로 이들 현상들을 설명할 수 있다면 우리는 구태여 영혼 현상에 관한 다른 법칙들을 찾을 필요도 없을 것이다. 그러나 불행하게도 현재의 과학이 알고 있는 아니면 인정하고 있는 어떠한 법칙으로도 영혼 현상들을 설명할 수 없지 않는가? 그렇다면 과학이 알고 있는 법칙으로 설명이 되지 않기 때문에 그런 현상들은 존재하지 않는다고 해야 하는가?

　이러한 견지에서 지금까지 심령 현상 연구에 대해 반대해온 과학자나 학자들의 태도를 본다면 그들은 과학과 학문의 근본 취지를 모르든가 아니면 학문의 방법을 모르는 사람들이라고 하지 않을 수 없다. 그러므로 그들은 과학자도 아니고 학자도 아닌 단지 그들의 직업(학문)만의 종사자일 뿐이다. 그러한 그들이 과연 크룩스나 리셰 등 평생을 바쳐 진지하게 연구해 얻은 그들의 연구 결과를 부정할 자격이 있는가? 아마도 그들이 거둔 다른 분야의 과학적인 업적으로 보더라도 그 두 사람들에게 필적할 만한 성과를 거둔 과학자는 드물 것이다. 그들은 영국 최고훈장을 받거나 노벨상을 받은 과학자들이 아닌가? (크룩스의 과학 분야의 업적들은 대부분이 노벨상이 제정되기 이전에 이루어졌으므로 노벨상은 받지 못했다. 그러나 그는 영국 최고훈장을 탔고 리셰는 1913년 노벨 의학상을 받았다).

제18장

정신병에 대한
생각들

정신병은 빙의인가?

우리는 앞 장에서 정신병의 많은 경우가 빙의에 의한 것임을 이야기했다. 실제로 20세기 초 로스앤젤레스의 정신과 의사로 유명하던 칼위클랜드 박사는 많은 정신병의 경우가 빙의에 의한 것임을 주장했다. 그는 영매능력을 가졌던 그의 부인의 협력으로 실제로 많은 불치의 경우로 판명된 정신병자들을 완치했다. 그는 이러한 결과와 치료 과정을 상세히 기록한 책 『사자들과 함께 30년(30years Among the Death)』이라는 저서를 발간했고, 그 책은 이 분야의 대단한 명저로 알려져 있다.

먼저 칼 위클랜드 박사가 왜 의사로서 정신병을 불행한 영혼에 의한 빙의 현상으로 보았는지를 그의 책으로부터 알아보기로 하자. 그는 책의 서두에 사자(死者)에 대한 공자(孔子)의 생각이나 사자의 영으로 빙의된 환자들을 치료하는 성경의 구절들을 인용하고 있고, 이 책에서도 많이 인용된 학자들처럼, 그도 사후에 생존하는 영혼의 존재를 믿고 있다.

다음은 위클랜드가 그의 책에 적은 내용에 대해서 살펴보기로 하자. 먼저 뉴욕시의 성 바울 가톨릭 성당의 교구장인 조지 설 박사의 다음과 같은 말을 인용하고 있다.

심령 현상에 대해 연구한 과학자들마저도, 현재의 심령주의에서와 같이, 영혼이 존재한다는 사실은 더 이상 하나의 열려진 의문이 아니고 사실로 받아들이고 있다. 그러한 현상들을 속임수나 환상이라 부정하는 사람들은 더 이상 회의주의자로 취급될 수 없다. 그들은 오직 무식하다고 할 수밖에 없다.

또 이어서 G. G. 프랑코의 『가톨릭 문화』에서 다음을 인용하였다.

현재 우리 세대에서 심령 현상의 존재에 대해 부정하는 사람들은 그들의 발은 지구상에 두고 있으면서 그들의 머리는 달에 두고 있는 사람들뿐이다. 심령 현상들은 우리의 지각으로 감지할 수 있는 범위 내에서 일어나는 외부적인 현상으로 그러한 현상들은 누구나 관찰할 수 있고 또 그러한 사실들이 수많은 신빙할 만한 관찰자들에 의해 확인된 이상, 더 이상 그러한 증거를 부정하려는 것은 어리석은 짓이다. 합리적인 사고를 가진 사람들마저도 그러한 사실들의 존재에 대해 확신을 가지고 있다.

런던의 러퍼트 박사가 피우스 10세 교황으로부터 미국에 있는 가톨릭 신자들에게 심령 현상에 대한 특별 강의를 해주도록 직접 당부 받았다고 위클랜드는 적고 있다.

위클랜드는 이어서 사후에는 아무 것도 존재하지 않는 것을 의미하는 '죽음'이라는 단어는 잘못 사용된 단어라고 하며, 실제로는 죽음의 문턱을 넘어선 수많은 사람들이 그들이 그러한 경계를 언제 넘었는지를 모른다고 했다. 그리고 심령 현상에 대한 지식의 부족으로 자신이 죽었다는 사실을 느끼지 못하고 있는 영혼들은 이전의 육체적인 감각이 없어진 것에 당황하여 황혼의 상황, 즉 성경에서 말하는 '외부의 어두움' 속에 있어 영혼의 세계로 가지 못하고 우리 주위를 맴돈다고 했다. 이렇게 지구에 묶여 있는 지박령(地縛靈: 영의 나라로 가지 못하고 그가 생전에 살던 곳에 억매인 영을 말하며 이들은 그들이 가졌던 생전의 원한이나 집착 때문에 그곳을 떠나지 못한다고 함)이 옛날부터 악령으로 알려져 있다. 악마도 인간의 이기심과 잘못된 종교적인 지식이나 교육 등에 의한 무지의 소치로 인한 결과로 인간으로부터 기원한다고 했다. 우리 산 사람들은 수많은 떠돌이 영혼들의 영향을 받고 있으며, 우리의 우울한 느낌, 불안감, 실증, 공포, 정당하지 않은 충동, 불안한 예감 등등이 그들에 의한 영향이라고 했다.

위클랜드는 캐링턴 박사의 저서 『근대 심령 현상』에서도 인용하고 있다.

빙의 현상은 현대과학에서도 더 이상 부정할 수 없는 하나의 가능성임이 확실하고 그러한 사실을 뒷받침하는 증거가 많은 지금, 학문적인 견지에서 이러한 현상을 규명해볼 필요가 있음은 물론이고 그러한 현상으로 신음하고 있는 수많은 사람들의 고통을 덜어주기 위해서도 시급히 연구되어야 한다. 빙의 현상에 대한 이론이 가능성으로 받아들여진 이상 현대의 모든 지식과 심리학의 이해가 그러한 환자들을 돌보는 데 동원되어야 할 것이다.”

즉 위클랜드는 부유(浮遊) 영혼들에 의한 빙의를 실제의 일로 받아들이고 있다. 또한 그는 의학적인 견지에서 정신병과 뇌의 이상에 대해 고찰하고 있는데, 그는 필라델피아의 코플린 박사의 다음과 같은 기록을 인용한다.

정신병은 대개의 경우 눈으로 판별할 수 있는 뇌의 변화는 따르지 않는다. 정신이상 환자의 뇌를 현미경으로 아무리 자세히 검사해도 정상인의 뇌와 다른 점을 도저히 찾을 수 없다. 그러므로 정신병은 바이러스와 같은 어떤 생명체에 의한 중독증임이 확실하다. 그러나 무엇이 그 원인인지는 밝혀지지 않았다.

또 독일의 저명한 정신과 의사인 지헨 박사의 말도 인용하고 있다.

실제 정신병에 대한 정확한 정의와 범위를 아직은 확정 지을 수 없다. 병리학적인 분석은 아직 우리에게 정신병의 일관되고 확실한 원인을 제공하지 못하고 있다.

그는 또 에번스 박사의 말을 인용하고 있다.

뇌종양이나 뇌의 질환은 환자의 정신에 이상을 일으키지 않을 수도 있다.... 어떤 환자가 뇌에 이상이 있어도 정신에는 이상이 없을 수가 있다.

즉 그는 정신이상은 뇌의 이상과는 무관할 수 있음을 강조한다. 그는 그 당시 뉴욕시에서 일어났던 한 경우에 대해 예를 들고 있는데, 다음은 당시 신문에 발표된 내용을 그가 발췌한 것이다.

뉴욕시에 사는 한 젊은이가 열 살 때 오토바이를 타다 넘어졌는데, 그 이전까지는 아주 얌전하고 인정이 많고 명랑하던 그가 돌변하여 말을 듣지 않고 성질이 고약해져 결국은 절도와 범죄를 저지르는 인간으로 성장했다. 그는 감옥살이를 여러 번 한 후에 불치의 정신병 환자로 인정되어 뉴욕주의 정신병 수용소로 이관되었다.

그런데 그는 그 수용소에서 탈출을 기도했고 잡히는 과정에서 몽둥이로 머리를 심하게 맞아 실신하여 병원으로 이송되었다. 그 이튿날 아침 그 청년이 깨어났을 때엔 얌전하고 온순하며 범죄를 저지를 가능성이나 정신병의 징후는 조금도 보이지 않았다. 그 후도 그는 계속 새로운 사람으로 남아 있다. 의학계에서는 그의 그러한 변화의 원인이 무엇인지 전혀 알지 못하고 있다.

그는 "이런 경우를 바이러스의 감염으로 어떻게 설명이 가능한가? 한 대 얻어맞고 밤새 잠을 자고 났더니 바이러스가 감쪽같이 사라졌다고? 이러한 것은 바이러스 감염으로는 설명할 수 없지만 빙의로는 매우 간단하게 설명할 수 있다."라고 말하고 있다. 즉 그 소년이 오토바이에서 떨어져 실신상태에 들었을 때 범죄를 저지른 그 악령이 그의 몸에 들어왔고 다시 방망이로 맞아 실신했을 때 그 악령이 빠져나갔다고 보면 무리 없는 설명이 가능하다는 것이다.(영혼설에서는, 실신상태는 그 육체를 조정하는 영혼이 육체를 잠시 떠난 상태거나 육체를 조정하지 못하는 상태이므로 이때, 외부의 영이 침입할 수 있다.)

그는 결론적으로 다음과 같이 말한다.

정신이상에 대한 세계적인 권위자들마저 그 원인에 대해 각기 다른 견해를 가지고 있다는 사실만으로도 사고력을 가진 사람이라면 그들이 가진 어떠한 편견에 구애받지 않고 결과를 가져올 수 있는 이론을 검토해야 한다는 것을 알 것이다. 현재 우리가 직면하고 있는 경우는 심각한 것이며 가장 넓은 아량과 견해만이 문제의 해결에 도움이 될 것이다.

정신이상은 주로 정신과 심리적인 혼란(심령적 정신이상)이므로 그러한 증상이 병의 원인에 대한 단서를 제공할 것이며, 정신병의 치료에 이르는 해답을 제공하는 데 길잡이가 될 것이다. 이러한 전제는 심리학과 초심리학에 대한 연구뿐 아니라, 그 범위를 전부 포함하기 위해서는 인간의 이중성, 즉 물질과 영혼, 육체적인 것과 영혼적인 것을 인정해야 한다는 것을 시사하고 있다.

영혼에 의한 빙의 현상은 실재하는 사실이며, 충분히 실증해 보일 수가 있다. 이것은 수백 번 증명이 되었다. 정신이상자에게 빙의된 영혼을 영매 능력이 있는 사람에게 일시적으로 옮기게 함으로써 정신병의 원인이 무지한 영혼이라는 것이 밝혀졌으며, 많은 경우 그 영혼이 살았을 때 누구였는지도 밝혀졌다.

그의 책에는 실제로 치료하는 수많은 사례가 들어 있는데 모두 소개하기에는 분량이 너무 많으므로 사례를 하나만 들어 보기로 한다. 위클랜드 박사의 정신이상이나 다중인격의 치료방법(제령방법)에 대해 간단한 설명을 먼저 추가한다.

위클랜드는 영매인 자신의 부인이 트랜스 상태에 들어가 있을 때 환자에게 빙의한 영들을 부인에게로 옮겨오게 한다. 빙의한 영들은 환자의 몸을 떠나는 것을 두려워하기 때문에 강제로 그들을 나오게 해야 하는데, 그 방법의 하나로 환자에게 가벼운 정전기에 의한 감전을 시킨다. 그러한 전기적인 충격은 빙의하며 그 환자의 몸을 지배하고 있던 영에게는 수천 개의 바늘이 찌르는 듯한, 아니면 벼락에 맞는 것 같은 심한 고통을 주게 되어 그러한 고통을 참지 못한 영은 환자의 몸을 빠져 나와 그들이 쉽사리 다시 들어갈 수 있는 영매인 위클랜드 부인의 몸으로 들어간다.

이처럼 환자에게 빙의하였던 영이 위클랜드 부인의 몸을 조정하는 동안은 위클랜드와 대화가 가능해진다. 위클랜드는 그 영이 이미 육체를 잃었고 죽은 지 오래되었으니 영혼의 세계로 가야 한다고 설득한다. 빙의한 영은 자신이 죽었다는 것을 의식하지 못하고 살았을 때나 또는 죽을 당시의 상황들에 대해 집요하게 집착하기 때문에 한 번의 설득으로 제령(除靈)이 불가능한 경우가 많다.

또 빙의한 영이 하나 이상일 때는 그러한 영을 하나하나 같은 방법으로 설득하거나, 설득이 되어 떠나는 영에게 다른 영들도 함께 데리고 가도록 부탁하는데, 흔히 남은 영들이 떠나는 영을 따라가는 경우가 있다. 그럴 때는 남은 영들을 위한 별도의 제령(除靈) 작업은 필요가 없게 된다.

이렇게 환자의 몸에 빙의했던 영들이 다 떠나고 나면, 환자에게서는 즉시 정신병의 징후를 찾을 수 없고 환자는 완전히 정상인으로 돌아오게 된다. 다중인격의 경우가 여러 영에 의한 빙의 현상인데, 그때는 하나의 영을 제거할 때마다 환자에게 나타나던 하나의 특정한 부(副)인격에 의한 행동이 없어지기 때문에 그러한 부인격이 사라진 것을 알 수 있다.

정신병을 치료한 위클랜드의 제령법

다음은 위클랜드의 실제 제령 방법에 대해 알아보자.

1918년 1월 15일에 경험한 일

영혼 1: 미니 데이

영혼 2: 윌리엄 데이

영매: 위클랜드 부인

의사: 위클랜드

영혼 1: (심하게 흐느끼며) 머리가 터질 것 같아. 나는 바늘이 너무나 지겨워. (환자에게 전기 충격을 준 것을 빙의한 영혼이 느끼는 감각) 너무나 지독해! 머리가 터지는 것 같고 어디에 있는지도 모르겠어. 몇 천 몇 만이나 되는 바늘이.

의사: 당신은 어디 살지요?

영혼 1: (어린 소녀의 목소리로) 모르겠어.

의사: 너는 어린 소녀가 아닌가?

영혼 1: 나는 어려요. 미니 데이라고 해요.

의사: 어디 살았었지? 그리고 나이는 몇 살이고?

영혼 1: 잘 모르겠어요. 어머니에게 물어 보세요.

의사: 어느 도시에 살았는지도 모르니?

영혼 1: 세인트루이스에 살았어요. 아버지가 오고 있어요. 아버지가 내 머리를 때렸어요. 그리고 윌리도 거기 있어요.

의사: 윌리가 누구지?

영혼 1: 남동생이요. 아버지가 와요. 무서워요. 아버지가 나보고 함께 가자고 해요. 아, 머리가 터지는 것 같아요. 어머니는 나와 윌리를 위한 새로운 집이 마련되었다고 함께 가자고 해요.

의사: 너는 어머니와 함께 영혼의 세계에 있는 집으로 가야 해.

영혼 1: 영혼의 세계가 무엇이죠? 그게 무슨 말이에요?

의사: 그것은 지구 주위에 있는 눈에 보이지 않는 세계란다. 너는 네가 죽었다는 것을 알고 있니?

영혼 1: 그게 무슨 말이에요?

의사: 내가 말하는 것은 너는 너의 육체를 이미 떠났다는 거야. 최근에는 무엇을 했었니?

영혼 1: 아무나 찾으려고 쉴 새 없이 돌아다녔어요. 어머니는 오래 전에 내가 어릴 때 죽었어요. 어머니가 돌아가신 후는 아버지는 나와 동생 윌리를 심하게 때렸어요. 나는 비참하게 느꼈고 머리가 심하게 아팠어요. 나는 여러 곳을 헤매었고 엄마는 죽어서 없었기 때문에 어딜 가야 되는 줄을 몰랐어요.

의사: 너는 너무나 심한 정신적 충격으로 너의 상태를 몰랐구나. 너는 육체를 잃었고 친구들은 너를 죽었다고 할 것이다.

영혼 1: 제가 죽었어요? 나는 가끔 상자 속에 갇혀 있는 것같이 느껴져요. 그 속에는 많은 사람들이 있었고(환자에 빙의하고 있었던 여러 명의 다른 영혼들을 말함) 그들은 서로 밀고 당겼으며 그 중의 한 큰 남자는 우리를 거칠게 다루었어요. 그러나 어느 날 그는 사라졌어요.(그는 이틀 전에 전기 충격과 설득으로 제거되었음) 그래서 나는 대단히 기뻐했는데 이제는 지독한 바늘이 찔러대요.

의사: 너는 한 부인에게 작용해서 그녀를 울게 하고 있다.

영혼 1: 그게 무슨 말이에요?

의사: 너는 영혼이다. 그런데 너는 그 부인의 오라(aura) 안에 들어 있단다. 부인이 전기 충격 요법으로 치료를 받았을 때 너는 그 충격을 느껴 그녀로부터 떠났다. 너는 지금은 내 아내의 몸을 사용하고 있다. 너의 손을 한번 보아라. 그 손이 네 손이냐?

영혼 1: 오, 여기 반지가 있어요. 그것은 내 것이 아니에요. 나는 그것을 훔치지 않았어요. (대단히 흥분하며). 가져가세요. 나는 훔치지 않았어요.

의사: 그것은 육체가 아니고 그 반지도 네 것이 아니다. 아마도 너는 너의 머리가 아팠을 때 죽었을 것이다. 육체가 죽어도 영혼은 산단다.

영혼 1: 그러나 저는 살아있었는데요.

의사: 너는 육체가 없이 살아왔다. 그리고 심령적으로 민감한 한 부

인의 몸 속에 들어 있었는데, 그 부인은 지금은 다른 곳에 있다. 그 부인은 네가 행동하는 대로 하고 있다. 너의 머리가 아픈 곳과 같은 곳을 그녀도 아프다고 하고 있다. 그녀는 정신에 이상이 생겼고 그것은 다 너와 같은 영혼들의 영향 때문이다.

영혼 1: 우리와 함께 있던 그 남자는 대단히 지독했어요. 이제는 없어져서 기뻐요. 우리는 모두 그 사람을 겁냈어요. 하지만 우리는 그를 피할 수가 없었어요. 그는 지독한 사람이었는데 물고 꼬집고 싸웠어요.

의사: 그는 대단히 완고했어. 지금 네가 하고 있는 것처럼 그도 지금 이 육체를 조금 전에 지배하고 있었다. 우리는 그러한 영혼들이 도움을 청하러 오는 서클을 가지고 있단다.

영혼 1: 영혼이라고요? 저는 그런 것에 대해서는 전혀 알지 못하는데요. 나는 머리가 아픕니다.

의사: 네가 지금 사용하고 있는 육체는 내 아내의 것이다. 그리고 그녀는 머리에 아무런 통증도 느끼지 못하고 있다.

영혼 1: 그 바늘들은 지독하게 아파요.

의사: 그 부인이 오늘 치료를 받았을 때 분명 너는 그녀의 몸을 빠져나왔고, 지금은 이 육체를 네가 이용하고 있는데, 그것은 너를 돕기 위해서이다. 너는 조금 전에 너의 아버지와 어머니가 여기에 와 있다고 했지? 그들이 지금도 거기 있니?

영혼 1: 당신은 나의 어머니를 보지 못하세요? 그녀는 바로 곁에 있는데요.

의사: 어머니와 함께 가고 싶니?

영혼 1: 그러나 엄마는 죽었어요.

의사: 너도 역시 죽었단다. 그러나 실제로는 죽음이란 없단다. 우리는 우리의 육체를 잃을 뿐이다. 영혼은 눈에 보이지 않는다.

영혼 1: 저를 데려가 주세요. 데려가 줘요. 나의 아버지가 와요. 무서워요. 나를 또 때릴 거예요. 그를 데려가 주세요.

의사: 너의 아버지는 아마도 너에게 용서를 빌기 위해 왔을 것이다. 네가 그를 용서할 때까지는 그는 영혼의 세계로 올라갈 수가 없단다. 그가 무슨 말을 할 것인지 물어보렴.

영혼 1: 아버지는 아무 말도 안 해요. 그저 울고 있어요. 아버지는 이제 엄마에게로 다가가요.

의사: 아버지가 후회하는 것같이 보이지 않니?

영혼 1: 아버지는 자신이 한 일들에 대해 사과하고 있어요.

영혼 2: 미니야, 용서해다오, 용서해다오. 나는 내가 어떤 일을 하는지 몰랐었다. 나는 너를 죽이려고 한 것이 아니다. 나는 신경이 날카로웠었고 아이들은 너무나 시끄러웠어. 나는 아내가 죽어서 너무나 슬펐어. 나에게 한번만 더 기회를 줘. 한번만 기회를……

영혼 2: (의사에게) 나도 역시 괴로웠습니다. 나는 어둠 속에 오래 있었고 도움을 받을 수도 없었습니다. 나는 나의 어린애에게 근처에도 갈 수가 없었습니다. 그 애가 너무나 나를 무서워했기 때문입니다. 나는 용서를 빌려고 그 애에게 다가가려 했으나 그 애가 너무나 나를 무서워하는 바람에 나는 접근할 수가 없었습니다.

당신은 애들을 때린 적이 없었나요? 그랬다면 당신도 몇 년이고 괴로워할 것입니다. 나는 그 애를 다치게 할 생각은 없었습니다. 나는 그 아이를 사랑했습니다. 그러나 죽였어요.

만약 하나님이 계신다면 나의 이 슬픔을 거두어 주시고 나에게도 위로와 광명을 주세요. 나는 쉴 수가 없어요. 평화가 없어요. 오직 내가 볼 수 있는 것은 내가 홧김에 한 그 일뿐입니다.

당신도 화가 나면 참으세요. 그렇지 않으면 저처럼 고통을 당할 테니까요. 오, 하느님 도와주세요. 한 번만 더 기회를 주세요. 단 한 번만 더…….

의사: 당신은 당신이 죽었다는 것을 알고 있습니까?

영혼 2: 아니오. 나는 애를 죽이고 도망갔어요. 어떤 사람이 쫓아와서 나는 힘껏 달렸습니다. 그때 무엇인가가 나의 목을 때렸고 나는 땅에 쓰러졌습니다.(분명히 죽은 듯하다.)

나는 곧 일어나 달렸습니다. 나는 그때부터 달리기 시작해서 지금껏 달리다보니 몇 년은 달린 것 같습니다. 나는 여러 번 나의 아내가 아이를 죽였다고 나를 질책하는 것을 보았습니다. 나는 그 애를 죽였어요.

하나님 도와주세요. 나는 조금의 위로와 광명을 갈구하고 있습니다.

의사: 당신은 깨우칠 때까지는 광명을 볼 수 없을 것이요.

영혼 2: 하나님, 광명과 깨우침을 주소서. 내가 보고 있는 것은 그 어린 것의 머리에 내가 때린 곳이 깨어져 있는 것뿐입니다. 나는 미니에게 용서를 빌려고 하였으나 그 애는 내 앞에서는 움츠러들어 가까이 갈 수가 없었습니다. 그리고 아내는 내가 저지른 일에 대해 언제고 원망하고 있습니다.

의사: 그녀는 당신을 더 이상 원망하지 않을 것이요.

영혼 2: 그녀가 나를 용서할까요?

의사: 그래요. 당신의 이름은 무엇이요?

영혼2: 윌리엄 데이라고 합니다.

의사: 당신은 올해가 서기 몇 년인지 알고 있습니까?

영혼2: 나의 머리는 온통 혼란 상태입니다. 나는 나를 쫓고 있는 무리들로부터 오랫동안 도망치고 있었습니다. 나는 나를 보는 사람마다 내가 미니를 죽인 것을 알고 나를 잡으려고 하는 것을 알고 도망쳤습니다.

밤에는 아내가 나타나 나를 원망했고 옆에는 그 애가 머리에서 피를 흘리고 있었습니다. 나는 지옥살이를 했습니다. 그 이상 더 심한 곳은 없을 것입니다. 나를 구해주실 길은 없습니까? 나는 기도하고 또 기도했는데도 소용이 없었습니다.

의사: 당신은 지금 캘리포니아에 와 있다는 것을 아는지요?

영혼2: 캘리포니아라고요? 언제 내가 여기로 왔지요? 내가 세인트루이스로부터 캘리포니아까지 도망쳐 온 것입니까?

의사: 당신은 영혼이고 지금 다른 사람의 육체를 이용하고 있다는 것을 알고 있어요?

영혼2: 당신은 내가 죽었다고 하는 것입니까?

의사: 당신은 당신의 육체를 잃었소.

영혼2: 그럼, 나는 죽은 사람들이 부활할 때까지 무덤 속에 있어야 하는 것이 아닙니까?

의사: 당신은 현재 여기 있어요. 어떻게 무덤에서 빠져 나왔소?

영혼2: 나는 언제 나왔는지 모릅니다.

의사: 죽음이란 것은 없어요. 당신이 육체를 벗어나면 육체적인 다섯 가지의 감각은 잃습니다. 당신이 영의 세계에 대한 지식을 가지고

있지 않는 한 당신은 어둠 속에 있게 되고요. 당신은 어둠 속에 있고 당신이 볼 수 있을 때는 산사람과 접촉을 하고 있을 때뿐이요.

영혼 2: 사람들은 내가 지칠 때까지 쫓아옵니다.

의사: 이제 당신의 부인과 그 아이와 화해해 보세요.

영혼 2: 그들이 나를 용서할 것으로 믿습니까?

여보 용서해 줘요! 당신은 나에게 과분해요. 당신은 정말 천사였고 나는 악한이었소. 부디 용서해 줘요, 여보! 한 번만 용서해 주면 이제는 정말 잘하도록 노력할 게요. 케리! 나는 지금껏 무척 고통을 당했소.

정말 나를 용서해 주는 거요? 정말로? 당신은 언제나 인내심이 강한 여자였고 나를 도우려 무척이나 애썼어요. 그러나 나는 좋지 못한 인간이었어요. 나는 나의 아이들을 사랑했으나 너무나 성미가 급했어요.

나는 당신이 가족을 위해 몸을 아끼지 않고 죽을 때까지 바느질한 것을 잘 알고 있소. 나는 돈은 그런대로 잘 벌었으나 언제나 친구들을 항상 끌고 다녔고 무일푼으로 집으로 돌아왔을 때는 나는 자신이 악마같이 느껴졌소.

의사: 아마도 그러한 문제는 당신만의 짓인 것 같지는 않습니다. 아마도 나쁜 영이 빙의했던 것 같습니다. 당신이 부인과 함께 여기를 떠날 때면 당신은 영의 세계가 얼마나 아름다운지를 알 것입니다.

영혼 2: 나는 아내와 함께 갈 자격이 없습니다. 그러나 나는 좋은 일을 하도록 노력하겠습니다.

여보, 나는 당신이 다시는 내 곁을 떠나지 말아주기 바라오. (흐느끼며) 미니야, 너도 이 아빠를 용서해 주겠니? 사랑하는 아가야, 나는 너를 죽였다. 그러나 나는 죽이려고 한 것은 아니었다. 아빠를 용서해 다오.

영혼 2: (의사에게) 내가 잠시 후 깨어나면 다시 어둠 속에 있게 될 것인가요? 나는 잠을 자고 있습니까? 아니면 꿈을 꾸고 있나요?

미니야, 아빠로부터 도망치지 말아라. 제발 나를 용서해라.

의사: 당신은 잠을 자고 있는 것도 아니고 꿈을 꾸고 있는 것도 아닙니다. 단지 이제야 당신의 상태를 이해하기 시작한 것이요.

영혼 2: 그들이 나의 목과 머리를 때렸을 때 나를 죽인 것입니까?

의사: 확실하지는 않아도 아마 그런 것 같아요.

영혼 2: 만약 내가 한 번만 용서받는다면 나는 나의 가족이 함께 지낼 수 있도록 최선을 다할 것입니다.

의사: 당신은 그 외에 더 할 수 있는 일이 있어요. 당신이 깨달음을 얻은 후, 사람들에게 빙의하여 사람들을 괴롭히는 불행하고 가련한 영들을 돕는 것이 당신의 의무입니다. 당신도 당신의 육체를 가졌을 때는 아마도 다른 영들에 의해 빙의되었던 것 같아요.

영혼 2: 나는 사실 술을 좋아하지 않았습니다. 나는 술은 꼴도 보기 싫었으니까요. 그러나 내가 그것을 입에만 대면 무엇인가 나를 사로잡았습니다. 그리고 그것은 나를 악마로 만들었으나 나로서도 어찌할 수 없었습니다. 하나님, 도와주세요. 조금의 휴식만이라도 주세요.

의사: 당신이 이곳을 떠날 때면 당신은 가족들과 재회할 것이요.

영혼 2: 당신은 정말 그러리라고 믿습니까?

의사: 확실해요. 그러나 당신은 진보한 영들이 시키는 대로 해야 합니다.

영혼 2: 제가 당신을 도울 일이 있다면 무엇이든 하겠습니다. 당신이 나의 가족을 재결합하게 해주셨으니까요. 내가 취해서 집에 돌아와 아내가 죽어가고 있는 것을 보았을 때 내가 어떻게 느꼈는지 당신은 모를 것입니다. 그때는 나는 너무 취해 있었기 때문에 확실한 것은 몰랐으나 그 다음 날 아침 내가 깨어났을 때 아내가 죽어 있는 것을 보고 나는 이해할 수가 없었습니다. 어떻게 해야 할지? 아이들을 어떻게 해야 할지, 아내는 죽었는데…….

영혼 2: 아내와 미니가 나를 용서한다고 합니다. 나는 다시 아내와 두 자식을 가지고 새로 시작하게 되었습니다. 나와 나의 가족을 위해 당신이 해주신 고마운 일들에 대해 신의 축복이 있기를 빕니다. 안녕히 계세요. 감사합니다.

위클랜드의 제령은 여기서 끝나고 그렇게 빙의한 영들이 나간 후 환자인 L.W. 부인은 정신을 되찾았고 정상으로 돌아왔다. 위클랜드의 저서에는 이러한 치료의 예가 많이 있으나 그 치료 방법은 위의 예와 동일하므로 비슷한 예를 되풀이하는 것보다 그의 강령회를 통해 얻어진 저 세상에 대한 다른 정보를 소개하기로 한다.

신지학의 창시자 블라바츠키의 영혼

이 장의 마지막으로 위클랜드의 강령회에 나타난 신지학(Theosophy)의 창시자인 헬레나 블라바츠키의 영이 전하는 메시지를 소개하고자 한다.

1922년 11월 1일

영혼: 블라바츠키 부인

영매: 위클랜드 부인

의사: 칼 위클랜드 박사

질문·대답: 강령회 참석자

영혼: 나는 오늘 아침 당신들에게 오기를 원했습니다. 나는 당신들의 서클이 하고 있는 일에 대해서 알고 있으며, 또 당신들이 그러한 일을 하는 것을 매우 기쁘게 생각합니다. 나는 좀 더 많은 사람들에게 죽음이 없다는 것을 알리기 위해 중간쯤에서 만났으면 합니다. 내가 살

왔을 때 이 진실에 대해 좀 더 알리고 또 더 깊이 알리지 못한 것이 후회됩니다. 나는 그것에 관해 알고 있었고 또 직접 경험도 했습니다.

진리가 우리에게 다가오면 왠지 모르지만 우리는 그것을 차단하고 있습니다. 진리는 항상 감추어져 있습니다. 우리는 그것을 발견하기 위해서는 찾아야 합니다. 이론이나 교리(教理) 등이 진리보다는 세상에 받아들여질 기회가 더 많은 것 같습니다. 모든 사람들이 영계의 현상에 대해 알고 있으나 실제로 그러한 것을 나타내려고 하기보다는 감추려고 하고 있습니다.

나는 어떤 점으로 지도자가 되기를 원했습니다. 나는 이제 진실을 세상에 알리려고 합니다. 나는 영계의 현상에 대해 알고 있었고 스스로 경험하고 있었습니다. 처음에는 이러한 방면의 일을 많이 했으나 곧 신지학에 대해 연구하기 시작했습니다. 신지학과 철학은 서로 손을 마주 잡고 가야 합니다.

환생(reincarnation)에 관한 것이 나에게 다가왔습니다. 그것은 한때 나를 사로잡았습니다. 나는 진리를 올바르게 볼 수가 없었습니다. 나는 어떤 사람은 부자로 아주 편안한 생활을 하는데, 어떤 사람은 가난하고 많은 고생을 해야 한다는 것이 공평하지 못하다고 생각했습니다. 그리고 어떤 사람들은 지상에서의 삶의 경험을 충분히 갖지 못한다고 느끼고 있었습니다(어린이나 영아의 죽음을 가리킴). 나는 환생에 관해 공부했고 거기에 진리가 있다고 생각했고 또 거기에는 공평성이 있다고 생각해서 더 연구하고 경험했습니다. 나는 그것을 가르쳤고 세상 사람들에게 알리려고 했습니다.

나는 먼 옛날의 생을 기억하는 것 같았습니다. 모든 과거의 생에 관해 아는 것 같았습니다. 그러나 그것은 잘못이었습니다. 전생에 관한 기억은 그러한 기억을 가지고 온 영들에 의해 생겨나고 그러한 것은 그들의 생들에 대한 기억입니다. 영들은 그들의 생의 기억을 당신에게 주입하고 당신은 그것을 당신 자신의 과거 생의 경험으로 알게 됩니다. 신지학을 열심히 공부할 때 당신의 생각을 발달시키고 당신의 마음속에 살게 됩니다. 그러므로 당신은 자신을 실제의 육체적인 세계로부터 격리하고 있습니다. 그렇게 함으로써 당신은 감수성을 가지게 되고 당신 주위에 있는 영들의 존재를 느끼게 됩니다.

그들은 당신에게 인상(印象)의 형태로 대화하며 그들의 과거 생이 당신에게 하나의 파노라마처럼 나타납니다. 당신은 그것을 느끼고 그 영들의 과거 생을 살고 그것을 당신의 과거 생이라 착각하게 되는 것입니다.

내가 살아 있었을 때는 이러한 것을 알지 못했습니다. 나는 그 기억들이 진실이라고 믿었으나 영계에 와서야 그렇지 않다는 것을 느꼈습니다.

나는 많은 공부를 했습니다. 신지학은 근본적으로 가장 탁월하고 높은 생활 철학입니다. 그러나 우리는 이론에 관해서는 잊어버리고 진실에 열중해야 합니다. 진실을 우리 안에서 찾아야 합니다. 멀리 보아서는 안 됩니다. 우리는 과거만을 보아서도 안 되고 미래만을 보아서도 안 됩니다. 우리는 현재의 조건하에 있는 우리 자신을 보아야 합니다. 그리고 우리 자신에게 진실되어야 합니다. 그리고 이론이나 교리는 잊어야 합니다. 하나님을 가까이 느끼고 알아야 합니다.

환생은 사실이 아닙니다. 나는 이러한 사실을 믿으려고 하지 않았습니다. 이 영계에서 말하기를 나는 환생할 수가 없답니다. 나는 다른 사람으로 환생을 하려고 무척 노력했으나 허사였습니다. 우리는 앞으로 더 발전할 뿐이지 되돌아가지는 않습니다.

우리는 이 세상에 사는 동안 이 세상에 대한 경험을 하였으므로 또다시 돌아올 이유가 없습니다. 더더구나 지구상에서의 삶은 초등학교에 해당할 뿐인데…….

우리 자신에 대해 알도록 노력해야 합니다. 많은 사람들이 아직 자신을 발견하지 못하고 있음은 유감이지만 모두가 그러한 지식을 습득하여 영계에 오면 더 높은 차원으로 가도록 해야 할 것입니다. 지구상에서의 생활은 당신의 발전을 저해하는 육체가 있습니다. 만약 당신이 책을 한 권 쓰려고 한다면 여기저기 그리고 여러 도서관을 다니며 자료를 수집해야 합니다. 당신이 그처럼 다녀도 당신이 원하는 책을 찾지 못할 수도 있습니다. 그런 일들은 다 시간을 잡아먹고 당신의 시간은 한정되어 있습니다. 이런 것들이 장애 요인입니다.

영계에서는 어떤 사항에 대해 우리가 자료를 필요로 한다면, 생각하는 것만으로 그 자료들이 우리 앞에 나타납니다. 여기는 시간이라는 것이 없고 물질이 없으며 장애가 없습니다.

영계에서 우리가 지상에서의 생의 경험을 필요로 한다면 우리가 환생을 하여야만 그러한 경험을 할 수 있을까요? 그렇지 않습니다. 예를 들어 의학에 대해 알고 싶다고 가정한다면 그는 학생으로서 학교에 가고 모든 것에 관해 듣고 보고 또 접촉함으로써 지구상에서보다 훨씬 더 빨리 배우고 또 더 확연하게 기억하게 됩니다. 지구상에서는 여러 해 공부해도 여기 있는 우리들처럼 뚜렷하게 알지는 못합니다. 만약 당신이 기계나 다른 것에 관해 알고 싶다면 쉽게 그러한 지식을 얻을 수 있습니다. 지구상에서 이루어지는 모든 발명이 먼저 이 영계에서 이루어졌으므로 영계에는 모든 것이 다 있습니다. 만약 어떤 발명가가 그의 발명을 완성하기 전에 죽었다고 합시다. 그러면 그는 그것을 포기하지 않습니다. 그는 영계에서 더 많은 시간이 있고 또 더 쉽기 때문에 계속하여 연구를 합니다. 그가 그의 발명을 완성하였을 때 그는 지상에서 감응하는 사람을 찾아서 그의 마음에 그 발명의 내용을 감응시킵니다. 그러면 그 사람은 그것을 시작하고 또 완성해서 지상에 그의 발명품을 탄생시키게 되는 것입니다.

만약 내가 감응하는 사람의 마음에 어떤 아이디어를 전한다면 그것은 일종의 환생입니다. 육체의 환생은 아니지만 내가 하고 싶은 것을 그를 통해 이루는 것입니다. 우리가 지상에서의 생활에 매력을 느끼지만 이곳에 있기를 원한다면 우리는 이러한 방법으로 왔다 갔다 할 수 있습니다.

모든 것이 안락하고, 모든 것이 활기차고, 질투나 시기가 없고, 모든 것이 행복스럽고 또 조화로운 이 영계로 온 후, 어느 누가 이러한 아름다운 모든 조건을 버리고 모든 것이 제한되고 거의 아무 것도 모르는 그러한 조그마한 어린이의 육체에 돌아가려 하겠습니까?

더더구나 이전보다 훨씬 못한 병들고 장애가 있는 몸으로 태어날지도 모르지 않습니까?

환생은 진실이 아닙니다. 나는 그것을 믿었고 또 가르쳤고 다른 육체로 환생할 것을 확신했습니다. 그러나 환생할 수가 없습니다. 나는 지금 훨씬 더 좋은 일들을 할 수 있습니다.

만약 내가 어떤 선교 사업을 하고 싶다거나 어떤 다른 좋은 일을 하고 싶다면, 나는 많은 비참한 처지에 있는 지박령들이 있는 지령(地靈)계로 갑니다. 거기서 그들을 가르치고 설교해서 그들을 구하려고 노력합니다. 그렇게 하여 나의 할 일들을 찾을 수 있습니다. 그런데 무엇 때문에 이처럼 조화로운 영계를 버리고 말하자면 지옥 같은 지구로 가겠습니까?

여기에도 하루 종일 찬송가를 부르고 기도하고 신을 찬양하기만 하고 지내는 영들이 있습니다. 그들은 너무나 자기 최면에 걸린 상태이므로 우리가 그들을 설득할 수가 없습니다.

또 다른 그룹은 인색한 수전노들로 구성된 그룹입니다. 그들은 그들의 신(神)인 돈만을 세고 있기 때문에 우리는 그들을 설득시킬 수가 없습니다.

우리는 지구상에서의 생을 망쳐버린 다른 그룹으로 갑니다. 그들은 질투와 증오에만 가득 차 있어 오직 복수의 기회만 찾고 있습니다. 그들에게는 사랑이나 친절이라는 것은 없습니다. 그들은 마치 흙탕물에 적셔 놓은 스펀지와 같습니다. 그들이 스펀지라는 것조차도 못 알아볼 지경입니다. 그들의 사랑은 증오로 변했고 그들에게 사랑과 친절을 가르친다는 것은 불가능합니다. 그들은 당신에게 침을 뱉고 비웃습니다. 그들에게는 신은 없고 친절과 사랑이란 것도 없으며 그들에게 있는 모든 것은 증오와 질투뿐입니다.

그러나 우리는 절망하지 않습니다. 우리의 사명은 그러한 영혼들을 좋은 곳으로 이끄는 일입니다. 우리는 어려움을 겪겠지요. 우리는 그곳으로 가서 그들을 위해 기도할 수는 없습니다. 그들은 우리를 원치 않고 문을 잠가버릴 것입니다. 그렇기 때문에 우리가 그곳으로 가서 그들과 대화하고 그들을 설득시키는 것은 불가능합니다.

당신은 그럼 어떻게 그들을 설득할 수 있느냐고 물으실 것입니다. 첫째 우리는 그들에 대해 집중적으로 생각하기 시작합니다. 다음 우리는 음악을 들려줍니다. 가끔 우리는 매우 조용하게 들려주어야 합니다. 그리고 차차 더 크게 들려줍니다. 아무리 악하고 인색하고 저질인 영혼이라도 음악은 듣습니다. 그들이 음악에 열중하면 우리는 그들을 일깨우고 더 높은 차원의 일들에 대해 각성하도록 우리의 생각을 집중합니다.

화가들은 높은 차원의 세상에 대한 그림을 그려 이야기는 별로 없는 주관적인 학습을 시키게 됩니다. 그들의 생에 대한 역사를 우리는 볼 수 있고 우리는 그러한 것 하나 하나를 그림으로 그려 그들이 그들의 잘못을 이해하도록 합니다. 그러면 그들이 질문을 시작하고 그때 우리는 그들과 조금은 가까워지게 됩니다. 그 후 우리는 그들을 더 높은 세계로 데리고 갑니다.

또 다른 그룹은 그들 자체의 최면 상태에 있습니다. 그들은 잠을 자고 있습니다. 그들은 죽음은 잠이라고 알고 있고, 최후의 심판의 날이 와서 신이 그들을 심판할 때까지는 잠을 자는 것으로 알고 있습니다. 만약에 그들이 진정으로 죽음의 잠에 빠져 있다면 그들에게 접촉을 하는 것은 매우 어렵습니다. 우리는 종종 그들을 영능자인 조종자에게 데리고 가서 깨웁니다.

우리들이 지박령들에게 접촉이 되지 않을 때는 지금 이 서클과 같은 곳으로 그들을 데리고 와서 물질을 통해 그들을 이해시킵니다. 어떤 의미로는 여러분은 이것을 환생이라고 부를 수도 있겠지요. 왜냐하면 우리는 그들을 이해시키기 위해 물질계로 그들을 데려와야 하기 때문입니다. 나는 이러한 서클이 더 많아서 그러한 영혼들을 깨우고 사후의 생에 관해 이해하도록 할 수 있기를 기원합니다.

어떤 사람은 이것은 블라바츠키 부인이 아니라고 할 것입니다. 그러나 의심하지 마십시오, 제가 블라바츠키인 것은 사실입니다. 그들은 그녀가 그런 말을 하지는 않을 것이라고 하겠지요. 그러나 저는 블라바츠키입니다.

만약 당신들이 하실 질문이 있으시면 대답하도록 노력하겠습니다.

질문: 마스터에 관해 설명해 주실 수 있는지요? 이제 당신은 그들에 대해 어떻게 생각하고 있으신지요?

영혼: 마스터에 관해 이야기하지요. 우리가 더 높은 차원의 것을 배울 때는 우리 전부가 다 마스터가 됩니다. 그러나 신지학에서 이해하고 있는 마스터는 더 위대하고 높은 차원의 영입니다. 마스터란 물질을 이해하고 초월하고 순수하고 좋은 생을 살며 생의 조건들을 이해한 영혼들입니다.

자연의 가르침을 이해하세요. 그리고 어떻게 진보해야 하는지를 배우세요. 말씀드리기 미안한 일이나 지구상에서 마스터가 되려고 하는 사람들은 거의가 다 쓰러집니다. 그들은 자신들에 의해 쓰러지는 게 아니고 그들은 매우 영능적으로 되고 영매적으로 되기 때문에 그들도 모르는 사이에 지박령들이 침입하게 되어 쓰러지는 것입니다. 우리는 새로운 아이디어를 마스터하기 전에 물질을 먼저 마스터해야 합니다. 나의 예를 보십시오. 제가 인류에게 정말 유익한 무슨 일을 했습니까?

대답: 당신은 많은 사람들을 정교(正敎: Orthodox)에서 빠져 나오도록 했습니다.

영혼: 예! 그러나 나는 그들에게 더 많은 이론만 주었지요. 만약 내가 영매의 역할만을 했다면 나는 이 세상과 저 세상을 함께 하게 하는 훨씬 많은 일들을 했을 것입니다. 나는 영매였고 훨씬 더 많은 일들을 할 수 있었을 것이었으나 나는 너무나 다른 일에 집착했습니다. 말씀 드리기는 죄송하지만 신지학회의 사람들은 흩어지고 있습니다. 당신들은 이제 모든 것이 흩어지는 때에 살고 있습니다. 일반적으로 소동이 일고 있습니다. 모든 이론들이 무너지고 철학만이 더 솟을 것입니다.

의사: 생이 좀 더 단순해져야 하겠지요.

영혼: 이것은 적용해야 할 대단히 좋은 말씀입니다. 당신은 진리를 터득했습니다. 이 영매와는 이쪽 세계(영계)의 많은 좋은 영들과 연결 지어져 있습니다. 당신들은 이론이 없고 신지학회와 같은 신비가 없습니다. 그들은 신비해질수록 더 높은 마스터가 된다고 생각합니다. 그러나 그러한 마스터들이 어디 있습니까? 그들이 자기최면에 너무나 빠졌기 때문에 그들의 상상력이 그들을 초월해 버렸다고 말씀드리기는 죄송하지만 사실이 그러합니다.

어떤 사람은 회고하여 "나는 줄리우스 시저였어."라고 하겠지요. 그렇다면 그는 어쩌면 시저에 대한 책을 읽고 너무나 빠져서 그 자신이 그 시대를 살았다고 믿는 것입니다. 그러면 그는 영의 환영(幻影)을 받게 되고 그는 그것을 자신의 과거 생이었다고 믿게 되는 것입니다. 사람들에게는 무엇이든 믿게 할 수 있습니다. 그들은 그들의 집을 확고한 근거 위에 짓지 않습니다. 태풍이 그것들을 불어버릴 수도 있습니다.

모든 종파(宗派)들이 조금의 진리들을 가지고는 있습니다. 당신은 코끼리에 대한 이야기를 들은 일이 있으시지요? 장님들이 코끼리를 조사하고는 각자 자기들이 조사한 부분과 같다고 주장합니다. 코를 만져보았거나 다리를 만진 사람들이 자기주장을 하는 것을 아실 겁니다. 각자는 다 각각 옳은 부분이 있지만 아무도 전부를 말한 사람은 없습니다. 우리는 모든 진리에 대해서 추구하고 있지 않기 때문에 누구는 코에 또 누구는 꼬리에 매달리고 있는 것입니다. 우리 전부가 힘을 합쳐야 합니다. 그러면 코끼리의 전부를 알 수 있습니다. 그러면 우리는 크나큰 진리를 알 수 있게 되는 것입니다.

질문: 이 이상 더 연구하고 공부할 영매가 나올는지요?

영혼: 시간이 되고 또 사람들이 준비가 되면 영매들도 준비가 될 것입니다. 우리 전부가 함께 하게 되면 모든 교회에 영적 서클이 생기게 될 것입니다.

질문: 이러한 진리를 가르치기 위한 영적인 지도자가 왜 더 존재하지 않습니까?

영혼: 공개적인 강의가 더 영적일 것입니다. 강사들과 정치가들은 흔히 그들이 쓴 것을 그대로 말할 것이라 생각합니다. 그러나 그들이 알아차리기 전에 그들은 그들이 쓴 것과는 다른 말을 하곤 합니다. 그들은 영감을 가지고 말을 하게 됩니다. 왜냐하면 영계에는 항상 이 세상의 일에 관심이 많은 영들이 있고 그들이 그러한 연사들에게 영감을 주고 있습니다.

질문: 영매들은 보호될까요?

영혼: 사람은 항상 적극적이어야 합니다. 실망은 고쳐나가고 아무

것도 자신을 흐트러지게 해서는 안 됩니다. 그러면 노여움과 슬픔은 스며들 수 없습니다. 왜냐하면 그것은 더 낮은 세계에서 오는 것이기 때문입니다.

모든 사람들이 다 적극적이어야 합니다. 우리가 영계에 대해 문을 열면 많은 지박령들이 육체를 통하여 빛을 보려고 모여들기 때문입니다. 그들은 그들의 육체를 잃었기 때문에 장님이 된 상태입니다. 왜냐하면 지박령이 있는 세계에는 물질적인 빛이 없기 때문입니다. 또 그들은 영적인 세계에 대해 이해하고 있지 못하기 때문에 영적인 빛도 볼 수 없습니다.

질문: 영매는 모든 문제들을 다 잘 알아야 하지 않습니까?

영혼: 훌륭한 음악가가 아주 좋지 못한 피아노를 친다고 가정합시다. 그는 음악의 모든 음향을 다 나타낼 수는 없을 것입니다. 그는 좋은 피아노가 필요한 것입니다. 영매에게도 상황은 같습니다. 영매도 세상에 관한 모든 정보가 주어져야 합니다. 교육을 받지 못한 영매는 과학적인 과제에 대해 제대로 설명할 수가 없습니다.

질문: 다른 영혼이 조정하면 영매의 영혼은 어떻게 됩니까?

영혼: 영계에서는 우리의 생각에 따라 우리가 커지고 작아지는 것은 이미 알고 계시지요. 위클랜드 부인의 영혼은 현재 그녀의 자기 오라 (magnetic aura) 안에 있습니다. 한 오라 안에 여러 명의 영혼이 들어갈 수가 있습니다. 몇은 들어오고 몇은 나가지만 오직 한 영혼씩만이 한 때에 그녀의 육체를 조종할 수 있습니다. 위클랜드 부인은 현재에는 혼수상태에 있습니다. 그녀는 의식상으로는 기능을 하지 않고 있습니다. 그녀는 살아 있는 전선(電線)이고 전지(電池)입니다. 또 그녀는 전동기입

니다. 그 전동기에는 많은 선이 있습니다. 만약 그녀의 영혼이 떠났다면 우리는 그 전동기를 돌릴 전기가 없습니다. 이 경우 영매는 우리가 사용하는 전지인 것입니다.

질문: 신지학은 자는 동안에도 우리는 정신적으로 또 영적으로 발전을 한다고 가르칩니다. 즉 육체는 쉬고 있지만 영혼은 육체를 떠나고 아주 가는 선만으로 연결되어 있으며 정신계와 아스트랄(astral)계에서 경험을 쌓는다고 하는데 그것이 사실입니까?

영혼: 예, 그렇습니다. 당신이 잠들었을 때 흔히 꿈을 꿉니다. 어떤 꿈은 아무 의미가 없고 어떤 것은 실제의 경험입니다. 요가를 공부하면 육체이탈을 하는 것을 배웁니다. 힌두교의 사람들은 요가를 배우면 임의로 육체이탈을 할 수가 있습니다. 대개의 사람들은 그들이 육체를 떠나 영계를 여행하고 있다는 것을 모릅니다.

질문: 계속적인 인식을 가지는 것이 이로울까요?

영혼: 만약 인간이 계속적인 인식(전 생명체에 대한 인식)을 가진다면 이 세상의 복지에 큰 요인이 될 것입니다. 신은 아주 작은 미생물에까지 다 같습니다. 그는 모든 생명의 근원입니다. 만약 모든 사람들이 이 간단한 진리를 이해한다면 이 지상에서의 삶은 이상적일 것입니다. 죽음은 없고 오직 발전만이 있을 뿐입니다.

모든 사람이 그러한 것을 알아야 합니다. 그러면 이기심과 무지와 질투가 사라질 것이고 의심은 없어지게 될 것입니다. 사랑과 자선(慈善)이 모든 것을 지배할 것입니다. 만약 당신이 당신의 육체를 이탈한다고 가정해 보세요. 당신은 첫 번째의 길을 통과할 것입니다. 무엇을 발견할까요? 이기심입니다. 당신이 더 높은 차원에 도달하려면 먼저 그것을 벗어나야 합니다. 무지와 이기심과 질투는 더 좋은 생에 도달하기 위해서는 통과하여야 합니다. 그것이 곧 발전입니다.

힌두인들은 평화와 조화를 가지고 있습니다. 인도 사람 모두가 그렇다는 것은 아니지만 그들은 더 높은 것을 위해 살고 있습니다. 만약 좀 더 발전한 사람들이 그들의 육체를 이탈한다면 아무도 거기에 들어가 혼란을 일으킬 수가 없습니다. 내가 오늘 저녁 말하려고 하는 것은 우리는 생을 있는 그대로 배워야 한다는 것입니다. 과거의 몽상가나 사색가는 그대로 두세요.

나는 지금 많은 지박령들이 내 근처에 있는 것을 보고 있습니다. 나는 로스앤젤레스에서처럼 많은 종교가 한 도시에 있는 것은 보지 못했습니다. 사람들은 한 교회에서 다른 교회로 가지만 그들이 어디에 있는지는 모르고 있습니다. 괴짜나 이상한 사람들이 찬송하고 기도합니다. 모두가 예수를 사랑합니다. 안나 킹포드는 자신의 저서에서 "예수는 진리이다."라고 말하고 있고 당신도 거기에서 많은 재미있는 것을 읽을 수 있을 것입니다. 그녀는 괴짜가 아니었습니다. 우리는 함께 많은 책을 읽었습니다. 그녀는 훌륭한 분입니다.

의사: 그녀는 영매는 반대하지 않았나요?

영혼: 그녀 자신이 영매였어요. 그녀의 글은 그녀 자신의 것이 아닙니다. 작가들은 어려움을 겪고 있습니다. 그들이 잘 쓰고 있다고 생각하는데 별안간 생각이 바뀝니다. 그들은 어떤 영계의 작가의 영향을 받는 것입니다. 안나 킹포드의 모든 저작은 영적입니다. .

질문: 올코트는 어떠했나요?

영혼: 올코트는 진리를 발견했습니다. 우리는 이성적으로 되어 바보

짓을 배우지 맙시다. 간단한 진리를 발견하세요. 나는 당신들과 이 대화를 대단히 즐겼습니다. 그리고 또 다시 돌아오겠어요. 이러한 고상한 일을 하는 데 전력을 다 하세요. 이 방에는 오늘 저녁 대화를 들은 영들로 가득합니다. 그 중의 많은 영들이 도움을 받았고 우리와 함께 영계로 갈 것입니다. 당신들에게 힘과 근력이 있기를 빕니다. 신의 빛이 당신들의 영혼에 비치고 좋은 일이 계속되기를 빕니다. 안녕히 계십시오.

이상은 위클랜드가 정신병을 치료한 예는 아니지만 무지한 영들을 설득시킴으로써 정신병을 치료하는 그의 강령회에 나타났던 블라바츠키의 영과의 대화 내용이다. 환생을 주제로 하는 신지학의 창시자인 블라바츠키 부인 자신의 영이 환생을 부정하는 내용의 대화를 하는 것은 정말 놀랍다.

위클랜드는 빙의에 의한 정신병이나 다중인격 환자들을 30여 년간이나 치료했고, 그러한 실제적인 경험에 의해 책을 썼다. 정신과 심리학 분야의 전문가인 정신과 의사가 30년간을 연구하면서 얻은 결론, 즉 사후에도 영혼이 존재하고 그러한 영혼들 일부는 산 사람에게 기생할 수도 있다는 그의 결론을 누가 쉽사리 부정할 수 있을 것인가?

그 후에도 크랩트리 박사 등 많은 의사들이 정신병의 상당수는 그러한 빙의 현상 때문이라는 것 외의 어떤 다른 이론이나 치료방법이 없다는 것을 확인하고 있다. 뒤에서 상세히 설명되는 칼 융은 정신병의 원인을 개인이나 집단무의식에서 찾으려고 하였다. 그러나 그도 빙의 현상의 가능성을 배제하지는 않는다.

제19장

칼 융의
회고록에서

사후의 생에 대한 융의 생각

지그문트 프로이트와 함께 정신분석학의 대가의 한 사람이었던 칼 융의 사후의 세계나 인간의 영혼에 관한 생각을 살펴보자.

그는 마지막 저서인(이것은 사실은 아니엘라 야훼에 의해 편찬된 융의 회고록이지만 융 자신이 여러 장을 직접 집필하여 자서전처럼 된 것임)『회상, 꿈 그리고 사상』에서 그의 여러 꿈들에 관해 설명하고 있다. 그는 그 꿈들은 많은 경우 그에게 다가올 현실에 대한 예언적인 것이었다고 하며, 또 그에게 지대한 영향을 기친 사실들에 대해 기록하고 있다.

융의 이 책을 읽는 사람이라면 누구나 그가 심령 현상에 지대한 관심을 가졌었고, 또 그 자신이 상당한 심령 능력을 가졌었음을 느끼게 될 것이다. 특히 제12장 「죽음 뒤의 생에 관하여」에서 우리는 사후의 생에 관한 그의 견해를 읽을 수 있다. 우선 그 장의 첫 문장들을 짧게 소개하는 것으로부터 시작하고자 한다.

내가 당신에게 저승과 사후의 생에 대해 말하는 것은 모두가 추억(회상)이다. 그것은 내가 그 속에서 살아왔고 그것들은 내 마음을 동요시켰던 상(像)들이며, 어떤 점에서는 나의 저작들의 바탕을 이룬다. 왜냐하면 내 저작들은 결국 이승과 저승 사이의 합동작용에 대한 물음에 대답하려는, 언제나 새롭게 되풀이되는 시도였기 때문이다. 그러나 나는 한 번도 사후의 생에 관해 말한 적이 없다. 왜냐하면 그렇게 했다면 나의 발언에 대한 나의 생각을 증명해야 했는데 그렇게는 할 수가 없었기 때문이다. 나는 이제 그 생각들을 곧장 말해 버리려 한다. (중략)

나는 우리에게 죽음 뒤에 삶이 있었으면 하고 원하는 것도, 원하지 않는 것도 아니다. 그리고 이러한 종류의 생각을 키워가고 싶지도 않다. 그러나 진실을 표명하기 위해서라도 내가 그것을 원하지도 않고, 그것 때문에 어떤 행동을 하지 않는데도 그런 종류의 생각이 내 마음속에 맴돌고 있다는 사실을 말하지 않을 수 없다. 그런 생각이 옳은지 그른지 나는 모른다. 다만 그런 생각이 존재한다는 것은 알고 있고, 내가 그 생각을 어떤 편견 때문에 억제하지 않는다면 그것은 표명될 것임을 알고 있다. 그러나 선입관념이란 정신적인 삶이 충분히 자신을 나타내지 못하도록 해치거나 방해한다. 또한 내가 아는 것이 많아서 정신적 삶을 교정한다고 하기에는 나의 그에 대한 인식이 너무도 모자란다.

최근의 비판적 이성은 많은 다른 신화적 관념 이외에 사후의 생에 대한 관념도 없애버린 듯하다. 이런 현상이 가능해진 것은 오늘날의 인간이 주로 예외 없이 자신을 자신의 의식과 동일시하고 있고 자신에 관해 알고 있는 의식 세계만이 전부인 것처럼 상상하고 있기 때문이다. 누구든 심리학에 대하여 조금이라도 아는 사람이면 이런 지식이 얼마나 편협한 것인지를 쉽게 조명할 수 있을 것이다. 합리주의와 공리주의는 우리들의 시대

병(時代病)이다. 그것들은 모든 것을 알고 있는 척한다.

인용이 너무 길어지므로 여기서 그치기로 한다.

그는 여기서 사후의 생을 부정하는 것은 분명 잘못된 생각이라는 것
을 나타내고 있다.

죽음을 예언하는 꿈들

융은 제12장 「죽음 뒤의 생에 관하여」에서 여러 꿈의 예언성을 나타
내는 예를 들고 있는데, 여러분들이 그의 생각을 직접 판단할 수 있도
록 그 중 몇 가지를 여기에 인용한다.

사후의 생에 관한 나의 의견을 형성하거나 수정하거나 증명하는 것으
로 나 자신의 꿈들이 있을 뿐 아니라 때로는 다른 사람들의 꿈들도 있었
다. 특히 내게 중요한 의미를 준 꿈은 나의 한 제자였던 예순 살의 여인이
죽기 2개월 전에 꾼 꿈이었다.

그 꿈에서 그녀는 저승으로 갔다. 그곳에서는 학교 수업이 있었는데 맨
앞줄에 그녀의 죽은 여자 친구가 앉아 있었다. 모두 누군가를 기다리고
있었다. 그녀는 선생이나 연사가 어디에 있는지 둘러보았지만 아무도 없
었다. 어떤 사람이 그녀에게 다가와 그녀 자신이 연사라고 일러주었다. 왜

냐하면 죽은 자는 누구나 죽은 직후에 그들의 지난 생에 있었던 경험들을 종합적으로 보고하게 되어 있다는 것이다. 사자(使者)는 죽은 사람이 갖고 오는 인생 경험에 대해 무척이나 관심이 컸다. 분명 이 꿈은 그녀의 죽음을 예언하는 꿈이었고 그녀는 그 꿈을 꾼 지 2개월 후에 죽었다.

여기까지가 그의 글의 인용이다. 그가 이 꿈을 그 여자가 죽을 것을 예언하는 꿈으로 간주한 것으로 보아 융은 분명 이러한 저승의 장면이 실제로 존재하는 것으로 간주하는 것 같다. 다시 말하면 죽은 후에 영혼이 사라지는 것이 아니고 영혼이 저승의 세계로 간다고 긍정하는 것 같다. 계속해서 그의 다음 꿈 이야기와 그 꿈에 대한 그의 해석을 살펴보자.

어머니가 돌아가시기 몇 달 전인 1922년 9월 나는 어머니의 죽음을 암시하는 꿈을 꾸었다. 그 꿈은 아버지에 관한 것이었는데 내게 깊은 인상을 남겼다. 아버지의 사후, 그러니까 1896년 이래로 나는 아버지에 관한 꿈을 꾼 일이 없다.

그때 내 꿈에 나타난 아버지는 마치 먼 여행에서 돌아오신 것 같았다. 평상시보다 젊어 보였고, 별로 아버지로서의 권위적인 모습도 지니지 않았다. 나는 아버지와 함께 나의 서재로 갔다. 그 동안 어떻게 지내셨는지 듣기 위해서였다. 무엇보다도 기뻤던 것은 아내와 아이들을 아버지에게 소개하고, 나의 집을 보여드리고 또 그 동안 내가 한 일들과 내가 어떤 사람이 되었는가를 보여 주는 일이었다. 또한 나는 아버지에게 벌써 오래 전에 출판된 유령론에 관한 책에 대해 보고하고자 했다.

그러나 나는 이 모든 것이 불가능함을 알았다. 왜냐하면 아버지는 무엇인가 깊은 생각에 잠겨 있었던 것이다. 나는 그런 것을 분명히 느꼈으므로 아버지에게 말하는 것을 삼갔다. 그때 아버지가 말씀하시기를 내가 심리학자이니까 상의하고 싶은데 그것도 결혼 심리학에 대해 상의하고 싶다고 했다. 나는 아버지에게 결혼의 갈등에 관한 학설들을 길게 설명할 준비를 했다. 그러다가 나는 깨었다.

　나는 이 꿈을 잘 이해할 수 없었다. 이 꿈이 어머니의 죽음과 관계가 있으리라고는 전혀 생각도 못했었다. 그러나 어머니가 정월에 돌아가시자 그 뜻이 분명해졌다. 부모의 결혼생활은 화목한 것이 아니었다. 그것은 여러 어려움에 짓눌린 시련의 연속이었다. 두 사람은 많은 부부들의 전형적인 잘못을 저지르고 있었다. 26년이나 나타나지 않고 있다가 아버지가 꿈에서 심리학자에게 결혼 문제에 대한 최신의 견해들을 물었다는 것만으로 이 꿈에서 어머니의 죽음을 예측했어야 했다. 그것은 이 문제를 다시 받아들여야 할 시간이 왔기 때문이었다. 아버지는 무(無) 시간적인 상태에서 아마도 더 좋은 통찰을 얻지 못했던 것 같고 그래서 산 사람인 나에게 물어야 했던 것이다.

이 꿈에 대한 그의 소개는 여기까지인데 위의 내용으로 보아 그는 분명 아버지가 꿈에 다시 나타나기까지 어떤 형태로 생존해 있은 것을 말하며, 어머니도 다시 그와 결합할 가능성 때문에 아버지가 사후 26년 만에 처음으로 그들의 재결합인 결혼 문제에 대해 자신에게 상의하러 왔다는 것을 분명히 하고 있다. 이 꿈을 이처럼 소개하고 자신이 그렇게 해석한 것은 분명 사후 세계의 존재에 대한 그의 생각을 확실하게 나타내고 있다고 보인다.

3

사실로 확인된 유령 이야기

이어서 융이 유령들의 존재를 잠결에 본 것 같았는데, 나중에 그러한 사실이 그곳에 있었다는 것을 확인한 이야기를 옮긴다.

1924년 봄 나는 볼링겐에 머물고 있었다. 나는 홀로 난로에 불을 피웠고 그날도 밤은 매우 고요했다. 밤중에 나는 탑 주위를 돌아다니는 발소리에 잠을 깨었다. 먼 곳에서 음악이 울리더니 점점 가까워졌다. 그러자 웃음소리와 말하는 소리들이 들려왔다. 나는 '누가 이렇게 돌아다니지? 무슨 일이지? 호수를 따라 아주 작은 길밖에 없고 그 길은 아직 아무도 다니지 않는데.'라고 생각했다. 내가 이런 것들을 생각하고 있는 동안 잠이 완전히 깨었다. 그래서 창가로 갔다. 덧창을 열었으나 조용했다. 아무도 보이지 않고 아무 소리도 나지 않았다. 바람마저 잠잠했다. 이상하다고 생각했다. 나는 발소리, 웃음소리와 말소리들을 정말 들었다고 확신하고 있었다. 아마 내가 꿈을 꾼 모양이라고 생각하며 침상으로 돌아가 이 이상한 꿈의 원인이 무엇인지를 생각하며 다시 잠에 들었다.

그러자 곧 같은 꿈이 되풀이되었다. 다시 한 번 발소리, 말소리, 웃음소리 그리고 음악소리를 들었다. 동시에 나는 수백 명의 검은 옷차림의 모습들도 보았다. 그들은 주일날의 옷을 입고 있는 시골 청년들로서 산에서 돌아와 탑 주변을 양편으로 몰려들어 요란하게 땅을 밟으며 웃고 노래하며 아코디언을 연주하고 있었다. 나는 짜증이 났다. '꿈인 줄 알았는데 정말이군.' 하면서 나는 다시 깨었다. 다시 일어나서 창가로 가서 창을 열었다. 그러나 모든 게 이전과 같이 죽음처럼 고요한 달밤이었다. 그러자 나는 이것이 도깨비놀음이라 생각했다. (중략)

그날 밤, 모든 것은 완전히 현실적이거나 최소한 그런 것처럼 보였다. 그래서 나는 그 두 개의 현실을 구별할 수 없었다. 그와 같은 음악을 연주하는 시골 청년들의 긴 행진이 무엇을 의미하는가? 내게는 그들이 호기심에서 탑을 구경하러 온 것 같았다. 그와 같은 꿈이나 경험을 그 후는 다시 하지 않았다. 그리고 그것과 비슷한 어떤 이야기도 들은 일이 없다. 내가 이에 대한 한 가지 뜻을 이해하게 된 것은 훨씬 뒤의 일이다.

내가 17세기 렌바르트 치쟈트가 쓴 『루체른시 연대기』를 읽었을 때 다음과 같은 이야기가 그 책에 있었다.

책에서는 필라투스 산의 높은 목장지대에는 귀신이 나오는 것으로 특히 유명하며 그곳에서는 보탄이 오늘도 활약하고 있다고 했다. 산을 오르다가 어느 날 밤 치쟈트는 남자들의 행진으로 훼방을 받았는데, 그들은 그의 오막살이를 사이에 두고 양편으로 갈라져 음악을 연주하고 노래를 하였다는 것이 마치 내가 경험한 것과 꼭 같았다.

다음 날 치쟈트는 그날 밤을 그와 함께 지냈던 목사에게 그 뜻이 무엇이냐고 물었다. 그는 말하기를 그들은 저승의 종족이라고 했다. 그들은 죽은 자들의 영혼들로 보탄의 군사들이라는 것이다. 그들은 이런 식으로 돌아다니며 자기들의 존재를 사람들에게 알리는 습성이 있다고 했다. 그것은 중세에 실제로 그런 젊은이들의 행진이 그곳에서 진행되었다는 것이다. 그들은 스위스인 용병들이었다.

융은 이 경험에 대해 다음과 같이 말하고 있다.
"그것은 동시성(同時性) 현상이었을 가능성이 가장 크다. 이런 현상은 우리 내면의 감각으로 지각하거나 예감하는 사건이 외부적인 현실에 부합됨을 보여주고 있는 것이다. 나의 체험에 해당하는 구체적인 일치가 실제로 있었던 것이다."

그의 이러한 설명은 전혀 과학적인 설명이 되지 못한다고 저자는 생각한다. 문제는 어떻게 하여 내면의 감각으로 인식한 것이 외부의 현실과 부합하게 되었는지에 대한 설명이 없다는 것이다. 그의 설명을 어려운 학문적인 용어를 쓰는 대신, "그는 유령들을 보았고 실제 그곳에는 그가 본 유령들과 같은 사실들이 오래 전에 있었음이 확인되었다." 고 하면 더 명료할 것이다.

무의식과 사후의 세계는 동일한 것

융은 또 무의식은 우리에게 때로는 우리가 어떠한 논리로도 알 수 없는 것들을 전해 줄 수 있다고 하며 무의식과 사후의 세계는 동일한 것이라는 결론을 내리고 있다.

한번은 볼링겐에서 집으로 기차를 타고 가고 있었다. 그때는 제2차 세계대전 중이었다. 나는 책을 갖고 있었지만 읽을 수가 없었다. 왜냐하면 기차가 움직이기 시작하자 곧 물에 빠져 죽은 사람들의 영상이 나를 엄습했기 때문이다. 그것은 군에 복무하던 때 있었던 사고의 추억이었다. 기차가 달리는 동안 나는 내내 그 영상들을 떨쳐버릴 수가 없었다. 나는 기분이 대단히 나빴다. 그러고는 도대체 어떤 일이 일어났는가 곰곰이 생각했다. 무슨 사고라도 났다는 말인가?

나는 에르렌바하에서 내려 계속 그 생각에 잠겨 근심을 하면서 집으로 갔다. 집에는 둘째딸이 그녀의 가족과 함께 와 있었다. 그녀는 전쟁 때문에 파리에서 우리 집으로 왔던 것이다. 모두들 말없이 멍하니 바라보고만 있었다. "어떻게 된 일이냐?"고 내가 물었을 때 둘째딸은 막내였던 아드리안이 물에 빠졌었다며 그곳은 상당히 깊은 곳이었고 그가 아직 헤엄을 칠 줄 몰랐기 때문에 익사할 뻔했다고 했다. 큰형이 그를 건져 올려 익사를 면했던 것이다. 그 일이 일어난 것은 내가 기차에서 익사자들의 영상들 때문에 시달리고 있던 시각과 일치했다. 무의식이 내게 알린 것이다.

"그렇다면 무의식이 다른 정보들은 왜 못 전하겠는가?"라고 하며 융은 이 에피소드를 끝내고 있다. 같은 장(章)의 좀 더 뒤에서 그는 무의식과 사후의 세계를 동일시하는 결론을 내리고 있는데, 그 구절들도 여기에 인용하기로 한다.

우리가 저승에서 삶을 계속한다고 가정하면, 그것은 정신적인 것 이외의 어떤 다른 것도 생각할 수 없다. 왜냐하면 정신적인 삶은 어떤 시간도, 공간도 필요로 하지 않기 때문이다. 정신적인 존재, 그 중에서도 우리가 지금 몰두하고 있는 내적인 영상들은 저승의 존재에 관하여 온갖 신화적인 숙고의 자료를 제공하고 있고, 저승의 존재를 나는 영상의 세계에서의 계속적인 전진이라 상상한다.
그러니 정신이란 '저승'이나 '사후의 세계'가 그 안에 발견되는 존재일 수 있을 것이다. 무의식과 사후의 생은 뜻을 같이한다.

물론 이 말은 사후에도 생존을 계속하는 그 무엇(영혼)은 살아 있는 우리의 무의식에 포함되어 있다는 뜻이다.

그는 또 다음과 같이 불교에서의 성불(成佛)과 카르마(karma)의 개념을 그대로 긍정하는 것 같다.

> 삼차원의 세계에서 삶을 계속하는 것은 만약 영혼이 어떤 단계의 통찰에 도달하기만 했다면 아무 뜻도 없을 것이다. 그 영혼은 이때 다시 이승으로 돌아올 필요가 없을 것이며, 높은 단계에 이른 통찰은 환생의 욕망을 저지할 것이다. 그러면 삼차원의 세계의 영혼은 사라지고 불교도들이 극락(nirvana)이라고 하는 상태에 도달할 것이다.
>
> 그러나 아직도 카르마가 남아 있어 처리되어야 한다면 영혼은 다시 돌아오고 싶은 욕구에 빠지고 다시 환생하게 된다. 아마도 무엇인가 더 완성해야 한다는 통찰에서 말이다.

이것은 "깨달음을 성취하면 윤회의 굴레를 벗고 극락으로 가지만 카르마를 다 해결하지 못하면(즉 깨달음을 얻지 못하면) 그 카르마를 해결할 때까지 환생을 거듭한다."는 불교의 윤회(輪廻)사상을 그대로 대변하고 있다.

그는 또 다른 장(章)에서는 "나는 부모로부터 아이들에게 건네준 가족 내의 비개인적인 카르마가 정말 존재한다는 생각을 자주 하게 된다."고 했다. 또 그의 할아버지가 괴테의 사생아였다는 소문과 그의 괴테의 『파우스트』에 대한 공감 등을 말하면서 그는 "나는 전생을 믿지는 않았지만 인도 사람들이 카르마라 부르는 개념에는 본능적으로 친밀감을 느끼고 있었다. 그 무렵 나는 무의식의 존재에 관해서 아무런 생각도 없었으므로 나는 내 반응을 심리학적으로는 이해할 수 없었다. 또한 나는 미래가 훨씬 이전부터 무의식적으로 준비되어 있으며 그러므로 투시력을 가진 사람에 의해서, 그 일이 일어나기 훨씬 전부터 밝혀질 수 있다는 사실을 모르고 있었다. 물론 일반 사람들은 지금도 그것을 모르고 있다."라고 쓰고 있다.

이 글의 문맥으로 보더라도 그는 과거(무의식의 존재를 인식하기 전까지)에는 카르마(다시 말해 환생)를 믿지 않았으나 현재는 믿는다는 뉘앙스를 다분히 풍기며 "우리의 현생은 이미 우리가 태어나기 전에 미리 계획되었다."는 숙명론도 긍정하고 있는 것 같다.

다음의 그의 말에서 이를 확실히 알 수 있다.

카르마와 개인이나 영혼의 환생에 관한 것은 내게는 분명치가 않다. 나는 자유롭고 열린 마음으로 인도인들의 환생에 관한 교의를 주의 깊게 경청하며 내 경험의 어느 곳에 진실된 환생의 증거가 있는지를 살펴본다. 나는 서방세계에서 일어나고 있는 비교적 많은 환생에 대한 증언들을 환생에 대한 믿음으로는 받아들이지 않는다. 그러한 믿음은 단지 믿음의 현상일뿐이며 믿음의 내용은 아니다. 그러한 것을 받아들이기 위해서는 실험적으로 증명되어야 한다.

몇 년 전까지만 해도 나는 그러한 증거를 열심히 찾고 있었으나 확실한 증거는 찾지 못했다. 그러나 근래에 와서 나는 한 죽은 친구에 대해 일련의 꿈을 꾸었는데, 그것이 환생의 과정을 나타내는 것 같았다. 그러나 나는 다른 어떤 사람에 관해서도 그러한 꿈을 꾸지 않았으므로 비교할 만한 어떤 기준은 없다. 이 경험이 주관적이고 또 유일한 것이기에 그러한 사실이 있는 것에 관해 말할 뿐 더 이상은 말하지 않겠다. 그러나 나는 이러한 경험을 한 후, 환생의 문제에 관하여 확신을 가지고 주장하지는 않더라도 예전과는 다른 시각으로 보고 있다는 것은 사실이다.

5

우연의 일치와 동시성 현상

다음은 한 우울증 증세에 시달리고 있던 융의 환자의 죽음에 관한 이야기이다. 융에 의하면 그 환자의 상태는 그의 아내 때문에 악화된 것 같다고 했다.

나는 그 당시 B지역에서 강연을 하기로 되어 있었다. 강연을 마치고 호텔로 돌아왔을 때는 한밤중이었다. 강연 후에 친구들과 식사를 했기 때문에 늦게 돌아왔던 것이다.

잠자리에 들었지만 꽤 오래도록 잠들지 않고 깨어 있었다. 깜박 잠이 들었던 새벽 2시경에 나는 깜짝 놀라 깨었다. 누군가가 내방에 들어왔다고 확신했다. 문이 열렸다고 틀림없이 느꼈다. 나는 곧 불을 켰으나 아무도 없었다. 혹시 누군가가 잘못 들어왔나 하고 복도 쪽을 둘러보았으나 역시 쥐 죽은 듯한 고요함뿐이었다. 나는 '이상하다. 분명 누군가가 들어

왔었는데.'라고 생각했다. 그리고 다시 차분히 생각했다. 그때 나는 무엇인가 내 이마를 치고 두개골을 꿰뚫어 뒤통수를 치는 것 같은 아픔 때문에 깨었다는 것이 생각났다.

다음 날 나는 그 환자가 자살을 했다는 전보를 받았다. 그는 총으로 자살했고 검시 결과 총알이 그의 두개골의 뒤에 박혀 있었다는 것이 밝혀졌다.

융은 이어 "이런 체험에서 볼 수 있는 것이 진정한 동시성 현상이다. 원형적 상황(여기서는 죽음)과 관련하여 이런 일을 목격하는 것은 드문 일이 아니다. 무의식의 시간과 공간의 상대화로써 나는 실상은 전혀 다른 곳에서 일어나고 있던 일을 지각했던 것이다. 집단무의식은 모든 것에 공통된다."라고 쓰고 있다.

저자는 이런 일을 집단무의식으로 설명하는 데는 상당한 무리가 있다고 본다. '무의식의 시간과 공간의 상대화'라는 것이 무엇인지 그는 정확히 설명하지 않고 있을 뿐 아니라 상대화 현상이 왜 하필이면 그때 일어났는지, 또 어떠한 조건하에서 상대화 현상이 일어날 수 있는지에 대해서는 설명하지 않고 있다. 이것은 어떤 의미로 보더라도 그런 현상에 대한 과학적인 설명이라고는 받아들일 수 없다. 그는 다만 그러한 현상이 존재한다는 것을 인정 또는 재확인했을 뿐이다. 다시 말하면 그는 '우연의 일치'라는 것을 '동시성 현상(synchronism)'이라는 단어로 대체했을 뿐이다.

그리고 그는 집단무의식은 모든 것에 공통된다고 했는데, 그렇다면 무의식의 시간과 공간의 상대화가 일어났을 때 왜 다른 일들은 함께 보지 않았고 오로지 그 환자의 자살 사건만 느꼈는가? 또 그렇다면 그의 집단무의식은 모든 것에 공통된다는 것은 무엇을 의미하는가? 그의 설명은 이러한 의문에 대해 어떠한 해답도 제공하고 있지 않다.

그러나 이러한 죽음을 알리는 예는 무수히 많다. SPR의 조사에는 물론이고, 우리나라의 예도 얼마든지 있다. 저자의 아버지께서 1997년 10월에 돌아가셨는데, 돌아가시기 2일 전에 뉴욕에 있는 어머니의 꿈에 아버지가 나타나서 작별인사를 하셨다고 한다. 이 사실은 저자가 어머니에게 아버지의 사망을 알리려 전화를 하였을 때 어머니로부터 직접들은 말이다.

이런 현상을 일본에서는 '벌레의 알림(むしのしらせ)'이라고 부르고 있다. 그러한 일들에 이름까지 붙은 것으로 보아 분명 일본에서도 흔히 있는 일임에 틀림없다. 이것은 사경을 헤매는 환자의 영혼은 육체를 떠날 수 있고, 그렇게 육체를 떠난 영혼이 자기에게 가까운 사람에게 자신의 임박한 죽음을 알린 것이라고 설명하는 것밖에 다른 길이 없을 것이다.

융의 '무의식의 시간과 공간의 상대화'는 결국 '육체를 떠난 영혼의 방문'일 뿐이다.

영감에 의해 쓴 『죽은 자를 향한 일곱 가지 설법』

융은 자기가 『죽은 자를 향한 일곱 가지 설법』을 쓸 때 일어난 일들에 대해 쓰고 있는데, 그것을 아래에 인용하기로 한다.

나의 주변에는 이상하게 긴장된 분위기가 감돌았다. 그리고 나는 마치 공기가 유령 같은 시체로 가득 찬 듯한 느낌을 받았다. 그러자 집안에 유령이 나오기 시작했다. 나의 맏딸이 밤에 흰 물체가 방을 가로질러 가는 것을 보았다. 다른 딸은 맏딸과는 전혀 관계없이 밤에 이불이 두 번이나 젖혀졌다고 말했다. 그리고 아홉 살짜리 아들은 악몽을 꾸었다. 그는 아침에 색연필로 그 꿈을 그렸다. 평상시 그는 그림을 그리지 않았다. (중략)

일요일 오후 5시경 현관문에서 종소리가 울렸다. 그날은 화창하게 갠 여름날이었다. 두 딸들은 부엌에 있었는데, 그곳은 현관 앞의 공터를 내려다 볼 수 있는 곳이다. 나는 종(鐘)이 있는 근처에 있었기 때문에 그 소리도 들을 수 있었고, 종의 추가 움직이는 것도 보았다. 즉시 모두가 문으로 달려가 거기 누가 있는지 살펴보았다. 그러나 거기에는 아무도 없었다. 우리는 서로의 얼굴을 물끄러미 바라보고 있을 뿐이었다. 공기가 아주 탁했다. 이것은 사실이다. 그래서 나는 이제 무슨 일이 일어나리라는 것을 짐작했다. 온 집안이 많은 무리들로 가득 차 있었다. 귀신들로 빽빽이 들어찬 것이다. 그들은 문 아래까지 차 있어서 우리는 숨이 막힐 지경이었다. '도대체 이게 웬 일인가?'라는 의문이 내 마음속에 떠올랐다. 그러자 그들은 합창으로 크게 외쳤다. "우리는 우리가 찾던 것을 거기서 못 찾은 채 예루살렘에서 돌아왔다." 이 말은 『죽은 자를 향한 일곱 가지 설법』의 첫 구절이다.

그러자 내 마음에 상념들이 솟아 나오기 시작했다. 사흘 저녁 동안에 나는 그것을 모두 완성했다. 내가 펜대를 쥐자마자 모든 귀신의 무리는 사라지고 말았다. 유령사건은 끝이 났다. 방은 조용해지고 공기는 맑아졌다. 다음 저녁까지는 소수의 그 무리들이 다시 모였다간 사라졌다. 그것은 1916년의 일이다.

그는 "이 체험은 그저 그대로 각자의 눈에 비치는 대로 받아들이는 수밖에 없다."라고 말하고 있다. 그리고 이어서 그는 "아마 그것은 내가 당시 처했던 감정, 혹은 심령, 심리 현상이 일어날 만한 감정 상태와 관계가 있을지 모른다."라고 덧붙이고 있다.
그러나 그 다음 그가 추가한 말들을 여기 조금 더 적기로 한다.

이 체험이 있기 조금 전에 나는 한 가지 환상을 기록하였는데, 영혼이 내게서 날아가 버렸다는 것이다. 그것은 나에게 중요한 사건이었다. 영혼, 즉 아니마(anima)는 무의식과의 관계를 마련하는 것이다. 어떤 의미로는 그것은 죽은 자의 집단과의 관계라고 할 수 있다. 왜냐하면 무의식은 신화적인 죽음의 나라, 즉 조상의 나라에 속하기 때문이다. 그러므로 만약 환상 속에서 영혼이 사라졌다면 그것은 그 영혼이 무의식으로 또는 사자(死者)의 나라로 되돌아갔다는 이야기가 된다.

이것은 대단히 흥미 있는 일로 보인다. 그의 『죽은 자를 향한 일곱 가지 설법』은 앨런 카르덱이 『영혼의 책(Spirit Book)』을 쓴 것이나 스테인턴 모지스가 『영의 가르침(Spirit Teaching)』을 쓸 때 저 세상의 영혼의 도움으로 쓴 것과 너무나 유사하기 때문이다. 그들도 그들의 책들을 쓸 때 저 세상의 영혼들의 도움을 받았다고 말하고 있다.

그가 사자의 나라로 돌아갔다는 이야기가 된다는 그 자신의 판단으로도 알 수 있듯 융은 『죽은 자를 향한 일곱 가지 설법』을 저 세상 영혼들의 도움으로 썼다는 것을 시인하고 있다고 할 수 있다. 그는 그 전에 이미 그가 펜을 들자마자 유령들은 사라지고 상념들이 솟아 나와 『죽은 자를 향한 일곱 가지 설법』을 사흘 만에 완성했다고 했다. 펜을 들자 귀신은 사라지고 상념들이 솟아 나왔다는 것은 저승으로부터의 메시지가 영감(inspiration) 형태로 나타난 것을 확연히 적고 있는 것이다. 그 후의 절에서도 그는 다음과 같이 쓰고 있다.

당시 나는 영혼에 봉사하는 것을 나의 역할로 삼았다. 나는 그것을 사랑했고 또한 미워했다. 그러나 그것은 나의 커다란 보배였다. 내가 그 영혼의 말을 적은 것은 나의 존재를 비교적 전체성으로 살고 견디어내는 유일한 가능성이었다. 나는 오늘도 이렇게 말할 수 있다.

나는 결코 이러한 시초의 체험에서 멀리 떠나 있지 않다. 나의 저작, 내가 정신적으로 이루어 놓은 모든 것은 모두 시초의 명상과 꿈에서 나온 것이다. 1912년 처음 그러한 명상이 시작되었는데 이제 거의 50년이 되었다. 나의 만년에 이루어 놓은 것은 물론 감정이나 영상의 형태라 할지라도 벌써 그 시초의 체험 속에 들어 있다.

그는 여기서는 『죽은 자를 향한 일곱 가지 설법』뿐 아니라 그의 모든 저작들이 명상이나 꿈(즉 무의식의 통로, 죽음의 세계)에 의해 씌어졌다는 것을 말하고 있다.

그리고 그는 또 그와 그의 가족들이 실제로 경험한 위와 같은 확실한 유령의 증거들을 적고 있다. 역사상 가장 뛰어난 심리학자요, 정신분석학자의 한 사람인 그가 유령이라고 가리키는 실체들을 명확하게 적고 있다. 만약 이러한 것마저도 유령이나 영혼의 존재로 인정되지 않는다면 무엇이 유령이나 영혼의 존재인가?

영혼의 존재 가능성에 대하여

융은 또 우리의 의식 가운데 어느 부분이 사후에도 존속하는지를 의학적인 견지에서 규명하고자 노력하였다. 다음에 그의 글을 인용한다.

우리는 결코 우리가 가진 것이 영원히 보존되는지를 증명할 수 있는 상황에 있지 않다. 우리는 고작 "우리의 정신의 어떤 것이 육체적인 죽음을 넘어서 계속 존재한다는 일종의 가능성이 있다."고 말할 수 있을 뿐이다. 이와 마찬가지로 계속 존재하는 것이 스스로를 의식하는지 우리는 잘 모른다. 이 물음에 대해 의견을 만들 필요성이 있을 때 사람들은 아마도 정신적인 분열 현상들과 더불어 관찰되는 많은 경험들을 고려할 수 있을 것이다.

분리된 콤플렉스가 나타나는 대부분의 경우에 마치 콤플렉스가 자기 자신을 의식하고 있는 것같이 하나의 인격체의 형태로 나타나고 있다. 예를 들어 정신병자의 환청(幻聽)은 인격화되고 있다. 인격화된 콤플렉스의 현상을 나는 이미 논문에서 다루었다.

우리는 그것을 의식의 연속성을 증명하는 자료로 동원할 수도 있을 것이다. 급성 뇌손상이나 급성 뇌쇠약 상태에서 할 수 있는 놀랄 만한 관찰들 또한 이런 가정을 뒷받침한다. 이 두 가지 경우에도 심한 의식 상실하에서 외부세계의 지각이나 강렬한 꿈의 체험이 일어날 수 있다. 의식의 자리인 대뇌피질이 의식을 상실한 동안에는 차단되어 있으므로 그런 체험은 오늘날에도 설명되지 않는다. 이것은 의식할 수 있는 능력이 표면적인 의식 상실 상태에서도 최소한 주관적으로 보존되고 있음을 말해주고 있다.

여기서 이러한 현상에 대한 독자들의 이해를 돕기 위해 빙의 현상을 설명하는 장에서 예를 들었던 크리스틴 사이즈모어의 경우를 되새겨보는 것이 좋을 것이다. 그녀의 경우 심한 근시였는데도 다른 인격이 나타났을 때는 안경을 쓸 필요가 없었다. 또 그녀 자신이 마취된 상태에서도 그녀의 제2의 인격은 전혀 마취되지 않았었다.

즉 융의 설명에 의하면 의식의 자리인 대뇌피질이 마취에 의해 의식 상실 상태에 있었으나, 제2의 인격이 존재하고 또 마취되지 않은 상태로 행동할 수 있었다는 것은 그녀의 대뇌 작용 이외의 또 다른 의식할 수 있는 능력이 분명 보존되고 있음을 보여주는 예이다. 물론 같은 장의 예로 루란시 베넘의 다중인격현상을 영혼이 존재한다는 가정 아래 빙의라는 관점에서 설명했었다.

융의 위와 같은 분석은 사후 인격, 즉 영혼의 존재가 미리 가정되지 않은 상태에서, 그 질병으로부터 관찰된 상황들로 미루어 볼 때 사후에도 인격이 존속할 가능성이 있음을 추정한 것이다.

이처럼 같은 현상을 설명하기 위한 근본 가정들이 완전히 달랐음에도 불구하고(즉 빙의는 영혼의 존재를 가정했고 위의 경우는 그러한 가정 없이 출발하는 등) 그런 현상들의 설명은 물론이고, 영혼의 존재 가능성이라는 점에서도 두 주장들이 일치할 수 있다는 것은 영혼의 존재를 확인하는 데 필요한 지금까지와는 전혀 다른 증거로서의 가치가 있음을 보여주는 것이다.

영능력을 갖고 있던 융의 가족들

융은 자신의 가족의 일원(그에 의하면 그의 여동생과 큰딸이 영능력을 가졌고, 그의 종매는 영매였다.)이 심령 능력을 가지고 있었다고 했는데, 그 자신도 상당한 영능력을 갖고 있었던 것 같다. 그의 자서전 가운데 학창 시절의 내용을 소개한다.

여름 방학에 나에게 심각한 영향을 줄 만한 사건이 일어났다. 어느 날 나는 내 방에 앉아 공부를 하고 있었다. 옆방으로 향하는 문이 반쯤 열려 있었는데, 그곳에서는 어머니가 앉아서 뜨개질을 하고 있었다. 그곳은 식당이었는데 밤나무로 만들어진 둥근 식탁이 놓여 있었다. 그것은 친할머니의 결혼 혼수감에서 나온 것인데 그 당시 약 70년 쯤 된 낡은 것이었다. 나의 어머니는 식탁에서 약 1미터쯤 떨어진 창가에 앉아 있었다. 내 누이동생은 학교에 갔고 하녀는 부엌에 있었다.

그때 갑자기 권총을 쏘는 듯한 폭음이 울렸다. 나는 뛰어나와 폭음이 울리던 옆방으로 갔다. 어머니는 하시던 뜨개질을 멈추고 멍하니 흔들의자에 앉아 있었다. 어머니는 더듬거리며 말했다. "무슨 일이냐 바로 내 옆에서 났는데." 그러면서 식탁을 보았다. 식탁의 끝이 중앙을 넘어 짝 갈라져 있었는데 그곳은 아교로 붙인 자리가 아니고 생나무 판이었다.

나는 말문이 막혔다. 어떻게 이런 일이 일어날 수 있을까? 70년 동안 말린 통나무 판이 높은 습도의 여름날에 쪼개지다니? 춥고 건조한 겨울날, 난로를 땐 경우였다면 그런 일이 있을 수도 있겠지만. 도대체 이런 일이 일어난 까닭이 무엇일까? 결국은 이상한 일들도 있다고 생각하고 그만 넘어갔다.

그런데 그 후 약 14일쯤 지난 어느 날, 나는 저녁 6시에 집에 돌아왔는데 어머니와 열세 살 난 여동생과 하녀가 크게 흥분하고 있는 것을 알았다. 한 시간쯤 전에 또 한 번 귀가 먹을 정도로 큰 소리가 울렸다는 것이다. 이번에 폭음이 난 곳은 무거운 19세기 초의 조리대였다. 그들은 이미 사방을 훑어보았으나 거기서 갈라진 틈을 찾을 수 없었다고 했다. 나는 곧 조리대와 주변을 살폈다. 그러나 소용이 없었다.

그러자 나는 조리대 안과 주변의 물건들을 모두 살펴보았다. 빵이 들어 있는 서랍에서 나는 한 덩이의 빵과 그 옆에 놓여 있던 빵을 자르는 칼을 발견했는데 그 칼날이 대부분 부러져 달아나고 없었다. 그 손잡이는 네 귀퉁이의 한 구석에 놓여 있었고 그 밖의 세 귀퉁이에 한 개씩 부러진 칼날의 조각들이 놓여 있었다. 이 칼은 오후 4시의 티타임에도 사용된 후 챙겨 두었던 것이었고 그 후는 아무도 조리대에서 일하지 않았다.

다음 날 나는 그 부러진 칼을 그 도시에서 가장 유명한 대장장이에게 가져갔고 그는 그 부러진 면을 확대경으로 조사했다. 그 후 그는 고개를 흔들며 "이 칼의 강철은 말끔합니다. 아무 데도 상한 곳이 없어요. 누군가가 이 칼을 고의로 조각조각 부러뜨렸어요. 예를 들면 설합 사이에 끼우고 부러뜨렸을 겁니다. 아니면 아주 높은 곳에서 돌 위에 떨어뜨렸던가. 아주 훌륭한 강철입니다. 폭발되다니 그건 말도 안 됩니다."라고 말했다. 이 사건을 설명할 길이 없었다. 우연이라는 가설은 당연히 거리가 먼 이야기였다. 라인강이 거꾸로 흘렀다면 그것을 우연이라고 가정할 수 있겠는가?

여기까지가 그의 이 사건에 대한 기술이고, 이런 현상들은 분명 심령 현상으로 영적인 능력을 가진 사람, 즉 영매가 있을 때 일어나는 현상이라는 것은 분명하다. 그도 분명 이러한 일이 우연으로 일어난 일이 아니고 어떤 원인에 의해 일어난 일이라는 것을 말하고 있다. 그가 말한 "라인강이 거꾸로 흘러도 그것을 우연이라고 할 수 있는가?"라는 물음으로도 그의 생각을 알 수 있을 것이다. 이런 일들로 인해 그는 그 후에 「심령 현상의 심리와 병리에 관하여」라는 학술 논문을 썼다.

폴터가이스트 현상으로 갈라선 융과 프로이트

융과 프로이트가 결별하게 된 계기라고도 할 수 있는 일이, 1909년 그가 빈에 있는 프로이트의 집을 방문했을 때에 일어났다. 그는 그때 다음과 같은 심령 현상을 경험했음을 쓰고 있다. 두 사람이 초심리학(parapsychology)과 예지능력(precognition)에 대해 토론하고 있었다. 그때 별안간 책장을 부수는 듯한 큰 소리가 났고 융은 그것을 심령 현상이라고 했고 프로이트는 터무니없는 말이라고 부정했다. 그러자 융은 자신도 모르는 어떤 확신을 가지고 "곧 또 그런 일이 일어날 것입니다."라고 하자 또다시 책장에서 처음과 같은 폭음이 났다. 융은 그 소리가 되풀이해서 다시 날 것을 직감하고 있었다고 적고 있다.

이것은 영매 능력이 있는 사람이 있을 때 일어나는 폴터가이스트(poltergeist) 현상이다. 하이즈빌 사건에서 폭스 자매들처럼 융도 그때 영혼에게 몇 가지 문답을 하였다면 그러한 현상에 의한 영혼의 존재가 영원히 인정되었을지도 모르겠다. 왜냐하면 20세기를 대표하는 두 정신분석학자가 함께 확인하였다면 다른 어떤 사람의 확인보다 신빙성이 있었을 것이기 때문이다. 그러나 불행히도 그들은 그러한 확인 작업을 하지 않았다.

어쨌든 이 일은 융과 프로이트가 결별을 하게 되는 계기가 되는데 프로이트는 융이 그를 배격하는 심리가 있어서 그런 현상이 일어났다고 생각한 것 같다.(융의 저서 『리비도의 변환과 상징』이 출간된 1912년 이후 그들은 학문적으로 실제로 결별했다.) 그 후 프로이트가 융에게 보낸 1909년 4월 16일자의 서신에서도 이 일을 논의하고 있으나 프로이트는 그 현상이 심령 현상이 아니라고 주장하고 있다. 그는 심리학자로서 또는 정신분석학자로서 이 현상에 대한 어떠한 과학적이거나 논리적인 반박 설명도 하지 않고 오히려 관찰력이 있는 과학자라면 당연히 의문을 가졌어야 할 것마저도 외면한 채 오직 심령 현상이 아니라고 부정만 한 것이다. 여기에서 프로이트의 서신을 일부 소개하고 분석해 보겠다.

우리가 함께 소리를 들은 두 번째 방에서는 평소에 소리 나는 일이 거의 없습니다. 처음에는 만약 그 소리가 당신이 있을 때는 자주 들리고, 없을 때는 한 번도 나지 않는다면 그것이 어떤 뜻이 있는 증거로 삼으려 했습니다. 그러나 그 소리는 당신이 간 뒤에도 계속 울렸으며 내 생각과 관계없이 났고, 내가 당신에 관해 생각하거나 당신의 문제에 골몰할 때는 한 번도 그 소리가 난 적이 없습니다. 여기에 대한 도전으로 한마디 추가하거니와 그 소리는 지금도 들리지 않습니다.

그가 진정한 과학자로서의 통찰력을 가지고 관찰했다면 융에 관해 생각하였을 때는 소리가 전혀 나지 않았다는 점에 주목했어야 할 것이다. 만약 그러한 소리가 우연에 의한 것이라면 그가 융에 관해 생각을 할 때도 났어야 하지 않는가?

그의 위의 인용의 마지막 부분, 즉 "여기에 대한 도전으로 한마디 추가하거니와 그 소리는 지금도 들리지 않습니다."에 대하여도 그러한 소리가 나지 않았다는 것은 물론 이때 그는 융에게 편지를 쓰고 있었으므로 융에 대해 생각하고 있었기 때문이다. 저자의 판단으로는 세계적으로 유명한 과학자로서의 명성에 걸맞지 않은 비과학적인 관찰과 주장으로밖에 보이지 않는다.

융은 그 후 그의 심리학의 근간이라고도 할 수 있는 '집단무의식'의 개념을 도입하는데, 이것은 개인의 정신에 선행하는 인류 보편적인 집단 경험이 우리의 무의식 내에 존재한다는 이론이다. 그는 무의식 전체를 개인적인 것으로 보는 프로이트와는 달리 개인적인 것과 집단적인 것으로 나눌 수 있다고 보았다.

저자는 그의 이러한 결론은 "그러한 선행의 경험은 개인의 전생의 경험"이라고 한다면 훨씬 받아들이기가 쉽고 또 그런 현상을 설명하는 데도 훨씬 무리가 적다고 생각한다. 왜냐하면 개인의 정신에 선행하는 인류 보편적인 경험이 무엇인지 정확한 정의도 내릴 수 없을 뿐 아니라 개개인이 느끼는 집단 경험이 다 같을 리도 없기 때문이다.

그는 개개인이 느끼는 상징과 형상들이 환자 자신에게는 낯설고 종교나 역사가에게 낯익게 나타난다고 하며, 그런 점에서 그는 프로이트의 개인적인(개인에 국한된) 무의식을 넓혀 집단이 공유하는 이미지나

상을 원형이라 불렀고, 그들의 총체를 집단무의식이라 했다. 사실 그의 집단무의식에 대해 분명하지 못한 점이 많았다. 그러므로 융 자신은 그것에 관해 다음과 같이 해설한다.

"본능(학습된 것이 아닌 타고난 소질)은 원형과 상당히 유사하다. 그 때문에 원형을 본능의 무의식적 이미지로 보는 것도 충분한 근거가 있다. 다시 말하면 원형은 본능적 행동양식이다. 그러므로 집단무의식의 가설은 황당한 주장이 아니고 본능이 존재한다고 가정하는 것으로 보면 된다."라고 말하고 있다.

우리가 영혼의 환생을 인정한다면, 그러한 선행(先行) 경험은 개인의 전생의 경험으로 충분히 설명할 수 있다고 생각한다. 그가 말하는 집단무의식이란 사회에 공통되는 어떤 의식(본능을 포함한)의 바탕을 말하는 것으로써 우리가 한 생을 살았다면 공통의식의 바탕은 누구나 경험하게 된다. 그러므로 전생을 살았다면 전생에서 경험한 공통의식이 현생의 우리의 무의식에 남아 있고(전생의 기억은 무의식에 남아 있다는 것이 전생을 인정하는 학자들의 견해이다.) 그것이 곧 그가 말하는 집단무의식인 것이다.

또 그는 어떤 개인이 열차나 밀폐된 공간에 갇혀 있는 것에 대한 두려움을 갖고 있으면, 그 증상을 형성하는 관념이 곧 개인 콤플렉스이고 그러한 콤플렉스가 존재하게 된 것은 억압 때문이라고 말한다. 그러나 폐쇄 공포증이나 고소 공포증 등이 전생퇴행으로 쉽사리 완치된다는 점으로도 그러한 콤플렉스가 억압에 의해 생긴 것이 아니고 전생의 경험이었음이 확실히 증명되고 있다고 보아야 할 것이다.

사실 밀폐 공포증이나 고소 공포증 외에도 칼이나 창 등에 대한 공포증, 물에 대한 공포증 등 거의 모든 공포증이 전생퇴행에 의해 전생에서 그러한 것으로 위험을 받은 경험(살해되거나 물에 빠져 죽은)을 재현하고 나면 쉽사리 제거된다.

라벤나의 성당에서 보았던 모자이크

다음의 내용은 융의 같은 책의 "여행"이라는 장에서 나오는 이야기를 인용한 것이다.

1913년에 내가 처음으로 라벤나에 갔을 때 갈라 플라키디아의 묘비는 이미 나에게 깊은 감명을 주었다. 그것은 깊은 의미를 지닌 것으로 보였으나 나는 거기서 묘한 매력을 느꼈다. 내가 두 번째 그곳을 방문했을 때는 아마도 20년쯤 뒤였는데도 처음과 똑같은 체험을 했다. 그 묘비 앞에서 특이하게 감동적인 기분에 사로잡혔다.

나는 그곳에 한 친분이 있는 여인과 함께 갔는데 우리는 거기를 거쳐 그리스 정교회의 침례당으로 갔다. 여기서 무엇보다도 눈에 띤 것은 실내를 가득 채우고 있는 부드럽고 푸른빛이었다. 나는 그것을 별로 이상하게 생각하지 않았으며 빛이 어디서 오는지도 개의치 않았다. 그래서 빛의 근원이 없이도 빛이 있다는 놀랄 만한 사실이 전혀 머리에 떠오르지 않았다.

그러나 놀랍게도 창이 있었던 것으로 기억되는 그 장소에는 굉장히 아름다운 네 개의 커다란 모자이크 벽화가 있었다. 나는 이것이 있는 것을 잊었던 것 같다. 나의 기억력이 조금도 믿을 만한 것이 못 된다는 사실에 화가 났다. 남쪽에 있는 그 그림은 요르단 강의 세례를 묘사하고 있었다. 북쪽의 두 번째 그림은 이스라엘 백성들이 홍해를 건너는 모습을 나타냈고, 동쪽의 세 번째 그림은 곧 기억에서 사라지고 말았다. 아마도 요르단 강에서 '나에만'이 문둥이를 씻는 장면을 나타내고 있는 것 같다. 나의 서재에 있는 옛날 메리안의 성서에는 이와 비슷한 그림이 있다. 가장 감명을 준 것은 우리가 마지막으로 본 침례당 서쪽의 네 번째 모자이크였다. 그것은 그리스도가 바다에 빠진 베드로에게 손을 내미는 장면이었다.

이 모자이크 앞에서 우리는 최소한 20분간을 멈춰 서서 본래의 세례의식, 특히 실제적인 죽음의 위험과 결부되어 있는 성인(成人)과정으로서의 특이한 세례관에 관해서 토론했었다. 이런 종류의 이니시에이션(initiation)은 흔히 생명의 위험과 결부되어 있어 원형적인 죽음과 환생의 사상이 이를 통해 표현되어 있다. 세례 역시 본래는 '물속에 잠김'의 뜻으로 익사의 위험을 암시했던 것이다.

나는 물속에 빠진 베드로의 모자이크에 관해서는 뚜렷이 기억하고 있고, 오늘도 그 자세한 부분까지를 생생하게 볼 수 있다. 즉 바다의 푸르름, 모자이크의 하나하나의 돌, 그리스도와 베드로의 입에서 나오는 말을 쓴 띠가 눈앞에 생생하고 그 뜻을 해독하려 애를 썼던 기억이 난다. 우리가 이 침례당을 떠난 뒤 곧 '아리나리'로 가서 모자이크의 사진을 구입하고자 했으나 어느 것도 찾지 못했다. 그것은 짧은 방문이었으므로 시간이 촉박해서 나는 그 그림을 취리히에서 주문하리라 마음먹었다.

내가 집에 돌아왔을 때 곧 라벤나로 여행할 친지에게 그 그림을 구해 오도록 부탁했다. 그는 그것을 구할 수 없었다. 왜냐하면 그는 내가 설명한 모자이크가 전혀 존재하지 않았다는 사실을 확인했던 것이다. 그 동안에 나는 이미 한 세미나에서 성인식으로서의 원래의 세례관에 관해 말했고, 이 기회에 내가 그리스정교 침례당에서 본 모자이크에 관해서도 설명했다. 그 그림이 묘사했던 추억은 오늘도 생생하다. 나와 당시 함께 갔던 여인도 자기 눈으로 본 것이 실재하지 않는다는 사실을 오랫동안 믿을 수 없었다. 두 사람이 동시에(없는 것을) 볼 수 있는지 모르겠다. 얼마만큼 똑같은 것을 보느냐 하는 것은 판단하기 아주 어려운 것이다. 그러나 이 경우에는 우리 둘이 그림의 주요 특징에 대해서는 최소한 똑같은 것을 보았다고 충분히 보증할 수 있었다.

라벤나에서의 체험은 내게 일어난 일 중에서도 가장 특이한 것이었다. 그것을 설명하기란 거의 불가능하다. 갈라 플라키디아 왕후(기원전 450년 사망)에 관한 한 사건이 아마 한 가닥 해명의 실마리가 될지 모른다. 한 겨울 비잔츠에서 라벤나로 향하던 폭풍 속의 배에서 그녀는 자기가 이 폭풍우에서 구출되기만 한다면 교회를 세우고 바다의 위험을 그곳에 묘사하도록 하겠다는 맹세를 했다. 그녀는 이 약속을 라벤나에 산 죠반니 대성당을 세움으로써 실천했는데, 그녀는 이 성당을 모자이크로 장식토록 했다. 중세의 전기(前期)에 이 성당의 모자이크는 화재에 의해 송두리째 파괴되었다. 그러나 밀라노의 암브로지아나에서 갈라 플라키디아가 배를 타고 있는 그림의 소묘가 발견되었다.

인용은 여기까지로 하자. 융의 회고록의 저자 아니엘라 야훼는 융 자신은 이 환상을 동시 현상으로 설명하지 않고(그는 1924년 볼링겐 성

에서의 유령 사건은 동시 현상으로 설명하였다.) 성인과정에 대한 원형적
(융은 원형은 본능으로 보아도 된다고 하고 있다.) 사고와 관련한 무의식
의 순간적인 창조로서 설명했다고 주석을 달고 있다.

집단무의식의 순간적인 창조가 과연 상세한 환영들을 만들어 내고
또 뒤에 가서 그러한 것이 사실과 일치할 수 있다고 믿는 그의 설명으
로 과연 위의 사실들의 원인이 명백해졌다고 받아들일 수 있는가? 어
떤 개인에게 특유한 무의식에 의한 환영이라면 상세한 내용이 있을 수
있겠지만, 집단무의식처럼 인류 총체적인 무의식의 내용에 상세한 부
분이 각인되어 있다고 주장할 수 있을까?

저자가 이토록 긴 이야기를 인용한 것은 이 현상은 심령 현상의 하
나인 기시 현상(既視現狀, deja vu)의 전형적인 특징을 다 지니고 있음을 말
하기 위함이었다. 20년 간격으로 그가 두 번이나 방문했을 때 그가 느
낀 묘한 감정, 그곳에는 존재하지도 않는 모자이크에 나타났던 무늬들
에 대한 너무나 생생한 세부적인 기억, 그리고 이유를 설명할 수 없었
던 푸른 빛 등은 기시 현상의 특징을 충분히 갖추고 있다.

융은 그의 전생에 이곳에 왔던 일이 있었고, 그것을 그는 기시 현상
으로 본 것이라고 하면 아무런 무리한 가정 없이도 충분히 설명된다.
아마도 그와 함께 그곳에 갔던 여인도 그녀의 전생에 그와 함께 그곳
을 방문했을 것이다. 또 그가 갈라 플라키디아의 묘비 앞에서 느꼈던
묘한 감정으로 보아 플라키디아는 융의 전생의 인물이었거나 전생에
서 그와 밀접한 관계를 가졌던 가능성마저 보인다.

영혼의 객체성을 알게 된 필레몬과의 대화

다음은 융이 성서에 나오는 엘리아스의 환상을 본 직후 다시 다른
환상을 꿈속에서 본 것에 관한 것인데, 그는 그 상을 필레몬(philemon)이
라 불렀다. 그의 글을 인용한다.

푸른 하늘이었다. 그러나 그것은 바다 같았다. 그것은 구름이 아니고
흙덩이로 덮여 있었다. 마치 흙덩이가 부서져서 푸른 바닷물이 그 사이로
보이는 듯했다. 물은 그러나 푸른 하늘이었다. 갑자기 오른쪽에서 날개가
달린 것이 날아갔다. 그것은 황소의 뿔을 단 한 노인이었다. 그는 네 개의
열쇠가 있는 뭉치를 지니고 있었는데, 그 중 하나로 마치 자물쇠를 열려
고 하고 있는 것 같았다. 그는 날개가 돋혀 있었고 그의 날개는 물총새의
것과 같았는데 그 새 특유의 색깔을 하고 있었다.
    나는 그 꿈의 뜻을 잘 이해할 수가 없었기 때문에 좀 더 그 모습이 잘

드러나도록 그 새의 그림을 그렸다. 내가 그런 작업에 몰두하던 날 정원의 호숫가에서 죽은 물총새를 발견했다. 물총새를 취리히 근처에서 보기란 매우 드문 일이다. 그러므로 나는 겉보기에 이 우연한 일치에 매우 충격을 받았다. 새의 시체는 아주 생생해서 기껏해야 죽은 지 2~3일 지난 것이었다. 그리고 눈에 띄는 아무런 외상도 없었다.

필레몬과 다른 환상들은 인간의 마음속에는 내가 만드는 것이 아닌 스스로가 만들어 내는, 그리고 고유한 삶을 지니고 있는 것이 존재한다는 인식을 나에게 가져다주었다. 필레몬은 내가 아닌 다른 힘을 표현하고 있었다. 나는 환상의 대화를 그와 나누었고 그는 내가 의식하에서 생각하지 않는 것들을 말하였다. 나는 말하고 있는 것이 내가 아니라 그였음을 정확하게 알아차렸다. 그는 내게 설명하기를 내가 마치 나의 생각을 만들어 내는 것같이 여기지만 그 생각들은 그의 의견으로는 숲 속의 짐승, 방안에 있는 사람들, 또는 공중의 새들처럼 자기 고유의 삶을 지니고 있다고 했다. "만일 그대가 방안에서 사람들을 보았다면 그대는 그대가 그 사람들을 만들어 냈다거나 그대가 그 사람들에게 책임이 있다는 등의 말을 하지는 않을 것이다." 그는 이렇게 나를 가르쳤다.

이리하여 그는 차츰 나에게 정신적인 객체성, 즉 '영혼의 진실'을 인식하도록 해주었다. 필레몬과의 대화에서 나와 나의 사고의 객체와의 차이가 분명해졌다. 또한 그는 나에게 예를 들면 객관적인 자세를 취했다. 나는 내 속에 내가 알지 못하고 내가 생각하지 않는 것들을 말할 수 있고 심지어 나에게 적대적인 것들까지 말할 수 있는 어떤 것이 존재함을 이해했다.

이 글에서 그가 분명히 하고자 한 것은 그러한 생각은 뇌의 작용의 산물이 아니고 독립된 영혼이라는 것을 말하고 있다.

 이상과 같이 칼 구스타브 융의 비교적 많은 꿈이나 환상 그리고 그의 일화에 대한 이야기를 여기 인용한 것은, 20세기를 대표하는 심리학자 겸 정신 분석학자의 한 사람으로서 그는 만년에 가서는 영혼의 존재를 분명히 하고 있다는 점을 강조하기 위해서였다. 그가 말하는 귀신이라는 것이 영혼이 아니고 무엇인가?

전생에 괴테였다고 생각한 융

저자는 융 자신도 집단무의식은 전생의 경험이라고 믿고 있었음을 의심치 않는다. 다만 그가 생존했을 때는 과학계나 사회 전반에서 사후의 생에 대해 논하는 것을 타부시하고 또 그런 것을 공공연히 인정하는 학자들은 사회의 질시를 받고 학자로서의 존재마저 위협받던 시기였기 때문에 사후의 생을 인정하는 전생경험 등의 표현을 주저했을 뿐이라고 믿어진다.

전생의 기억을 가진 아이들에 대한 이안 스티븐슨의 조사가 시작된 무렵 그가 세상을 떠났으므로 스티븐슨에 의해 제시된 전생의 사례들은 몰랐다 하더라도 그는 그노시스 학파 등의 사상을 누구보다 더 깊게 이해하고 있었으므로 전생에 대해 생각하지 않았을 것이라고 믿어지지 않는다. 또 그가 살아 있을 때에는 많은 과학자들에 의한 심령 현상의 연구가 있었으므로 그 자신이 이러한 결과에 대해 몰랐다고 할 수 없다. 사실 그 자신이 심령 현상에 대한 많은 연구를 하였다는 것은 융에게 보낸 프로이트의 서신에서도 알 수 있다.

프로이트가 융에게 보낸 1911년 5월 12일자와 6월 15일자의 편지를 살펴보자.

친애하는 벗이여!

나는 당신이 깊이 심령학에 몰두해 있는 것을 알고 있고 당신이 풍성한 수확을 거두고 귀향하리라는 점을 의심치 않습니다. 거기에 대해 아무도 무어라 할 수 없을 것입니다. 또한 자기 충동의 연결에 쫓아갈 권리는 누구에게나 있습니다. 당신의 조발성 치매(정신분열증) 연구에 관한 명성은 당신에게 향해졌던 신비가라는 비판을 상당히 오래 지탱해 줄 것입니다. 다만 우리로부터 멀리 떨어진 열대 식민지에 너무 오래 있지 마십시오. 집안을 다스리는 것이 가치 있는 일입니다.

충심으로 안부 전하며 좀 더 자주 편지 주시기를…….

당신의 충실한 프로이트

1911년 5월 12일

친애하는 벗이여!

심령학의 문제에 대해서 나는 페렌체와의 경험을 통하여 내가 얻은 크나큰 교훈 이래로 겸손해졌습니다. 사람들을 이성적으로 만드는 일 같으면 나는 무엇이든 믿는다고 약속합니다. 잘 아시다시피 나는 그러한 일은 즐겨하고 있지 않습니다. 그러나 나의 오만은 그 뒤부터 무너졌습니다. 나는 당신들 중 한 사람이 심령학에 관한 것을 공개적으로 발표하는 위험한 발걸음을 내디딘다면 그때 당신과 페렌체의 의견이 서로 합치되어 있기를 바랍니다. 내 생각으로는 그것이 연구과정의 전적인 독립성과도 합치되는 것이라 봅니다.

당신과 당신의 아름다운 집에 충심으로 인사를…….

당신의 충실한 프로이트

1911년 6월 15일

프로이트는 분명 융이 심령 연구에 몰두하는 것에 대한 경고를 한 것 같다. 어떻게 보면 융은 자신의 전생이 괴테였다고 생각했는지도 모르겠다. 저자에게는 그가 말하는 그의 제2호 그것이 괴테이고 그것은 그의 전생의 기억에 의한 것이라고 상상이 간다.

어쨌든 위의 글들에서도 보는 것처럼, 그는 영혼의 존재를 믿었고 또 영혼들의 도움으로 저작들을 완성하였다는 그의 말을 우리는 들을 수 있었다.

어떤 과학자나 학자들이 심리학자나 정신분석가들보다 영혼과 정신을 더 잘 분석하고 그런 현상들에 대해 더 정확하게 정의(定議)를 내리고 판단할 수 있겠는가?

제20장

영혼 치료

100만 명을 넘게 치료했다는 호세 아리고

영혼 치료(Psychic Surgery; 불가사의한 심령 수술) 행위는 주로 남아메리카의 브라질과 아시아의 필리핀에서 실행되고 있었으나 1980년대부터는 영국 등에서도 상당히 유행하고 있는 것 같다. 1920년대부터 사망한 1945년에 이르기까지 1만 4,000여 건의 치료를 했던 에드가 케이시가 이러한 근대적인 치료사로 가장 널리 알려졌으므로 그를 심령 치료의 근대적인 효시라고 해도 될 것이다. 케이시는 자기최면 상태에서 비서가 말해주는 환자의 주소와 성명을 듣고 그의 영혼이(?) 환자를 찾아가 진찰하고 치료하기 위한 약을 처방하는 방법으로 환자들을 치료하였다.

그러나 1971년 자동차 사고로 세상을 떠나기까지 100만 명이 넘는 사람들을 치료했다고 하는 브라질의 호세 아리고는 케이시와는 달리, 전혀 소독되지 않은 칼이나 가위 등으로 말기 자궁암과 같은 중환자를 마취시키지도 않고 순식간에(불과 몇 분 또는 몇 초 사이에), 또 피는 한 방울도 흘리지 않은 채 수술을 하였다고 한다. 이것은 전혀 믿기지 않는 일이지만 그의 그러한 수술 장면과 수술 직후 완치된 환자들을 미국의 TV방송을 비롯한 수많은 매체와 유명 인사들이 증명하고 있다.

유명 인사 중에는 그가 무면허로 의료행위를 했다고 고발당했을 때 그의 재판을 담당하였던 이메지 재판관과 그와 함께 갔던 유명한 의사인 렉스 박사가 있다. 이들은 아리고의 요청에 의해 직접 수술 장면을 곁에서 목격하였을 뿐 아니라 환자를 아리고가 수술하는 동안 잡아주며 수술하는 전 과정을 하나하나 점검했고, 수술 전에는 전혀 앞을 보지 못하던 백내장 환자가 수술 직후 시력을 완전히 회복한 것을 확인했다. 이메지 재판관의 기록에 의하면 아리고는 그때 소독도 하지 않은 가위를 자기 옷에 두세 번 문질러 닦은 후 환자의 각막에 그것을 찔러 넣었다고 했고, 수술은 불과 몇 초·내에 끝났으며 수술 후는 기도를 했고 기도 후에 손수건에 나타난 기름과 같은 액체로 환자의 수술한 눈을 닦았다고 한다. 그렇게 소독도 되지 않고 심지어는 녹슨 칼이나 가위를 사용했어도 혈 중독증을 일으킨 경우는 한 번도 없었다고 한다.

그러나 이러한 심령 치료 현상도 다른 많은 심령 현상처럼, 어쩌면 다른 그 어떤 현상보다도 더 많은 비난을 받아온 것도 사실이다. 필리핀에서는 이러한 치료 행위가 1940년 엘루테리오 테르트에서 시작되었다. 그와 그의 제자 토니 아그파오는 다른 많은 제자들을 육성해서 필리핀 크리스찬 심령연합(The Christian Spiritist Union of the Phillippines)이라는 것이라는 것을 만들고 본격적인 심령 치료(수술)를 했다.

1959년에는 론 오몬드와 오몬드 맥길에 의해 책이 출판되면서 미국

에서도 심령 치료가 널리 알려지게 되었다. 그들은 심령 치료를 '4차
원적 수술'이라고 했고, 그것은 보통의 마술사들에 의해 행해질 수 있
는 것인지 아닌지는 모른다고 했으며, 수술 장면을 영화로 찍었다. 그
들은 그것을 필리핀 사람들은 신에 의한 기적이라고 하는데, 정말 그
런 것 같다고 말하고 있다.

그 중에도 알렉스 오비토라는 심령 수술사가 가장 잘 알려졌는데 그
것은 미국의 영화배우 셜리 맥클레인과의 관계 때문이었다. 그러나 그
는 2005년 캐나다에서 사기혐의로 체포되었다. 또 1984년 3월에는 코
미디언이던 앤디 카우프만이 폐암 진단을 받고 필리핀으로 가서 심령
치료를 받았다. 6주간의 심령 치료 끝에 폐에 있던 암을 제거했기 때
문에 완치되었다고 그는 믿었으나 얼마 후인 그해 5월 16일 암의 전이
로 사망했다.

영국에도 스테판 튜로프라는 심령 수술사가 활약했는데 그의 수술
에 관해 뒤에 소개하기로 하고 먼저 아리고가 이러한 수술을 하게 된
시초의 수술 장면을 소개하기로 한다.

한 부인이 말기의 자궁암으로 죽음을 직면하고 있었다. 의사의 권유에
따라 그녀의 죽음의 고통을 덜어주는 가톨릭 사제에 의한 종유(終油)의식
도 행해졌다. 사람들은 다가오는 그녀의 죽음을 애처롭게 기다리고 있을
때 한 사나이가 갑자기 뛰어나가더니 부엌칼을 들고 들어왔다. 주위 사람
들은 무슨 일이 일어나는지를 알지도 못하는 사이에 그는 그 칼을 부인
의 질(膣) 속으로 넣었고 칼을 뺀 후 그의 더러운 손을 질 속에 다시 넣어
커다란 덩어리의 종양 같은 것을 드러내었다. 옆에서 정신을 잃고 있었던

의사가 정신을 차리고 부인 곁으로 가 상태를 점검하고는 놀랐다. 죽음의 그림자로 가득하던 그녀의 얼굴에 혈색이 돌기 시작한 것이다. 의사는 그 사나이가 들어낸 덩어리를 조사한 결과 틀림없는 종양 덩어리였고 그녀는 그 후 소생하여 건강하게 살았다고 한다. 이런 일이 있은 후 아리고가 있는 한 조그마한 브라질의 시골 마을인 콩고냐스 드 캄보는 심령 수술의 메카가 되었다.

그러나 이러한 수술은 많은 찬반 의견이 있으므로 저자는 과학적으로 무엇이라 판단을 내릴 수가 없으나, 경우에 따라 완치된 것도 있음은 확실해 보인다. 이러한 경우는 플라시보 효과(placebo effect: 환자에게 가짜 약을 투여하면서 특효약이라고 하면, 병이 낫는 경우가 있는데 이런 효과를 이름)일 수도 있으나 어쨌든 불치의 환자가 낫는다면, 심령 수술을 받아볼 필요가 있을 것 같다. 그러나 그런 것으로 인해 일찍 정상적인 치료를 받으면 나을 수 있는 환자가, 치료 기회를 놓치는 경우도 있을 것으로 쉽사리 찬반을 가리기는 어려운 일이다.

실제로 미국 암협회(American Cancer Society)는 그러한 주의를 환기시켰다. 심령 수술은 환자에게 실제로 도움이 되는 어떤 효과도 주지 못한다는 것이 확실하므로 환자들은 그런 치료를 받지 않을 것을 강력히 권유한다고 했다. 그리고 일반적으로 그러한 수술이 환자에게 해를 주는 것은 아닐지라도 조기에 치료할 기회를 상실하게 만들 수 있어 때로는 치명적일 수 있다고 했다.

1975년 미국 연방상업국(U. S. Fedral Trade Commission)은 심령 수술에 대해서 사기에 불과하다고 결론을 내렸다. 그리고 다니엘 핸슨 판사는

심령 수술의 목적으로 해외여행을 주선하는 여행사들을 불법으로 간
주하고 그러한 알선을 금지시켰다.

　그러나 많은 사람들이 심령 수술로 효과를 보았다고 주장하므로, 그
러한 사례를 몇 가지 소개하기로 한다.

2

심령 치료사가 된 목수

영국에서도 1980년 이후에는 몇몇의 심령 치료사들이 나왔다. 그 중 하나는 스테판 튜로프라는 사람인데, 심령 치료를 시작하기 전의 그의 직업은 목수였다. 그는 20대가 되었을 때 머리 속에서 나는 이상한 소리를 들었다. 그는 그 후 심령교회 등에서 심령 능력을 기르게 된 것 같으며 몇몇 영매들이 그는 심령 치료사가 될 것임을 예언했다고 한다.

스테판 튜로프는 1985년에 처음으로 심령 치료를 하였다. 어느 날 저녁 린다라는 친구로부터 허리에 통증이 심하니 와서 좀 도와줄 수 없느냐는 전화를 받고 그의 아내와 함께 그녀를 방문했다. 그는 그녀를 부엌에 있던 테이블 위에 눕히고 진단한 결과 배에 이상이 원인이라고 했다. 린다는 바로 전에 병원에서 찍은 X레이 결과도 난소의 종양으로 밝혀졌다. 그는 30분 이내에 수술을 하라는 영음(靈音)을 들었다. 그들은 앉아서 담배를 피우며 그런 이야기를 하다가 30분쯤 후에 린다를 다시 그 테이블 위에 눕게 했다. 그때까지만 하더라도 그는 자신이 어떻게 할 것인가 전혀 상상도 못했다고 한다.

그는 손을 환자의 배 위에 얹고는 트랜스 상태에 들어갔다. 그 후에 일어난 일들에 대해 그는 전혀 기억하는 것이 없고 린다와 그의 아내가 전하는 말에 의하면 영혼의 의사라고 하는 칸이 나타나 눈에 보이지 않는 주사를 놓고 수술을 했다고 한다. 방은 온통 에테르의 냄새로 가득했고 그가 깨어난 후에도 그 냄새는 남아 있었다. 이런 수술이 끝난 지 5분도 되지 않았을 때, 린다는 허리의 통증이 사라졌다고 하며 일어섰다. 2주일 후 병원에서 X선 검사를 받았는데 종양의 흔적마저 찾아볼 수 없었다.

이처럼 그의 심령 치료를 도와주는 영혼의 의사는 조세프 칸이라는 유태계 독일인 의사로 금세기 초에 살았다고 스스로 말하고 있다. 그의 치료를 받은 가톨릭 주교와 다른 환자들이 실제로 그 영혼의 의사를 그들의 눈으로 보았으며, 칸이 수술을 하고 있는 동안 영매 스테판의 얼굴이 변형되어 칸의 얼굴을 닮아갔고, 사용하는 말도 독일인의 서툰 영어였다고 한다.

한번은 영국 국교회의 한 교구목사가 뇌종양으로 걷지를 못하고 휠체어를 타고 있는 한 환자를 그에게 데리고 왔는데, 그의 치료를 받은 환자가 10분 후에 걸어 나오는 것을 본 그 목사는 기겁을 해 도망갔다고 한다.

그가 언젠가 윔블던에 있는 교회에서 심령 수술을 하는 장면을 공개했는데, 그때는 그 지방의 관리와 유지를 비롯한 300명이 넘는 사람들이 참관하였다. 감추거나 공개되지 않은 것은 아무 것도 없었고, 수술 직전 참관인들 중 누구든 원하는 사람이 있으면 나와서 사용할 수술 장비를 점검하게 했고, 그 중 몇몇 사람들은 그의 수술 장면을 바로 옆에서 관찰하도록 했다. 그때 그는 여러 번의 수술을 했는데, 한 환자는 윌마라는 여자로 위염을 앓고 있었고, 또 한 사람은 프랜시스라는 여자로 어릴 때부터 허리통증에 시달리는 환자였다. 수술을 받은 후 프랜시스는 이렇게 말했다고 한다.

"나는 그가 등뼈에 수술을 하고 있는 것같이 느꼈습니다. 처음에는 마치 주사를 맞는 것 같았고 다음은 그가 어떤 큰 기구를 몸속으로 넣어 엉덩이에 가까운 부분의 척추를 잘라 내는 것같이 느꼈습니다. 통증이라고는 전혀 없었습니다. 그는 몸속의 독을 뽑아낸다고 했습니다. 나는 손가락 끝에서 시작하여 팔을 거쳐 등뼈에 이르기까지 무엇인가 빠지는 느낌을 받았습니다."

그 후 스테판은 그녀의 허리를 사정없이 흔들어 대었기 때문에 관중들은 그가 난폭하다고 느낄 정도였다. 그의 이러한 행동이 끝나자 그는 그녀에게 허리를 굽혀 손을 발가락에 대어보라고 하였다.

"나는 그의 지시대로 했고, 놀랍게도 나는 정말 여러 해 만에 처음으로 나의 발가락을 만질 수 있었습니다."라고 그녀는 말했다. 그 후 그러한 치료는 완전한 것으로 판명되었고 그녀에게 이전에 있었던 허리의 통증은 재발하지 않았다.

수술 현장을 바로 옆에서 지켜보고 있어도 거의 믿을 수가 없을 정도라고 한다. 심령 수술을 하는 스테판 자신도 어떻게 자기가 수술을 하고 있는지 자세히는 모른다고 하며, 그의 추측으로는 물리적인 영매들의 작용과 비슷한 현상이 일어나고 있다고 느낀다고 했다. 작업을 시작하기 직전 그는 손끝에서 엑토플라즘이 나오는 것을 느낄 수 있고, 아마도 그의 생각으로는 영혼의 의사인 칸이 그것을 이용하는 것 같다고 말하고 있다. 그는 이어서 다음과 같이 설명한다.

"칸은 환자의 주위에 방사능의 장을 형성하고 그러한 방사능의 장은 기구를 소독한다고 나에게 말했습니다. 실제로 수술이 몸속에서 이루어지는 경우는 드물며 그러한 경우라도 실제로 절개를 하는 부분은 2~3센티미터 내외에 불과하며, 수술 기구는 엑토플라즘을 이용해서 몸속에서 필요에 따라 커지고 길어진다고 했습니다."

이러한 설명은 심령 수술은 받았으나 수술의 흔적이 없는 환자들이 수술을 받는 동안 그들이 경험했던 느낌을 뒷받침하고 있다. 또 아리고의 경우와 같이 수술을 할 때 나오는 피의 양도 거의 없고 수술한 흔적도 몇 초 만에 아물어 붉은 선만이 남으나 그것마저도 한 시간쯤 지나면 사라진다. 어떤 때는 암의 덩어리나 병든 부분이 그 부분을 절개하지도 않았는데 피부 위로 솟아올라 오기도 한다. 그러한 덩어리는 일단 비물질화했다가 다시 물질화하는 것같이 보인다. 환자들은 그렇게 떼어낸 덩어리를 가져가 분석해 보도록 권유를 받고 있으나 환자들이 가지고 가지 않은 덩어리는 가끔 저절로 사라져 버린다고 한다. 아마 이것도 엑토플라즘에 의한 비물질화 현상일 것이다.

3

"심령 치료는 하나님이 주신 가장 위대한 선물"

또 다른 영국의 심령 수술사는 조프 볼트우드인데 그는 다섯 살 때 병으로 입원을 하고 있었는데, 침대 곁에 불빛이 나타났다. 그리고 "너는 곧 나을 것이며 다른 사람들을 치료할 것이다."라는 소리가 들렸고 그 불빛이 그의 몸속으로 들어갔다. 이미 10대 때에는 여러 가지 심령적인 능력을 가지게 되었고, 20대에 들어서 심령 치료를 시작했다. 그가 영국 스윈든에 있는 한 심령교회에서 실험을 했을 때는 인도의 유명한 구루(guru)인 사이바바의 경우처럼 손에서 치료 효과가 있는 재가 나왔다고 한다.

그의 심령 능력을 시험하기 위한 테스트가 런던 대학의 토니 스코필드 박사와 데이비드 헤지 박사의 주관 아래 이루어졌다. 그들은 어떤 씨앗의 싹이 트고 자라나는 능력을 시험해 보았다. 그들은 씨앗을 먼저 소금물에 담갔다. 보통의 경우에 이렇게 소금물에 담갔던 씨앗은 회복하는 데만 며칠간의 시간을 요한다. 그렇게 담근 씨앗을 일부는 조프가 손에 들고 그의 심령력을 주입했고 나머지 씨앗들은 심령 처리를 받지 않았다. 그 결과는 놀라운 것이었다. 처리를 받지 않은 씨앗은 싹이 트는 것도 늦었고 생장 속도도 늦었다. 그러나 심령 처리를 받은 씨앗은 즉시 싹이 텄고 자라는 속도나 자라는 상태도 처리를 받지 않은 씨앗보다 몇 배나 빨랐다고 한다. 그들은 이러한 결과를 심령과학 연구회의 회지에 발표했다.

또 다른 종류의 실험이 캘리포니아에서 다니엘 워스 박사에 의해 실행되었다. 그는 46명의 지원자들을 한 그룹에 23명씩 속하는 두 그룹으로 나누고 양 그룹 모두 팔의 위쪽에 똑같은 상처를 입혔다. 한쪽 그룹은 그들 자신들은 모르는 사이에 원격 심령 치료를 받았다. 나머지 그룹에 속하는 사람들은 심령 치료를 받지 않았다.

16일이 경과한 후, 심령 치료를 받은 그룹 중에는 13명이 흔적도 없이 완치되었고 나머지 10명도 거의 완치되고 있었으나, 심령 치료를 받지 않은 그룹은 완치된 사람이 단 한 사람도 없었다. 그 결과는 영국 BBC에 의해 촬영되고 〈당신의 생은 그들의 손안에(Your Life in Their Hands)〉라는 프로그램에 방영되었다. 이 실험은 뒤에서 설명하는 캘리포니아 대학의 렌돌프 버드 박사에 의한 치료와 기도의 효과에 대한 실험과 비슷하다.

이러한 결과는 흔히 말하는 "치료 효과는 환자의 마음에 달렸다."는 설을 부정한다. 심령 치료를 받은 한 환자는 "심령 치료는 하나님이 주신 가장 위대한 선물"이라고 말했다.

이상의 예들에서 본 것처럼 심령 수술도 다른 심령 현상이나 마찬

가지로 사기성에 대한 엄격한 검사를 받고 있다. 또 무엇보다도 중요한 것은 그 수술의 결과로 현대의학의 치료에도 불구하고 죽음만을 기다리던 말기의 환자들이나, 수십 년을 불구로 살아오던 사람들이 불과 몇 분간의 치료를 받고 완치된다는 것이다.

저자로서는 단 한 번도 그러한 현장을 본 일이 없지만, 이러한 것이 사실이라면 많은 과학들에 의해 연구된 엑토플라즘에 의한 현상이 아닌가 생각된다. 어떠한 사기로 그러한 결과를 얻을 수는 없을 것 같다. 비록 그러한 것이 사기였다고 하더라도 죽음을 앞둔 환자가 소생하였다면 그 이상의 축복은 없을 것이다.

심령 수술을 하는 영매들의 말이나 수술을 받은 환자들이 수술 동안 느낀 점 등으로 보아, 영계(靈界)의 의사들은 실제로 엑토플라즘을 이용하는 것 같으며, 이와 같은 확실한 증거가 있는 한(불치의 병이 완치된 증거) 과학계에서도 엑토플라즘의 생성과정이나 생성에 필요한 조건, 그리고 그것의 이용 방법에 대한 연구를 해야 할 것이다. 그처럼 명백하게 일어나고 많은 사람들이 가까이에서 목격하고 또 치료를 경험하고 있는데도 과학계는 그러한 사실이 없다고 언제까지 눈을 감고 있을 수는 없는 일이다. 물론 현대의 의학으로는 너무나 불가사의한 일들이므로 그것을 보는 과학자들의 의심스러워하는 심경은 충분히 이해가 간다.

스코필드 박사나 헤지 박사와 같은 실험은, 동일한 실험 조건을 언제라도 되풀이해 만들 수 있고, 또 동일한 조건을 부여하면 동일한 결과를 얻을 수 있어야 한다는 현대과학의 실험 조건을 다 갖추고 있다. 따라서 그들의 실험처럼 과학적으로 설명이 불가능하지만, 되풀이될 수 있는 실험에 대해서는 철저한 연구가 필요할 것이다.

현대 과학의 이론으로 설명할 수 없거나 현대의 상식에서 너무나 동떨어지기 때문에 과학의 대상이 되지 않는다고 하며 외면한다면, 미래에는 어떤 미지의 분야도 과학적으로 더 개척할 여지는 없을 것이다.

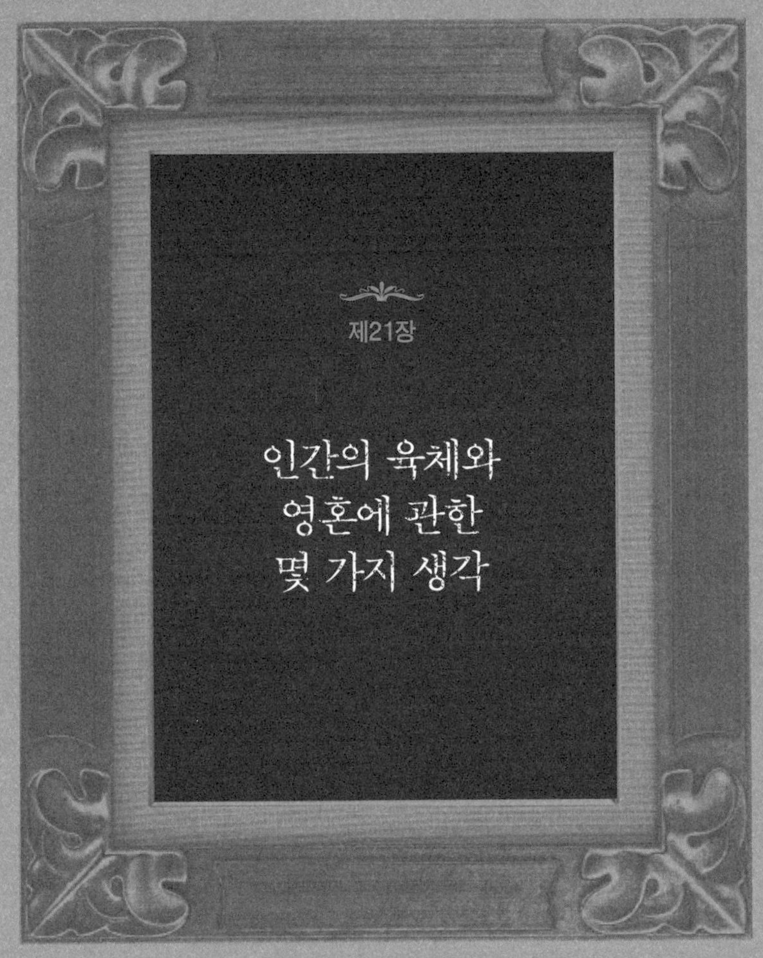

제21장

인간의 육체와
영혼에 관한
몇 가지 생각

고대 그리스인들이 생각한 영혼

고대 그리스인들은 인간이 육체와 영혼으로 구성되었다는 2원론을 주장했다. 그러나 그들은 "인간의 영혼은 불멸한 실체로서 신에게 속해 있었으나 전생에 저지른 죄로 인해 지상의 육체에 감금된 상태이고, 그 성질은 육체와 전혀 다르기 때문에 밀착하지 못하고 언제나 불안한 상태에 머물러 있으며, 영혼은 개인의 인격이라고 하기보다는 육체와 유기적으로 연결하는 관계로 본 듯하다. 육체는 영혼이 일시적으로 서식하는 장소로 인정했고, 죽음과 동시에 육체는 소멸하고 영원불멸인 영혼은 육체를 떠나 저 세상(Hades)으로 간다고 생각했다. 그리고 그곳에서 연옥의 고난을 치르고 정화되면 천상계로 오르지만, 그렇지 못한 영혼은 유혼(遊魂)으로 지상을 방황하고 육체를 가질 기회를 노리며 인간뿐 아니라 동물로도 환생한다고 믿었다.

실제로 피타고라스는 자신의 전생이 트로이 전쟁에서 미네라우스의 창에 맞아 죽은 판토우스의 아들인 에우포르부스였다고 했으며, 아르고스의 유노 신전에 있는 방패가 그 당시 자신이 왼손에 가지고 있던 방패였다고 했다. 피타고라스 교단의 설교 목적은 영혼이 윤회를 피해 천상으로 가는 구제 방법을 가르치는 것이었다.

그러나 2원론으로는 모든 영혼 현상을 설명할 수 없음을 알게 된다. 예를 들면 에드가 케이시처럼 자기 최면에 들어 트랜스 상태에 있으면서 자신의 그 무엇이(영혼?) 멀리 떨어져 있는 환자에게 가서 그 환자의 병의 상태를 상세히 설명할 수 있는 경우는 그 육체가 죽지 않았으므로 영혼이 육체를 빠져 나왔다고 하기에는 무리가 있고, 그렇다면 영혼의 일부가 빠져 나왔다고 할 수밖에 없을 것이다. 그런 경우 영혼이 하나의 개체가 아니고 그 이상의 개체의 집합이라고 보아야 한다는 어려움이 있다. 그 외에도 여러 영혼 현상의 설명을 위하여는 2원론만으로는 부족하다는 것이 확실하며 그에 따라 다음과 같은 여러 학설이 나오게 된 것이다.

육체, 영혼, 페리스피리트로 구성된 인간

앨런 카르덱은 인간은 육체와 영혼과 페리스피리트(perispirit)라고 하는 준물질적인(semi material) 중간재로 구성되었다는 3원론을 주장했다.

첫째 육체는 물질로서 동물도 같으며 활동은 근본원리(vital principle)에 의해 지배된다고 했고, 둘째로 혼(soul)은 육체 속에 들어온 영혼(spirit)으로 비물질적인 것이고, 셋째로 페리스피리트라고 하는 영혼과 육체를 잇는 원리인 준물질적인 껍질(envelope)로 구성되었다고 했다. 그러므로 인간이 살았을 때는 두 개의 껍질을 갖고, 죽으면 최대의 껍질인 육체를 없애므로 영혼은 페리스피리트의 껍질을 이용한다고 한다. 또 그러한 에테르상의 껍질을 쓴 영혼은 보통 때는 인간에게 보이지 않으나 유령 현상 때처럼 특수한 경우는 보이기도 한다.

영혼이 환생을 많이 하는 것은 영혼이 더 진화하기 위한 것이다. 각 환생 때마다 영혼은 진화하며, 퇴화하는 법은 없다. 진화의 빠르고 늦음은 그의 생 동안 얼마나 영혼의 정화를 위한 노력을 했는가에 달려 있고 동물적인 본능이나 욕심으로 일생을 허비하면 그만큼 그의 영혼의 진화는 늦어진다. 환생은 인간으로만 가능하고 동물로 환생하는 것은 있을 수 없다.

환생한 영혼은 그 영혼이 환생하기 전에 가졌던 개성을 지니고 육체가 죽으면 육체를 떠난 영혼은 그 육체 속에 있었을 때의 개성(인격)을 그대로 지닌다.

육체를 벗어난 영혼이 다시금 영의 세계로 돌아가면 그가 방금 지난 생의 지구상에서 알았던 모든 사람들을 알뿐 아니라 차차 그 이전 생들의 기억들도 되살아나 그가 모든 전생에서 행한 좋은 일과 악한 일들 모두를 느끼게 된다.

영혼은 이 지구상뿐 아니라 다른 세상에서도 환생한다. 영혼이 발달하는 정도에 따라 더 높은 영의 차원으로 진화한다. 궁극적인 환생의 목적은 창조주가 설정해 놓은 영혼의 완전성을 성취하는 데 있다. 영혼의 완성을 이룩하기 위하여서는 육체를 가진 삶의 모든 면을 경험해야 한다.

환생의 또 하나의 목적은 환생한 물질 세계의 물질들과 화합하는 영혼의 적응성을 키우는 것이다. 그렇게 함으로써 창조주가 부여한 물질 세계에서 창조의 일면을 담당하게 되고 자신의 영혼의 진화도 이룩하게 된다.

높은 차원의 윤리적인 가르침은 예수의 말처럼, "다른 사람이 당신에 행해줄 것을 바라는 바를 다른 사람에게 행하라."이다. 즉 남에게 이로운 일을 하고, 해로운 일은 하지 말라는 것이다. 앨런 카르덱은 용서받지 못할 죄는 없다고 주장하며 영원한 지옥의 개념을 부정한다.

그의 이러한 개념은 교리로 받아들여져 현재 남아메리카의 여러 나라, 특히 브라질에서 널리 전도되고 있다.

루돌프 스타이너의 4원론

루돌프 스타이너는 인간은 육체, 에테르체(생명체; life body), 영혼체 (에스트랄체; soul body: soul)와 영혼(에고체: spirit)의 네 가지로 구성되었다고 보았다.(그는 그것을 더 세분하여 7개의 요소로 나누기도 했다.) 에테르체는 육체 안에 침투해 있으며 에테르의 움직임에 따라 육체의 형체가 결정된다고 한다.

그러므로 에테르체는 육체의 건축재인 것이다. 에테르체에 의해 유지되고 있는 육체는 식물과 같으며, 잠든 상태의 인간은 육체와 영혼의 둘로 갈라진다고 보았다. 그러므로 잠든 상태의 인간은 일종의 식물처럼 되는 것이라고 한다.

인간은 죽음으로써 육체와 에테르체는 소멸되고 영혼체(soul)와 영혼 (spirit)만 남게 되는데, 인간이 물질 세계에서의 경험에 의해 얻은 모든 욕망과 욕구는 영혼체에 기록되어 있어 죽은 후의 영혼은 이러한 영혼체에 기록된 욕망의 경향을 없애는 과정을 거친다.

이 과정을 기독교적인 해석을 하면 연옥을 거치는 것이다. 육체와 물질 세계에 대한 욕망을 떨쳐버리는 과정은 물질 세계에 대한 욕구가 강할수록 더 어려워 마치 목이 타는데도 물을 못 마시는 것과 같은 쓰라림을 겪는다.

스타이너는 이 과정을 7단계로 나누었는데 그 가장 첫째 단계가 물질 세계에 대한 이기적인 욕망을 떨쳐버리는 단계라고 한다. 둘째 단계는 동정심(sympathy)과 반감(antipathy)을 고르게 갖게 하는 단계이고, 셋째 단계는 반감을 없애고 동정심만을 갖게 하는 단계이다. 넷째 단계는 영혼이 육체 속에 있었으므로 갖게 된 모든 느낌, 즉 안전이나 편안함, 싫어하는 것이나 좋아하는 경향, 불편 등 육체와 관련한 느낌들을 제거하는 과정이다. 다섯째 단계는 영혼의 빛(soul light)의 단계로 이 단계는 남(다른 모든 것에)에 대한 동정심이 상당한 수준에 달한 단계이고, 여섯째 단계는 적극적(active soul force) 영혼체의 활동 단계로 이기심이 전혀 없는 영혼 활동을 갈망하도록 하는 단계이다. 마지막 단계인, 일곱째 단계는 모든 물질 세계의 감각을 완전히 떨쳐버림으로써 영혼(spirit)을 속박하고 있던 모든 굴레를 벗은 영혼이 영혼 세계로 가기 위해 영혼체와 분리하는 단계이다. 이때 영혼체(soul)는 이전 물질 세계의 생을 마치고 모든 영혼체와 합류한다. 이것은 마치 육체가 죽음과 함께 영혼–영혼체와 분리하여 물질이 물질 세계로 환원하는 것과 같다고 보면 될 것이다.

인간은 동물과는 달리 본능적인 것 이외에 그것을 초월한 욕구를 갖고 있는데,(예를 들면 수학이나 음악처럼 직접적인 육체의 욕구에 의하지 않

은) 이러한 인간의 고차원적인 선택이 곧 에고(영혼)에 의한 것이라고
한다. 스타이너는 영혼이 인간으로 다시 환생하는 것에 대해서는 수긍
하고 있으나, 앨런 카르덱처럼 환생이 있음을 강조하는 것 같지는 않다.
그는 원래 괴테를 연구한 문학박사였기 때문인지 증명이 불가능한 환
생에 대해 적극적인 주장을 한 것 같지 않다.

플라톤의 대화에 나오는 환생의 논리적 증명

플라톤은 소크라테스와의 대화를 적은 『페도(Phaedo)』라는 책에서, 영혼의 존재를 미리 가정함이 없이 순전히 논리적인 근거에서 환생이 존재한다는 것을 증명했다. 이것은 저자를 무척이나 감동시킨 논리였으므로 독자 여러분들도 흥미를 느끼실 줄 믿는다. 다음은 그의 논리를 요약해서 설명하기로 한다.

세상에는 서로 상반되는 성질을 갖고 있는 현상들이 많이 존재한다. 예를 들면 밝다-어둡다, 뜨겁다-차다, 길다-짧다, 두껍다-얇다, 강하다-약하다, 선하다-악하다 등등.

이러한 현상들의 한쪽은 같은 현상의 다른 쪽에서만 오는 것이고, 그외의 현상들로부터는 절대 오지 않는다. 다시 말하면 뜨거운 것은 그 반대인 차가운 것이 뜨거워진 것이지 강한 것이 뜨거워진 것이 아니다. 또 찬 것은 뜨거운 것이 차갑게 된 것이지 강한 것이나 긴 것이 차갑게 된 것은 아니다. 이와 마찬가지로 강한 것은 약한 것이 강하게 된 것이지 긴 것이 강하게 되거나 밝은 것이 강하게 된 것은 아니다.

이로써 우리는 자연에 존재하는 서로 상반된 현상들은 같은 현상의 서로의 반대되는 현상에서만 올 수 있지, 다른 현상으로부터 올 수는 없다는 것을 알 것이다.

잠자는 것의 반대는 일어나(깨)는 것일 것이다. 우리는 잠에서 깨고 또 깨어 있던 사람이 자는 것은 보았다. 그러면 삶의 반대는 무엇인가? 분명히 죽음이다. 즉 삶과 죽음은 위의 다른 예들과 같이 서로 상반되는 극이다. 그런데 우리는 많은 사람들이 죽는 것은 보았으나 죽음에서 돌아오는 것은 쉽게 관찰할 수가 없었다. 그러므로 우리는 죽음에서 삶이 온다는 것은 인정하지 않는다. 왜냐하면 다른 모든 상반되는 극을 갖은 현상들은 서로가 오가는 것을 보았지만 삶과 죽음은 오직 삶에서 죽음으로 가는 것만 보았기 때문이다.

그렇다면 자연에 이러한 무수한 상반되는 양극을 갖은 현상들이 모두 서로 반대 방향으로 오가는데, 하필 삶과 죽음만이 일방통행인 절름발이가 될 수 있는가? 그러므로 죽음에서 삶으로도 분명히 오고 있을 것이다. 그것이 곧 환생이라고 그는 결론 내린다.

더 나아가서 자연에는 삶이 있다. 만약 그것이 죽음에서 오는 것이 아니라면 어떤 다른 현상들에서 삶이 온다고 가정하자.(삶이 오는 곳이 없으면 자연에는 삶이 존재할 수 없기 때문이다.) 그러면 찬 것이나 뜨거운 것, 밝은 것이나 어두운 것 등등에서 삶이 오고, 산 것은 다 죽고, 죽음에서는 다시 다른 것으로 갈 수 없다면, 궁극에 가서는 자연에는 죽음밖에 남지 않지 않는가? 분명 자연에는 죽음 이외에 존재하는 것이 있으므로 이것은 모순이다. 따라서 죽음에서 삶으로 오는 것은 존재한다. 그것이 곧 환생이다. 이 얼마나 명료하고 아름다운 논리인가?

그는 환생을 증명하기 위해 어떤 다른 전제 조건을 달지 않았다. 자연계에는 반대되는 현상들이 있고 그것들은 서로가 같은 데서 온다는 전제만으로 환생을 논리적으로 증명한 것이다.

제22장

사후의 생은
있는가?

1

결론 나지 않는 의문, 사후의 생

　지금까지 우리가 검토해온 여러 연구 결과나 관찰의 결과로 본다면 심한 편견을 갖지 않은 사람이라면 사후에도 어떤 형태의 인격이 존재한다는 것을 수긍할 수 있을 것이다. 그러나 1882년 영국의 심령과학 연구회가 설립된 이래, 많은 탁월한 과학자, 철학자, 의사, 정치가 법률가, 문학가 등 각계를 망라한 수많은 저명인사들에 의해 엄밀한 조건하에서 각종 심령 현상들이 연구되어 왔다. 그러나 100년이 넘게 지난 지금에 와서도 사후의 인격이나 영혼의 존재가 과학적으로 증명되었다고 인정하는 사람은 없는 것 같다.

　그러한 탁월한 인사들에 의한 수많은 증거가 있는데도, 그 증거를 무시하고 또 다른 증거들을 수집한다는 것은 같은 일의. 되풀이 일뿐 그러한 논쟁을 종식시키는 데는 아무런 도움이 되지 않을 것이다.

　새로운 증거를 모으기보다는 그들이 이미 모은 수많은 증거들을 다

시 한 번 현대 과학의 입장에서 분석하고 조명해 보는 것이 중요한 일
일 것이다. 이러한 견지에서 지금까지 우리가 검토해온 역사적인 사건
들에 대해 그러한 사실들이 현재의 과학적인 견지에서 사후의 생의 존
재를 증명하는 자료로 받아들일 수 있는지를 하나하나 다시 검토해 보
기로 한다.

물론 현재의 과학계의 태도는 그러한 것들은 사후의 생을 증명하는
아무런 확고한 증거도 되지 않는다는 것이 통념이기는 하다.

그렇다면 그러한 부정(否定)이 지금까지 많은 당대의 유명한 인사들
에 의해 관찰되고 조사된 결과들을 부정하고 있다는 것이 될 것이다.
그러한 결과를 부정한다는 것은 다음의 이유 중 하나에 근거했기 때문
일 것이다.

1. 그들이 다함께 거짓 증언하고 있다.
2. 그들이 영매들의 속임수에 속고 있다.
3. 그들이 착각하고 있다.
4. 그들의 판단이 잘못되었다.

첫째로 그들이 거짓 증언하고 있다고 가정하는 것은 근본적인 인간
전체에 대한 불신으로밖에 여겨지지 않는다. 자신이 확인한 사실이 아
니면 어느 누가 확인한 것이라도 믿지 못한다면 현대 과학의 모든 법
칙들은 어떻게 믿는가? 자기가 직접 그러한 법칙들을 모두 확인한 사
람이 몇 명이나 있는가?

둘째로 영매의 속임수에 대한 대책은 SPR의 첫 번째 과제였다. 그

러므로 이것 역시 할 수 있는 대책은 모두 강구했다고 해야 할 것이다. 이 장의 뒤에서도 설명하지만 프랑스의 공공기관으로 정부가 인정하는 심령과학연구회의 쥴레이 박사가 발표한 "우리가 실행한 실험들에서는 사기가 전혀 없었다고 확인할 뿐 아니라 사기의 가능성마저 없었다고 단언한다."라고 한 성명에서도 명백하다.

셋째인 착각이나 판단 오류에 대해서도 그런 것은 심령 현상을 연구하는 사람들에 대한 끊임없는 화살의 대상이었으므로 상당한 주의가 기울여졌고, 또 그렇게 수많은 사람들이 모두 착각을 한다는 것은 현실적으로도 있을 수 없는 일이다.

마지막으로 그들의 판단이 잘못되었다는 것에도 여러 가지의 의견이 있을 것이다. 그러나 일반적인 견지에서 본다면, 그렇게 탁월한 인사들이 모두 판단을 잘못했다는 것도 있을 수 없는 일이다. 그들 중 많은 사람들이 인류 최대의 영예인 노벨상을 탄 사람들이고 그 당시 그들이 속해 있던 학계를 대표하는 학자들이었다. 그뿐 아니라 심령 사진이나 엑토플라즘에 의해 만들어졌다고 판단할 수밖에 없는 손목의 모형들과 영혼 사진들이 오늘날까지도 남아 있지 않은가? 사진이나 모형이 착각일 수는 없다.

이렇듯 우리는 선구적인 학자들이 진지하게 연구한 결과가 쌓여 있음에도 불구하고 단지 영혼과 관련이 있는 현상들은 현재의 과학 이론으로 설명되지 않기 때문에 그러한 현상의 존재마저 부정하고 있는 것이 사실이다. 이러한 현상들을 설명할 수 있는 영혼 이외의 이론이 있었다면, 아마도 그 후에도 많은 과학자들이 이런 현상을 더 진지하게 연구했을 것이다.

하이즈빌 사건 이래로 수많은 일반인들은 물론 사회의 모든 분야를 망라한 당대의 유명 인사들이 수많은 관찰을 통해 증언하고 서명을 통해 그들의 증언이 확실하다는 것을 말하고 있음에도 그것들을 믿지 못한다면 과연 인간은 무엇을 믿어야 하는가?

저자는 이러한 점에서 선구자들이 관찰하고 증언한 것들을 진실로 받아들이고 그러한 모든 현상이 실제로 일어났던 일들이라는 전제하에 사후의 생의 가능성을 살펴보고자 한다. 저자는 그러한 현상들을 직접 객관적으로 관찰할 기회나 입장에 있지 않았으나, 설혹 그러한 기회들이 있었다 하더라도 지금까지의 일들로 미루어 보아, 저자의 관찰이 이들 다른 선구자들의 업적을 증명하는 증거가 될 수는 없을 것이다. 다만 또 하나의 그러한 예에 불과해질 것이다. 저자의 사회적인 인지도나 명망으로 보더라도 물론 그보다도 훨씬 증거적 가치가 떨어지는 미미하기 짝이 없는 몇몇의 예에 불과할 것이다.

그러면 여기 믿을 만한 관찰자들에 의해 확인된 많은 현상들 중 몇 가지를 추려서 분석해 보고 그것들이 과연 영혼의 존재를 증명하는 것인지를 검토해 보겠다.

1. 스베덴보리가 스웨덴의 여왕을 알현하였을 때의 일
2. 영매 파이퍼 부인의 지도령이 교체되었을 때의 일
3. 미국 심리학의 아버지 윌리엄 제임스의 죽은 친척 이야기
4. 에드가 케이시의 경우
5. 루란시 베넘의 빙의 현상
6. 얼굴에 붉게 긁힌 상처를 가진 여동생 영혼의 방문

7. 임종시의 환영

8. 유령 사건(칼 융의 경우)

9. 영혼 사진

10. 엑토플라즘 현상

11. 전생기억의 사례

그럼 여기서 우리는 하나하나의 경우에 대해 검토하기로 하자.

여왕의 죽은 여동생을 만난 스베덴보리

스베덴보리가 언젠가 스웨덴 여왕을 알현할 기회가 있었다. 스베덴보리가 저승을 다녀왔다고 주장하는 것을 알고 있던 여왕은 그에게 다음에 또 저승을 방문하면 자신의 여동생에게 안부를 전해달라고 부탁했다. 물론 여왕은 진심에서라기보다는 저승을 왕래한다는 그에게 농담조로 한 부탁이었다.

그 후 얼마가 지나서 그는 다시 여왕을 알현했다. 그때 스베덴보리는 여왕에게 그 여동생의 말을 전했다. 그 내용은 "전번 여왕으로부터 편지를 받고 답장을 못한 채 죽어 죄송하다."는 내용이었다. 여왕은 그 말을 듣고는 기절할 뻔했다. 그러한 사실을 아는 사람이라고는 여왕과 그녀의 죽은 동생뿐이기 때문이었다.

스베덴보리는 17세기 스웨덴의 최대의 과학자이며 정치가요 또 종교가였다. 그는 만년에 실제로 저승을 오갔다고 말하고 있으며, 실제로 그의 그러한 경험을 많은 저서를 통해 소개하고 있다. 그의 그러한 경력이나 사회적인 지위 등으로 보더라도 그가 거짓으로 꾸며 그러한 이야기를 한다고 단정할 수는 없다. 그러나 또한 반대로 그가 모든 것에 대해 진실만 말하고 있다고도 누구도 보장할 수 없을 것이다. 그렇다면 그가 여왕의 부탁으로 방문하고 알아 온 여왕의 죽은 여동생의 이야기를 분석해 보자. 여왕 자신이 그 사실은 진실임을 이미 인정하고 있다.

여왕에게 전한 내용을 그가 알 수 있는 방법은, 다른 사람에게 듣거나 또는 텔레파시로 여왕으로부터 직접 전달받은 외에는 알 수 없을 것이다. 분명 여왕은 자신과 죽은 동생 외엔 아무도 모르는 일이라고 했다. 그러면 그는 여왕으로부터 텔레파시로서 전달받는 외에 다른 방법이 없었을 것이다.

텔레파시로서 그것을 전달받기 위해서는 그가 여왕을 알현했을 때 여왕이 그러한 생각을 하고 있었을 때 가능하다. 여왕의 무의식에 감추어진 기억마저도 텔레파시로 읽었다고 하는 것은 "텔레파시는 불가능한 것이 없다."는 뜻 외는 아무 것도 아닐 것이다. 그렇다면 그가 여왕을 알현했을 때 여왕이 여동생에게 보낸 편지에 대해 생각하고 있었어야 한다. 그러나 여왕은 그의 말을 듣고 기절할 뻔 할 정도로 의외의 대답으로 받아들인 것으로 보더라도 여왕이 그러한 생각을 하지 않고 있었다고 해야 할 것이다.

그렇다면 우리는 그가 여왕의 여동생을 저승에서 만나 그러한 사실을 알고 왔다고 하는 그의 말을 받아들이는 것이 옳지 않은가? 그가 여왕의 생각을 텔레파시로 받고서도 저승에 갔다 왔다고 거짓말을 했을 가능성은 없다. 왜냐하면 텔레파시의 가능성은 이미 부정되었기 때문이다.(그러나 그 이전 언젠가 여왕이 여동생에 대해 생각하고 있었을 때 그녀의 생각을 텔레파시로 받았다고 할 수는 있을 것이다.) 그의 학식이나 당시의 사회적인 지위로 보더라도 거짓을 말했다고는 생각되지 않는다.

또 간접적인 증거가 될 수 있는 일로 그의 영적 능력을 들 수 있다. 그는 로테르담에서 십여 명이 함께 식사를 하는 자리에서 480킬로미터나 떨어진 스톡홀름에서 일어난 화재사건을 투시(천리안)로 본 것이나, 그의 죽을 날을 1772년 3월 29일이라고 정확하게 감리교의 창시자 웨슬리에게 알린 사실들을 보더라도 자신이 저승에 갔다 왔다고 하는 그의 말을 그대로 받아들이는 편이 상식에 맞는 일일 것이다. 물론 위에서 본 것처럼 이 경우는 텔레파시의 가능성을 전면적으로 부정할 수는 없다.

만약 우리가 위의 사실을 스베덴보리의 말대로 받아들인다면 영혼과 사후의 생을 나타내는 그보다 더 확실한 증거가 어디 있겠는가? 그것 하나만으로도 사후의 세계의 존재는 증명된 것이다. "모든 까마귀가 다 검지 않다는 것을 증명하기 위해서 모든 까마귀를 다 조사할 필요는 없으며 단 한 마리의 흰 까마귀가 있다는 것을 보이면 족하다."는 미국 심리학의 아버지인 윌리엄 제임스의 말을 상기할 필요가 있지 않은가? 우리는 사후의 생이 존재한다는 것을 증명하기 위해 저승에 있는 모든 영혼을 불러올 필요는 없으며, 단 하나의 사후의 생의 예만 찾으면 족한 것이다. 여기에서는 여왕의 여동생의 영혼이 바로 흰 까마귀인 것이다.

실제로 물리학에서도 그러한 예가 있다. 뉴턴 이래 수 세기 간을 지속해 오던, 진공을 채우고 있다는 가상의 매체 에테르의 존재에 대한 부정을 증명한 실험으로 마이켈슨 모레이의 실험이 있다. 에테르가 존재한다면 일어나야 할 직교(直交)하는 빛의 통과한 거리의 차에 의한 간섭현상이 일어나지 않았다는 것 하나만으로 에테르의 존재는 그 후 완전히 부정되고 말았다. 즉 에테르가 존재하지 않는다는 마이켈슨 모레이의 한 예가 바로 윌리엄 제임스의 흰 까마귀 역할을 한 것이다.

3

영매 파이퍼 부인의 교체된 지도령, 펠햄

조지 펠햄은 서른두 살이 되던 해에 타고 있던 말에서 떨어지는 사고로 죽었다. 그는 심령 현상에 대해 관심이 깊었고, 죽기 얼마 전에 그 당시 미국 심령과학연구회 수석조사관으로 있던 호지슨 박사에게 그가 죽으면 어떤 방법으로든 호지슨에게 증거를 보이겠다고 약속했다.

1892년 3월, 그 이전까지 영매인 파이퍼 부인의 영능력을 지도하던 지도령(指導靈)인 피누이 박사가 갑자기 조지 펠햄이라는 지도령으로 바뀌었다. 이때 펠햄은 그의 정체를 증명하기 위해 그의 생전의 친구나 아는 사람들을 파이퍼 부인을 통해 알아맞혔다. 즉 그의 영을 지도령으로 하는 영매인 파이퍼 부인은, 그녀가 트랜스 상태에서, 30명이 넘는 펠햄의 친구나 아는 사람들을 한 명도 틀리지 않고 다 알아맞혔다. 물론 그때, 그가 알지 못하던 사람을 아는 사람이라고 잘못 지적한 일은 단 한 번도 없었다.

그녀는 이전에 펠햄을 알지 못했고 펠햄의 친구들을 소개받은 일이 물론 없었다. 트랜스 상태의 그녀는 펠햄의 친구를 만났을 때 그가 살았을 때 사용한 억양마저 똑같게 사용했다. 30명을 한 사람도 틀리지 않고 맞힐 확률은 약 60억 분의 1이다. 그러므로 파이퍼 부인이 우연으로 맞혔다는 이론은 절대 성립될 수가 없을 것이다.

그러나 파이퍼 부인이 펠햄의 친구들을 만났을 때 그들로부터의 텔레파시로 알았다는 것은 있을 수 있다. 하지만 펠햄이 살았을 때 그의 친구에게 사용하던 억양마저 사용했다는 것은 펠햄의 영혼이 파이퍼 부인의 몸을 통해 직접 그들을 만나고 있었다는 것 외에 어떤 설명이 있겠는가? 텔레파시로 그러한 것을 설명할 수는 없다.

우리는 펠햄이 죽은 후 그의 영혼은 존재했고 그가 살았을 때 호지슨 박사에게 한 약속을 지키기 위해 파이퍼 부인의 지도령이 되어 그의 영혼이 실제로 존재한다는 것을 이러한 방법으로 우리에게 보여주었다고 한다면 그가 생전에 한 약속마저도 잘 설명되지 않는가?

펠햄에게는 그렇게 할 충분한 동기가 있지 않는가? 그리고 파이퍼 부인은 그 당시 미국 심령과학연구회가 심령 현상을 조사하기 위한 영매로 가장 많이 접촉하던 사람이며, 호지슨도 물론 그녀를 자주 방문하고 있다는 것을 펠햄은 잘 알고 있었다. 호지슨은 심령과학연구회의 의뢰로 파이퍼 부인을 조사할 때 몇 개월간을 사설탐정으로 하여금 그녀의 모든 활동을 철저하게 조사하였다.

여기서도 우리는 영혼(펠햄)의 존재만 가정하면 위의 모든 것이 가장 명확하게 설명된다. 그렇다면 영혼이 존재한다는 것을 자연의 법칙으로 인정하는 것이 가장 과학적일 것이다.

메리 로프의 영에 빙의된 루란시 베넘

정신병은 빙의에 의한 것이 많다는 사실이 정신과 의사인 위클랜드 박사나 크랩트리 박사 등에 의해 증명되었다. 그럼 여기서 그러한 빙의의 경우 중에서도 영국(후에는 미국) 심령과학연구회의 호지슨 박사에 의해 그 사실 여부가 철저히 조사된 경우를 검토하기로 하자.

호지슨은 심령과학연구회 회원 중에서도 심령 현상을 사후의 인격과 연결시키는 데 대해 상당히 반대한 사람으로 유명했다. 그러나 많은 조사를 한 뒤 그도 역시 사후의 인격을 믿게 되었다고 한다. 루란시 베넘의 이야기는 이미 앞에서 비교적 상세히 설명했으므로 다시 되풀이하지 않기로 하고 검토의 대상이 되는 부분만을 간단히 소개하고 분석하고자 한다.

루란시 베넘은 1878년 2월 11일 메리 로프의 영에 빙의되어 루란시가 아니고 메리로서 로프의 집으로 오게 된다. 그녀가 메리로 빙의된 후에 일어난 일들을 간단히 추려보자.

1. 메리의 영은 천사들로부터 자신이 루란시의 몸에 그때부터 5월까지 약 3개월 간 빙의하는 것을 허락받았다고 했다.

2. 그녀는 메리의 집으로 가는 도중 메리가 죽기 전에 살던 집 앞을 지났는데, 그때 그곳이 자기의 집이라고 주장하며 들어가려고 했다.

3. 집에 도착한 루란시는 피아노 등 메리가 죽기 전에 있던 물건들을 알아보았다.

4. 아버지의 제안으로 루란시가 외출한 틈을 타서 현관에 걸어 놓은 메리의 옛날 드레스와 모자 등을 즉시 알아보고 자기가 어릴 때 입었던 드레스라는 것을 말했다. 그녀는 생전에 가졌던 편지상자를 기억했고 어머니에게 그것을 가져오도록 하고, 그 안에 든 옷깃 장식을 자신이 만들었던 것임을 확인했다.

5. 루란시는 그녀로서는 알 수 없는 메리의 친척들을 하나도 틀리지 않고 정확하게 알아보았고 누구라는 것까지도 말했다.

6. 루란시는 그녀가 메리 로프로서 로프가에 있는 동안 그녀의 친부모(베넘 부부)와 오빠가 방문하였을 때 그들을 전혀 알아보지 못했다.

7. 메리가 정신병이 걸려 칼로 손을 벤 때의 이야기를 하자 그녀는 팔을 걷어 올리고 그 상처 자국을 보여주려 했으나 그것이 자기 몸이 아닌 것을 발견하고 "이 팔이 아니고 무덤 속에 있는 팔이에요."라고 말했다.

8. 메리로서 루란시는 5월 21일 그녀가 다시 루란시로 돌아갈 것이

라고 말하고, 그날은 메리의 부모는 물론이고 메리의 친척들에게
도 작별의 인사를 하고 루란시의 집으로 돌아가는 도중에 메리는
사라지고 루란시로 돌아왔다.

이상의 사실 어느 것 하나도 메리 로프의 영이 아니었다면 그러한
것들을 할 수 있었을까?

그녀는 천사로부터 약 3개월간 루란시 베넘의 몸에 빙의하는 것을
허락받았다고 했고, 실제로 메리의 영이 루란시의 몸을 지배한 것은
100일(3개월 10일) 간이다. 이것은 텔레파시나 기타 어떠한 이론으로
도 설명할 수 없는 미래에 대한 예측이었다. 그녀의 처음 예측대로 루
란시 베넘은 완전한 메리 로프로서 100일간을 메리의 가족과 살며 단
한 시도 그녀가 루란시 베넘이라는 의식을 한 적이 없었다. 그녀의 친
부모인 베넘 부부가 방문했을 때도 그들마저 알아보지 못했다.

그러므로 그녀는 어떤 텔레파시도 받지 못하는 상태였던 것은 확실
하다. 만일 텔레파시를 받을 수 있었다면 그녀의 친부모인 그들을 알
아보았을 것이다. 왜냐하면 그들은 루란시를 당연히 그들의 딸로 생각
하고 있었기 때문에 텔레파시로 그러한 그들의 생각을 읽었을 것이기
때문이다.

또 그녀는 상처가 난 팔은 무덤 속에 있는 팔이라고 했다. 그녀는 메
리 로프가 죽었다는 것을 분명 알고 있었다. 그리고 그녀는 자기는 천
사들의 허락으로 임시로 루란시에 몸에 들어와 있다는 것을 알고 있었
고, 루란시 몸에 들어 있는 자신은 메리 로프임을 자각하고 있었다. 다
만 그 동안 그녀는 루란시로서의 기억은 전혀 없었다. 그녀가 100일간

보여준 메리로서의 생활을 보고 메리의 부모들마저 메리의 환생으로 받아들였다고 하면 그러한 사실을 보지도 않은 사람이 그 부모들의 주장을 어떻게 반박할 수 있는가?

그녀가 만일 위에 열거한 다른 메리의 생전의 일들을 다른 사람으로부터의 텔레파시에 의해 알았다고 한다면 그녀는 왜 그녀의 친부모가 로프가로 그녀를 방문했을 때 알아보지 못했는가? 이것은 분명 텔레파시가 아니라는 확실한 증거가 된다.

영혼의 존재를 증명하기 위해 이 이상의 증거를 제시하라고 요구하는 것은 영혼의 존재를 부정하기 위한 악의에 찬 억지에 불과하다. 저자는 이 예 하나만으로도 영혼과 사후의 세계가 존재한다는 것은 영원히 증명되었다고 확신한다. 다시금 윌리엄 제임스의 논리를 되풀이하면, 영혼이 존재한다는 것을 증명하기 위하여 저승에 있는 모든 영혼을 불러올 필요는 없다. 메리 로프의 영혼이 왔던 것만으로도 영혼이 존재한다는 것은 영원히 증명되었다.

5

임종할 때 보게 되는 환영(幻影)

임종할 때 보게 되는 환영에는 많은 사례들이 있으나 여기서는 두 가지의 경우를 택해 검토하기로 한다.

첫째의 경우:

의사들의 진단 결과 회복하고 있고 또 곧 퇴원을 준비하고 있던 환자들이 별안간 나타난 환영으로부터 그들은 죽을 것이라는 통지를 받고 수 분 또는 수 시간 이내에 죽는 경우를 어떻게 이해하면 좋을까?

그와 반대로 의학적으로는 죽을 것이라고 판단하고 포기 상태에 있는 환자가 갑자기 나타난 환영을 보고 그 환영이 그들의 병은 곧 나을 것이라고 알려주고 나면 수 시간 내에 상태가 현저히 나아지고 불과 며칠이나 몇 주 내에 완치된다는 것을 어떻게 이해하면 되는 것인가?

이것은 그들을 담당하던 의사들의 장기간에 걸친 치료 결과로 얻은 의학적인 결론을 완전히 뒤엎는 경우가 아닌가? 또 그렇게 급작스런 회복을 어떻게 의학적으로 설명할 수 있는가?

어느 경우든 의사의 판단보다는 그 환영들의 판단이 정확했다.

만약 그러한 정보들이 외부적인, 즉 영혼에 의해 주어진 것이 아니라면 그들의 무의식에 감추어진, 그러므로 지금 그들의 의식에서는 사라졌으나 그들의 무의식에 남아 있는 잠재의식에 의한 것이라고 설명할 수밖에 없을 것이다. 그러나 그러한 과거의 기억이 어떻게 만들어 졌는가? 설혹 과거에 같은 병을 앓은 경우가 있어 같은 경험을 했고, 그러한 기억이 잠재의식으로 남았다고 가정한다면 살아나는 경우는 억지로라도 과거의 경험에 의한 기억이라고 설명할 수 있을 것이다. 그러나 죽는 경우는 어떤가? 과거에도 같은 경험을 했다면 그들은 과거에 죽었을 것이다.

그러므로 이러한 정보가 우리의 무의식에서 온 것이라고는 판단되지 않는다. 그러면 텔레파시에 의한 것이라고 가정하자. 누가 그런 정보를 텔레파시나 초감각적 지각(ESP; ExtraSensory Perception)으로 전달한 것인가? 의사는 분명 아니다. 왜냐하면 그들은 그와 정반대로 생각하고 있었기 때문이다.

그러나 환자들은 그러한 정보들이 영혼들(죽은 친척이나 저승사자 등)로부터 왔다는 것을 분명히 하고 있다. 어떤 과학적인 근거로 그들의 주장을 반박할 수 있는가?

이러한 경우는 과학적인(의학적인) 판단과는 정반대의 판단을 하였는데, 오히려 과학적인 판단이 잘못인 것이 여실히 드러난 경우가 아닌가? 그렇다면 이러한 현상만이라도 틀린 결과를 예측한 과학적인 판단보다는 바른 결과를 예측한 영혼에 의한 전달이라는 주장을 받아들여야 하지 않는가?

두 번째 경우:

말기의 암으로 신음하던 한 60대의 여인이 어머니와 하나님의 환영을 보았고, 그들에 의해 그녀가 죽을 날을 예고받았다. 그들은 그녀가 다음 달의 첫 금요일 아침 8시경에 죽을 것이라고 했고, 그녀는 그 다음날이 다음 달의 첫 금요일이라고 착각하고 신부에게 내일 8시경에 와달라고 부탁한다. 그러나 막상 그녀가 죽은 것은 일주일 후였고 그 날이 사실은 그 달의 첫 금요일이었다. 죽은 시간도 예언대로였다.

이것 역시 위의 경우와 같은 미래에 대한 예측이므로 잠재의식으로나 통상의 텔레파시로서는 설명할 수 없다. 이 현상을 설명할 수 있는 오직 한 가지는 외부로부터, 즉 어머니의 영혼으로부터 그러한 정보가 그녀에게 ESP에 의해 전해졌다고 할 수밖에 없다. 앞에서도 보았으나 스베덴보리 역시 자신이 죽을 날을 웨슬리에게 정확히 알렸고, 그는 저 세상을 다녀왔다고 주장했다. 그들의 주장을 따를 수밖에 더 다른 길이 있는가?

얼굴에 긁힌 상처를 가진 여동생의 환영

다음 이야기도 앞에서 설명하였으므로 간단히 줄이기로 한다.

한 여인의 환영이 출장 중 호텔에서 잠자려던 한 세일즈맨의 침실에 나타났다. 그는 그 여인이 9년 전에 죽은 여동생임을 알았고 그녀의 얼굴에 전에는 없었던 붉게 긁힌 상처가 있는 것을 보았다. 그리고 그녀는 아무런 말없이 사라졌다. 급히 기차를 타고 집으로 돌아간 그가 어머니에게 그 말을 하자 어머니는 기절했고, 깨어난 어머니는 실수로 딸의 시신에 상처를 냈고 그것을 화장으로 지웠다고 실토했다. 그리고 어머니는 몇 주 후에 죽었다.

여기서도 단지 우연히 본 환영에 그가 전혀 알고 있지 않던 붉게 긁힌 상처가 있었고, 그것이 사실과 일치했다는 일은 있을 수가 없다. 그러한 우연의 일치를 기대한다는 자체가 비과학적이다.

그러면 그것을 어떻게 설명할 것인가? 어머니로부터의 텔레파시로?

어머니는 아들의 설명을 듣고 기절할 정도였으니 그러한 생각을 하고 있지 않았다고 판단된다. 그러나 어머니가 그 시간에 그러한 생각을 하고 있었고, 그것을 아들이 텔레파시로 알았다고 할 수도 있을 것이다.

그러나 그러한 기적과 같은 설명보다는, 죽음에 가까운 어머니에게 죽음을 받아들이기 쉽게 하기 위한 딸의 영혼의 배려였다고 설명한다면 모든 것이 더 자연스럽지 않는가? 다시 말하면 어머니가 죽은 후 딸을 만날 수 있다는 확신을 갖고 딸을 만나는 기쁨으로 죽음을 쉽게 받아들이게 하기 위해 마련한 딸의 배려라고 한다면 어머니의 죽음 직전에 그러한 일이 일어났다는 것마저도 설명할 수 있지 않은가?

물론 이것은 죽음을 가까이한 어머니로서 죽은 후 만날 딸을 생각했기 때문에 죽은 딸의 얼굴에 상처를 입혔던 일을 생각했을 수도 있고, 그러한 어머니의 생각을 오빠인 세일즈맨이 텔레파시에 의해 받았을 수도 있다. 이처럼 텔레파시에 의한 설명도 상당한 설득력을 갖는 것은 사실이다.

저자는 언제나 우리를 보호하고 있는 수호령(Guardian Angel)이 그러한 정보를 우리에게 알렸다고 함으로써 텔레파시 현상마저도 포함한 모든 심령 현상을 영혼의 존재만으로 설명할 수 있다는 점을 지적하고 싶다. 물론 텔레파시는 우리가 가지고 있는 잠재적 능력의 하나로 인정하는 것이 현재 과학계의 보편화된 인식이다.

7

지구상 어디에나 있는 유령 현상

지구의 어느 곳, 어느 문화권으로 가더라도 유령 현상에 관한 많은 이야기를 들을 수 있다. 귀신이 나온다는 흉가나 고성(古城) 등은 물론이고 자동차 사고가 났던 곳에서 매년 같은 시기가 되면 그 사고에서 죽은 사람의 유령이 출몰한다든가 애달픈 사연으로 죽은 여인의 유령이 그녀가 목메어 자살하였던 곳에서 나타난다는 등 여러 가지 사례들에 대해 들을 수 있다.

그리고 이러한 사건들의 거의 모두가 사람들의 상상이나 두려운 마음이 꾸며낸 환상이라고 단정하지 못할 만큼 빈번히 본다는 점에서, 또 같은 내용의 사실들을 그러한 내용을 전혀 모르던 각각 다른 여러 사람들이 보고 있다는 점에서도 환상이 아니라는 것은 의심의 여지가 없다. 이 책에서도 실제 유령 현상의 수많은 사례들을 들었다.

그러나 여기서는 칼 융이 그의 저서 『죽은 자를 향한 일곱 가지 설법』

을 쓸 때 일어났던 것을 예로 분석하자. 융과 같은 저명한 인사가 그의 마지막 저서에 남긴 글이라면 그것은 거짓이 아닌 사실이었다고 인정해도 되지 않겠는가? 그리고 그와 같은 뛰어난 심리학자가 귀신이 나타났다고 했다면, 그것도 환상이었다고 치부할 수는 없을 것이다.

그는 첫째 딸이 밤에 방을 가로지르는 유령을 보았고, 또 그의 다른 딸은 첫째 딸과는 무관하게 이불이 걷혀지는 것을 두 번이나 경험했다고 했다. 그리고 그의 아들은 악몽을 꾸었고, 다음 날 오후에는 현관의 종이 아무도 없는데 울렸고, 그는 종소리를 들었을 뿐 아니라 종의 추가 움직이는 것까지 보았다. 그러나 거기에는 아무도 없었다. 그러고는 귀신들이 합창으로 "우리는 우리가 찾고 있던 것을 거기서 찾지 못하고 예루살렘에서 돌아왔다."라고 그가 집필하고 있던 그 글의 첫 구절을 외쳤고, 그때 그에게 상념이 떠올라 펜을 들자 귀신들은 사라지고 그 글을 3일 만에 완성할 수 있었다고 했다.

이것을 귀신(영혼) 이외의 어떤 가설로 설명할 수 있는가? 이것은 그 자신뿐만 아니라 그의 가족들마저 함께 경험한 일들이 아닌가?

물리학자나 화학자가 아닌, 영혼이나 귀신에 관해서는0 가장 잘 정의하고 판단할 수 있는 심리학자가, 그것도 융과 같은 특출한 심리학자가 귀신이라고 단정하고 그의 마지막 저서에까지 쓴 것마저도 "아니다. 그는 헛소리를 하고 있다."고 한다면 누가 어떻게 증명하여야 귀신임을 증명하는 것이 되는가?

이것이 과연 귀신(영혼)에 의한 현상인지 아니면 집필에 골몰하던 그의 마음이 꾸며낸 환상을 그가 귀신으로 착각한 것인지에 대해서는 독자 여러분들이 스스로 판단해보기 바란다.

죽은 사람이 찍히는 영혼 사진

영혼 사진이란 보통 사진을 촬영하였는데 그 사진을 찍을 때는 없던 사람이나 물체가 동시에 찍히는 현상이다. 영혼 사진은 사람의 얼굴이나 전신(全身)의 모습이 나타나고 그 나타난 사람은 사진 촬영을 하는 사람의 죽은 친척으로 확인되는 경우가 대부분이다.

영혼 사진에 대하여 윌리엄 스테드가 한 말을 되새겨 보고자 한다. 스테드는 사진사의 속임수를 방지하기 위한 어떠한 조처보다도 사진사가 전혀 모르는 사람의 사진을 찍었을 때 확연히 알아볼 수 있는 사진 찍힌 사람의 죽은 친척의 얼굴이 나타난다는 사실이 중요하다고 했다. 그것은 대단히 옳은 말이다. 설혹 필름 등에 대한 사전의 철저한 조사가 없었다 하더라도 우연히 또는 예고 없이 찾아온, 사진사가 모르는 사람의 친척의 얼굴을 사진사가 미리 알아서 준비할 수는 절대 없기 때문이다.

영국 최고훈장을 탄 알프레드 월레스 같은 과학자는 자신이 직접 세 번이나 같은 곳에서 사진을 찍고(찍히고) 그의 어머니의 상을 확인하였다. 그는 또 현상과정을 관찰하면서 영혼의 영상은 필름을 현상액에 담그는 순간에 나타나고 자신의 상은 약 20초 후에 나타난다는 것마저도 확실히 관찰하였다. 아들이 확실히 어머니라고 확인할 수 있는 영상을 사진사가 조작해 만들 수는 없을 것이다. 그러기 위해서는 사진사는 그 영혼이 살아 있을 때의 사진이나 초상화라도 미리 가지고 있어야 할 것이다.

사진사에게 전혀 예고 없이 찾아온 낯선 사람의 친척의 사진이나 초상화를 사진사가 어떻게 미리 준비할 수 있는가? 영혼 사진이라는 객관적인 예가 수없이 많은데도 그러한 예들은 인정하지 않고 그것은 영혼이 아니라고 부정만 하는 것이 과학적인 태도인가? 그러한 영상들이 영혼의 영상이 아니었다고 주장한다면 그 상들은 무엇이며 어떻게 찍혔는가를 설명해야 하지 않는가? 우연히 찍힌 것이, 자식이 틀림없이 돌아가신 어머니라고 인정할 정도의 영상이 나올 확률이 몇 천 억분의 일이라도 있는가? 그러한 영혼 사진을 찍는 확률이 사진사에 따라서는 다섯 장 중 세 장 내지 네 장이 나올 수도 있다면 그것을 어떤 과학적인 근거에서 우연이라고 치부할 수 있는가? 만약 찍은 사진 10만 장 중에 한 장이 그러한 사진이었다면, 그것은 우연이었다고 할 수도 있을 것이다.

실제의 많은 영혼 사진사들은 매우 높은 확률로 영혼 사진을 찍고 있다. 위의 예의 월레스의 사진을 찍은 사진사는 세 장을 찍었는데 세 장이 모두 영혼 사진이었다. 두 장은 그가 어머니라고 인정했고 칼을

든 남자의 사진은 그것이 누구인지를 구별하지 못했을 뿐이지만 분명히 그 자리에는 없던 사람의 영상이었다.

또 그는 두 번째 사진에 나타났던 여인의 상이 좀 멀리 있었으므로 세 번째 찍을 때엔 그가 사진이 찍힐 위치를 잡고 또 사진 필름이 이미 사진기 속에 넣어진 후에 그 상에게 좀 더 가까이 와달라는 부탁을 했다. 그 상은 그의 부탁을 받아들여 그가 분명히 그의 어머니의 상이라고 단정할 수 있을 만큼의 가까운 상이 나왔다. 그가 한 부탁을 그의 어머니의 영혼이 아닌 사진사가 받아들여 조작하였다면 셔터를 누르기 직전에 그의 마음속으로 한 부탁을 그처럼 탁월한 자연과학자의 눈을 속이고 다른 영상이 나오도록 어떻게 그 짧은 시간에 사진사가 조작한다는 말인가? 더구나 다른 상들의 크기는 변하지 않고 그 영혼의 상만이 가까이 오도록⋯⋯. 사진사는 그런 부탁을 하던 그의 마음도 읽었고 또 상의 크기도 셔터가 열리는 순간에 조작했다는 말인가?

이러한 점으로 미루어 보더라도 영혼 사진에 나타난 영상은 진실한 영혼의 영상임을 인정하지 않을 수 없다. 만약 이러한 영상이 영혼의 영상이었다면, 이보다 더 직접적인 영혼의 존재에 대한 증거가 있을 수 있는가? 위의 예들만 보더라도 "역시 영혼은 존재하고 그들은 우리와 언제나 접촉이 가능한 곳에 있다."는 가정을 부정할 수는 없을 것이다.

사람의 형태를 만드는 엑토플라즘 현상

윌리엄 크룩스 경이 조사한 영매 플로렌스 쿡의 지도령인 케이티 킹은 그녀의 수많은 강령회에서 그 모습을 드러냈다. 또 많은 경우 그녀는 강령회에 참석한 사람들과 대화를 나누었을 뿐 아니라 그녀의 맥박이나 체온까지도 직접 검사하게 했다. 어느 실험에서는 강령회에 참석한 사람들이 불빛을 환하게 하면 어떤 일이 일어나는지를 보기 위해 케이티의 동의하에 불빛을 훤하게 밝혔다. 케이티는 초가 뜨거운 불빛 아래 녹듯 녹으며 찌그러졌고 결국은 수초 이내에 그 모습이 사라지고 말았음을 코난 도일 경을 비롯한 많은 참석자들이 증언하고 있다.

또 그렇게 나타난 엑토플라즘의 사람은 손을 파라핀 속에 담가 그 굳은 모형을 실제로 남겼다. 파라핀의 엷은 막은 그렇게 만들어진 후 손을 빼려면 곧 부서지고 만다. 왜냐하면 손목 부분이 가늘기 때문에 손바닥이 빠져 나올 수 없기 때문이다. 그렇게 부서지기 쉬운 파라핀과 같은 물체로 손의 형태가 만들어졌다는 것은 그 굳은 파라핀 막 안에 있던 손이 엑토플라즘으로 되어 있어서 사라졌기 때문이다. 그러한 엷은 막의 손 모형이 강령회가 진행되는 짧은 시간 안에 만들어질 수 있다는 것만으로도 엑토플라즘에 의한 것임이 명확할 것이다.

만약 그것이 엑토플라즘이 아닌 다른 어떤 방법으로 만들어졌다면, 어떻게 그러한 모형이 강령회가 진행되는 어둠 속에서 단시간에 만들어질 수 있는가? 그러한 방법을 제시한다면 위의 파라핀 손 모형은 엑토플라즘의 증거로는 가치가 없을 것이다. 그러나 그러한 방법을 제시한 사람은 아직까지 없었다.

그러한 모형이 만들어지던 강령회에 참석한 사람들이 거짓말을 하거나 판단에 착오가 있었다고 할 수는 있을 것이다. 그러나 그러한 강령회는 수없이 열렸고, 강령회에서 증언을 하고 있는 사람들도 노벨상을 탄 사람과 당대를 대표하는 각계의 학자들이 대부분이다. 더구나 실제의 파라핀 모형을 판단의 착오이거나 실제로는 존재하지 않는 상상의 산물이라고 할 수는 없을 것이다.

그러한 현상들을 규명하기 위해 설립한 프랑스 심령과학연구회의 회장 쥴레이 박사 등이 참석한 강령회에서 만들어진 손의 모형이 지금도 보관되고 있다. 그 실험에서는 손의 모형뿐 아니라 아름다운 여인의 얼굴 모습도 만들어졌으며, 그 얼굴 모습은 영매의 얼굴과는 확연히 달랐을 뿐 아니라 함께 그 실험에 참석한 어느 누구의 얼굴과도 비슷하지 않았다.

프랑스 심령과학연구회는 프랑스 정부가 인정하는 공공기관으로서 그 기관이 주도가 되어 실행하는 강령회에는 100명이 넘는 유럽 전역의 유명한 과학자나 의사, 철학자, 문학가나 정치가 등 각계의 인사들이 참석하였고, 매번 행하는 강령회에서도 이들 중 상당수가 참여하여 면밀한 검증을 하고 있었다. 실험 과정은 너무나 철저했으므로 그 연구학회의 회장이던 쥴레이 박사는 "우리가 행한 실험들에서는 사기(詐欺)가 전혀 없었다고 확언할 뿐 아니라, 사기의 가능성마저 없었다고 단언한다."라고 말하고 있다. 그는 더 나아가 "우리가 관찰한 것들은 유물론을 죽였다. 유물론이 이 세상에 설 자리는 더 이상 없다."라고도 했다.

또 로빈 틸야드 박사와 마저리 크랜든의 강령회에서 얻어진 지문들은 도저히 흉내마저도 낼 수 없는 거울상의 지문이나 양각과 음각의 지문 그리고 오목형과 우리의 손가락과 같은 형태의 볼록형의 지문마저 찍었다. 만일 이러한 결과마저 받아들일 수 없다면 인간에게는 기본적으로 남을 믿을 수 있는 의지가 없다고 보아 마땅할 것이다.

뇌로는 설명할 수 없는 영혼

우리가 앞에서도 보아온 것처럼 영혼에 대하여 정의를 내리는 것은 쉬워도 실제로 무엇이 영혼인가 하는 것을 한두 가지의 현상에 국한해서 말하기는 어렵다. 예를 들어 영혼을 사람이 죽은 후에도 육체와 분리해서 존재하는 의식이나 인격이라 했을 때 어떤 한두 면이 확실히 증명되었다고 하더라도 그것이 그 인격의 전부를 나타내는 것이 아니기 때문에 직접적인 증명이라 받아들일 수 없다고 반론할 수도 있다. 또 영혼 사진처럼 그 사람의 가족이 죽은 사람의 영상이라고 확인할 수 있는 확실한 증거가 나와도 그것을 직접적인 증거로 인정하지 않는다면 영혼에 대한 직접적인 증명이란 무엇인가를 정의하기가 어려워진다.

루란시 베넘의 경우처럼 메리 로프의 가족이 메리의 영으로 빙의된 루란시가 실제의 자신인 루란시라는 것을 완전히 망각하고, 메리의 가족마저도 하루 이틀도 아닌 100일간을 함께 살면서 죽은 딸 메리의 환생이라 믿을 정도로 생시의 메리와 구분할 수 없어도 그것을 메리의 영혼이라 받아들이기를 거부한다면, 무엇이 영혼에 대한 직접적인 증명이 될 수 있는 것인지 판단할 수 없게 된다.

그러므로 우리는 위와 같은 영혼의 증상의 어떤 면들은 적어도 영혼의 존재에 대한 확실한 간접 증명은 될 수 있다고 규정하고, 다른 과학적인 현상처럼 인정하는 데 대해 최소한의 의견의 일치가 있어야 할 것이다.

과학에서 말하는 자연법칙이란 것도 우리가 관찰한 대부분의 자연현상을 설명할 수 있는 가장 적은 수의 핵심적인 관찰일 뿐이다. 영혼의 경우에는 우리의 5감각으로 감지할 수 없으므로 영혼의 존재 자체를 직접 관찰하는 것이 아니고, 영혼이 존재함으로써 일어날 수 있는 현상들, 즉 간접적인 증거로 대체하면 되는 것이다.

원자(原子)나 전자(電子)의 개별적인 실체를 실제로는 관찰하지 않았으면서도, 그들의 존재에 의해 일어날 수 있는 간접적인 현상들(예를 들면 TV브라운관이나 원자탄 등)을 관찰함으로써 물리학에서는 전자와 양자의 존재를 인정하고 있다. 위에서도 인용했던 마이켈슨 모레이의 실험도 바로 그런 것이다. 에테르의 존재를 직접 탐지한 것이 아니고 에테르가 존재한다면 일어나야 할 현상들, 즉 직교하는 빛의 간섭현상(실은 두 빛이 통과한 거리의 차에 의한)을 탐지하려고 한 것이다.

만약 위와 같은 명백한 영혼의 존재에 대한 간접적인 증거를 인정하지 않고 직접적인 증거가 나올 때까지는(무엇이 직접적인 증거인지는 모르지만) 영혼의 존재를 인정할 수 없다고 한다면, 그것은 똑같이 전자나 양자 그 자체를 실제로 볼 때까지는 그들의 존재마저도 인정하지 말아야 한다는 것과 다를 것이 없다. 현재의 과학으로 가장 작은 것을 볼 수 있는 전자 현미경으로도 전자를 볼 수는 없다. 전자 현미경으로 전자를 본다는 것은 광학 현미경으로 빛 자체를 본다는 것과 같이 원리적으로 불가능한 일이기 때문에 전자 현미경으로는 우리는 영원히 전자의 존재를 볼 수는 없을 것이다.

이상에서 본 것과 같이 과학은 많은 기초적인 가정(假定) 위에 이루어진 것이다. 심령학을 미신이나 종교적인 차원이 아닌 과학 차원의 학문으로 만들기 위해서도 우리는 직접적으로 관찰할 수 없는 영혼의 존재에 대한 증명은 영혼이 존재함으로써 일어날 수 있는 간접적인 현상들로 대체하는 데 동의해야 할 것이다. 물리학에서 전자(電子)의 존재를 브라운관의 작동으로 인정하듯 말이다.

끝으로 영혼(마음)과 두뇌의 관계를 50여 년이나 연구하고 처음에 그가 그처럼 확신을 가지고 믿었던 "마음(영혼)은 두뇌의 작용의 결과"라는 확신을 바꾼 한 과학자의 견해를 소개한다.

1930년대에서부터 뇌의 각 부분의 기능을 연구하여 오늘날의 뇌해부학(Neurosurgery)의 아버지라고 일컬어지는 와일더 펜필드 박사는 수십 년간의 연구 결과, 마지막 저서 『마음의 신비(The Mystery of the Mind)』에서 다음과 같이 쓰고 있다.

어떤 점으로 보더라도, 마음의 본질은 기본적인 문제를 제기한다. 아마도 모든 문제들 중에서 가장 중요한 문제일 것이다. 나 자신 평생을 두고 뇌가 마음에 어떻게 작용하는지를 밝히려고 노력한 후에, 또 최후의 증거들을 조사하고 난 지금, 아마도 마음(영혼)과 뇌의 2원론(영혼과 육체를 독립된 개체로 보는 이론)이 이런 현상을 더 잘 설명하리라고 믿게 된데 놀라고 있다.(중략)

　사후에도 마음(영혼)이 존재하기 위해서는 뇌 이외의 에너지 공급원을 확보해야 할 것이다. 어떤 사람들이 주장하듯이 만약 살아 있는 동안 어떤 다른 사람이나, 신의 영혼과 교신을 했다면, 무(無)에서의 에너지가 우리에게 도달할 수 있음을 나타낸다. 이런 경우, 그가 죽은 후 다른 에너지 공급원을 찾을 것이라 희망하는 것은 무리한 일이 아니다."

　이것은 분명 그가 뇌와 영혼이 각각 독립된 존재임을 인정하며 영혼은 뇌 기능의 산물이 아님을 말하고 있다. 그러나 그는 생의 가장 빛나던 시기에는 영혼은 존재하지 않고 마음은 뇌의 활동의 산물이라고 주장한 사람이다. 이러한 사실에 대한 그의 재미있는 일화가 있다.

　캐나다에 있는 펜필드의 농장에는 큰 바위가 있는데, 그는 한 쪽에 그리스어로 '영혼'이라고 쓰고 다른 한쪽에는 사람의 두개골을 그리고 뇌가 있는 부분에 큰 의문표를 그려 넣었다. 그리고 그 두 그림을 확실한 선으로 연결하고 의학을 표시하는 횃불을 그 중간에 그렸다. 펜필드에게 그 그림은 의학이 영혼과 뇌(육체)의 모든 것을 밝힐 수 있다는 확신의 표시였다.

　50년이 지난 후 많이 노쇠한 모습의 그는 캐나다의 혹독한 추위를 견디기 위해 몇 겹의 스웨터를 껴입고 다시 그 바위로 가서 새로운 페인트로 그가 50년 전에 그처럼 확신을 가지고 그렸던 선을 지우고 점선과 의문표로 대체했다. 그것은 그가 평생을 연구한 결과, 뇌로서는 영혼을 설명할 수 없는 많은 의문이 남았음을 나타내는 것이었다. 그리고 그는 "나는 이제 마음(영혼)을 뇌의 작용으로 돌릴 수 없다는 것을 확실하게 믿게 되었다."고 말했다. 이는 현대 뇌 해부학의 아버지가 한 최후의 판단이다.

여러분이 지금껏 보아온 것처럼, 많은 간접 증거들은 "육체와 분리할 수 있는 영혼이 존재한다."는 사실을 역력히 나타내고 있다.

제23장

생명의 근원에 대한
과학적인 연구

생명은 과연 실험실에서 만들어질 수 있는가?

19세기 중반에 발표된 다윈의 진화론은 생명의 기원에 대해서는 어떠한 정보도 제공하지 않는다. 진화론은 원시적인 생명체의 존재를 가정하고 그것이 환경에 적응하는 과정에서 어떠한 발전을 하였는가를 말하고 있을 뿐이다. 즉 적자생존과 자연도태가 그것이다. 다윈은 지구상의 생명의 기원에 대하여는 "아마도 어느 따뜻한 원시적인 풀에서 기원하였을 것이다."라고 추측했을 뿐 생명의 기원에 관하여는 더 구체적인 언급이 없었다.

1920년대 소련의 오파린과 영국의 홀데인은 다윈이 말한 "생명은 아마도 어느 따뜻한 원시적인 풀에서 기원했을 것"이라는 말에 착안하여 생명의 기원에 대해 생각했다. 홀데인은 원시의 바다를 다윈이 말한 풀로 생각했고, 생명의 원천이 될 물질이 고여 있는 풀을 프라이모달 수프(Primodal Soup)라고 했다. 그의 이러한 표현은 오늘날까지 그대로 사용되고 있다.

오파린은 홀데인과는 달리 바다처럼 농도가 낮은 수프가 아니고 농도가 높은 수프를 생각했다. 또 어떤 생명체가 그러한 수프 속에서 독립적으로 생존하자면 자신만의 특별한 구역을 갖지 않으면 안 된다고 생각했다. 기름이 물에 녹지 않고 분리되어 있듯 최초의 생명체는 어떤 경계(세포막과 같은)를 가질 것으로 추상하고 코아셀베이트(Coacervate)라는 물 속에 떠있는 미세한 기름방울과 같은 것을 연상했다. 코아셀베이트는 미세한 방울이 떠 있는 액체에 혼합되지 않게 그 경계로 엷은 막이 형성되어 있다.

듀테리움(중수소)의 발견으로 노벨상을 수상한 화학자인 해럴드 유리는 1950년대에 생명의 근원에 관해 관심을 갖고 있었다. 그는 홀데인이나 오파린이 상상한 지구의 원초의 환경을 추정하고 그때는 식물이 없었으므로 지구상의 대기에 기체상의 산소는 없었을 것으로 가정했다. 메탄과 수소와 암모니아와 물이 홀데인과 오파린이 말한 프라이모달 수프의 주된 성분으로 생각했다. 그리고 그는 그러한 물질을 플라스크에 넣고 외부로부터의 공급되는 에너지로서 빛과 정전기에 의한 방전을 사용했다.

그의 제자였던 스탠리 밀러는 그러한 프라이모달 수프로 실험을 하여 불과 몇 주일이라는 짧은 기간에 상당한 양의 아미노산이 생성되는 것을 발견했다. 아미노산은 생명체를 이루는 기본인 단백질의 구성 요소이다. 이로써 생명체의 가장 기본인 단백질이 만들어질 것이라는 확신을 갖게 되었다. 그러나 단백질은 그러한 방법으로는 쉽게 만들어지지 않았다. 그 후 원시 대기의 성분이 유리-밀러 실험에서 행한 성분과 다를 것이라는 주장으로 다른 성분들을 가지고 동일한 실험이 계속되었다.

　그러나 아미노산은 방전을 자외선이나 외부로부터 공급되는 열로서 대치하거나 그 수프의 내용물을 다소 바꾸어도 언제나 생성되는 것이 확인되었으나, 아미노산이 중합하여 펩타이드(Peptide)가 되는 것은 좀처럼 실험에서 얻지 못했다. 단백질은 펩타이드의 결합체인 긴 폴리펩타이드(Polypeptide)이다.

　전혀 우연에 맡긴다면 많은 아미노산이 섞인 액체가 단 하나의 단백질 형성에 유용한 긴 폴리펩타이드를 만드는 데도 우리가 관측할 수 있는 전 우주의 물체를 다 동원해도 어렵다는 계산이 나온다. 물리학자들의 계산에 의하면 우주의 에너지가 영(0)인 상태, 즉 우주의 전 에너지가 다 물질로 바뀐 상태에서도 우주의 중력을 물질로 환산하면 우주의 전 물질의 양은 10의 50제곱 톤(ton)이 된다고 한다.

　그러므로 우주의 물질의 전량을 동원하더라도 전형적인 짧은 체인의 단백질, 즉 20가지의 아미노산을 포함하고 있고, 또 100개 정도의 아미노산의 특정한 체인을 형성하고 있는 아미노산의 결합을 만드는 것은 거의 불가능하다. 그 이유는 특정한 체인을 만들려고 하면 10의 130제곱 분의 1, 즉 천문학적 아니 우주적인 숫자가 되므로 그러한 단백질이 우연에 의한 확률로 형성되었다고 수학적으로는 도저히 상상이 미치지 않기 때문이다.

　생명체를 형성하는 전형적인 단백질은 간단한 펩타이드보다는 훨씬 더 복잡한 수백 수천 가지의 단백질을 필요로 하며 그 외에도 핵산을 필요로 한다. 이러한 복잡한 단백질의 전형적인 것 하나를 만드는 데도 그 결합 방법은 10의 40,000제곱 분의 1, 즉 10에 0이 40,000개나 붙는 믿을 수 없는 숫자가 되므로 생명의 기원을 연구하는 과학자들은 절대로 단백질을 형성하는 특수한 결합이 우연히 만들어졌다고는 믿지 않는다. 이처럼 절대로 우연히 만들어지지 않을 것이라는 긴 폴리펩타이드가 만들어졌다면 그것을 어떻게 해석해야 하는가?

미국의 시드니 폭스가 아미노산이 섞인 액체를 가열함으로써 긴 폴리펩타이드가 만들어지는 것을 보였고, 또 그것을 그는 프로테노이드(Proteinoids)라 명명했다. 단백질인 프로테인(Protein)과 프로테노이드가 다른 것은 프로테인은 왼쪽 나선형의 아미노산만으로 구성된 것에 비해 폭스의 프로테노이드는 왼쪽과 오른쪽 나선상의 아미노산이 합쳐진 것이었다.

그렇다면 소위 과학자들이 말하는 확률적으로 불가능하다는 것이 과연 무엇을 의미하는가? 10의 130자리의 숫자로 표시해야 될 만큼 불가능하다는 것이 단지 가열함으로써 얻어졌다면 10의 130제곱 분의 1의 불가능이란 무엇을 의미하는가? 그 수치에 의한 확률로 따지면 전 우주에 존재하는 전 물질을 다 동원하더라도 단 하나의 폴리펩타이드를 만드는 것은 불가능하다고 하지 않았는가?

물론 과학자들은 그것에 대해 그들의 계산이 틀린 것이 아니고 그것은 우연에 맡겼을 때이고 폭스는 그것을 우연에 맡기지 않고 가열함으로써 우연을 필연으로 만들었다고 변명할 것이다. 그러면 그들의 변명을 받아들인다고 하고 불가능이 단지 가열한다는 것만으로 가능하게 된다면 과연 과학적으로 불가능하다는 것이 무슨 뜻이 있는가? 과학적으로 불가능하다는 것들에 대한 회피책(回避策)만 찾으면 모든 불가능이 가능으로 변한다는 말인가? 다시 본론으로 돌아가자.

펜실베이니아 주립대학의 스타인맨과 콜은 아미노산들이 임의로 결합하는 것이 아니고 펩타이드를 만들기 위해서 필요한 반응을 스스로 선택하는 방법으로 펩타이드를 형성하는 것을 발견했다. "이러한 것은 생명의 창조에 필요한 펩타이드를 만들도록 이미 사전에 계획되어 있는 것 같았다."라고 그들은 말하고 있다.

또 그들은 선택된 반응은 그보다도 더 높은 차원에서도 일어난다고 했고, 이러한 '숙명적'인 경향은 생화학의 여러 차원에서 그렇게 진행되도록 물질에 이미 기록되어 있는 것 같다고 했다. 폭스 등과 함께 생화학의 개척자 가운데 한 사람인 폰남페루마도 "생화학적 경향(Chemical Affinity)은 생명의 계열이 형성되는 데 유리한 방향으로 분자들을 결합하도록 만든다."고 말하고 있다.

이러한 그들의 관찰은 과학적인 견지에서 본다면 도저히 있을 수 없는 일이다. 자연의 법칙을 따라야 할 화학반응이 미리 정해진 결과를 이끌어내기 위한 방향으로만 진행된다는 것은 자연의 법칙을 정면으로 위배하는 일이 된다. 과학이 말하는 자연의 법칙에는 숙명이란 것은 없다.

생명을 실험실에서 창조하려고 온갖 정성을 다하는 생화학자들의 입장을 잠시 벗어나서 좀 더 넓은 시야로 이러한 결과를 한번 살펴본다면, 생화학적인 분자들의 결합은 엄정한 물리법칙을 따르는 것이 아니고 생명을 창조하라는 그 누군가의 명령을 따르는 것 같다는 생각이 든다.

노벨상을 수상한 생화학자인 모노드는 그의 저서 『기회와 필요(Chance and Necessity)』에서 자연의 모든 물질은 우연(필요)과 법칙의 산물이라고 말한다. 그러나 위의 폴리펩타이드의 경우를 우연에 맡긴다면 전 우주의 물질을 다 동원하더라도 한 번도 일어나기 어려운 물질이 만들어지는 것을 어떻게 설명해야 하는가?

역시 노벨상 수상자인 드 두브는 생명은 숙명적인 힘의 산물이라고 생각한다. 그는 "생명은 조건이 맞으면 언제 어디서나 같은 조건하에서 발생한다."고 하고 "생명과 마음(mind)은 어떤 우연한 사고(事故)의 결과가 아니고 우주에 새겨진 틀에 의한 물질의 자연적인 발현이다."라고 쓰고 있다. 이것을 "자연적인 발현이다."라고 하는 대신 "신의 뜻이다."라고 하면 금세기 초의 앙리 베르그송의 바이탈리즘(Vitalism)이나 근본적으로 다를 것이 없다.

그리고 미국 과학아카데미의 우주 과학부(Space Science Board of U.S. National Academy of Science)의 공식 견해는(폴 데이비스에 의하면), "비생명체의 물질로부터 생명체의 탄생은 우주법칙의 통상적인 결과이고, 이러한 법칙에 의해 이 지구상에 생명이 탄생하였다면 이와 유사한 다른 천체에서도 생명이 발생하였을 가능성은 농후하다."라고 말하고 있다.

미국의 과학계를 대표하는 과학아카데미에서 이러한 결론을 낸다는 것은 놀라운 일이다. 첫째로 지금까지 과학에서는 전혀 정의(定義)되거나 인정된 일도 없는 우주법칙이라는 것을 인용하여 생명체 탄생의 원인을 그러한 새로운 법칙에 의한 것으로 단정하고 있다는 점이다. 둘째는 이러한 설명은 비생물체에서 생물체가 탄생하는 과정이나 방법에 대해 어떠한 정보도 제공하고 있지 않다는 점이다. 이것은 종교계에서 그토록 오래 주장해온 생명의 창조는 창조주의 뜻에 의한 것이라는 결론과 다를 것이 없다.

위의 미국 과학아카데미의 결론을 조금 변형하면 "비생명체의 물질로부터 생명체의 탄생은 하나님의 뜻을 따른 결과이고 그러한 뜻에 의해 지구상에서 생명이 탄생하였다면 이와 유사한 다른 천체에서도 생명이 발생하였을 가능성이 농후하다."라고 하는 것이나 생명의 기원을 밝히는 데는 하나도 다를 것이 없다. 이것이 종교계 특히 기독교의 주장과 다른 것은 기독교에서는 지구를 우주의 유일한 생명체의 발생지로 보는 점만이 다를 뿐이다.

여기의 우주법칙이란 무엇인가? 생명을 창조하라는 조물주의 명령이라고 한다면 모순이 있는가? 이러한 설명의 어느 하나도 비생명체가 어떻게 생명체로 변할 수 있는지에 대해서는 말해 주는 것이 없다.

다시 말하면 위에서도 본 것처럼 생명체를 이루는 단백질을 하나만 만드는 것마저도 우주의 전 물질을 동원해도 우연으로 만드는 것은 불가능하다고 하였다. 그런데 죽은 사람과 죽기 직전의 그 사람의 모든 단백질과 유전자와 핵산이 하나도 다른 것이 없으나 죽은 지 1초 후의 사람은 분명 생명이 없는 무생물이다. 이 생명과 무생물은 모든 화학원소도 같고 또 단백질도 같으나 분명 하나는 생명이고 1초 후의 것은 무생명이다.

전 우주의 물질을 다 동원해서도 우연히 만들 수 없는 수많은 단백질과 핵산과 유전자 등은 다 그대로 있고 같은데도 생명체와 무생명체의 엄연한 차가 생긴다면 과연 생명을 단백질이나 유전자나 핵산으로 설명할 수가 있는가?

분명 죽은 지 1초 후의 사람은 무생명체이고 그의 단백질은 산 사람(그가 살았을 때)의 단백질과 어떠한 차이가 없지 않은가? 생명체와 무생명체를 단백질에 의해 구분한다면 분명 죽은 지 1초 후의 사람은 (아니 죽어 냉동상태로 보존된 사람은) 생명체이어야 할 것이다. 그러므로 생명 자체를 단백질이나 핵산이나 유전자로 설명하려는 것은 그 근본부터 잘못이다. 생명체를 이루는 재료는 단백질과 핵산이라 하더라도 그것은 생명 자체와는 아무런 상관이 없다. 생명이 떠난 단백질과 핵산의 뭉치는 무생물인 유기화합물일 뿐이다. 그렇다면 생명이란 무엇인가? 이것은 적어도 지금까지의 현대의 과학이 만들어낼 수 있는 산물이 아닌 것만은 분명한 것 같다.

지구상의 생명체는 우주에서 온 것인가?

프레드 호일과 찬드라 위크라마싱헤는 저서 『외계로부터의 진화(Evolution From Space)』에서 지구상의 생명의 기원은 우주에서 왔다고 주장한다. 그들은 하루에도 수백 톤씩 지구로 떨어지고 있는 운석이나 우주진(宇宙塵) 속에 원시 생명체인 박테리아나 아케이아(Archaea) 등이 실려 왔다고 믿고 있다. 이러한 설에 대한 가장 큰 난점은 박테리아 등이 운석이나 우주진 속에 갇혀 방대한 우주를 여행하는 동안 우주의 진공 상태와 절대 영도에 가까운 낮은 온도와 우주선(宇宙線)이나 자외선 등의 영향으로부터 사멸하지 않고 그처럼 장기간을 어떻게 생존해 있을 수 있는가 하는 문제이다.

이러한 점에 대한 많은 실험들이 여러 대학들에서 행해졌고 그 결과 박테리아 등은 그러한 혹독한 환경에서도 생존할 수 있다는 것이 증명되었다. 그러한 실험의 예를 하나 들면 네덜란드의 라이덴 대학의 웨버와 그린버그의 실험을 들 수 있는데, 그들은 박테리아를 진공상태와 섭씨 −263도(절대영도 바로 위)의 저온 상태에서 강한 자외선을 비추어 실제로 우주의 공간을 2500년 간 여행할 때 받는 것과 같은 조건을 만들어 실험했다. 그들의 실험에서 우주선(Cosmic ray)이 빠진 것은 그전의 일본의 과학자들에 의한 실험에서 우주선보다는 자외선이 박테리아의 그러한 여행에 더 치명적인 영향을 준다는 것이 밝혀졌기 때문이었다. 이 실험에서 99.9퍼센트의 박테리아는 죽었으나 일부의 박테리아가 살아남은 것이 확인되었고 또 온도가 낮을수록 박테리아의 생존율이 높다는 것을 발견했다.

온도가 낮을수록 생존율이 높다는 것은 의외의 결과이지만 저자는 다음과 같이 설명할 수 있다고 본다. 우주선에 의한 영향은 고에너지의 우주선이 박테리아를 구성하는 원소의 원자 내에 있는 양자나 중성자를 떼어냄으로써 핵반응에 의한 동위원소가 되거나 다른 원소가 됨으로써 입는 영향이므로 온도와는 크게 관계가 없을 것이다.

그러나 자외선에 의한 영향은 에너지가 낮아 화학적인 변화를 일으키는 (외곽전자에 대한 영향이므로) 것이고 온도가 낮을수록 화학 반응은 느리게 된다.(일반적으로 생화학반응 속도는 온도가 섭씨 10도 내릴 때마다 약 5분의 1로 줄어든다.) 그러므로 낮은 온도는 박테리아의 체내의 화학적 변화를 적게 일으키게 되므로 화학반응을 유도하는 자외선에 의한 영향은 줄어든다. 낮은 온도에서 박테리아는 더 오래 생존할 수 있는 것이다. 만약 박테리아가 절대영도에서도 생명을 유지할 수 있다면 절대영도에서 여행하는 박테리아는 자외선의 영향은 전혀 받지 않을 것이다. 왜냐하면 절대영도에서는 모든 화학반응은 정지되기 때문이다.

　이상에서 본 것과 같이 박테리아 등은 장기간의 우주여행에서도 살아남을 수 있다는 것이 증명되었으므로 호일과 위크라마싱헤의 주장을 뒷받침하는 자료가 보완된 셈이다. 실제로 운석에 의해 지구나 우주의 다른 곳으로 옮겨지는 생명체는 웨버-그린버그의 실험 환경보다는 좋은 환경에서 여행을 하게 된다. 운석의 표면은 자외선을 완전히 차단하고 상당량의 우주선도 차단해 주기 때문에 운석의 내부에 타고 있는 생명체는 자외선이나 우주선의 영향을 덜 받게 된다.

　또 최근에는 지구의 생명이 화성에서 왔을 가능성에 대해 많은 과학자들이 수긍하고 있는데 그것은 지구보다 작은 화성은 약 40억 년 전에 지구보다 먼저 생명을 탄생시킬 조건을 갖추었을 것이라는 점이다. 생물학자들은 실제로 지구에서도 다양한 생물이 급격하게 불어나기 시작한 것은 약 20억 년 전으로 대기 중에 처음으로 어느 정도의 산소가 존재하게 된 이후로 보며 화성에서의 산소의 발생은 지구보다 훨씬 빨라서 화성이 탄생한 약 1,000만 년 후에는 상당한 양의 산소가 대기 중에 존재했으리라 믿고 있다. 이것은 탄생 후 25억 년이 지나서야 상당량의 산소가 대기 중에 모이게 된 지구에 비하면 거의 25억 년이나 빠른 것이다. 또 운석에 의한 화성에의 폭격이 거의 끝난 시기에는 이미 상당한 양의 생명이 발생했고 또 상당히 번성하였으리라 믿고 있다.

　이렇게 화성에서 먼저 발생한 생명은 그 당시까지(40억 년 전)도 화성에 자주 쏟아지던 유성이나 혜성들과의 충돌로 인해 상당량의 화성의 충돌 파편들이 우주로 날아가게 되었고, 그러한 파편의 일부는 그 속에 타고 있는 생명체와 함께 지구 인력에 의해 지구로 끌려 왔을 것이라는 것이다.

또 화성에서 발생한 생명이 화성을 탈출하는 것이 지구에서 발생한 생명이 지구를 탈출하는 것보다는 훨씬 쉽다는 점이 생명이 화성에서 발생해서 지구로 왔다는 설을 지구에서 발생해서 화성으로 갔다는 설보다는 유리하게 만든다. 화성은 지구보다 작으므로 중력도 지구보다 낮다. 화성을 탈출하는 물체의 일탈속도는 초속 약 5킬로미터로 지구의 일탈속도 11.4킬로미터보다 훨씬 낮아 탈출 시 생명체가 받는 중력가속도도 0.1밀리미터 정도로 크기가 작은 미생물체는 충분히 견딜 수 있는 정도이다. 이렇게 화성을 탈출한 파편이 언젠가 지구에 도달할 확률은 약 7.5퍼센트라고 한다. 그러나 지구를 탈출하는 미생물체는 이보다 훨씬 더 큰 중력가속도를 경험할 것이며 그렇게 탈출한 지구의 파편이 화성에 닿을 확률도 화성의 작은 중력 때문에 훨씬 적다.

실제로 남극의 빙하 속에서 발견된 운석 ALH84001은 약 45억 년 전에 화성에서 굳어진 것으로 판명되었고, 그것은 화성이 탄생하고 얼마 되지 않은 때였다. 미텔펠트와 NASA의 맥케이의 분석으로 썩는 생명체에서 발생하는 방향족의 물질인 PAH(Polycyclic Aromatic Hydrocarbon)가 그 운석 속에서 미량 발견되었다. 이것은 이미 45억 년 전에 생명체가 화성에 발생하였음을 시사하고 있다. 위에서도 말한 화성에서 상당량의 산소가 대기 중에 존재하게 된 것이 화성이 탄생한 1,000만 년 후라면 45억 년 전에 생명체가 화성에서 발생한 시기와 잘 일치한다.

그러한 PAH의 발생은 잘 알려지지는 않았으나 무기화학적으로 생성되었을 가능성을 배제할 수 없어 그들의 발견이 화성 생명체의 존재 여부에 대한 결정적인 증거로서는 인정되지 않았다. 그러나 맥케이는 그것이 분명 생명체에 의한 것으로 판단하고 있다. 그리고 그 운석을 전자 현미경으로 보았을 때 지구상의 박테리아와 같은 소시지 형태의 덩어리였는데 그는 그것이 화성의 생명체가 남긴 화석으로 간주하고 있다.(이러한 내용은 미국의 디스커버리 TV 채널을 통해서도 방영되었다.)

또 독일의 과학자인 프리게는 머치슨(Murchison) 운석이라 알려진 운석의 한 조각을 현미경으로 자세히 조사하고 필라멘트형의 박테리아와 대단히 유사한 구조를 발견했다.

이상에서 본 것처럼 과학자들은 웰스가 그의 『우주전쟁(War of the Worlds)』에서 묘사한 것과 같은 녹색의 화성인은 아니더라도 화성에는 그 지하에 먼 옛날에 탄생하고 지금까지 존속하는 생명체가 있을 가능성을 상당히 높게 보고 있다.

지하나 심해의 화산 분출구 근처에서 생명이 발생했나?

여러분들도 아마 영화 〈타이타닉〉을 보셨을 것이다. 타이타닉은 3,800미터의 해저에 있고 그 영화에서도 실제 탐색작업으로 찍은 장면을 보여주는데 거기에는 게와 물고기가 살고 있는 것이 나타난다. 3,800미터의 심해에서의 압력은 엄청난 것이고 햇빛과 산소가 부족하므로 심해에서 그러한 생명이 존재할 것이라고 생각하지 않았다. 그러나 최근 타이타닉을 찾은 알빈(Alvin)호를 비롯한 많은 심해 탐사용 잠수 선박들의 개발로 인하여 깊은 해저의 화산 분출구 근처에 독자적인 대사체계(Metabolism)를 가진 생명체(미생물)들이 존재한다는 것이 밝혀졌다. 또 이들을 먹고사는 게, 가재류, 튜브상의 생물과 특수한 고기들이 많이 서식하고 있는 것도 밝혀졌다.

산소와 햇빛이 거의 없는 심해저에서는 지상의 생명체처럼 산소와 햇빛에 의존해 생명을 유지할 수 없으므로 독자적인 대사체계를 갖는 것이 생명을 이어가기 위해 필수적인 요건이다. 사실 화산 분출구의 근처에 사는 미생물들은 지상의 생명에게는 유독한 유화수소를 이용하고 있다. 유화수소에서 유황으로 환원하는 과정에서 생기는 에너지를 그들의 생명을 유지하는 에너지로 사용하는 것이다. 최근에는 지하 5,000미터에서도 생명체가 발견되었다. 이러한 미생물들이 발견되기 전에는 과학자들은 우주에서 생명체가 발생했더라도 현재 지구의 생명체와 같은 대사체계, 즉 산소와 햇빛과 탄소화합물을 이용하는 대사체계를 가졌을 것이라고 믿고 있었다.

이렇듯 햇빛과 산소가 필요 없는 대사체계를 가진 심해저나 땅 속 깊이에 사는 생명체에는 지상에 사는 생명체보다 운석이나 혜성의 충돌로 인한 자연재해에 대해 비교적 안전하다. 상당한 크기의 운석이 지구와 충돌해 대기와 해상 표면의 수온이 몇 백도로 올라가더라도 심해나 깊은 땅속은 그보다 훨씬 그러한 피해가 적을 것이기 때문이다. 약 6,500만 년 전에 공룡이 사라진 이유가 운석에 의한 충돌에 의한 것이라고 과학자들은 믿고 있다. 그러므로 지구상에 생명체가 발생해서 그러한 위험을(지구 생성의 초창기의 위험한 지구 표면 상황을 고려하면) 극복하고 살아남기 위해서는 심해저나 깊은 땅속이 지구의 표면보다는 유리할 것이라 판단하는 것이다. 따라서 지구상의 생명의 발생은 지상이나 해저와 깊은 땅속 모두가 가능성이 있다고 과학자들은 판단하고 있다.

생명체는 과연 물질의 부산물인가?

앞서 보았듯이 미국의 과학아카데미의 결론은 "비생명체의 물질로부터 생명체가 탄생하는 것은 우주법칙의 통상적인 결과이고 이 지구상에서 생명이 탄생했다면 다른 천체에서도 생명이 발생할 가능성은 농후하다."이다. 즉 비슷한 환경만 주어지면 생명은 언제 어디서나 발생한다는 결론이다.

그러나 이러한 자연 발생설은 왜 엄격한 물리법칙으로는 도저히 가망이 없는 확률을 제치고 생명이 창조되었는지를 설명하지 않는다. "우주법칙의 통상적인 결과"라는 말로 간단히 넘기고 있으나, 그럼 '우주법칙'이라는 것은 과학이 말하고 있는 '자연법칙'과는 다른 새로운 법칙이 존재한다는 것인가? 또 우주법칙은 자연법칙에 우선하는 것인가?

이처럼 자연법칙에 우선하는 새로운 우주법칙을 도입하면서까지 생명체의 발생을 설명해야 한다면 그러한 특수한 법칙 대신 창조주의 뜻에 의해 만들어졌다고 하는 편이 인류의 정서에도 맞는 결론이 아닌가?

오파린과 홀데인의 연구가 있은 지는 이미 80년이 되었고, 유리-밀러의 실험이 시작된 지도 이미 50년이 넘었다. 그 후 수많은 화학분야의 발전은 이전의 인류가 상상도 못하던 화학제품들을 만들어냈다. 또 확률적으로는 전 우주의 물질을 다 동원해도 한 가닥을 만들 수 없다던 생명체의 벽돌이라고 할 수 있는 폴리펩타이드도 만들었다.

그러나 지난 50년간의 피나는 노력으로도 실험실의 모르모트는커녕 생명을 가진 단 하나의 단세포 생물도 만들지 못하고 있다. 이 지구는 이루 헤아릴 수 없는 많은 종류의 미생물과 동식물로 가득 차 있다. 생명이 과학적인 방법으로 실험실에서 만들어질 수 있다면 다른 화학 분야의 발전에 비추어 볼 때 지금쯤 그 많은 미생물 중의 하나나 새로운 단세포 생물 하나 정도는 만들어졌을 법하지 않는가?

실험실에서 생명을 만들기 위해 왜 그렇게 만들기 어려운 수백 가지의 단백질을 만들고 또 그들을 유기적으로 결합하고 할 필요가 있는가? 이미 만들어진 수많은 죽은 생명들이 있지 않는가? 실험실에서 생명의 기본으로 가정하는 모든 단백질들을 다 갖추고 형체와 조직마저 구비한 죽은 생명체에 실험실에서 만든 생명을 불어넣는 것이 훨씬 더 간단하지 않는가? 그러한 생명이 없는 단백질의 덩어리를 만드는 데 시간을 쓸 이유가 있는가?

생명이 한번 깃들었다가 없어져버린 단백질의 덩어리에는 비록 실험실에서 생명을 만들었어도 넣을 수가 없다고 항변할 것인가? 한번 생명이 나가버린 생명체엔 다시는 생명을 불어넣을 수 없다는 우주법칙이라도 존재한다고 주장할 것인가? 생명에 관한 어떤 우주법칙이 있다면 그것은 한번 죽었던 생명체에도 다시 생명을 넣을 수 있다는 것임이 명백하다.

근사사 경험자나 임상적으로 죽었다 소생한 사람들이 바로 그러한 예이다. 그들이 임상적으로 죽었을 때 그들의 육체는 생명이 없는 시체였으나 무슨 이유이든 그들이 다시 소생한 것은 죽은 육체에도 생명이 다시 깃들 수 있다는 증거이다.

저자는 단백질이나 핵산의 합성이 생명을 연구하는 데 불필요한 것이라고는 생각하지 않는다. 그러나 다만 단백질이나 핵산이 실험실에서 만들어지면 생명은 자동적으로 그 부산물로 나오리라는 망상은 버려야 한다는 점을 강조하고 있을 뿐이다. 그러므로 단백질을 합성하는 데 못지않은 과학자들의 노력과 자원이 이미 만들어졌으나 생명이 나간 생명체에(생물의 시체에) 불어넣을 수 있는 생명체 자신(이것이 데이비스가 말하는 정보의 소프트웨어든 하드웨어든 간에)의 합성에도 같은 노력이 경주되어야 한다고 강조하고 싶다.

만약 생명이 지금과 같은 과학적인 방법으로는 실험실에서 만들어질 수 없는 것이라면 그와는 다른 각도에서 본 생명에 대한 연구도 병행되어야 한다고 믿는다. 오늘날의 과학적인 방법으로, 50년이 걸려도 단세포의 생명 하나도 못 만들었다면, 생명을 창조해 보려는 연구에서만은 일부러 오늘의 과학적인 방법에만 집착할 이유가 없을 것이다.

그러면 다른 각도에서 생명에 대해 생각해 보기로 하자.

50년이 걸려도 단세포의 미생물 하나도 못 만든 과학자들과는 달리 수많은 강령회에서는 많은 동식물들이 일시적으로나마 (엑토플라즘에 의해?) 생성되었다. 또 그러한 사실들이 당대의 가장 유능하고 믿을 만한 각계의 인사들에 의해 증언되고 있다. 우리가 앞에서도 설명한 엑토플라즘에 의한 케이티의 존재를 상기하면 케이티는 분명 그녀가 강령회에 나타났을 때는 어느 누구나 다름없는 인간, 즉 생명체였다. 그녀를 탄생시키기 위해서는 전우주의 물질을 다 동원해도 임의로는 만들어질 수 없는 기적 같은 단백질이나 핵산이 사용된 것도 아니다. 어떻든 그녀는 산 인간, 즉 생명체로서 많은 사람 앞에 나타났고 그녀를 본 크룩스를 비롯한 모든 사람들은 그녀를 생명이 있는 인간으로 받아들였다.

크룩스는 그러한 실험을 1871년부터 1875년까지 거의 만 4년간을 계속했고, 영매 플로렌스 쿡의 강령회 때는 언제나 케이티는 나타났다고 케이티는 강령회에 참석한 모든 사람과 대화를 했고, 또 그들이 케이티를 실제로 인간인지 실험할 기회도 무수히 있었다.

이처럼 적어도 이세상의 과학이 만들어낸 물질은 전혀 사용하지 않았는데도 케이티는 생명력을 보였다. 그러나 그것과는 반대로 방금 죽은 사람은 그 사람이 살았을 때의 단백질이나 핵산 등 모든 물질을 다 가지고 있으나 생명이 없다. 그렇다면 생명은 물질과는 전혀 독립된 어떤 무엇이라는 것이 확연하지 않는가?

생명이 단백질 조합의 부산물이 아니라는 것을 어떤 방법으로, 단백질에 의해 최면상태에 있는 과학자들에게 설명할 수 있는가? 다만 "그렇게 물질과는 독립되게 존재하는 그 무엇을 우리는 영혼이라고 부른다."고 그들에게 말해 주고 싶을 뿐이다.

5

과학이 정의하는 생명체의 특성, 과연 그것뿐인가?

생명체에 대한 특성을 다 열거한다는 것은 실로 어려운 일이지만 다음 몇 가지의 특징은 생명체 고유의 특징으로 꼽히는 대표적인 예이다. 다음은 이론 물리학자로 생명체의 기원에 대해 깊이 연구한 폴 데이비드 박사의 1998년의 저서 『제5의 기적(The Fifth Miracle)』에 열거한 특성을 인용하기로 한다. 그는 생명체의 특성에 대해 다음 일곱 가지를 들고 있다.

1. 자신의 복제특성(Reproduction)

2. 물질의 신진대사(Metabolism)

3. 영양(Nutrition)

4. 복잡성(Complexity)

5. 조직성(Organization)

6. 성장과 발전(Growth and Development)

7. 정보 내용(Information Content)

8. 하드웨어와 소프트웨어

9. 영속성과 변화성(Permanence and Change)

그러나 위에 열거한 이러한 특성은 정도의 차이는 있으나 무생물에도 있는 것은 다음의 예에서도 알 수 있을 것이다. (아래의 예와 설명은 데이비스 자신이 든 예를 주로 하였으나 독자들의 이해가 쉽게 촛불 등의 다른 예로 대치하기도 하였다. 그러나 근본 취지는 그의 주장을 그대로 옮긴 것이다.)

자신의 복제특성

생명체의 가장 중요한 특성의 하나는 그 자신과 같은 조직(후손)을 재생산한다는 점이다. 그러나 무생물인 결정체나 구름이나 산불도 자신을 재생산하는 것에는 틀림없고, 또 사자와 호랑이와의 교배로 태어난 라이거나 암말과 숫당나귀의 교배로 태어난 노새(mule)는 생물이면서도 자신의 복제 능력은 없다.

다이아몬드나 수정 또는 소금의 결정체도 수천억 개의 분자로 구성되고 조건만 맞으면 얼마든지 자체로 증식한다. 산불도 성장하고(확대하고) 또 불똥이 튀어 다른 곳에 산불을 일으킨다. 그러나 우리가 생명체로 규정하는 노새나 라이거는 자신의 복제능력, 즉 번식능력이 없다. 번식 능력이 없다고 하여 노새나 라이거를 무생물이라 하지는 않을 것이다. 그러면 이러한 특성의 어느 부분까지가 참된 생명의 특성인가?

물질의 신진대사

생명체가 살아가기 위해서는 외부로부터 끊임없이 물질과 에너지를 흡수하지 않으면 안 되고, 또 그러한 작용에 의한 부산물은 배설하지 않으면 안 된다. 그러나 이러한 신진대사를 생명체라고 할 수는 없다. 실제로 어떤 미생물들은 오랜 기간을 완전한 잠복상태(즉 신진대사가 전혀 없는 상태)에 있으나 후에 가서 다시 회복할 수 있으므로 죽었다고는 할 수 없을 것이다.

촛불 역시 그 불꽃을 지탱하기 위하여서는 끊임없이 녹은 파라핀과 산소의 공급을 필요로 하며 그 부산물로 빛과 열에너지와 탄산가스를 배출한다. 또 꺼진 촛불이라도 후에 불이 켜질 조건이 갖추어지면 (예를 들어 성냥불로 불을 붙이면) 다시 불이 붙는다. 그러므로 이러한 물질과 에너지의 신진대사는 무생물체에서도 얼마든지 일어날 수 있다.

영양

어떤 생물이든 밀폐된 공간에 오래 격리해 두면 그 기능을 상실하고 사멸한다. 생명의 유지에 기본적인 것은 끊임없는 외부와의 물질과 에너지의 교환이다. 이 점에 있어서도 촛불의 예를 보면, 촛불도 병 속에 넣고 뚜껑을 닫고 있으면 얼마가지 않아 꺼진다. 촛불이 지탱되기 위해서는 끊임없이 파라핀과 산소의 공급이 필요하다. 외부와의 물질과 에너지의 교환이라는 점에서는 생명체나 조금도 다를 것이 없다.

복잡성

모든 알려진 생명체는 엄청난 복잡성을 지니고 있다. 단순한 단세포 생물이라도 몇 백만 개의 서로 연관된 기능을 가진 성분들의 상호 협력으로 이루어지고 있다. 또 이러한 복잡성이 생명체의 예측 불허하는 행동 양식을 보증하는 것이다. 데이비스는 예를 들면서, 복잡하기는 우리의 우주 자체도 그렇고 예측 불가하기는 허리케인도 그러하다고 말하고 있다. 그러나 그런 것을 생명이라고 아무도 규정하지 않는다. 하지만 복잡성이나 예측 불허라는 점에서는 다를 것이 없다.

조직성

아마도 복잡성보다는 조직성이 생명체에서는 더 중요할 것이다. 생명체의 각 부분들은 상호 조직적인 협력 작용이 없으면 한 시도 그러한 생명체를 유지할 수는 없다. 예를 들면 심장의 박동이 없다면 동맥이나 정맥의 작용은 필요가 없을 것이며, 만약 다리가 제멋대로 움직인다면 걸어가는 행동에 도움이 되지 못할 것이다. 각 세포 단위로 보더라도 제멋대로 행동하는 것은 없고 조립라인처럼 규칙 정연하게 서로 협동으로 움직인다.

이 점에 대해서 허리케인이나 촛불 역시 마찬가지이다. 공기의 분자들이 제각기 다른 방향으로 행동하거나 옮기고 또 대양(大洋)으로부터 조직적으로(?) 끊임없이 에너지가 공급되지 않는다면 막대한 에너지를 가진 허리케인은 발생할 수 없다. 촛불 역시 불꽃이 연속되기 위해서는 적당한 양의 파라핀이 공급되고 적당한 온도가 유지되어야 하고 산소가 공급되어야 하며 탄산가스는 산소의 공급을 방해하지 않도록 배출되어야 한다. 이러한 것은 모두 조직성이다. 단순한 것 같은 촛불마저도 이러한 조직적인 수급에 차질이 생기면 꺼지고(사멸하고) 만다.

성장과 발전

각 생명체는 성장하고 에코 시스템(Eco System)은 조건만 합당하면 더 확장하려는 경향이 있다. 많은 무생물도 성장한다. 결정체나 구름이나 쇠의 녹이 그러하다. 생명체에서는 발전이라는 요소가 더 중요하다. 지구상의 생명체의 현저한 특징은 다양하고 신기한 변화의 점차적인 발전에 의한다는 것이다. 이러한 변화와 생산의 결합이 곧 다윈적인 진화론이다. 거꾸로 말하면 다윈의 진화론적 양상으로 진화하면 그것이 생명체라고 할 수 있을 것이다.

그러면 물의 흐름을 관찰해 보자. 물이 모여 큰 바다를 이루기 위해서는 물은 바다를 향해 흘러가지 않으면 안 된다. 물이 바다로 흘러가는 도중에 흐르는 물이 넘지 못할 높은 장벽이 있으면 물은 거기서 멈추는 것이 아니고 낮은 곳을 찾아 그 장벽을 극복하며 바다로 간다. 이렇게 낮은 곳을 찾지 못한 물은 다음 비가 와서 충분한 양이 되어 그 장벽을 극복할 때까지 기다리거나 햇빛에 의해 증발되어 말라버린다(즉 진화하거나 도태된다). 이것은 다윈의 진화론의 양상과 일치한다. 즉 환경에 적응한 물줄기는 바다를 이루었으나 그렇지 못한 물은 도태되었다. 다윈의 자연도태의 이론과 서로 다른 점이 없다. 그러나 물의 흐름을 누구도 생명체라 부르지 않는다.

그렇게 도태된 물에 대해 여기서 한 발 더 나아가 생각해 보자. 햇빛에 의해 증발되어 외관상으로는 사라져 버린 것 같은 그 물도 실은 구름이 되고 비가 되어 다시 땅으로 떨어져 언젠가는 바다를 이루는 한 방울의 물이 된다. 도태된 생명 아니면 죽은 생명도 우주라는 밀폐된 환경(Closed environment)에서 재생하지는 않는다고 어떻게 말할 수 있나?

정보 내용

최근에 와서 과학자들은 생명체와 컴퓨터를 자주 비교한다. 자신을 복제하라는 기본적인 정보가 부모로부터 자식에게 전해진다는 것이다. 생명은 정보의 집합체이나 정보의 집합만으로 생명체가 되는 것도 아니다. 다양한 정보는 숲 속에 떨어진 잎에도 있지만 그러한 정보는 생명체로서는 아무 뜻도 없다. 생명체라 불릴 수 있으려면 그러한 정보는 그것을 받는 조직에게 뜻이 있는 정보가 아니면 안 된다. 즉 그러한 정보는 특수성을 가져야 한다.

결정체는 수십억 개의 개별 분자의 질서 정연한 정열에 의한 것이다. 그 결정체를 만들라는 정보도 결정이라는 조직체엔 뜻이 있는 정보, 즉 특수성을 가진 정보가 아닌가? 어디서 그러한 명령을 하는 정보가 온 것인가? 생명체에 그러한 정보를 제공한 곳과 같은 곳에서 그러한 정보가 왔다고 하면 누가 그렇지 않다고 부정할 수 있는가?

하드웨어와 소프트웨어

지구상의 생물은 두 가지의 아주 다른 물질의 분자들인 핵산과 단백질로 구성된다. 이 두 물질은 화학적 성질에 있어서는 서로 보완하는 관계에 있으나 그 접촉은 그보다 훨씬 더 깊고 생명의 그 본질에까지 미친다. 핵산은 생명에 대한 소프트웨어이고 단백질은 생명을 만드는 하드웨어이다. 이러한 점이 생명체의 특성으로 보아야 한다는 것이 폴 데이비스의 주장이다.

이것 역시 마찬가지이다. 다이아몬드를 만드는 건축재는 탄소원자이고 핵산처럼 외적인 다른 보조물질이 발견되지는 않았으나 그들을 질서정연하게 정렬하라는 명령을 주는 소프트웨어는 그들 분자의 어디에 생명체의 유전자처럼 각인되어 있는 것이 틀림없다. 즉 그러한 빌딩 블럭과 소프트웨어가 존재한다는 점은 생명체와 하등 다른 것이 없다. 다만 그 빌딩 블럭 자체와 소프트웨어의 내용이 다를 뿐이다.

영원성과 변화성

유전자는 그 속에 적혀 있는 유전의 정보를 영속시키기 위한 것이다. 그러면서도 다윈의 진화론에도 따르는 변화를 수반한다. 그러나 서로 다른 특성이 한 조직체 내에 공존할 수 있는가? 이러한 모순성이 생물의 핵심에 존재한다는 것이 데이비스의 주장이다.

그러나 영원성과 변화는 생명의 본성일 뿐 아니라 물질의 본성이다. 산소와 수소는 그 상태에 따라(예를 들면 온도) 그대로 영속하기도 하고 또 화학적으로 결합하여 물을 생성시키기(즉 변화하기)도 한다. 영속성과 변화의 성질을 공유하지 않은 물질을 본 예가 있는가? 지구상의 원소 중 화학적으로 가장 안정되었다는 금(Au)마저도 온도를 올리면 녹아 액체 상태로도 되고 질산과 황산의 혼합물인 왕수에는 용해되지 않는가? 이처럼 과학자들이 생명체의 특성이라 열거하는 특성도 구체적으로 조사해 보면 근본적인 점에서는 무생물도 함께 가진 특성과 다를 것이 없다.

제24장

죽음 후의
생이 있다면?

누가 사후의 생을 믿는가?

　대부분의 사람들은 과학자들은 사후의 생이 없다고 생각한다고 알고 있다. 그러나 이 책을 읽은 독자들은 의외로 많은 과학자들이 사후의 생을 믿고 있다는 것을 알 것이다. 갤럽의 조사에 의하면 사후 세계가 있다고 믿느냐는 질문에 대해 미국의 성인 남녀는 67퍼센트가 믿는다고 대답했고 27퍼센트는 믿지 않는다고 대답했으며 6퍼센트는 모르겠다고 대답했다. 또 남성들은 61퍼센트가 긍정적인 대답을 한 반면에 여성들은 72퍼센트가 긍정적인 대답을 했다. 또 백인들의 69퍼센트가 믿는다고 대답한 반면에 기타 인종의 54퍼센트가 믿는다고 대답했다.

　중학교 졸업 이하의 사람들은 사후의 세계가 있다고 믿는 비율이 62퍼센트인데 비하여 대학졸업 이상의 학력을 가진 사람들은 69퍼센트가 믿는다고 대답해 차는 크지 않으나 학력이 높을수록 더 많았다. 또 소득 수준으로 구분한 것에서도 연수입이 5,000달러 이하인 사람들의

61퍼센트가 사후의 세계를 믿는 것에 비하여 2만 달러 이상은 70퍼센트가 믿어서 소득 수준이 높을수록 믿는 율도 높았다.

이러한 조사에서 보듯이 사후의 세계를 믿는 사람이 믿지 않는 사람보다 더 많다는 것을 알 것이다.

남성은 사후 세계를 믿는 쪽이 믿지 않는 쪽보다 두 배가 넘으며 여성은 그러한 비율이 세 배가 된다. 여성이 남성보다 사후 세계를 믿는 율이 높은 것은 그리 놀라운 일이 아닐 것이다. 여성이 남성보다 생명의 창조나 성장을 위해 더 직접적이고 적극적인 관련을 하고 있으므로 여성이 생명의 영원성에 대해 본능적으로 더 느끼고 있는지도 모른다. 전 세계적으로 이러한 조사가 있었는지 저자는 알지 못하지만, 만약 그러한 조사가 행해진다면 그 결과는 지역적인 차는 다소 있을 것이지만 그 경향은 대체로 이와 비슷할 것으로 생각한다.

이처럼 사후의 생을 믿는 사람이 많다면 사후의 생은 어떤 것인가에 대해 알아보는 것도 무의미한 일은 아닐 것이다. 사실은 저자가 이 책을 집필할 때 "영혼이 존재하는가?"라는 질문에 대한 과학적인 해답을 찾는 데 국한하기로 했다. 그러나 조사 과정에서 알게 된 사후 세계에 대한 여러 분야의 의견을 독자들에게 전하는 것도 이 책을 쓰려고 하던 당초의 목적에서 크게 벗어나지는 않는다고 믿게 되어 이 장을 추가하기로 한 것이다.

2

과학적으로 엿볼 수 있었던 사후 세계

여러분이 이 책을 통하여 이미 보신 바와 같이 죽음에 직면한 환자들이 잠시 엿볼 수 있었던 저 세상에 대한 묘사를 통해 짐작할 수 있는 사후의 세계는 어떤 것인가 알아보자.

근사사 경험을 통하거나 임종할 때의 환영을 통해 사후 세계를 자세히 엿볼 수는 없었다. 왜냐하면 그들은 사후 세계의 존재는 인식했어도 실제로 사후 세계로 들어가기 전에 돌아왔거나 들어간(죽은) 후는 그곳에 대한 묘사를 더 이상 전해 주지 않았기 때문이다.

그들이 전하는 사후 세계는 대체로 아름다운 곳이고 오래 전에 죽은 친인척이나 다른 사람들이 아직도 젊음을 잃지 않고 있고, 또 이 세상에서 가졌던 불구나 장애가 저 세상에서는 없어진다고 한다. 또 모든 교신은 텔레파시나 ESP로 이루어지며 무한한 사랑과 따사로움으로 감싸주는 빛의 존재가 있다는 것을 알았다. 넓은 초원이 있고 이 세상의 말로는 형언할 수 없는 아름다운 꽃이나 나무들이 있으며, 유유히 흐르는 평화스러운 강들도 있다는 것을 알았다.

이 세상에서 믿던 종교와는 관계없이 누구나 동등하게 맞아들여지며, 이 세상에서 저지른 잘못으로 영원의 불꽃이 이는 지옥으로 가는 일도 없으며, 어떤 특정 종교를 열심히 믿었기 때문에 특별한 대우를 받는다는 것도 볼 수 없었다.

다만 이 세상에서의 잘못을 저질렀다면 자신의 잘못을 반성하는 쓰라린 자책의 시간이 주어지며 이것은 마치 자기가 만든 자신의 지옥 같다고 하면 될 것이다. 그러나 남을 해친 적이 없고, 이기적인 물질에 대한 집착을 갖지 않고 평탄한 삶을 살다가 자연적으로 죽은 사람은 대부분 이러한 아름다운 영의 세계에 가게 된다고 한다.

지나친 물질에 대한 집념이나 원한 등은 육체를 떠난 영이 사후의 세계를 찾는 데 장애가 되며 영들의 일부는 사후의 영의 세계로 가지 못하고 지박령이 되어 자신의 살던 주위를 떠돌게 된다는 깃도 알았다.(위클랜드 등의 업적으로)

자살한 영들은 그들이 자살을 하도록 한 당시의 환경보다 훨씬 더 나쁜 환경에 자신들이 처해진다는 것이 역시 위클랜드 등의 정신병의 치료과정에서 알려졌다.

또 최면에 의한 전생퇴행을 하는 경우에 가끔 현생과 전생들의 중간에 저 세상의 일면을 보는 경우도 있으나 그것의 대부분은 현생으로의 환생과정에 대한 것으로 사후 세계 자체에 대한 것은 드물어 보인다. 단지 환생 과정에는 현생으로 태어나서 할 일들을 계획하는 과정이 있고, 그러한 계획을 함께 짜 주는 지원자가 있다는 정도는 보이고 있다.

이처럼 의사나 과학자들이 죽는 환자들을 통해 얻거나 최면에 의한 전
생퇴행 등에 의해 얻을 수 있는 저 세상에 대한 정보는 이 정도라고 해
도 좋을 것이다.

③

영매 등을 통하여 알게 된 사후의 생

　　사후의 생에 대한 정보가 가장 많이 전해지는 것은 영매들에 의한 강령회일 것이다. 그러나 그러한 정보들이 사실 사후 세계로부터 오는 것인가 하는 의문은 끊이지 않았다. 마이어스, 올리버 롯지, 윌리엄 제임스나 하이슬롭 등 전세기 말부터 금세기 초에 이러한 현상을 연구한 많은 학자들은 이른바 크로스 코러스폰던스(Cross Correspondence)라는 방식으로 두 사람 이상의 영매들이 함께 관여하는 방법으로 죽은 친구들과의 교신을 시도하기도 했다. 이것은 영매들에 의한 사기나 ESP적인 마음의 전달을 피하기 위한 수단이었다.

　　영매들에 의한 고의적이거나 무의식적인 속임수를 피하기 위한 조처 등에 대해서는 이미 여러 번 설명했으므로 그러한 것에 대해 더 설명하는 것은 삼가고 강령회 등을 통해 얻어지는 사후의 세계는 어떤 것인가를 알아보자.

영매들을 통해 얻어지는 사후의 세계에 대한 정보도 임종할 때나 근사사의 경험자들로부터 얻어진 사후 세계에 대한 정보와 상당히 비슷하다. 생전에 장애를 가졌던 사람들도 죽은 후는 장애에서 완전히 벗어나고, 종교에 상관없이 모든 사람이 동등하게 받아들여진다는 등 거의 모두가 일치한다. 그러나 영매들에 의한 교신은 죽어가는 사람들과의 교신이 아니고 이미 사후의 세계에 가 있는 영혼들과의 교신이므로 사후의 세계에 대한 상당한 정보가 얻어질 수 있다. 앞에서 들었던 많은 특성들은 물론이고 그 외 아래와 같은 특성들이 더 있는 것 같다.

1. 사후의 세계는 같은 경향이나 취미를 가진 영혼들이 함께 모여 집단을 이룬다.

2. 모두가 자기가 원하는 일에 종사하고 있고, 이것은 생계를 유지하기 위한 것이 아니고 자신과 다른 영혼들의 발전을 위한 것으로 전혀 이기심이 없다.

3. 영혼은 생명을 유지하기 위해 물질적인 것이 필요하지 않으며 영혼의 생명을 유지하기 위한 에너지는 영원히 공급되기 때문에 그러한 필요가 없다. 사실은 이기심이 전혀 없이 자기가 하고자 하는 일들을 한다는 외에 이 세상에서의 활동과 크게 차이가 나는 것이 없어 보인다. 특히 기독교에서 상상하는 천당의 모습인 구름 위에서 하프를 타며 한가하게 지나는 모습과는 다르다.

4. 우주의 모든 것에 대한 많은 지식에 접할 수 있고 자신에게 필요한 것, 예를 들면 집이나 정원 등은 생각에 의해 만들어지며 모든 교신도 ESP적으로 이루어진다. 같은 영역에 있는 영혼은 언제나

방문할 수 있고 생각으로 즉시 그들이 있는 곳에 갈 수 있다.

5. 꽃이나 나무들도 시들거나 떨어지는 일이 없고 언제나 신선하다.(그런 꽃을 원하던 영혼들이 더 이상 필요가 없어져 다른 꽃으로 바꾸겠다고 결정하면 바꿀 수가 있다고 한다.)

6. 현재 우리가 살고 있는 이 세상을 그들은 언제나 볼 수 있으나 이 세상 사람과의 교신은 꿈이나 영감 등 간접적인 방법에 의해 이루어진다고 생각된다.

7. 어릴 때 죽은 아이들도 어른으로 성장한다. 물론 그들도 영혼의 성장에 필요한 교육을 받는다.

8. 물질에 대한 지나친 집착이나 원한으로 영의 세계에 오지 못하고 지박령이 되어 이 세상 주위를 헤매는 영혼들은 영의 세계의 영혼들이 그들을 구출하려고 노력하고 있으나, 그러한 영혼들이 자신의 잘못을 깨우치기 전에는 그들을 구출하는 것이 매우 힘들어 보인다.(즉 영혼의 세계 이외의 한층 낮은 세계가 있는 것으로 보인다.)

9. 그들도 영적인 발전을 하여 더 상위의 영의 세계로 진화하는 것을 지향하고 있다. 더 높은 단계로 발전해서 올라가는 영혼은 물질 세계의 우리가 경험하는 죽음과 비슷한 상위의 세계로 가는 관문을 통하는 것 같다.

10. 그들에게도 지도자나 그들의 발전을 돕는 상위의 영들이 존재하는 것으로 보인다.

이러한 점들로 보아 현재 우리가 살고 있는 이 물질 세계의 생활양식과 크게 다른 것은 없으나 모두가 자기가 하고 싶은 일들을 하고 있고,

시간적인 제한이 없고 생계를 위한 수단이 아니므로 이기심이 없는 기쁜 마음으로 자신과 다른 영혼들의 발전을 위해 일하고 있는 것 같다. 물질에 의한 구애를 받지 않으므로 의식은 지상에 있을 때보다 더 선명하고 이해력도 증진되어 있는 것으로 보인다.

4

자동서기에 의해 알려진 영혼의 세계

　루스 몽고메리나 주디 레이든 등 많은 영매들이 자동서기에 의해 전해지는 저 세상에 대해 묘사하고 있다. 자동서기에 의한 내용이 실제와 일치하는지는 이 지구상에 살고 있는 우리로서는 알 수 없지만 그들에 의해 전해지는 정보가 다 비슷하다는 점으로 보아 실제로 그러하리라는 짐작이 간다.

　그러면 여기서는 주디 레이든의 자동서기에 의해 전해지는 제6의 천상의 단계에 있는 아프(AF: AF라는 이름은 알파벳의 처음 글자인 A와 여섯번째 글자인 F로 이루어진 것으로 제6영역으로부터 제1영역으로 전해지는 메시지를 상징하고 있다.)가 전하는 사후의 세계들에 대해 살펴보기로 하자.

　아프에 의하면 사후의 세계는 제2단계부터 제7단계까지 있고, 우리가 사는 이 물질 세계가 제1단계라고 한다. 보통의 평탄한 삶을 살다가 죽은 사람들의 영혼은 거의가 다 제3의 단계인 빛의 세계로 가지만 앞에서도 말한 이기적이거나 물질에 강한 집착을 갖고 남에게 해를 끼친 영들은 제2단계로 가게 된다고 한다. 이 제2단계는 기독교에서 말하는 연옥과 같은 상태로 그곳에 있는 영들은 자신들이 가진 집착이나 원한 때문에 참된 영혼의 세계인 제3의 세계, 즉 빛의 세계를 보지 못하고 있을 뿐 아니라 많은 경우 자신이 죽었다는 사실도 느끼지 못하고 오직 자신의 집착에만 몰두해 신음하고 있다. 제3단계의 영의 세계에 있는 친인척들이나 다른 영들이 그들을 구출하려고 하지만, 그들은 그들의 집착 때문에 구원의 손길을 보지 못하거나 받아들이지 못한다. 결국 오랜 세월을 두고 자신의 집착의 잘못을 뉘우치면 그들도 제3단계로 오게 된다.

제2단계의 세계는 침울하고 어둡고 고독한 것 같다. 아프는 이 세상에는 전적으로 악하거나 전적으로 선한 사람은 없지만 개중에는 남들이 원하는 것이나 희망하는 것에 대해 전혀 귀를 기울이지 않는 사람들이 있는 것은 사실이고 이러한 사람들도 우주의 법칙에 대한 중요성을 인식해 주기 바란다고 말하고 있다.

어떻게 보더라도 사악하고 남에게 해를 끼치는 사람들이 있는 것은 사실이고, 그것은 그들의 생각이 혼란을 일으키고 있기 때문이다. 그들은 그들의 하는 행동이 잘못된 것을 알고 있지 못하지만 그들의 생각에 왜곡이 있다는 것은 알고 있다. 또 그것을 고치려고도 하고 있다. 자신의 생명과 이 우주의 진실을 이해하지 못하는 그들은 미워하거나 저주할 존재가 아니고, 가련하고 불쌍한 존재인 것이다. 그들은 타인에게 행한 악업(惡業)으로 자신들이 만들어낸 고통의 세계를 스스로 만들고 있는 것이다.

　제3단계인 빛의 세계는 앞에서 설명한 것과 같은 아름다운 곳으로 거의 모든 사람들이 죽은 후에 가는 곳이다. 다시 아프의 묘사를 그대로 옮기면, 제3단계의 세계의 자연환경은 숨이 막힐 정도로 아름답고 지상에서 경험한 그 어떤 아름다움도 그에 비할 수가 없다. 지상에 있을 때보다 훨씬 색깔이나 감촉에 대한 의식이 고조되어 있는데도 전혀 장식된 것 같거나 매력이 결핍된 것은 느낄 수 없을 만큼 아름답다. 이 영역으로 오는 모든 영들은 그 아름다움에 도취되고 지상에서와 같은 부정적인 요소가 완전히 배제된 상태이므로 그 아름다움에 대해 느끼는 즐거움은 100배가 넘는다.

　그렇다고 해서 이곳에 있는 영혼들이 더 없이 행복한 상태에 있는 것은 아니고 죽은 후에도 우리는 이전의 우리와 다른 것은 없으며, 그곳에 와서야 이해하게 된 심원한 진리가 있음을 알게 된다. 이러한 진리가 그들의 마음에 후회와 자책감을 불러일으키기도 한다. 왜냐하면 그들이 지구상에 생존했을 때 그들의 잘못된 행동으로 다른 사람들에게 피해나 고통을 준 경우 과연 그들이 이러한 곳에 올 자격이 있는지에 대해 의문이 생겨 한층 더 후회와 자책감을 가지게 되기 때문이다.

　예를 들면 어떤 여성이 부유하게 살았고 가족과는 원만한 관계를 가졌고 친절했으나 인종적인 편견을 가졌고 자신의 인종에 대한 심한 우월감을 가졌다면, 이곳에 온 후 그녀의 시야와 이해가 넓어짐에 따라 그녀는 자신의 편협성에 대해 자각하게 되고 과거의 잘못에 대해 후회하게 된다. 그리고 그러한 것을 보상하기 위한 길을 그곳에서 찾게 되거나 다시 기회가 주어지면 이 세상으로 환생하여 자신의 전생의 잘못을 씻을 길을 찾게 될 것이다.

그러면 제3단계에서 이루어지고 있는 일들에 대해 설명하기로 한다. 영원한 사후의 세계는 느긋하게 음악이나 즐기는 세상으로 잘못 알고 있지만, 그러한 것은 실제 제3단계 영혼의 세계와는 차이가 있다. 여러분의 세계에서도 음악에 대해 별 관심이 없는 사람들이 많이 있는 것처럼 이곳에서도 음악만으로 시간을 허비하는 사람은 많지 않다. 일반적으로 말해서 여러분이 지금까지의 인생에서 가졌던 관심사는 이곳에 와서도 계속 표현되고 탐구되고 있다. 학습의 기회나 창조성을 부여하고 성장할 기회는 이곳이 훨씬 더 많다.

지상에서 있던 일들이 이곳에서는 없는 경우도 많이 있다. 그것을 다 열거하자면 방대한 양이 될 것이지만 조금만 생각해 보면 쉽게 알 수 있을 것이다. 육체를 유지한다든가 물질계와 관련이 있는 일들은 이곳에서는 물론 다르거나 없다. 영혼은 음식물을 필요로 하지 않기 때문에 요리사나, 음식점, 식당 등이 필요가 없는 것은 쉽게 알 것이다. 그러나 원예(園藝)는 이곳에서도 인기이며 과일이 달리는 여러 가지 나무가 많이 애호되고 있다.

참고로 말해 두겠는데 인간들은 어떤 존재의 단계에서도 상당한 정도 그들이 원하는 환경을 만든다. 만약 여러분이 식도락가로 음식에 대해 욕구를 가진다면 그러한 욕구가 없어지고 그러한 에너지가 다른 데로 쏠릴 때까지 음식을 즐길 수도 있다. 이곳에서의 일의 종류는 지상에서와 비슷하며 종류도 가지가지 있다. 지상에서는 불가능한 활동이나 상상도 못할 일들이 이곳에서는 가능하기 때문에 할 수 있는 일의 가지 수는 지상보다 훨씬 많다. 그 대신 많은 경우 지상에서 필요한 일들이 필요 없게 된다.

예를 들면 돈은 이곳에서 필요가 없으므로 은행가나 투자 상담역이나 보험회사 등은 없다. 이곳에서 인기가 있고 새로운 의미를 가진 일들을 한두 가지 소개하면 모든 종류의 예술들은 마음 깊이 애호되고 있다. 특히 음악은 만인의 사랑을 받으며 작곡가는 시간이나 육체의 제약을 받지 않으므로 그들의 능력을 마음껏 발휘할 기회를 가진다. 지상에서 유명하던 작곡가들은 그곳에서도 활약해 지상에 있을 때의 그들의 걸작을 뛰어넘는 수준의 작품을 내고 있다.

교육 역시도 모든 분야에 걸쳐서 없어서는 안 되는 분야의 하나이다. 다양한 레벨의 여러 가지 목표를 위한 교육이 이루어지고 있다. 이러한 교육은 철저히 자유의지에 의한 것으로 가르치는 영혼이나 배우는 영혼 모두 더 없는 즐거움을 갖는다. 상상할 수 있듯이 많은 영혼들이 지구의 역사나 지구의 미래나 그들의 세계와 지상의 인간들과의 교신 방법 등에 대해서도 배우고 있다.

사회복지에 관한 일들도 인기가 있다. 죽기 전 오랜 기간 병환으로 신음하다 이곳으로 왔기 때문에 혼란을 일으키고 있는 영혼들도 많은데, 그들을 도와 영혼의 세계에 빨리 적응하도록 하는 일 등 지상에서처럼 남들을 돕는 것에 최대의 기쁨을 느끼는 영혼들이 많다. 이처럼 제3영역으로 오는 영혼들은 그들이 육체를 가지고 살고 있던 때의 흥미를 지속하며, 이곳의 환경에서는 그러한 것을 실현할 기회가 이전보다 훨씬 더 많다. 그들은 한결같이 이곳에서의 일들은 지상에서의 무미건조한 일들보다 흥미롭다고 기뻐하고 있다.

그러면 제3의 영역에서 어떻게 일들이 이루어지고 있는지를 알아보

자. 종교에서 말하는 것처럼 구름 위에서 언제나 하프나 켜고 지낸다면 그 이상 더 지겨운 일도 없을 것이다. 이 세상에서의 쾌락이나 자신이 열중하고 있던 것들은 영원히 잊어버려야 하는가? 여러분의 세계의 관심사에 대해서 좀 살펴보기로 하자. 먹을 것을 구하고 은신처를 찾는 등의 일로 생의 거의 전부를 보내는 원시인들의 많은 이들이 이곳에 와서도 그림을 그리거나 토기를 만들거나 노래를 하고 춤을 추는 등 그들의 지상에서 하던 일들을 계속하고 있다. 그러면서도 문명 세계에서 온 사람들과도 잘 교류하고 있다. 이러한 교류로 서로 부족된 점을 보충하는 것이다. 여러분의 세계에서는 논리적인 부분이 많이 발달한 대신 이곳에서는 직관의 부분이 발달해 서로 많은 것을 얻을 수 있다.

기본적으로 인격(영혼)에는 인종이나 성별의 차가 없고 전부가 다 실제로 형제자매인 것이다. 누구나 이곳에 와서는 잠시의 휴식기간을 가진 뒤에는 자기의 흥미에 맞는 일을 하는데, 예를 들면 당신이 건축 관계에 흥미를 가졌다면 이곳에서는 어떤 일들이 있는지를 살펴보자. 물론 할 일이 많다. 그러나 자신의 능력을 발휘하기 전에 장기간의 훈련이 필요하다.

이곳에서의 건축방법은 지상에서의 건축방법과는 상당한 차이가 있다. 공사에 사용되는 장비, 예를 들면 삽이나 해머나 트랙터 등은 필요가 없다. 판자나 콘크리트나 철근도 필요 없고 그들을 옮기는 크레인도 필요 없다. 이곳에서의 일들은 근본적으로는 마음으로 하는 일들이다. 여기서는 물질적인 대전당(大殿堂)을 만드는 것마저도 생각으로 한다. 그 때문에 그런 것에 대한 교육과 지식, 연구와 설계가 불가피하다.

이러한 것들에 생각이 합쳐짐으로써 비로소 건축물이 완성되는 것이다. 그러면 완성하기까지의 경과에 대해 알아보자.

가장 먼저 주의를 해야 하는 것은 그 건축물의 사용 목적이다. 새로운 건축물이 필요하다는 것이 대다수에 의해 결정되면 고차원의 상담역과 상의하여 합의를 얻는다. 입안자와 건축가들의 합의에 의해 설계도의 작성이 시작된다. 도면은 종이나 연필, 제도판이나 자 등이 필요 없이 결정된 대로 작성되며, 그때부터 건축가와 설계자들은 목재나 해머 등을 하나도 가지지 않고 건축현장에 모인다. 그들은 그들의 정신을 집중함으로써 자기들이 이미 결정한 설계적인 모든 요소의 '상념(想念)의 형틀'을 만드는 것이다. 이러한 상념의 형틀은 안개로 된 건물과 같으나 자세히 보면 충분히 세세한 점이 다 보인다. 그들은 이러한 형틀의 모형 주위를 돌아가며 상세히 살피고 그것이 그들이 설계한 것과 같은지를 조사한다. 필요한 곳이 있으면 조정도 한다.

그렇게 해서 형틀이 자기들이 원하는 것으로 확정되면, 그들은 마음을 집중하고 고차원의 영계에 의뢰하여 생명을 불어넣어 주도록 요청한다. 이것은 시스티나 성당에 있는 미켈란젤로의 천지창조의 천장화에서 볼 수 있듯 신이 흙으로부터 아담을 만들 때 손가락의 끝으로 만지려는 것과 같은 것으로 생각하면 될 것이다. 형체가 만들어지고 손질이 끝났어도 이처럼 생명이 불어넣어지지 않으면 실제의 전당이 될 수 없는 것이다. 이렇게 함으로써 건축물도 하나의 생명체가 되는 것이다. 물론 건물이 동물처럼 맥박이 뛰고 호흡을 하는 것은 아니지만 윤곽이 확실해지고 형체가 실체화된다. 완성된 건물은 최초의 안개 같은 모습은 사라지고 아름답고 빛나며 살아있는 건물이 되는 것이다.

그리고 아무리 시간이 지나도 그 아름다움은 손상되지 않는다. 그 건물을 헐거나 다른 건물로 대체하는 것은 그럴 필요가 있고 또 대다수의 합의가 이루어져야 가능하다. 이러한 과정에서 건축가들이 느낄 수 있는 즐거움을 상상할 수 있는가? 그들은 지상에서 그런 일을 이룰 때와 같은 힘든 일은 필요가 없고 단지 더욱 순수한 창조성과 재능만을 이용하는 것이다.

이곳에서는 이러한 건축가의 일과 같은 드라마틱한 일들이 많이 있다. 예를 들면 정원을 만드는 일도 그 중 하나이다. 당연히 이것도 지상에서 하고 있는 것과는 다르다. 꽃 하나를 키우는 데도 흙의 선택이 필요 없고 땅에 씨를 심는 것으로 시작하는 것이 아니다. 처음에 상념으로 씨를 심는다. 이처럼 정원을 만들려는 사람은 이곳에서 정원을 만드는 방법에 대한 교육을 먼저 받아야 한다.

정원사와 정원을 만들기를 원하는 제자는 갖가지 꽃들의 청사진과 같은 것을 먼저 살펴본다. 이곳에서의 꽃의 종류는 이루 헤아릴 수 없을 만큼 많다. 그러한 연구를 하며 그들은 빈 화분에 주의를 집중한다. 그리고 마음속으로 점차 꽃의 모형을 상상한다. 그리고 그 화분 위의 공간에 마음을 집중시켜 모양을 상상한다. 그러면 안개와 같은 건물이 되듯이 최초로 만드는 그 꽃도 자태를 나타낸다. 그것이 상상의 주물형이다. 그들은 꽃들을 면밀히 살피고 고칠 곳은 고친다. 그렇게 해서 완전한 것으로 결정이 되면 꽃은 빛깔이 영롱한 실제의 꽃으로 되는 것이다.

이때는 언뜻 보기에는 완전한 것 같으나 실제 살아 있는 꽃은 아니다. 아직은 생명이 없는 꽃이다. 그리고 마음을 집중해서 생명력을 불어넣어 달라고 고차원의 영에게 호소한다. 그러면 그 꽃들은 생명을 가지게 되고 향기가 진동한다. 이렇게 만들어진 꽃들은 시들지도 떨어지지도 않는다. 원하는 한 언제든 계속 피어 있는 것이다.

이처럼 이곳에서는 꽃도 자연이 만들어 내는 것이 아니고 상념과 의지의 힘으로 만들어지며 보통 주민의 힘에 의해 만들어진다. 고차원의 영으로부터 주어지는 생명력은 언제나 원하기만 하면 주어지는 것이다.

여러분이 관여하게 될 또 하나의 가능성은 컴퓨터의 프로그램일 것이다. 이곳의 컴퓨터 데이터들은 상념의 집합과 같이 자동적으로 조직화하여 필요한 사람에게 정보를 전해준다. 이러한 곳을 공문서 보관소라고 부른다. 그곳에는 대단히 강력한 도서관 시스템이 있다. 이곳에는 많은 도서도 있으나 개인이 원하는 정보는 언제든 접할 수 있고 프린트할 수 있는데, 여기는 지구에서와는 달리 하드웨어라는 것은 없다. 원하는 정보는 알고 싶다고 원하기만 하면 주어진다.

또 우주에 존재하는 모든 영혼에 관한 대량의 정보도 구비되어 있다. 이것은 아카식 레코드(akashic record)라고 불린다. 이것은 우주의 상념의 패턴에 의해 만들어진 기록이 보존되어 있는 것이다. 이러한 기록은 영적인 도서관의 전문가와 같은 일을 하는 영들에 의해 이용되고 있는데, 이러한 정보를 탐색하기 위해서는 그런 것을 이해해야 한다. 이 전문가들은 다른 사람들의 정보 탐색을 돕는다. 여러분의 세상으로부터 이 영역으로 오는 영혼들의 대부분이 먼저 죽은 가족이나 친지들이 이곳에 있는지 아니면 다른 영역으로 갔는지를 알고 싶어할 때 이러한 기록이 도움이 되며, 그것을 관리하는 영혼은 최선을 다해 도와주려고 하고 있다.

　이상으로 우리의 대부분이 사후에 방문하게 될 제3의 영역인 빛의 세계에 대해 비교적 상세히 묘사했다. 영혼이 영적인 진보를 하면 이러한 영역을 넘어 다음 단계로 진화해 간다. 영적인 성장의 징후는 차차 물질에 대한 흥미를 잃게 되는 것으로 동시에 마음은 환희로 가득차고 또 깊어간다. 이러한 영역에서의 성장 패턴의 하나로 의식의 합체라는 것이 있는데, 이것은 지구상의 성적인 결합과 비교될 수 있을 것이다.

　이러한 영역에서도 성적인 쾌락이라는 것이 있지만 그것은 여러분들이 경험하는 것과는 다르다. 의식의 합체는 애정과 이해에 의하여 두 영혼이 완전히 합치되는 것으로 성적 감각과 비슷하지만 훨씬 더 황홀하다. 의식의 합체에 의해서 의식의 영역이 대단히 확대되는데, 이해력의 증가로 인해 지적 활동도 활발하게 된다. 이것을 말로 설명하기는 무척 어려운 일이지만, 예를 든다면 세 편의 영화가 동시에 상영되고 있는데 그 중의 하나를 하나의 마음으로 보더라도 세 편을 모두 이해할 수 있는 것과 같다.

　제4영역 이상의 차원은 우리의 언어로 표현하기도 어렵다고 하며 너무나 상상을 초월하는 것이므로 이들 영역에 대한 상세한 묘사는 삼가기로 한다. 예를 들면 예수나 부처는 제6영역에 있는 영혼들이라고 하며, 이 글을 주디 레이든에게 전한 아프(AF)도 역시 같은 영역에 존재하고 있다.

　더할 수 없이 높은 영역인 제7영역은 위대한 신(Great Spirit)으로 표현되는 '전 존재를 포괄하는 존재(들)'가 있고, 그들은 우주 전부를 알고 있으며 또 새로운 물질과 생명을 창조하고 있다. 영역 6과 7은 역할이 분담되어 있지만, 새 생명의 창조는 이들 영역에서만 이루어질 수 있는 특권이다. 예를 들면 지상에서 창조라고 하면 그림이나 조각이나 문장들의 창조를 말하며, 제3의 영역에서 창조라고 하면 꽃이나 건물 등의 상념의 주물형을 말한다. 그러나 영역 6과 7에서는 우주의 무수한 별과 은하, 생명과 새로운 의식의 확대를 그들이 창조하는 것이다.

우주 창조의 끝은 없다고 한다. 우주에는 빅뱅이나 블랙홀은 없으며 어떤 구역에서도 성장과 변화가 일어나고 있고 우주는 영원히 확대되는 것이다. 이러한 방대한 지식을 몇 마디의 말로 표현한다는 것은 불가능하다. 처음에는 물질이라는 것은 없었다. 즉 물리적인 세계라는 것이 존재하지 않았다. 신이 존재했고 의식과 인격의 방대하고 끝이 없는 영역이 있었다. 물질 세계가 창조된 것은 신 자신이 만든 것으로 더 큰 기회를 주고자 원했기 때문이다.

이러한 창조는 모든 곳에서 일제히 일어난 것으로 지역적인 폭발에 의한 것이 아니고 솟아나는 물질과 에너지의 흐름이 있었던 것이다.

성장은 영원히 계속하는 것으로 더할 수 없이 높은 영역인 제7영역의 신에게도 있는 일이라고 한다. 그러나 그곳에서의 성장은 엄청난 거대한 스케일로 일어난다.

이상으로 사후의 여러 세계에 대한 묘사를 마치기로 한다.

에필로그

텔레파시와 미래 예측(precognition)에 관하여

 심령(영혼) 현상들에 대한 많은 학자들의 연구 결과를 조사하며 저자가 느낀 불만이 있다면 그것은 텔레파시라는 용어의 사용이다. 이 단어는 윌리엄 바레트의 설명에 의하면 마이어스에 의해 이름 붙여진 것이라고 한다. 텔레파시란 어떤 사람의 생각이 우리의 5감 이외의 어떤 수단으로 다른 사람에게 전달 또는 감지되는 현상을 말한다.

 1930년대의 듀크 대학의 라인 박사는 텔레파시 현상이나 미래예지 현상을 정량적으로 규명하기 위하여 카드나 주사위 등으로 많은 실험을 하였다. 비록 그 실험에서 정량적인 확정한 결과는 얻지 못했다고 하더라도 그 결과 텔레파시 현상과 미래예지 현상이 존재한다는 것은 이해하게 되었다. 지금은 텔레파시의 능력은 인간이 가지고 있는 5감 이외의 또 하나의 감각(제6감)으로 인정하고 있다. 그러나 물론 우리는 텔레파시 현상이 어떤 경로로 어떻게 다른 사람의 뇌로부터 그것을 감지하는 사람의 뇌에 전달되는지는 모르고 있다.

 우리의 5감으로 감지할 수 없는 많은 현상들을 정량(定量)화되지 않고 또 전달과정이 알려지지 않은 텔레파시의 결과로 설명함으로써 진정한 과학적인 규명의 기회를 잃게 하고 있다고 저자는 생각한다.

앞장에서 든 예에서도 스베덴보리의 경우나 얼굴에 붉은 상처를 가진 여동생의 경우처럼 텔레파시로써 설명할 수 있는 경우가 의외로 많이 있다. 저자의 불만이란 그런 현상을 텔레파시에 의한 것으로 결론 내리는 데에 대한 불만이 아니다. 그렇게 결론 내리고 나면 그러한 결론을 내린 사람은 그것으로 모든 설명이 다 되고 그러한 현상이 규명된 것으로 간주한다는 것이 불만이다. 텔레파시에 의한 것으로 결론 내리더라도 그것은 현재의 과학이 인정하는, 정량화하거나 정성(定性)화한 것이 되지 못하므로 사람들은 증명되었다고 인정하지 않기 때문이다.

텔레파시로 설명하는 쪽은 과학이 인정하는 또 하나의 감각인 텔레파시로 설명함으로써 과학적인 설명이 이루어졌다고 믿지만, 받아들이는 사람들, 특히 과학자들은 그러한 설명은 과학적인 설명이라 믿지 않는다. 이러한 인식의 차이가 심령 현상에 대한 과학자들의 불신을 더 증폭시킨다고 저자는 생각한다.

현재의 과학으로는 텔레파시 외에 달리 설명할 수 방법이 없는 현상들이 분명히 존재한다는 것은 이해하게 되었다. 그렇다면 이제 우리는 텔레파시가 무엇이며 어떤 과정을 통해 전달되는지를 밝혀야 할 단계에 온 것이다. 즉 텔레파시의 정성화와 정량화가 필요하다. 만약 그러한 것이 이루어질 수 없다면 우리는 그러한 현상들을 텔레파시 이외의 다른 방법으로 설명해야 할 것이다. 텔레파시의 개념이 도입된 지 이미 100년이 넘었다.

텔레파시 현상이 우리의 뇌에 전달되는 과정이나 수신 방법이 영혼의 세계의 메시지가 우리의 뇌에 전달되는 과정이나 방법과 다르다는 아무런 근거도 없다. 어쩌면 그러한 메시지들의 전달방법이 같은 것인지도 모른다. 우리가 영혼의 존재를 인정하고 환생을 믿는다면 우리의 텔레파시 능력은 우리가 옛날 영혼이었던 때 가졌던 의사 전달방법의 어렴풋한 흔적이 남아 있는 것이라고 볼 수도 있을 것이다. 사람에 따라 텔레파시의 능력 차이가 있는 것은 그때에 대한 어렴풋한 기억의 차이 때문이라고 생각하면 된다.

만약 우리가 텔레파시 현상이 이러한 영혼의 통신방법에 의한 의사의 전달이었다고 한다면 어떻게 보통의 감각으로는 얻을 수 없는 정보를 얻게 되는가는 확실하게 설명된다. 또 텔레파시 현상으로 설명될 수 있는 모든 현상들은 영혼 현상으로 설명된다. 그러나 모든 영혼 현상이 텔레파시 현상으로는 설명되지 않는다. 이런 점으로 미루어 저자는 텔레파시는 영혼 현상의 일부라고 결론 내리고 있다.

그러면 텔레파시 현상을 저자는 어떻게 설명할지가 궁금할 것이다. 영혼의 존재를 믿고 또 심령학에 대한 지식이 있는 사람이면 알겠지만 우리에게는 누구에게나 수호령(Guardian Angel)이 있다. 많은 경우 그들은 우리를 보호해 주고 또 어떤 때는 우리의 무의식이나 꿈 또는 영감을 통하여 우리에게 정보를 제공한다. 저자는 텔레파시나 영감이란 것은 수호령이나 그의 요청에 의한 다른 영들이 우리에게 직접 전하는 영혼으로부터의 메시지라 가정한다. 이러한 가정은 텔레파시나 영혼 현상을 다른 두 현상이 아닌 하나로 통일할 수 있다. 또한 그렇게 하더라도 지금과 같이 텔레파시의 전달과정과 영혼의 메시지의 전달과정을 별도로 가정하는 두 개의 가정으로 설명할 때 아무런 모순이 일어나지 않는다.

예를 들면 내가 어떤 사람의 생각을 텔레파시로 받았다고 하는 대신, 나의 수호령이 나에게 알렸다고 보는 것이다. 이러한 설명을 듣는 과학자의 입장에서 보면 텔레파시에 의해 전해졌다는 것이나 수호령에 의해 전해졌다는 것이나 애매하기는 마찬가지일 것이다. 더구나 과학이 인정하지도 않는 수호령이라는 개념을 도입시킨 데 대하여 반발할 것이다. 그러나 이렇게 설명함으로써 우리는 텔레파시 현상도 영혼 현상(심령 현상)의 일부로 귀속시킬 수 있고, 더욱이 현재의 과학으로는 도저히 설명할 수 없는 미래 예측 현상도 쉽게 설명할 수 있다. 미래 예측은 텔레파시로서도 설명이 불가능하다.

만약 우리가 수호령의 존재를 인정한다면(아니면 영혼의 존재를 인정한다면) 영혼이 우리가 텔레파시로 전해졌다고 할 정도의 정보를 전할 수 있다는 것은 아무런 무리 없이 인정할 수 있을 것이다. 예지 현상(precognotion)도 수호령에 의해 전해진 미래에 관한 메시지로 보면 된다.

수호령이 미래에 관한 메시지를 알고 있다는 것은 우리가 태어나기 전에 이미 우리의 현생에 대한 계획이 짜여 있었다는 숙명론을 받아들이면 이해가 갈 것이다. 또 그 계획의 수행과정에서 계획된 미래에 대해 우리가 알아야 할 필요가 있을 때 수호령이 그러한 정보를 우리에게 전한다고 보면 된다. 여기 저자가 별안간 숙명론이라는 얼토당토않은 이론을 가지고 나온다고 반박하는 독자들도 있을지 모르지만, 칼 융에 관한 내용에서도 보았듯 우리의 무의식 속에는 그러한 정보가 들어 있다고 칼 융도 믿고 있다. 이와 관련한 융의 말을 다시 소개한다.

나는 미래가 훨씬 전부터 무의식적으로 준비되어 있으며, 그러므로 투시력을 가진 사람들에 의해 그런 일이 일어나기 훨씬 전부터 밝혀질 수 있다는 것을 모르고 있었다. 물론 일반 사람들은 지금도 그것을 모르고 있다.

그러한 정보들은 우리의 우측 뇌에 잠재의식(무의식)으로 기억되어 있는 것이다. 그러한 정보의 전달 경로나 과정은 우리의 우측 뇌에 잠재의식으로 기록되어 있는 과거 생의 경험이나 탄생 전의 계획이 평소에는 차단되어 있던 우측 뇌와 좌측 뇌의 연결통로의 순간적인 연결로 인해 알게 된다고 보는 것이다. 물론 그러한 연결통로를 순간적으로 연결하는 것은 수호령의 작용으로 보면 된다. 이것은 기시(旣視, deja vu) 현상이나 영감(靈感)을 설명할 때도 같다.

이 과정을 다시 설명하면, 우리의 우측 뇌에 기록되어 있는 잠재의식은 인식의 기능을 가진 좌측 뇌로 전달되기까지는 우리에게 인식되지 않는다. 그러나 우측 뇌에 저장되었던 어떤 정보가 좌측 뇌로 전달되면 우리는 그것을 인식하게 된다. 우측 뇌와 좌측 뇌를 연결하는 스위치를 수호령이 필요에 따라 작동시킨다고 보면 되는 것이다.

전생의 기억과 일시적인 빙의 현상

불교나 힌두교를 비롯한 동양의 종교에 의하면 우리의 영혼은 영혼으로서의 발전을 위하여 카르마를 씻고 깨달음을 얻을 때까지 인간으로 다시 환생한다고 믿고 있으며, 최면에 의한 전생퇴행으로 과거 생들의 일들을 다시 경험하는 것이 그러한 환생설을 뒷받침하고 있다고 믿고 있다. 19세기 이후 널리 알려지게 된 심령주의에서도 영혼의 사후의 생존과 영혼의 발전에 대한 부분은 위의 종교 사상과 일치한다.

심령주의자들 가운데에는 환생을 인정하지 않는 사람들도 있다. 또 영매들을 통한 영계와의 교신으로 얻어지는 정보에 의하면 영혼이 발전하기 위해서 다시 인간으로 환생할 필요는 없다는 주장도 많다. 위클랜드 박사를 통한 신지학의 창시자 블라바츠키의 영혼이나 또 미국 심리학의 아버지이며 미국 심령과학연구회의 창시자인 윌리엄 제임스의 영혼도 같은 주장을 하고 있다. 신지학은 그 가르침의 주제의 하나가 바로 환생론임을 고려한다면, 환생론의 창시자이고 또 생전에는 환생론을 적극적으로 주장하던 블라바츠키의 영혼의 그러한 주장은 너무나 의외이다. 또 18세기의 영능력자이고 스웨덴이 낳은 가장 훌륭한 학자이던 스베덴보리도 환생의 기억은 다른 영에 의한 감응의 결과라고 말하고 있다.

그렇다면 전생의 기억을 가진 아이들이나 전생퇴행에 의한 전생의 기억은 무엇인가? 그러한 기억을 일시적인 빙의 현상이나 유전에 의한다고 설명할 수 있다고 주장하는 견해도 있으므로 과연 그러한 전생의 기억들을 다 빙의나 유전으로 설명할 수 있는지부터 검토해 보기로 한다.

전생의 기억을 가진 아이들의 경우, 대부분 그들의 기억을 빙의 현상으로 설명하는 것은 그리 어렵지 않다. 그 어린이가 가진 전생의 기억을 그 기억의 주인공인 죽은 영혼이 어린이를 일시적으로 빙의하고 있다고 하면 그 기억의 내용은 상세히 설명될 것이다. 그러나 그 아이가 태어나기 전에 부모, 특히 어머니의 꿈에 자신은 아무개인데(예를 들면 몇 년 전에 자동차 사고로 죽은 그 어머니의 딸) 자신이 어머니의 딸로 다시 환생하겠다는 예고를 한 후 태어난 아이가, 정녕 전에 죽은 그 딸의 생시의 기억을 가진 경우 등을 어떻게 설명하면 좋을까? 이안 스티븐슨의 사례 중에는 이러한 경우가 많다.

이런 경우는 태어난 어린이를 처음부터 죽은 언니의 영혼이 환생한 것으로 보지 않고 태어난 후 언니의 영이 그 아이에게 빙의한 것으로 설명한다면 그 아이가 가진 전생, 즉 죽은 언니의 기억은 설명될 수 있지만 어머니의 꿈의 내용과는 확연히 다르다. 그렇다고 탄생 후에 언니의 영이 빙의하였다고 증명할 수 있는 증거도 존재하지 않는다. 또 빙의인 경우는 본인의 영과 빙의한 영의 갈등이나 일시적인 교체현상

등으로 인하여 정신병이나 다중인격의 증상을 보이지만, 전생기억을 가진 많은 아이들은 그러한 정신병의 증세는 전혀 보이지 않으며 대신 심령적인 능력을 보이는 경우가 많다. 즉 통상적인 방법으로는 그 아이가 알 수 없는데도 전생의 친척이 오늘 자기를 방문할 것을 예측하는 것 등이 그러한 예이다. 그렇다면 이러한 경우는 빙의라 설명하기보다는 진정한 환생으로 보는 것이 타당하지 않는가? 환생이라고 한다면 어머니의 꿈과도 일치하기 때문이다. 만약 또 이 경우를 빙의라고 한다면 그것은 일시적인 빙의일 수는 없다. 왜냐하면 그러한 경우 그 어린이는 죽은 언니와 같은 특징을 갖고 있는 것이 일시적이지는 않기 때문이다.

또 스티븐슨의 조사에 따르면 트링기트 족 등에서는 많은 경우 죽는 이가 죽기 훨씬 이전부터 자기는 어디에(가족의 누구에게) 다시 환생할 것이라는 예언을 하는 경우가 많고, 그런 경우 그가 죽고 난 후에 태어난 어린이가 죽은 그 사람의 특징을 보이는 경우가 많다. 그의 성격이 비슷할 뿐 아니라 또 그가 생전에 알고 있던 일들에 대해 알고 있으며, 죽기 전의 그 사람의 신체적인 특성마저 보이는 경우가 흔히 있다. 예를 들면 어린이로서는 알 수 없는 배나 고기잡이에 대한 지식이라든가 또는 그가 생전에 가졌던 상처 등이 모반이나 피부의 이상 등으로 나타나는 경우가 많다. 이런 경우는 그 예언과 그 어린이가 보이는 정신적 또는 신체적인 특성 등으로 보더라도 일시적인 빙의라고는 볼 수 없을 것이다. 최면에 의한 전생퇴행으로 경험하는 기억은 과연 전생의 기억인가 아니면 일시적인 빙의나 유전에 의한 기억인가?

전생퇴행의 경우, 기억을 되살리기 위해 최면을 시킨다. 최면상태는 본인의 의식이 평상시처럼 확실하게 그를 지배하지 않는 상태이므로 빙의 현상이 쉽게 일어날 수 있는 환경은 조성되었다고 볼 수 있을 것이다. 레이몬드 무디 박사의 경우 한 번의 전생퇴행으로 아홉 가지의 다른 전생들을 기억했고, 또 그 기억의 주인공들은 원시인으로부터 로마시대의 투사와 중국의 가련한 여자 화가 등 시대나 인종적으로도 다양했다.

그런데 빙의하는 영들은 대개 강한 집착을 갖는 영으로서 한 번 들어간 몸에서 쉽사리 나오려고 하지 않는다는 것은 잘 알려진 사실이다. 그러므로 여러 영들이 거의 동시에(그의 전생퇴행을 한 것은 약 한 시간 정도였으므로) 그를 빙의했을 것이고, 그 후 그들이 그렇게 쉽사리 빙의한 몸으로부터 떠나려 하지는 않았을 것이다. 그러나 전생퇴행의 실험이 끝난 후 무디는 정신병이나 다중인격의 증상을 전혀 보이지 않았다. 그러므로 만일 그의 전생의 기억들이 일시적인 빙의에 의한 것이었다면 분명 그를 조금 전에 빙의하였던 영들이 하나도 남지 않고 다 떠났다고 결론 내릴 수밖에 없을 것이다.

이러한 현상은 무디의 경우뿐 아니라 모든 전생퇴행의 경우에도 마찬가지로 전생퇴행으로 전생을 경험한 후 정신병자가 되거나 다중인격으로 변했다는 사례를 저자는 들어본 적이 없다. 또 무디의 경험에서 그는 분명 원시인의 기억을 상기했고 로마시대 투사의 기억도 가지고 있었다. 만약 그것이 원시인의 영이나 로마시대 투사의 영의 일시적인 빙의였다고 한다면 그 원시인은 분명 수만 년 전에 죽었을 것이고 로마시대 투사의 영이었다면 거의 2,000년 전에 죽었을 텐데 지금껏 영의 세계로 가지 못하고 구천을 떠돌며 빙의할 육체만을 찾고 있다는 것인가? 만약 전생의 기억이 영들의 빙의에 의한 것이었다면, 이러한 영들이 그처럼 오랫동안 찾고 있던 빙의할 수 있는 육체에 빙의한 후 그처럼 쉽사리 그 육체로부터 떠날 것인가?

이것은 어떠한 집착을 가진 영이라도 상당 기간 후는 영의 발전을 위한 길을 찾아간다는 일반적인 인식에 위배된다. 또 그처럼 오랫동안 찾고 있던 육체로부터 아무런 저항도 없이 빠져나가지 않는다는 일반적인 관찰과는 모순된다. 그러므로 이러한 전생기억을 일시적인 빙의 현상으로 설명하는 데는 많은 무리가 따른다.

또 물에 대한 깊은 공포증을 가졌던 환자가 전생퇴행으로 자신의 어느 전생 중 익사한 장면을 경험하고 나면 물에 대한 공포증이 치료된다는 것을 일시적인 빙의 현상으로는 도저히 설명할 수가 없다. 그처럼 오랫동안 그를 괴롭히던 물에 대한 공포증이 물에 빠져죽은 영이 그를 빙의하였기 때문이라면, 그토록 오랫동안 빙의하고 있던 영이 그러한 장면을 재현하는 것만으로 쉽사리 떠난다는 것을 상상하기 어렵다. 그렇다면 어려운 엑소시즘(exorcism, 退魔)의 노력이 무슨 필요가 있는가? 반대로 빙의한 영을 이처럼 간단하게 몇 번의 전생퇴행으로 물리칠 수 있다면 빙의에 의한 다중인격이나 빙의에 의한 정신병의 경우 그 치료는 매우 간단할 것이다. 이러한 점으로 볼 때 전생퇴행에 의한 전생기억은 일시적인 빙의에 의한 것이라고 보기는 어렵다.

그러나 우리가 제8장에서 본 것(블라바츠키 부인의 영에 의한 환생 부정)이나 스베덴보리의 주장처럼 이러한 현상이 일시적인 빙의가 아니고 영들에 의한 일시적인 감응(영감과 같은)이었다면 어떤가?

일시적으로 감응을 주었던 영은 빙의한 것이 아니고 생각에 영향을

주기만 했기 때문에 그러한 영을 피감응자의 육체로부터 퇴치할 필요
가 없다. 따라서 빙의라고 할 때의 어려움은 없어진다. 또 전생의 기억
이라고 느껴지는 기억은 감응을 주는 영들의 전생이었다고 한다면 피
감응자가 회고하는 전생은 무리 없이 설명할 수 있다.

그러나 오랫동안 어떤 것에 대해 공포증을 가졌던 환자가 그 공포증
과 관련된 전생기억을 하고 나면 공포증으로부터 벗어나는 경우는 설
명하기가 쉽지 않다. 오랫동안 공포증에 시달렸다면 그 영이 일시적으
로 감응하였다고 하기는 어려울 것이다. 만약 감응에 의해 일시적으
로 느꼈던 기억이 사물에 대해 공포증을 일으킬 만큼 오랫동안 지속되
었기 때문이라고 한다면, 전생의 기억을 다시 체험한 후는 증상이 없
어지는 것은 어떻게 설명해야 하는가? 물론 전생의 기억이 아닌 현생
에서 어릴 때의 트라우마에 의한 공포증도 그 트라우마의 원인이 되는
현상을 다시 재현하고 나면 없어지는 것과 같다고 설명할 수 있을 것
이다. 그렇다면 영들에 의한 일시적인 감응 현상도 우리의 무의식에
영원히 기록되어 있다는 주장이 될 것이다. 이러한 점을 우리가 수긍
할 수만 있다면 감응에 의한 공포증의 치료 등에 대해서 설명할 수 있다.

그러나 탄생 전에 어머니의 꿈에 나타나 환생을 예언한 경우나 트링
기트 족의 경우처럼 죽기 전에 다시 환생할 것을 예언한 경우는 일시
적인 감응으로 어떻게 설명할 수 있는가? 특히 환생할 사람이 죽기 전
에 예언한 경우는 그 사람이 살았을 때의 예언마저도 다른 영들에 의
한 감응 현상이었다고 하지 않으면 그러한 환생은 설명할 수 없다. 그
렇다면 그를 감응시킨 영은 죽은 그 사람이 죽기 전에도 감응시켰고
몇 년 또는 몇 십 년을 기다려 그가 태어난(환생한) 후에도 또 그 어린

이를 감응시켜 전생의 기억을 가지게 했다는 것인가? 이러한 점으로 볼 때 감응설은 설득력을 잃는다. 또 모반 등 신체적 특성도 감응에 의한 것이라 설명할 수 있는가?

감응에 의한 것이라 설명하는 것이 빙의라는 설명보다는 다소의 어려움은 줄이지만 위와 같은 의문을 남긴다. 이러한 점으로 볼 때, 감응에 의하여 위와 같은 일이 일어날 수 있다는 새로운 가정을 하지 않고도 설명할 수 있는 방법, 즉 전생의 기억은 환자 자신의 전생의 기억이었다고 설명하는 것이 가장 타당하다고 생각한다. 그러나 이러한 경우는 환생의 필요성을 부인하는 블라바츠키나 윌리엄 제임스의 영들의 주장을 반박할 논리는 따로 찾아야 할 것이다. 물론 그 주장들이 실제로 그러한 영들에 의해 전해진 것이라고 믿는다는 전제하에서 말이다.

그러면 이러한 경우를 유전으로 본다면 어떤가? 유전은 분명 육체의 특징에는 영향을 끼친다. 그러나 이 책에서 든 예에서도 본 것처럼 칼 융이나 와일더 펜필드도 정신과 육체는 분명 독립된 것으로 결론 내리고 있다. 또 유전이 정신에 그처럼 영향을 끼친다면 형제간에도 같은 전생의 기억을 가져야 할 것이다. 왜냐하면 그 조상이 동일하기 때문에 그들(조상들)이 살았던 때의 경험이 현재 우리의 전생의 기억으로 나타나는 것이라면 형제간의 전생의 기억은 동일한 것이거나 적어도 상당 부분은 일치해야 할 것이다. 특히 전생에 경험한 트라우마에 의한 정신병이나 공포증의 경우는 형제가 같은 증상을 보여야 할 것이다. 이것은 실제의 관찰과는 분명히 모순된다. 이러한 현상을 유전으로 설명하려면, 육체(신체)상의 특징만을 설명하는 멘델의 유전법칙이 아닌 정신이나 영혼의 유전 특징에 관한 제2의 유전법칙이 발견되어야 할 것이다.

또 신체상의 특징에 대해서도 전생의 인물이 가졌던 상처의 흔적이 그의 전생의 기억을 가지고 태어난 어린이에게 나타나는 경우, 그 어린이가 유전과는 전혀 관련이 없는 다른 가족에 태어난 경우를 어떻게 설명할 것인가? 스티븐슨의 사례에는 많은 경우 전생의 기억을 가지고 태어나는 어린이들이 상처 자국을 모반이나 피부의 이상으로 가지고 태어난다. 그들은 분명 유전적으로 전혀 관련이 없는 다른 가족에게 태어난 경우가 대부분이다. 이러한 점으로 볼 때 전생의 기억이나 어린이들이 갖는 모반 등의 신체적인 특성은 멘델의 유전법칙으로는 설명되지 않는다.

이상의 결과로 본다면 전생의 기억은 분명 그 전생의 기억을 가진 본인이 살았던 과거 생의 기억이라고 할 수밖에 없을 것이다. 이것은 이안 스티븐슨의 결론과도 합치한다. 그렇다면 블라바츠키나 제임스의 영처럼 생존 시에 환생에 대해 누구보다도 깊은 관심과 신념을 갖고 있었던 그들이 왜 환생은 없다고 주장하고 있는 것인지에 대해 저자는 지금도 많은 궁금증을 가지고 있다. 그들은 환생할 필요가 없을 만큼 발달한 영들이기 때문에 환생에 관한 영계의 정보는 그들에게는 주어지지 않는 것일까? 아니면 위클랜드나 수지 스미스와 대화한 영들은 블라바츠키나 제임스의 영들이 아니었다고 해야 할 것인가?

영혼은 존재한다

우리는 지금까지 저명하고 믿을 만한 여러 학자들이 실시한 여러 가지 심령 현상의 연구 결과를 보아왔다. 사실 과학적인 현상에 대한 어떠한 실험도 심령 현상들처럼 많은 사람들에 의해 또 수없이 많이 되풀이 검증된 것은 없으리라 믿는다. 그러나 과학자들은 아직도 그러한 검증이 과학적인 검증이 아니라고 주장한다. 그들 주장의 근원은 그러한 실험들이 "동일한 조건하에서 재현되지 않았다."는 것이다. 이 점에 대해서는 앞에서도 설명한 바가 있으나 다시 검토하기로 하자.

첫째로 동일한 실험 조건이라는 것에 대해 생각해 보자.

어떤 물질을 사용하여 어떤 화학 반응이 일어나는가를 실험하는 실험실의 조건은 그 사용하는 물질의 화학성분, 질량, 온도, 압력 등과 기타 그 화학 반응에 영향을 줄 수 있는 다른 조건, 즉 자외선 조사(照射)나 촉매 사용 등의 조건을 갖추어야 할 것이다.

그러나 뉴턴의 만유인력을 측정하려는 실험실에서는 온도나 화학성분이나 촉매와 자외선의 존재 여부는 필요한 실험 조건이 되지 않는다. 다만 질량만이 중요할 뿐이다. 또 어떤 특정한 파장의 전자파를 발생시키려는 실험을 재현하고자 한다면, 진공관이나 트랜지스터의 질량이나 성분이 필요 없고 발진(發振) 특성이 갖추어져야 하며, 발진을 일으킬 수 있는 공진 회로를 구성하는 회로 소자(素子)들이 필수 실험 조건이 될 것이다.

또 어떤 병원체에 의한 발병에 대한 연구처럼 실험 대상이 인간이거나 살아 있는 생명체인 경우에는 실험 조건을 정확히 동일하게 한다는 것은 불가능하다. 어떤 생명체도 동일하지는 않기 때문이다. 이처럼 어떤 실험의 조건이란 실험 대상이 되는 현상이 어떠한 현상인가에 따라 달라지는 것은 자명한 사실이다.

병원체에 의한 발병(發病)에 대해 연구하는데 트랜지스터나 진공관을 사용한 전자파의 발생을 연구하는 실험 조건을 적용하지 않는 것처럼, 심령 현상의 연구에 화학 실험실의 조건을 적용시킬 수는 없다는 것을 알아야 할 것이다. 즉 심령 현상의 재현을 위해서는 심령 현상이 일어나는 조건의 설정이 전재되어야 할 것이다. 조건이 갖추어진 후 과연 같은 현상이 되풀이되느냐를 물어야 할 것이다.

그러한 실험의 조건을 화학이나 물리 실험 때와 같이 온도를 일정히 하거나 압력을 조정하고 촉매를 준비하여야 한다고 주장한다면 심령 현상 자체에 대해 무지하다고 할 수밖에 없을 것이다. 심령 현상을 일으키기 위해 필요한 실험조건을 갖추는 것마저도 자신들의 실험실 조건과는 다르다는 이유로 속임수를 부리거나 미신을 조장하기 위한 행위라고 부정한다면 그러한 실험 자체가 존재할 수 없을 것이다.

그러나 현재 과학계의 심령 현상에 대한 태도는 심령 현상 발생에 필요한 전제 조건마저 속임수라고 부정하고 있는 형편이다. 강령회에서 불을 어둡게 하는 것 등은 심령 현상을 일으키기 위한 실험 조건이다. 이것은 마치 화학 실험에서 온도를 맞추고 촉매를 준비하고 자외선을 비추는 것과 하나도 다름없는 심령 현상의 발생을 위한 실험 조건이다. 이것을 속임수나 미신이라 부정하면서 어떻게 심령 현상을 재현하라고 주장할 수 있는가? 그것은 마치 화학 실험에서 온도나 촉매 등을 갖추지 않고 그 실험을 재현하라는 것이나 하나도 다를 것이 없다.

그리고 심령적인 실험의 조건이 갖추어졌을 때는 많은 경우 같은 심령 현상들이 되풀이되었다는 것은 수많은 사람들에 의해 수없이 증명되었다. 이 책의 거의 전 내용은 그러한 사실들을 독자들에게 알리기 위한 시도였다.

병원체에 의한 발병의 경우, 특히 에이즈의 경우, 같은 HIV 양성반응을 보인 사람들이라도 어떤 사람은 발병하고 어떤 사람은 발병하지 않는다. 전염병의 예방 백신의 경우도 같다. 이처럼 발병하지 않는 사람들이 있다고 해서 이러한 감염 실험이 재현되지 않았다고 하지는 않을 것이다. 물론 이러한 차이는 에이즈 발병에 필요한 여러 가지 다른 신체 내의 조건들이 알려지지 않았기 때문에 왜 그러한 차이가 발생하는가를 모를 뿐인 것이다.

심령 현상의 경우도 같은 영매가 같은 조건하에 있었는데도 어떤 때는 심령 현상이 일어나고 또 어떤 때는 일어나지 않았다면 그것은 그들이 구비한 조건 이외의 다른 조건에 대해 알지 못했기 때문일 뿐인 것이다. 그러한 현상이 몇몇 알려진 실험 조건하에서 가끔이라도 재현되었다면 그것은 동일한 조건하에서 재현된 것으로 간주해야 할 것이다. 마치 HIV의 양성반응이 반드시 에이즈 발병을 일으키지 않는다고 하더라도 HIV균이 에이즈의 병원균이라는 것을 과학이 인정하는 것과 같이.

또 데이비드 헤지 박사나 토니 스코필드 박사의 소금물에 담근 씨앗의 발아 실험처럼 언제나 정확하게 재현할 수 있는 실험도 있지 않는가? 이러한 점 등으로 보아 우리는 심령 현상은 같은 조건하에서 재현되지 않는다고 주장하는 카펜터 박사의 주장은 옳지 않다는 것을 알 것이다. 이처럼 우리가 심령 현상들에 대한 실험들이 과학적인 실험들처럼 동일한 조건하에서 재현되었다고 인정한다면 사후의 생을 증명하는 얼마나 많은 증거들이 존재하는지를 여러분들은 보았을 것이다.

"사후에도 생존하는 영혼이 존재한다."는 가정은 우리가 이 책을 통해 보아온 거의 모든 현상을 설명할 수 있다는 점으로 보아서도 어떠한 알려진 과학의 법칙보다도 더 확고한 과학의 법칙으로 인정되어야 할 것이다.

앞에서도 설명한 바가 있지만 황당하기로 친다면 "우주의 모든 물질이 언젠가 그 옛날에는 한 점에 모여 있었고 그 폭발로 인해 오늘의 우주가 생성되었다."고 가정하는 빅뱅이론이나 "아무리 멀리 있는 별의 한 창고의 소금 알갱이도 이 지구의 누구의 창고에 있는 소금 알갱이를 끌어당기고 있다."고 가정하는 뉴턴의 가정보다 황당할 수는 없을 것이다. 그러나 빅뱅이론은 현재 우주 생성에 관해 가장 널리 받아들여지고 있는 이론이며, 뉴턴의 소금 알갱이가 다른 알맹이들을 당긴다는 가정은 '만유인력의 법칙'으로 물리학(과학)의 가장 중요한 법칙의 하나이다.

끝으로 이러한 현상들을 연구하고 관찰한 과학자들이 얼마나 열심히 면밀하게 관찰하였으며, 또 관찰한 현상에 대해 어느 정도의 확신을 가지고 있었는지를 나타내는 것으로 윌리엄 크룩스 경이 1876년 영국과학진흥회에서 공중부상 현상에 대해 발표한 내용을 다시 인용하는 것으로 이 책을 끝내려 한다.

그러한 현상을 지지하는 증거는 영국 과학진흥회가 제시할 수 있는 어떠한 다른 자연 현상의 증거보다도 더 확실하다.

HISTORY OF
MYSTERY

히스토리 오브 미스터리

1판 1쇄 찍음 2008년 3월 26일
1판 1쇄 펴냄 2008년 3월 31일

지은이 | 김기태
편집인 | 목유경
발행인 | 박근섭
펴낸곳 | **판미동**

출판등록 | 1996. 5. 3. (제16-1305호)
주소 | 135-887 서울 강남구 신사동 506 강남출판문화센터 5층
전화 | 영업부 515-2000 편집부 3446-8773 팩시밀리 514-2643
홈페이지 | www.goldenbough.co.kr

값 18,000원

ISBN 978-89-6017-900-4   03180